Springer Studium Mathematik (Master)

Reihe herausgegeben von

Heike Faßbender, Institut für Numerische Mathematik, Technische Universität Braunschweig, Braunschweig, Deutschland

Barbara Gentz, Fakultät für Mathematik, Universität Bielefeld, Bielefeld, Deutschland

Daniel Grieser, Institut für Mathematik, Carl von Ossietzky Universität Oldenburg, Oldenburg, Deutschland

Peter Gritzmann, Zentrum Mathematik, Technische Universität München, Garching b. München, Deutschland

Jürg Kramer, Institut für Mathematik, Humboldt-Universität zu Berlin, Berlin, Deutschland

Gitta Kutyniok, Mathematisches Institut, Ludwig-Maximilians-Universität München, München, Deutschland

Volker Mehrmann, Institut für Mathematik, Technische Universität Berlin, Berlin, Deutschland

Die Buchreihe **Springer Studium Mathematik** orientiert sich am Aufbau der Bachelor- und Masterstudiengänge im deutschsprachigen Raum: Neben einer soliden Grundausbildung in Mathematik vermittelt sie fachübergreifende und anwendungsbezogene Kompetenzen.

Zielgruppe der Lehr- und Übungsbücher sind vor allem Studierende und Dozenten mathematischer Studiengänge, aber auch anderer Fachrichtungen.

Die Unterreihe **Springer Studium Mathematik (Bachelor)** bietet Orientierung insbesondere beim Übergang von der Schule zur Hochschule sowie zu Beginn des Studiums. Sie unterstützt durch ansprechend aufbereitete Grundlagen, Beispiele und Übungsaufgaben und möchte Studierende für die Prinzipien und Arbeitsweisen der Mathematik begeistern. Titel dieser Reihe finden Sie unter springer.com/series/16564.

Die Unterreihe **Springer Studium Mathematik (Master)** bietet studierendengerechte Darstellungen forschungsnaher Themen und unterstützt fortgeschrittene Studierende so bei der Vertiefung und Spezialisierung. Dem Wandel des Studienangebots entsprechend sind diese Bücher in deutscher oder englischer Sprache verfasst. Titel dieser Reihe finden Sie unter springer.com/series/16565.

Die Reihe bündelt verschiedene erfolgreiche Lehrbuchreihen und führt diese systematisch fort. Insbesondere werden hier Titel weitergeführt, die vorher veröffentlicht wurden unter:

- Springer Studium Mathematik – Bachelor (springer.com/series/13446)
- Springer Studium Mathematik – Master (springer.com/series/13893)
- Bachelorkurs Mathematik (springer.com/series/13643)
- Aufbaukurs Mathematik (springer.com/series/12357)
- Advanced Lectures in Mathematics (springer.com/series/12121)

Peter Benner · Heike Faßbender

Modellreduktion

Eine systemtheoretisch orientierte
Einführung

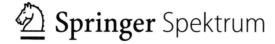 Springer Spektrum

Peter Benner
Max-Planck-Institut für Dynamik
komplexer technischer Systeme
Magdeburg, Deutschland

Heike Faßbender
Institut für Numerische Mathematik
Technische Universität Braunschweig
Braunschweig, Deutschland

ISSN 2509-9310 ISSN 2509-9329 (electronic)
Springer Studium Mathematik (Master)
ISBN 978-3-662-67492-5 ISBN 978-3-662-67493-2 (eBook)
https://doi.org/10.1007/978-3-662-67493-2

Die Deutsche Nationalbibliothek verzeichnet diese Publikation in der Deutschen Nationalbibliografie;
detaillierte bibliografische Daten sind im Internet über http://dnb.d-nb.de abrufbar.

Planung/Lektorat: Iris Ruhmann
Springer Spektrum ist ein Imprint der eingetragenen Gesellschaft Springer-Verlag GmbH, DE und ist
ein Teil von Springer Nature.
Die Anschrift der Gesellschaft ist: Heidelberger Platz 3, 14197 Berlin, Germany

Vorwort

Das hier vorliegende Lehrbuch ist aus Manuskripten zu Vorlesungen zur Modellreduktion linearer zeitinvarianter Systeme, die der Verfasser an der Technischen Universität Chemnitz sowie der Otto-von-Guericke-Universität Magdeburg und die Verfasserin an der Technischen Universität Braunschweig abgehalten haben, hervorgegangen. Es richtet sich in erster Linie an Studierende eines mathematischen Masterstudiengangs, aber auch interessierte Studierende aus ingenieurwissenschaftlichen Masterstudiengängen. Zum Verständnis des Buchs genügen grundlegende Kenntnisse aus der Analysis, Linearen Algebra und der Numerischen Mathematik. Kenntnisse aus der Numerischen Linearen Algebra und der System- und Regelungstheorie sind vorteilhaft, alles Erforderliche wird allerdings im Rahmen der Lehrbuchs vorgestellt. Können diese Themen aufgrund der Vorkenntnisse der Studierenden übersprungen werden, bietet das Lehrbuch Stoff für eine zweistündige Lehrveranstaltung, andernfalls für eine vierstündige.

Aufbau des Buchs

Dieses Lehrbuch beginnt in Kap. 1 mit einer kurzen Einführung und Motivation in das Thema der Modellreduktion für dynamische Systeme. In Kap. 2 werden die für die Modellreduktion wesentlichen Eigenschaften von linear zeitinvarianten Systemen zusammengestellt. Im dritten Kapitel werden einige Testbeispiele, die in der Literatur oft als Benchmarks für den Test von Modellreduktionsverfahren hergenommen werden, vorgestellt. Diese stammen i. d. R. aus der Modellierung realer Anwendungsprobleme und zwar aus den Bereichen der Ingenieurwissenschaften, in denen die hier vorgestellten Modellreduktionsmethoden zur Anwendung kommen. Im Folgenden werden die hier beschriebenen Beispiele zur Demonstration der Eigenschaften der verschiedenen Verfahren verwendet.

Grundlagen aus der (Numerischen) Linearen Algebra sind in Kap. 4 zusammengestellt. Vieles dient vornehmlich der Einführung der im Folgenden verwendeten Begriffe und der Wiederholung der wesentlichen hier benötigten Konzepte. Insbesondere die Abschn. 4.12–4.15 gehören nicht überall zum Standardstoff und sind nicht allen Studierenden in einem mathematisch-orientierten Masterstudiengang bekannt. Dieses Kapitel hat den Charakter eines

Nachschlagewerks. Teile kann man je nach Wissensstand der Hörerschaft an geeigneter Stelle in eine Vorlesung einbauen.

Im fünften Kapitel wird die hier verfolgte Grundidee der Modellreduktion durch Projektion im Detail vorgestellt. Hierbei wird auch der Zusammenhang zu der bei Variationsmethoden zur Lösung partieller Differentialgleichungen bekannten (Petrov-) Galerkin-Methode hergestellt. Dann wird als erstes Modellreduktionverfahren in Kap. 6 das modale Abschneiden diskutiert. Diese Methode ist in der Strukturmechanik zur Analyse des Frequenzgangs eines mechanischen (schwingenden) Systems populär.

Einige für die im Weiteren diskutierten Modellreduktionsverfahren benötigte Grundlagen der System- und Regelungstheorie werden in Kap. 7 erläutert. Liegen diese Kenntnisse bereits vor, kann dieses Kapitel übersprungen werden. Aufbauend auf den Kenntnissen über linear zeitinvarinate Systeme und deren in Kap. 7 eingeführten Eigenschaften widmet sich Kap. 8 dem balanciertem Abschneiden als wesentliche Methode der Modellredution für regelungstheoretische Anwendungen. Die wesentliche numerische Aufgabe bei der Berechnung reduzierter Modelle mit dem balancierten Abschneiden besteht im effizienten Lösen von Lyapunov-Gleichungen. Daher werden in diesem Kapitel auch gut geeignete Verfahren zu deren Lösung erläutert.

Als letzte Verfahrensklasse werden interpolatorische Verfahren in Kap. 9 betrachtet. Diese sind insbesondere in der Mikro- und Nanoelektronik, der Signalverarbeitung und Elektrodynamik allgegenwärtig. Sie können sowohl als Methoden des Momentenabgleichs als auch der rationalen Interpolation aufgefasst werden. Hier erfolgt die Berechnung der reduzierten Modelle meist mit Hilfe der in Kap. 4 eingeführten Krylovraum-Verfahren. Da es davon zahlreiche Varianten gibt, werden hier nur die wesentlichen Grundideen und -prinzipien dargestellt.

Kap. 10 gibt dann noch einen Ausblick auf Erweiterungen der hier vorgestellten linearen Modellreduktionsaufgabe sowie auf weitere Verfahrensklassen, die insbesondere bei parametrisierten und nichtlinearen Systemen ihre Stärken zeigen. Eine Vorlesung mit diesem Lehrbuch kann dann in diese weiteren Richtungen ergänzt oder durch ein Seminar erweitert werden.

Verwendete Software

Die Illustration der in diesem Buch vorgestellten Verfahren der Modellreduktion, sowie einiger der notwendigen, verwendeten Konzepte aus unterschiedlichen mathematischen Bereichen, erfolgt anhand einer Reihe von numerischen Beispielen. Dazu verwenden wir die mathematische Software MATLAB® (kurz für „MATrix LABoratory"). Hierbei handelt es sich um eine kommerzielle Softwareumgebung, die jedoch im akademischen Umfeld in der Regel lizenziert und verfügbar ist. Als Alternative können die numerischen Beispiele auch mit der freien Software GNU Octave[1] nachvollzogen werden. Diese ist in weiten Teilen mit MATLAB kompatibel. Wir gehen davon aus, dass alle numerischen Beispiele auch in Octave gerechnet werden können, haben dies jedoch nicht in jedem Fall überprüft.

Neben den in MATLAB bzw. in Octave zur Verfügung stehenden Grundfunktionen der numerischen Analysis und Numerischen Linearen Algebra, der System- und Regelungstheorie, sowie zur Visualisierung, setzen wir hauptsächlich die beiden am Max-Planck-Institut für Dynamik komplexer technischer Systeme in Magdeburg entwickelten Toolboxen M–M.E.S.S.[2] (kurz für MATLAB–Matrix Equations Sparse Solvers") [15] und MORLAB[3] (kurz für „Model Order Reduction LABoratory") [25] ein. Diese implementieren die meisten der in diesem Buch vorgestellten numerischen Verfahren zur Modellreduktion und zur Lösung der dafür teilweise notwendigen Matrixgleichungen sowohl in MATLAB als auch in Octave. Die numerischen Beispielrechnungen wurden entweder mit MORLAB Version 5.0 [24] oder M–M.E.S.S. Version 2.0.1 [115] in MATLAB, Version R2018b, durchgeführt. Die genannten Versionen der Toolboxen können über ihre Persistent Identifier abgerufen werden. Es kann zum Zeitpunkt der Erstellung dieses Buches natürlich nicht ausgeschlossen werden, dass es bei Verwendung anderer Versionen der Toolboxen und MATLAB selbst zu Inkompatibilitäten kommen kann.

Peter Benner
Heike Faßbender

---

[1] https://www.gnu.org/software/octave/

[2] https://www.mpi-magdeburg.mpg.de/projects/mess

[3] https://www.mpi-magdeburg.mpg.de/projects/morlab

Danksagung

An dieser Stelle möchten wir uns ganz herzlich bei unseren Kontaktpersonen im Springer-Verlag, Frau Stefanie Adam und Iris Ruhmann, für die aufgebrachte Geduld bedanken! Ein weiterer Dank geht an Yevgeniya Filanova, die in unserem Manuskript zahlreiche Fehler gefunden und uns auf einige unklare Formulierungen aufmerksam gemacht hat. Alle verbleibenden Fehler liegen alleine in der Verantwortung des Autors und der Autorin. Weite Teile des Manuskripts entstanden während mehrerer Aufenthalte am Courant Institute of Mathematical Sciences der New York University. Von daher gilt ein besonderer Dank unserem dortigen Gastgeber, Michael Overton. Ohne Steffen W. R. Werner und Jens Saak wären die hier verwendeten Software-Pakete MORLAB und M–M.E.S.S. nicht denkbar. Sie haben dadurch großen Anteil daran, dass die hier vorgestellten numerischen Ergebnisse einfach berechnet und dargestellt werden konnten und hoffentlich ebenso einfach reproduzierbar sind.

Inhaltsverzeichnis

Symbolverzeichnis

$\mathbb{K}$	Körper der reellen Zahlen $\mathbb{R}$ oder der komplexen Zahlen $\mathbb{C}$
$\mathbb{C}_+, \mathbb{C}_-$	offene rechte/linke komplexe Halbebene
$\mathbb{R}_+, \mathbb{R}_-$	echt positive/negative reelle Gerade
$\mathrm{Re}(z)$	Realteil der komplexen Zahl z
$\mathrm{Im}(z)$	Imaginärteil der komplexen Zahl z
X^T	transponierte Matrix
X^H	transponierte und komplex-konjugierte Matrix
ι	$\sqrt{-1}$
I_n	$n \times n$ Identität
(E), A, B, C, D	Matrizen des LZI-Systems
$x(t)$	Zustandsvektor
$y(t)$	Ausgangsvektor
$u(t)$	Steuerung
$G(s)$	Übertragungsfunktion
$\mathrm{Bild}(A)$	Bild oder Spaltenraum einer Matrix A
$\mathrm{Kern}(A)$	Kern oder Nullraum einer Matrix A
$\mathrm{span}\{v_1, \ldots, v_k\}$	Spann der Vektoren $v_1, \ldots, v_k$
$\dim(\mathcal{V})$	Dimension der Raums $\mathcal{V}$
$\mathcal{U}^\perp$	orthogonales Komplement zum Untervektorraum $\mathcal{U}$
$\mathrm{rang}(A)$	Rang der Matrix A
$\Lambda(A)$	Spektrum der Matrix A
$\rho(A)$	Spektralradius der Matrix A
$\mathrm{Eig}(A)$	Eigenraum der Matrix A
$\det(A - \lambda I)$	charakteristisches Polynom der Matrix A
$\mathrm{Spur}(A)$	Spur der Matrix A
$\mathrm{diag}(A)$	Diagonale der Matrix A
$\mathrm{diag}(d_1, \ldots, d_n)$	Diagonalmatrix mit den Diagonaleinträgen $d_1, \ldots, d_n$
$\|\cdot\|$	Norm
$\sigma_j(A)$	j-ter Singulärwert von A
$A^\dagger$	Moore-Penrose-Pseudoinverse von A
$\mathcal{K}_k(A, b)$ oder $\mathcal{K}_k(A, B)$	Krylov-Unterraum der Ordnung k zur Matrix A und dem Vektor b oder der Matrix B
$K_k(A, b)$ oder $K_k(A, B)$	Krylov-Matrix

$\mathscr{F}_k(A,B)$	rationaler Block-Krylov-Unterraum der Ordnung k zu den Matrizen A und B
$A \otimes B$	Kronecker-Produkt der Matrizen A und B
$\mathrm{vec}(A)$	der zur Matrix A assoziierte Vektor
$K(A, B)$	Steuerbarkeitsmatrix
$K(A^T, C^T)$	Beobachtbarkeitsmatrix
P	Steuerbarkeitsgramsche
Q	Beobachtbarkeitsgramsche
$\mathscr{L}_2, \mathscr{L}_\infty$	Lebesgue-/L_p-Räume
$\mathscr{H}_2, \mathscr{H}_\infty$	Hardy-Räume
$\|\cdot\|_{\mathscr{L}_2}$	$\mathscr{L}_2$-Norm
$\|\cdot\|_{\mathscr{L}_\infty}$	$\mathscr{L}_\infty$-Norm
$\|\cdot\|_{\mathscr{H}_2}$	$\mathscr{H}_2$-Norm
$\|\cdot\|_{\mathscr{H}_\infty}$	$\mathscr{H}_\infty$-Norm
$\|\cdot\|_2$	Spektralnorm einer Matrix/Euklidische Norm eines Vektors
$\|\cdot\|_F$	Frobeniusnorm
$\|\cdot\|_\infty$	Zeilensummennorm einer Matrix/Maximumsnorm eines Vektors
a_{ij}	(i, j)tes Element der Matrix A
a_j	$j$te Spalte der Matrix A

Einführung

1

1.1 Motivation und Einordnung

Lineare zeitinvariante (LZI) Systeme, bestehend aus einer *Zustandsgleichung*

$$\dot{x}(t) = Ax(t) + Bu(t), \quad t > t_0, \quad x(t_0) = x^0,$$

und einer *Ausgangsgleichung*

$$y(t) = Cx(t) + Du(t)$$

mit $A \in \mathbb{R}^{n \times n}$, $B \in \mathbb{R}^{n \times m}$, $C \in \mathbb{R}^{p \times n}$, $D \in \mathbb{R}^{p \times m}$ und $x^0 \in \mathbb{R}^n$, treten bei der Modellierung zahlreicher Anwendungsprobleme auf. Mit der Zustandsgleichung beschreibt man das dynamische Verhalten der Zustandsgröße (z. B. der Temperatur eines Bauteils, die auftretenden mechanischen Spannungen und Deformationen eines elastischen Körpers oder die Konzentrationen von in einer Flüssigkeit gelösten Substanzen). Bei der Zustandsgleichung handelt es sich um ein System gewöhnlicher Differenzialgleichungen. Eingangssignale wie z. B. äußere Kräfte, Kühlung am Rand eines Bauteils/Körpers oder einer Strömung, Richtungsänderungen, usw., werden dabei durch die Inhomogenität $Bu(t)$ in der Zustandsgleichung beschrieben. Die Ausgangsgleichung liefert eine modellhafte Beschreibung dessen, was man dem System „von außen" ansehen kann, also welche Beobachtungen des Systems und Messwerte in der realen Praxis tatsächlich vorliegen.

LZI-Systeme erhält man u. a. durch eine örtliche Diskretisierung einer partiellen Differenzialgleichung. Dies führt, insbesondere in dreidimensionalen (3D) Berechnungsgebieten, zu sehr großen Systemen von gewöhnlichen Differenzialgleichungen, sodass die Anzahl n – auch: die *Ordnung* des Systems – der das System beschreibenden Zustandsgrößen in die Hunderttausende oder Millionen, inzwischen sogar

© Springer-Verlag GmbH Deutschland, ein Teil von Springer Nature 2024
P. Benner und H. Faßbender, *Modellreduktion*, Springer Studium Mathematik (Master),
https://doi.org/10.1007/978-3-662-67493-2_1

weit in die Milliarden gehen kann. Die einmalige Simulation eines solchen mathematischen Modells ist je nach Komplexität des Modells heutzutage oft in wenigen Minuten bis einigen Stunden auf modernen Desktopcomputern oder Compute-Clustern möglich. Erfordert eine Variation der Eingangssignale eine mehrfache Simulation, so ergibt sich daraus jedoch ein Zeitbedarf, der in vielen Anwendungsbereichen nicht akzeptabel ist. Variiert man beispielsweise ein Modell mit $m = 3$ Eingangsparametern derart, dass für jeden Parameter 100 Werte eingestellt werden können (was i. d. R. noch keiner befriedigenden Auflösung des Eingangsraums entsprechen dürfte), so werden bereits eine Million Simulationen notwendig, was bei einem Zeitbedarf von einer Stunde pro Simulation bereits zu einer Berechnungszeit von 496 Jahren führen würde.

Die *Modellreduktion (MOR)*, oft auch (Modell-)Ordnungs- oder Dimensionsreduktion genannt, bietet eine Möglichkeit, dieser Problematik zu begegnen. Hierbei wird das Modell durch ein reduziertes oder kompaktes Modell ersetzt, welches die Dynamik des Originalmodells möglichst gut approximiert. Dabei ist es oft nicht nötig, eine gute Approximation aller Zustandsgrößen $x(t)$ zu erzielen. Es reicht, möglichst für alle zulässigen Eingangssignale $u(t)$ die Größen $y(t)$ so genau wie möglich zu erhalten. Um dies gewährleisten zu können, fordert man, dass die Eingangssignale im reduzierten Modell exakt erhalten werden. Konkret versucht man ein LZI-System

$$\dot{\hat{x}}(t) = \hat{A}\hat{x}(t) + \hat{B}u(t),$$

$$\hat{y}(t) = \hat{C}\hat{x}(t) + \hat{D}u(t)$$

mit $\hat{A} \in \mathbb{R}^{r \times r}$, $\hat{B} \in \mathbb{R}^{r \times m}$, $\hat{C} \in \mathbb{R}^{p \times r}$, $\hat{D} \in \mathbb{R}^{p \times m}$ und $r \ll n$ zu finden, sodass $\|y - \hat{y}\|$ in einer geeigneten Norm klein ist. Man versucht also, den Fehler zwischen den Abbildungen von Eingangssignalen auf die Ausgangssignale des originalen und reduzierten Modells zu minimieren. Dabei kann man entweder die Frage stellen, was die bestmögliche Approximation bzgl. eines vorgegebenen Fehlermaßes bei vorgegebener Dimension des reduzierten Modells ist, oder ein reduziertes Modell minimaler Dimension suchen, welches die vorgegebene Fehlertoleranz gerade eben noch einhält.

Die Grundidee der in diesem Lehrbuch betrachteten MOR-Methoden ist es, mittels einer Projektion der Lösungstrajektorien der Zustandsgleichung in einen niedrigdimensionalen Unterraum oder allgemeiner eine niedrigdimensionale Mannigfaltigkeit des Lösungsraums des Differenzialgleichungssystems ein reduziertes System zu erhalten. Dazu approximiert man die Lösung $x(t)$ durch $V\hat{x}(t)$ für ein geeignetes $V \in \mathbb{R}^{n \times r}$ mit vollem Rang. Für eine Matrix $W \in \mathbb{R}^{n \times r}$ mit $W^T V = I_r$ (*Bi-Orthogonalität*, I_r bezeichnet die Identität im $\mathbb{R}^r$) ergibt sich dann ein reduziertes System wie oben mit

$$\hat{A} = W^T A V, \quad \hat{B} = W^T B, \quad \hat{C} = C V, \quad \hat{D} = D.$$

Dabei ist die Bi-Orthogonalitätseigenschaft die formale Bedingung dafür, dass es sich um eine Projektionsmethode handelt, siehe dazu Kap. 5. Diese wird z. B. durch

$W = V$ und der Wahl von V als Matrix mit orthonormalen Spalten gewährleistet. Es ist oft möglich, das Lösungsverhalten durch sehr niedrigdimensionale Mannigfaltigkeiten zu approximieren, also ein V mit wenigen Spalten zu finden, sodass $\|y - \hat{y}\|$ in einer geeigneten Norm klein ist. Die bekanntesten MOR-Methoden dieser Art sind die Methoden des modalen oder balancierten Abschneidens (siehe Kap. 6 und 8), sowie Krylovraum-basierte Verfahren (die auch als Padé-Approximation oder rationale Interpolationsmethoden interpretiert werden können und in Kap. 9 betrachtet werden).

In diesem Lehrbuch wird Modellreduktion als eine Technik zur Verringerung der Komplexität bei der numerischen Simulation mathematischer Modelle verstanden. Dazu wird im Wesentlichen die Anzahl an Gleichungen, die für die Simulation eines mathematischen Modells zu lösen sind, verringert. Dies geschieht hier nicht durch eine vereinfachte Modellierung, z. B. durch Weglassen physikalischer Effekte, oder Reduktion der Dimension durch Ausnutzen von Symmetrien, wie etwa Rotationssymmetrien bei partiellen Differenzialgleichungen in zylindrischen Koordinaten o. ä.. Die hier betrachtete Reduktion der Komplexität numerischer Simulationen wird erreicht, indem man, wie bereits oben dargelegt, davon ausgeht, dass die Lösung des Simulationsmodells in einem niedrigdimensionalen Unterraum bzw. einer niedrigdimensionalen Manngifaltigkeit approximiert werden kann. Aufgrund physikalischer Gesetzmäßigkeiten ist diese Annahme sehr häufig gerechtfertigt. Man sollte allerdings beachten, dass es auch viele Probleme in allen Wissenschaftsbereichen, in denen mathematische Modellbildung zur Computersimulation betrieben wird, gibt, für die diese Annahme falsch ist. Andere Ansätze, die häufig ebenfalls oft mit dem Begriff Modellreduktion bezeichnet werden, müssen dann genutzt werden.

In einem Lehrbuch können leider nicht alle Facetten dieses faszinierenden Gebiets behandelt werden, siehe dazu auch den Ausblick in Kap. 10. Insbesondere gehen wir nicht auf allgemeinere (nichtlineare) Systeme der Form

$$\dot{x}(t) = f(x, u, t), \quad t > t_0, \quad x(t_0) = x^0,$$
$$y(t) = h(x, u, t)$$

mit $f \colon \mathbb{R}^n \times \mathbb{R}^m \times \mathbb{R} \to \mathbb{R}^n$ und $h \colon \mathbb{R}^n \times \mathbb{R}^m \times \mathbb{R} \to \mathbb{R}^p$ ein. Für solche nichtlinearen Systeme kommen vor allem Methoden wie die Hauptkomponentenanalyse (auch: Karhunen-Loève-Transformation, bei dynamischen Systemen meist als „Proper Orthogonal Decomposition" bezeichnet) oder die Methode der reduzierten Basen bzw. Methoden, die Zentrums- oder Inertialmannigfaltigkeiten benutzen, zum Einsatz. Für Einführungen in diese Methoden siehe z. B. [12,71,93,106] bzw. [10, Kap. 1].

Bei linearen Modellen sind oft Reduktionsraten von 100 bis zu 100.000 in der Dimension möglich, was meist auch zu entsprechenden Beschleunigungen bei der Simulation führt. Bei nichtlinearen Modellen ist oft schon eine Reduktion der Dimension um einen Faktor 2 zufriedenstellend, Reduktionen um Faktoren 10 bis 100 oder höher sind nur durch sehr effiziente Ausnutzung der Strukturen möglich, oder wenn nur bestimmte Aspekte des dynamischen Verhaltens betrachtet werden. Jedoch würde selbst für LZI-Systeme die Betrachtung von Methoden, die spezielle Strukturen ausnutzen oder für diese angepasst wurden, den Rahmen dieses Lehrbuchs sprengen.

1.2   Kurze inhaltliche Übersicht

Das Lehrbuch beginnt in Kap. 2 mit einer Darstellung der für die Modellreduktion wesentlichen Eigenschaften von linear zeitinvarianten Systemen. Die verwendete Begrifflichkeit wird eingeführt. Die Lösung der Zustandsgleichung wird explizit angegeben. Neben der typischen Darstellung eines LZI-Systems im Zeitbereich wird die zu dem LZI-System gehörende Übertragungsfunktion $G(s) = C(sI - A)^{-1}B + D$ eine zentrale Rolle spielen. Zahlreiche interessante Eigenschaften eines LZI-Systems erhält man durch das Auswerten der Übertragungsfunktion auf der positiven imaginären Achse.

Im dritten Kapitel werden einige Testbeispiele, die in der Literatur oft als Benchmarks für den Test von Modellreduktionsverfahren hergenommen werden, vorgestellt. Diese stammen i. d. R. aus der Modellierung realer Anwendungsprobleme und werden im Folgenden zur Demonstration der Eigenschaften der verschiedenen MOR-Verfahren verwendet.

Grundlagen aus der (numerischen) linearen Algebra sind in Kap. 4 zusammengestellt. Vieles dient vornehmlich der Einführung der im Folgenden verwendeten Begriffe und der Wiederholung der wesentlichen hier benötigten Konzepte. Insbesondere die Abschn. 4.12 – Abschn. 4.15 gehören nicht überall zum Standardstoff und sind nicht allen Studierenden in einem mathematisch-orientierten Masterstudiengang bekannt. Dieses Kapitel hat den Charakter eines Nachschlagewerks. Teile kann man an geeigneter Stelle in eine Vorlesung einbauen.

Im fünften Kapitel wird die hier verfolgte Grundidee der Modellreduktion durch Projektion im Detail vorgestellt. Als erstes Modellreduktionverfahren wird in Kap. 6 das modale Abschneiden diskutiert. Die Eigenwerte der Systemmatrix A haben unterschiedlich starken Einfluss auf das dynamische Verhalten des LZI-Systems. Ausgehend von einer Eigenzerlegung der Systemmatrix A erhält man ein reduziertes System durch das Vernachlässigen (Streichen) der „weniger wichtiger Eigenmoden". Falls die (reelle) Matrix A komplex-wertige Eigenwerte besitzt, so kann durch das Ausnutzen der Tatsache, dass diese in komplex-konjugierten Paaren auftreten müssen, ein reelles reduziertes System erzeugt werden. Verschiedene Varianten zur Wahl der „wichtigen" Eigenmoden werden thematisiert.

Einige für die im Weiteren diskutierten Modellreduktionsverfahren benötigte Grundlagen der System- und Regelungstheorie werden in Kap. 7 erläutert. Liegen diese Kenntnisse bereits vor, kann dieses Kapitel übersprungen werden. Mithilfe einer nichtsingulären Matrix $T \in \mathbb{R}^{n \times n}$ kann jedes LZI-System in ein äquivalentes System transformiert werden, welches dieselbe Übertragungsfunktion wie das Ausgangssystem besitzt. Die vier Matrizen (A, B, C, D), die eine Übertragungsfunktion (und damit ein LZI-System) definieren, bezeichnet man als eine Realisierung des zugehörigen LZI-Systems. Realisierungen ein und desselben LZI-Systems können aus Matrizen unterschiedlicher Dimension bestehen. Für jedes LZI-System existiert eine eindeutige minimale Anzahl $\hat{n}$ von Zuständen, die notwendig ist, um die Abhängigkeit des Ausgangssignals vom dem Eingangssignal vollständig zu beschreiben. Das Bestimmen einer minimalen Realisierung kann als erster Schritt der Modellreduktion aufgefasst werden, da so überflüssige (redundante) Zustände aus dem System entfernt werden. Da eine Realisierung minimal ist, wenn das zugehörige System steuerbar und beobachtbar ist, werden diese Konzepte eingeführt und einfach überprüfbare Kriterien, anhand deren man die Steuerbarkeit bzw. Beobachtbarkeit erkennen kann, hergeleitet. Dies führt auf die sogenannten Steuerbarkeitsgramsche P und die Beobachtbarkeitsgramsche Q, welche als Lösung der Lyapunov-Gleichungen $AP + PA^T + BB^T = 0$ bzw. $A^T Q + QA + C^T C = 0$ berechnet werden können. Ist die Matrix A asymptotisch stabil, dann existieren P und Q. Zudem werden geeignete Systemnormen vorgestellt, um später den Fehler zwischen den Übertragungsfunktionen des vollen und des reduzierten Systems messen zu können.

Kap. 8 widmet sich dem balanciertem Abschneiden. Das LZI-System wird zunächst durch eine Zustandsraumtransformation auf balancierte Form gebracht. Dies ist eine minimale Realisierung, bei der P und Q identisch und diagonal sind. In einem balancierten System lassen sich „unwichtige" Zustände leicht identifizieren. Durch ihr Abschneiden erhält man das reduzierte System. Als „unwichtige" Zustände betrachtet man z. B. Zustände, die sowohl schlecht steuerbar als auch schlecht beobachtbar sind, während „wichtige" Zustände sowohl gut steuerbar als auch gut beobachtbar sind. Der Fehler zwischen den Übertragungsfunktionen des vollen und des reduzierten Systems ist in der sogenannten $\mathcal{H}_\infty$-Norm leicht durch eine berechenbare obere und untere Schranke abschätzbar. Einige häufig verwendete verwandte Verfahren, die auf anderen theoretischen Eigenschaften des zu reduzierenden LZI-Systems beruhen, werden kurz vorgestellt. Das effiziente Lösen der Lyapunov-Gleichungen ist essentiell für die Anwendung des balancierten Abschneidens. Daher werden in Abschn. 8.4 neben den klassischen Ansätzen zur Lösung von Lyapunov-Gleichungen insbesondere die für großdimensionale Probleme gut geeigneten Verfahren der Matrix-Signumfunktionsmethode und der Alternating-Direction-Implicit-Methode erläutert.

Als letzte Verfahrensklasse werden interpolatorische Verfahren in Kap. 9 betrachtet. Dabei wird zunächst in Abschn. 9.1 ein reduziertes Modell konstruiert, dessen Übertragungsfunktion $\hat{G}(s)$ die Übertragungsfunktion $G(s)$ des vollen Systems an sogenannten skalaren Entwicklungspunkten s_j, $j = 1, \ldots, k$, interpoliert. D.h., es wird

$$\frac{\partial^\ell G(s)}{\partial s^\ell}\bigg|_{s=s_j} = \frac{\partial^\ell \hat{G}(s)}{\partial s^\ell}\bigg|_{s=s_j}, \qquad \ell = 0, \ldots, k_j$$

für gewisse s_j und k_j gefordert. Das reduzierte System kann erneut über die geeignete Wahl von Matrizen V und W mittels Projektion erzeugt werden. V und/oder W müssen dabei die Basis der Vereinigung geeigneter Krylov-Unterräume darstellen. Zur Wahl der Entwicklungspunkte s_j und der Anzahl $k_j + 1$ der interpolierten Ableitungen pro Entwicklungspunkt gibt es i. Allg. nur Heuristiken. Bei der abschließend in Abschn. 9.2 betrachteten tangentialen Interpolation wird z. B.

$$\left.\frac{\partial^\ell G(s)}{\partial s^\ell}\right|_{s=s_j} \wp_j = \left.\frac{\partial^\ell \hat{G}(s)}{\partial s^\ell}\right|_{s=s_j} \wp_j, \quad \ell = 0, \dots, k_j$$

für skalare Interpolationspunkte s_j und Interpolationsrichtungen $\wp_j \in \mathbb{C}^m$ gefordert. Ähnlich wie in Abschn. 9.1 liefern diese Interpolationsbedingungen die Matrix V mit deren Hilfe das reduzierte System erzeugt wird. Die notwendigen Bedingungen für die Existenz einer Lösung des $\mathcal{H}_2$-Optimierungsproblem

$$\left\| G - \hat{G} \right\|_{\mathcal{H}_2} = \min_{\substack{\dim(\tilde{G}_r)=r \\ \tilde{G}_r \, stabil}} \left\| G - \tilde{G}_r \right\|_{\mathcal{H}_2}$$

impliziert hier einen Ansatz, wie man die Interpolationspunkte und -richtungen wählt. Dies führt auf einen Algorithmus, welcher die Eigenwerte und Eigenvektoren der Systemmatrix des reduzierten Systems nutzt, um iterativ ein lokal optimales reduziertes System zu bestimmen.

In Kap. 10 werden dann noch Verallgemeinerungen der hier vorgestellten linearen Modellreduktionsaufgabe betrachtet sowie ein Ausblick auf weitere Verfahrensklassen, die insbesondere bei parametrisierten und nichtlinearen Systemen ihre Stärken zeigen, gegeben.

LZI-Systeme

2

Bevor wir im nächsten Kapitel einige konkrete Anwendungsbeispiele vorstellen, an denen wir im weiteren Verlauf des Buchs die verschiedenen Modellreduktionsmethoden demonstrieren wollen, führen wir die hier zumeist betrachteten LZI-Systeme formal ein und geben ihre wesentlichen Eigenschaften an, eine eingehende Betrachtung findet man z. B. in [27, 112].

Definition 2.1. Ein *lineares, zeitinvariantes (LZI) System* ist gegeben durch

$$\dot{x}(t) = Ax(t) + Bu(t), \quad t > t_0, \quad x(t_0) = x^0, \tag{2.1a}$$
$$y(t) = Cx(t) + Du(t) \tag{2.1b}$$

mit

- der *Systemmatrix* $A \in \mathbb{R}^{n \times n}$,
- der *Eingangsmatrix* $B \in \mathbb{R}^{n \times m}$,
- der *Ausgangsmatrix* $C \in \mathbb{R}^{p \times n}$,
- der *Durchgriffsmatrix* $D \in \mathbb{R}^{p \times m}$
- und dem *Anfangsvektor* $x^0 \in \mathbb{R}^n$.

Der *Zustandsvektor* $x(t)$ bildet das Zeitintervall $\mathbb{T} = [t_0, t_f]$ in den *Zustandsraum* $\mathscr{X} \subseteq \mathbb{R}^n$ ab,

$$x : [t_0, t_f] \to \mathscr{X},$$

die *Steuerung* $u(t)$ bildet $\mathbb{T}$ in den *Eingangsraum* $\mathscr{U} \subseteq \mathbb{R}^m$ ab,

$$u : [t_0, t_f] \to \mathscr{U},$$

und der *Ausgangsvektor* $y(t)$ bildet $\mathbb{T}$ in den *Ausgangsraum* $\mathscr{Y} \subseteq \mathbb{R}^p$ ab,

$$y : [t_0, t_f] \to \mathscr{Y}.$$

© Springer-Verlag GmbH Deutschland, ein Teil von Springer Nature 2024
P. Benner und H. Faßbender, *Modellreduktion*, Springer Studium Mathematik (Master),
https://doi.org/10.1007/978-3-662-67493-2_2

Dabei seien $\mathscr{X}$, $\mathscr{U}$ und $\mathscr{Y}$ Untervektorräume des jeweiligen Vektorraums. Für unsere Zwecke reicht es aus,

$$\mathscr{X} = \mathbb{R}^n, \quad \mathscr{U} = \mathbb{R}^m, \quad \mathscr{Y} = \mathbb{R}^p$$

zu betrachten, was wir von hierab auch tun werden.

Der Zustand $x(t)$ erfüllt also die lineare, autonome, inhomogene Differenzial-gleichung (2.1a). Der Ausgangsvektor $y(t)$ wird durch $x(t)$ und $u(t)$ festgelegt. Mit (2.1b) modelliert man z.B. die Situation, dass in der Realität oft nicht der gesamte Zustand messbar ist, sondern nur Teile der abgeleiteten Größen.

Ein System (2.1) ist unabhängig von zeitlichen Verschiebungen, d. h., für jede Zeitverschiebung t_v ist für das Eingangssignal $u(t - t_v)$ der Ausgang gerade durch $y(t - t_v)$ gegeben. Anders ausgedrückt, bewegen wir uns von x^0 nach x^1 im Zeitraum $[t_0, t_1]$ mit der Steuerung $u(t)$, dann können wir genauso von x^0 nach x^1 im Zeitraum $[0, t_1 - t_0]$ gelangen, wenn wir $x(t - t_0)$, $u(t - t_0)$ und $y(t - t_0)$ betrachten. Daher werden wir im Folgenden oBdA annehmen, dass $t_0 = 0$.

Definition 2.2. Das LZI-System (2.1) wird als *Zustandsraumdarstellung* des Systems bestehend aus der *Zustandsgleichung* (2.1a) und der *Ausgangsgleichung* (2.1b) bezeichnet. Die *Ordnung* des Systems (auch *Zustandsraumdimension*) ist durch die Dimension n des Zustandsvektors gegeben.

Die Kurve aller Punkte $x(t)$ in einem Zeitintervall stellt eine Trajektorie im Zustands-raum dar. Abb. 2.1 zeigt beispielhaft drei Lösungstrajektorien einer Differenzialglei-chung $\dot{x}(t) = Ax(t) + Bu(t)$.

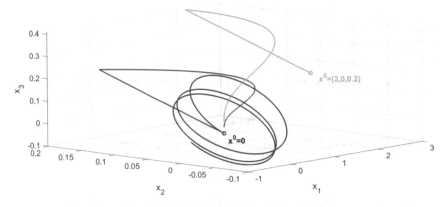

Abb. 2.1 Drei Lösungstrajektorien einer Differenzialgleichung $\dot{x}(t) = Ax(t) + Bu(t)$, wobei zweimal der Anfangsvektor $x^0 = 0$, aber unterschiedliche Steuerungen $u(t)$ gewählt wurden (die Sprungfunktion bei der roten und eine Sinusfunktion bei der blaue Kurve) und einmal der Anfangs-vektor $x^0 = [2, 0, 0.2]^T$ und die Sprungfunktion als Steuerung $u(t)$ (grüne Kurve).

Gilt $m = p = 1$, so hat das LZI-System einen Eingang und einen Ausgang, die Matrix B besteht aus einem Spaltenvektor b, die Matrix C aus einem Zeilenvektor c und die Matrix D ist ein Skalar d;

$$\dot{x}(t) = Ax(t) + bu(t),$$
$$y(t) = cx(t) + du(t)$$

mit $b, c^T \in \mathbb{R}^n$, $d \in \mathbb{R}$ und $u(t), y(t) \in \mathbb{R}$. In diesem Fall spricht man von einem Eingrößensystem oder auch *SISO-System* (für engl., *Single-Input-Single-Output*). Gilt $m > 1$ und $p > 1$, so verfügt das System über mehrere Ein- und Ausgänge, man spricht dann von einem Mehrgrößensystem oder auch *MIMO-System* (für *Multiple-Input-Multiple-Output*). Die Mischformen $m = 1$, $p > 1$ mit einem Eingang und mehreren Ausgängen bzw. $m > 1$, $p = 1$ mit mehreren Eingängen und nur einem Ausgang werden als *SIMO-Systeme* (für *Single-Input-Multiple-Output*, bzw. MISO-Systeme (für *Multiple-Input-Single-Output*) bezeichnet.

Die Lösung von (2.1) lässt sich, wie man leicht nachrechnet, konkret angeben.

Theorem 2.3. *Die eindeutige Lösung von (2.1a) ist für $t_0 = 0$ gegeben durch*

$$x(t) = e^{At}x^0 + \int_0^t e^{A(t-s)} Bu(s)\, ds = e^{At}(x^0 + \int_0^t e^{-As} Bu(s)\, ds). \qquad (2.2)$$

Man nennt

$$\Phi(t, s) = e^{A(t-s)} \qquad (2.3)$$

die *Fundamentallösung* der homogenen DGL $\dot{x}(t) = Ax(t)$.

Korollar 2.4. *Die eindeutige Lösung von (2.1b) ist für $t_0 = 0$ gegeben durch*

$$y(t) = Ce^{At}x^0 + \int_0^t Ce^{A(t-s)} Bu(s)\, ds + Du(t)$$

$$= Ce^{At}(x^0 + \int_0^t e^{-As} Bu(s)\, ds) + Du(t).$$

LZI-Systeme (2.1) beschreiben das Verhalten linearer Systeme im *Zeitbereich*. Einige relevante Fragestellungen lassen sich besser durch eine Analyse des Systems im sogenannten *Frequenzbereich* beantworten. Um ein LZI-System aus dem Zeitbereich in den Frequenzbereich zu transformieren, wendet man die *Laplace-Transformation*

$$\mathscr{L} : h(t) \longmapsto H(s) = \mathscr{L}\{h\}(s) = \int_0^\infty e^{-st} h(t)\, dt, \qquad s \in \mathbb{C}$$

auf (2.1a) und (2.1b) an. Dies ist unter geringen Voraussetzungen an Funktionen $h : [0, \infty[\to \mathbb{C}^\ell$ definiert. Für eine ausführliche Behandlung der Laplace-Transformation sei auf entsprechende Lehrbücher verwiesen, siehe z. B. [40,49]. Hier werden die beiden folgenden Eigenschaften der Laplace-Transformation verwendet,

$$\dot{h}(t) \overset{\mathscr{L}}{\longmapsto} s \cdot H(s) - h(0),$$

$$Fh(t) \overset{\mathscr{L}}{\longmapsto} FH(s)$$

für eine nicht notwendigerweise quadratische Matrix F.

Wendet man nun die Laplace-Transformation auf das LZI-System (2.1) an und bezeichnet die Laplace-transformierten Funktionen $x(t)$, $y(t)$, $u(t)$ mit $X(s)$, $Y(s)$, $U(s)$, wobei s die *Laplace-Variable* ist, so erhält man

$$sX(s) - x(0) = AX(s) + BU(s),$$
$$Y(s) = CX(s) + DU(s).$$

Löst man nun die erste Gleichung nach $X(s)$ auf

$$X(s) = (sI - A)^{-1}(BU(s) + x(0))$$

und setzt dies in die zweite Gleichung ein, so ergibt sich

$$Y(s) = (C(sI - A)^{-1}B + D)U(s) + C(sI - A)^{-1}x(0).$$

Für $x(0) = 0$ wird der Zusammenhang zwischen den Ein- und Ausgängen daher vollständig durch die *Übertragungsfunktion*

$$G(s) = C(sI - A)^{-1}B + D \tag{2.4}$$

beschrieben: $Y(s) = G(s) \cdot U(s)$. Offensichtlich ist $G(s)$ für alle $s \in \mathbb{C}$ definiert, die nicht Eigenwerte von A sind.

Häufig liegt ein LZI-System nicht wie in (2.1) vor, sondern etwas allgemeiner als

$$\begin{aligned} E\dot{x}(t) &= Ax(t) + Bu(t), \quad t > 0, \quad x(0) = x^0, \\ y(t) &= Cx(t) + Du(t), \end{aligned} \tag{2.5}$$

wobei $E \in \mathbb{R}^{n \times n}$. Die Übertragungsfunktion ist dann gegeben durch

$$G(s) = C(sE - A)^{-1}B + D$$

für alle $s \in \mathbb{C}$, für die $(sE - A)^{-1}$ existiert. Ist E eine reguläre Matrix, so kann (2.5) zumindest formal in ein LZI-System wie in (2.1) umgeschrieben werden, dazu wird die erste Gleichung mit E^{-1} multipliziert. Für theoretische Überlegungen ist dies oft hilfreich, numerisch ist dies allerdings i.d.R. nicht ratsam, sodass das System (2.5) stets in dieser und nicht in der Form (2.1) betrachtet werden sollte. Algorithmen zur Behandlung von (2.1) lassen sich meist so umschreiben, dass auf E^{-1} verzichtet und (2.5) direkt behandelt werden kann. Ist E eine singuläre Matrix, dann ist die erste Gleichung in (2.5) nicht länger eine gewöhnliche Differenzialgleichung, sondern eine differentiell-algebraische Gleichung. Man spricht in diesem Fall auch von einem *Deskriptorsystem*. Das System kann i.d.R. so umgeschrieben werden, dass neben gewöhnlichen Differenzialgleichungen auch einige algebraische Gleichungen gegeben sind. Die Lösungstheorie ändert sich signifikant. Dieser Fall wird im Folgenden nicht betrachtet, wir verweisen auf [23,95].

Zahlreiche interessante Eigenschaften eines LZI-Systems erhält man durch das Auswerten von $G(s)$ auf der positiven imaginären Achse, d.h. für $s = \iota\omega$ ($\iota = \sqrt{-1}$, $\omega > 0$). Dabei kann ω als Arbeitsfrequenz (in Radiant pro Sekunde (rad/s)) des LZI-Systems verstanden werden. Die sogenannte Kreisfrequenz ω entspricht der Frequenz $f = \frac{\omega}{2\pi}$ in Hertz.

Die Übertragungsfunktion $G(s)$ eines SISO-Systems ist eine skalare Funktion, $G : \mathbb{C} \to \mathbb{C}$. Sie kann immer als gebrochen-rationale Funktion geschrieben werden, also als Quotient zweier Polynome p und $q \neq 0$, $G(s) = \frac{p(s)}{q(s)}$, die außerhalb der (endlich vielen) Nullstellen von q definiert ist. Konkret entspricht das Nennerpolynom im wesentlichen dem charakteristischem Polynom $\det(sI - A)$ von A. Eine Kürzung von Linearfaktoren von $\det(sI - A)$ gegen Linearfaktoren des Zählerpolynoms ist möglich. Die Pole der Übertragungsfunktion $G(s)$ sind daher auch Eigenwerte von A. Die Übertragungsfunktion wird häufig mittels eines sogenannten *Bode-Plots* (auch Bode-Diagramms) dargestellt. Ein solcher Plot besteht aus zwei Funktionsgraphen. In beiden Graphen wird auf der x-Achse die Kreisfrequenz ω logarithmisch dargestellt. Auf der y-Achse des ersten Graphen wird im wesentlichen der Betrag der Übertragungsfunktion $|G(s)|$ abgetragen, also die Verstärkung der Amplitude in $Y(s)$. I.d.R. wird dazu der Betrag $|G(s)|$ in Dezibel ausgedrückt, sodass der Graph $(\log_{10}(\omega), 20\log_{10}(|G(\iota\omega)|))$ zeigt. Im zweiten Graphen wird auf der y-Achse das Argument (oder auch Phase) von $G(\iota\omega)$ linear aufgetragen, sodass dieser Graph $(\log_{10}(\omega), 180\arg(G(\iota\omega))/\pi)$ zeigt, wobei

$$\arg(z) = \begin{cases} \arccos \frac{a}{|z|} & \text{für } b \geq 0 \\ -\arccos \frac{a}{|z|} & \text{sonst} \end{cases}$$

für $z = a + \iota b$, $a, b \in \mathbb{R}$ gelte. Der erste Graph wird als *Amplitudengang*, der zweite als *Phasengang* bezeichnet.

Die Übertragungsfunktion eines MIMO-Systems ist matrixwertig, $G : \mathbb{C} \to \mathbb{C}^{p \times m}$. Sie kann als Matrix von SISO-Übertragungsfunktionen betrachtet werden. Die skalaren Funktionen

$$g_{ij}(s) = e_i^T G(s) e_j = e_i^T C(sI - A)^{-1} B e_j + e_i^T D e_j = c_i^T (sI - A)^{-1} b_j + d_{ij}$$

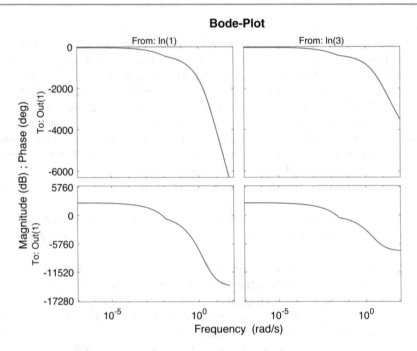

Abb. 2.2 Bode-Plot für Beispiel aus Abschn. 3.1 mit $n = 1357$, Eingänge 1, 3 und Ausgang 1.

für $i = 1, \ldots, p$, $j = 1, \ldots, m$, beschreiben die Übertragung zwischen dem $j$ten Eingang und dem $i$ten Ausgang. Zur vollständigen Beschreibung eines LZI-Systems mit m Eingängen und p Ausgängen benötigt man daher $m \cdot p$ Bode-Plots. Abb. 2.2 zeigt beispielhaft einen Bode-Plot[1] für das Anwendungsbeispiel, welches in Abschn. 3.1 näher erläutert wird. In dem Beispiel sind $n = 1357$, $m = 7$ und $p = 6$. Da $m \cdot p = 7 \cdot 6 = 42$ Diagramme in einem Plot unübersichtlich sind, wurden hier zwei Eingänge und ein Ausgang ausgewählt; konkret die Eingänge 1 und 3 und der Ausgang 1. Die beiden oberen Plots zeigen links den Amplitudengang, der zum ersten Input und ersten Output, und rechts den Amplitudengang, der zum dritten Input und ersten Output, gehört. Die beiden unteren Plots zeigen entsprechend den Phasengang. Zur Vereinfachung der Diskussion und Darstellung werden wir im Folgenden in der Regel lediglich den oberen Graph des Bode-Plots betrachten (dieser kann mit der MATLAB-Funktion bodemag erstellt werden). Eine für MIMO-Systeme oft nützlichere Darstellung bieten die sogenannten Sigma-Plots, welche alle Singulärwerte oder den größten und den kleinsten Singulärwert $\sigma_{\max}$ und $\sigma_{\min}$ von $G(i\omega)$ gegen $\omega \in \mathbb{R}_+$ auftragen, wobei erneut eine logarithmische Skalierung genutzt werden

---

[1]Der Bode-Plot wurde mit der MATLAB-Funktion bode aus der Control System Toolbox erzeugt, konkret sys = dss(A,B(:,[1,3]),C([1],:),0,E); bode(sys);title ('Bode-Plot');.

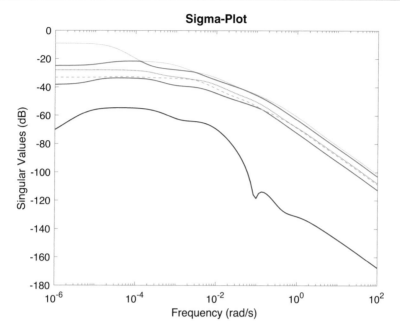

Abb. 2.3 Sigma-Plot für Beispiel aus Abschn. 3.1 mit $n = 1357$, $m = 7$, $p = 6$.

kann. Abb. 2.3 zeigt beispielhaft einen vollständigen Sigma-Plot[2] für das Anwendungsbeispiel, welches in Abschn. 3.1 näher erläutert wird. In dem Beispiel sind $n = 1357$, $m = 7$ und $p = 6$. Es gibt daher sechs Singulärwerte größer null.

---

[2]Der Sigma-Plot wurde mit der MATLAB-Funktion `sigma` aus der Control System Toolbox erzeugt, konkret `sys = dss(A,B,C,0,E); sigma(sys);title('Sigma-Plot');`, sowie einige Änderungen, um die einzelnen Kurven farbig unterschiedlich darzustellen.

Einige Anwendungsbeispiele

3

In diesem Kapitel betrachten wir einige Testbeispiele, die in der Literatur als Benchmarks für den Test von Modellreduktionsverfahren hergenommen werden. Diese stammen i. d. R. aus der Modellierung realer Anwendungsprobleme. Dabei entsteht die Zustandsgleichung oft aus der Diskretisierung einer zeitabhängigen partiellen Differenzialgleichung im Ort, z. B. mittels der Methode der finiten Elemente (FEM). Wir behandeln hier nur die resultierenden LZI-Systeme und deren Realisierung durch die Matrizen A, B, C, D, E, ohne dass weiteres Wissen, wie diese zustande gekommen sind, vonnöten ist. Die betrachteten Beispiele werden im MOR Wiki [124] zur Verfügung gestellt. Dort findet man auch Hinweise zu weiterer Literatur, die insbesondere die den Beispielen zugrundeliegenden Anwendungsprobleme und deren Modellierung näher beschreibt. Man findet im MOR Wiki noch eine Reihe weiterer Beispiele, wovon viele aus den beiden Beispielsammlungen der „Oberwolfach Benchmark Collection" [83] und der „SLICOT Model Reduction Benchmark Collection" [29] stammen. Wir haben hier eine Auswahl von prägnanten Beispielen mit unterschiedlichen Charakteristiken getroffen, um die Eigenschaften der von uns beschriebenen Methoden anhand dieser Systeme zu veranschaulichen. Zudem geben wir hier einen kleinen Einblick in den Hintergrund der Modelle. Es ist jedoch für die weitere Verwendung der Beispiele im Kontext dieses Buchs nicht erforderlich, den physikalisch-technischen Hintergrund im Detail nachvollziehen zu können.

Die Daten der Beispiele können von den jeweiligen MOR Wiki Seiten geladen werden. Die einzelnen Matrizen sind dabei in einem komprimierten Format, dem sogenannten Matrix Market Format, gespeichert. Das Einlesen in MATLAB erfolgt z. B. durch die MATLAB-Funktion `mmread`, die man auf der Matrix Market Homepage

http://math.nist.gov/MatrixMarket/

© Springer-Verlag GmbH Deutschland, ein Teil von Springer Nature 2024   15
P. Benner und H. Faßbender, *Modellreduktion*, Springer Studium Mathematik (Master),
https://doi.org/10.1007/978-3-662-67493-2_3

findet[1]. Die Daten für das folgende, erste Beispiel findet man z. B. unter

   https://morwiki.mpi-magdeburg.mpg.de/morwiki/index.php/Steel_Profile.

Speichert man nun eine der dort verfügbaren gezippten Dateien und entpackt diese, so liegt die A-Matrix des zugehörigen LZI-Systems im Matrix Market Format in einer Datei namens `rail_1357_c60.A` vor. Um die Matrix dann in MATLAB zu verwenden, ruft man

```
>> A = mmread('rail_1357_c60.A');
```

auf. Analog verfährt man für die anderen Systemmatrizen und Beispiele.

3.1 Abkühlung von Stahlprofilen

Das erste Beispiel stammt aus der Modellierung eines Abkühlungsprozesses von Stahlträgern oder Eisenbahnschienen im Walzwerk. In einem Walzwerk werden aus Stahl durch Walzen Produkte wie z. B. Bleche, Rohre, oder eben Träger und Schienen hergestellt. Dazu werden Stahlblöcke erhitzt, um in die gewünschte Form gebracht werden zu können. Dazu sind verschiedene Arbeitsschritte bei unterschiedlichen Temperaturen des Rohmaterials nötig. Aus ökonomischen Gründen ist eine möglichst rasche Abkühlung auf die gewünschte Arbeitstemperatur gewünscht. Diese Abkühlung geschieht durch das Aufsprühen einer Kühlflüssigkeit, wobei eine gewisse Anzahl an Sprühköpfen so verteilt ist, dass der Stahlträger beim Durchfahren der Kühleinheit möglichst gleichmäßig abgekühlt werden kann. Dem ökonomischen Interesse der möglichst schnellen Abkühlung steht das Ziel gegenüber, optimale Produkteigenschaften zu gewährleisten, also z. B. vorgegebene Anforderungen an Festigkeit, Elastizität und Härte einzuhalten. Zu schnelles Abkühlen kann u. U. zur Sprödigkeit des Stahls oder gar Rissen im Material führen, was es natürlich zu vermeiden gilt. Dazu sollten die Temperaturunterschiede innerhalb des Materials während des Abkühlprozesses nicht zu groß werden, d. h. man versucht die Temperaturgradienten zu beschränken. Daher wird der Kühlprozess zunächst am Simulationsmodell optimiert, wozu oft eine hohe Zahl an Simulationen mit verschiedenen Einstellungen für die Sprühköpfe erforderlich ist – sei es, dass verschiedene Einstellungen vorgegeben und getestet werden, oder automatisiert durch Optimierungssoftware eine ideale Steuerung des Abkühlvorgangs gefunden werden soll. Da es sich beim zugrundeliegenden Modell um eine Wärmeleitungsgleichung auf einem zunächst dreidimensionalen Rechengebiet handelt, führt die Diskretisierung mit der FEM auf recht hochdimensionale Systeme. Modellreduktion kann hier helfen, den Optimierungsprozess stark zu beschleunigen, da die vielen nötigen Simulationsläufe dann mit dem reduzierten Modell durchgeführt werden können.

---

[1] Genauer gesagt, unter https://math.nist.gov/MatrixMarket/mmio/matlab/mmiomatlab.html.

Abb. 3.1 Zweidimensionale Ansicht des Schnitts durch das Profil einer Stahlschiene, wobei die reale Schnittfläche entsteht, wenn man das Profil am linken Rand spiegelt. Links sieht man die Vernetzung eines groben Rechengitters für die FEM, rechts die Unterteilung des Rands in acht Teilränder. Quelle: [22]

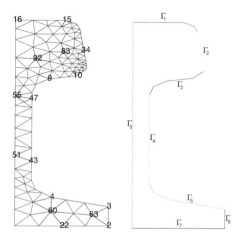

Im betrachteten Beispiel eines Schienenprofils kann man aufgrund der wesentlich größeren Länge im Vergleich zur Breite einer Eisenbahnschiene homogene Eigenschaften in Längsrichtung voraussetzen, sodass man nur noch ein 2D Modell betrachten muss. Dies kann man bereits als eine *reduzierte Modellierung* auffassen, da durch die Reduktion von zwei auf drei Dimensionen die Komplexität des Modells reduziert wird. Eine weitere Reduktion erreicht man durch Ausnutzung der Symmetrie des Profils, sodass man nur noch die Hälfte des Querschnitts betrachtet, wie in Abb. 3.1 zu sehen. Dort erkennt man, dass im Modellproblem der Rand des Rechengebiets in acht Abschnitte aufgeteilt wurde: Den durch die Symmetrieausnutzung entstehenden künstlichen Rand Γ_0 sowie die Teilränder Γ_1 bis Γ_7, für die jeweils ein Sprühkopf zuständig ist. Wir erhalten also sieben Steuerungsgrößen, sodass hier $u(t) \in \mathbb{R}^7$ und damit $m = 7$. In Abb. 3.1 (links) sieht man auch ein grobes Rechengitter, in dem einige Knoten ausgezeichnet wurden. Diese werden verwendet, um modellhaft die Temperaturgradienten innerhalb des Stahlprofils an den Knoten 51, 56, 60, 63, 83 und 92 zu messen. Dabei werden Differenzen zwischen benachbarten Knoten hergenommen, die Details kann man aus der Matrix C ablesen. Insgesamt ergeben sich hier sechs Temperaturgradienten verteilt über das Schienenprofil, womit wir einen Ausgangsvektor $y(t) \in \mathbb{R}^6$, also $p = 6$ erhalten.

Nach der FEM Diskretisierung der Wärmeleitungsgleichung erhält man dann ein LZI-System der Form

$$E\dot{x}(t) = Ax(t) + Bu(t), \tag{3.1}$$
$$y(t) = Cx(t).$$

Dabei sind E und $-A$ symmetrisch positiv definit und sehr dünn besetzt (d. h., die Matrizen haben nur sehr wenige Einträge ungleich null). Das Besetzungsprofil von E und A ist in Abb. 3.2 abgebildet.[2] Wie bereits oben ausgeführt, ergibt sich ein MIMO

---

[2]Die Abbildungen wurden in MATLAB durch die Befehle ‚spy(E)‘ bzw. ‚spy(A)‘ erzeugt.

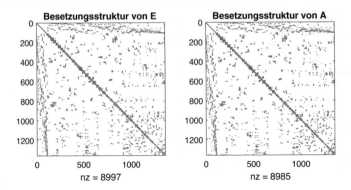

Abb. 3.2 Diese Abbildung zeigt die Besetzungsstruktur der E- und A-Matrix des LZI-Systems für das Stahlprofilbeispiel mit $n = 1357$. Jeder Punkt zeigt einen Nichtnulleintrag an. Deren Anzahl ist mit „nz"angegeben, woran man erkennt, dass zur Speicherung der Matrizen deutlich weniger Speicherplatz benötigt wird, wenn man die Nulleinträge nicht abspeichert, sondern nur Wert und Position (i, j) derjenigen e_{ij} und a_{ij} ungleich null!

System mit $m = 7$ und $p = 6$ sowie $D = 0$. Eine unterschiedlich feine Auflösung des Rechengebiets führt dabei auf unterschiedliche Dimensionen des Zustandsraums bzw. Ordnungen des Systems. Dies sind für ein bis vier Verfeinerungsschritte des ursprünglichen Rechengitters: $n = 1357, 5177, 20.209, 79.814$. Damit eignet sich dieses Modell aufgrund der variierenden Größe insbesondere dazu, Algorithmen hinsichtlich ihres steigenden Rechenaufwands bei steigender Systemdimension zu testen. Die Eigenschaften der Übertragungsfunktion ändern sich mit zunehmender Systemdimension hier nur geringfügig. Der Bode-Plot, der bereits in Abb. 2.2 gezeigt wurde, zeigt einen recht glatten und damit eher einfach zu approximierenden Verlauf der Funktionsgraphen aller I/O-Funktionen (also der 42 verschiedenen Übertragungsfunktionen vom i-ten Eingang zum j-ten Ausgang mit $i \in \{1, \ldots, 7\}$ und $j \in \{1, \ldots, 6\}$, von denen allerdings nur zwei abgebildet sind).

Weitere Details und Hintergründe des mathematischen Modells findet man in [22] sowie in den dort aufgeführten Referenzen.

3.2   Konvektive Thermodynamische Systeme

Im vorangegangenen Beispiel wurde die Wärmeausbreitung nur über Diffusion betrachtet. Das führt dazu, dass die bei der Diskretisierung entstehende Steifigkeitsmatrix symmetrisch positiv definit ist, d. h. A in (3.1) ist negativ symmetrisch definit. Findet auch ein Wärmetransport über Konvektion (Strömungstransport) statt, z. B. durch Wind oder in einer strömenden Flüssigkeit, so führt der entsprechende Term in der zugrundeliegenden partiellen Differenzialgleichung nach Diskretisierung durch FEM oder finite Differenzen auf eine nichtsymmetrische Matrix. Die LZI-Systeme haben ebenfalls die Gestalt (3.1).

Im MOR Wiki findet man u. a. eine Reihe solcher Beispiele aus der Mikrosystemtechnik, von denen wir hier zwei herausgreifen [123]. Konkret handelt es sich dabei um die beiden Datensätze

1. `Convection-dim1e4-flow_meter_model_v0.5`,
2. `Convection-dim1e4-chip_cooling_model_v0.1`.

Die beiden anderen dort vorhandenen Beispielsätze betrachten die gleichen Bauteile, aber ohne konvektiven Wärmetransport. Mikrosysteme sind miniaturisierte technische Systeme bestehend aus Komponenten, deren Größe sich im Bereich von wenigen Mikrometern bewegt.

Die Dimensionen der betrachteten Beispiele sind hierbei so groß, dass eine Berechnung der Bode- und Sigma-Plots je nach Größe des verfügbaren Hauptspeichers nicht mehr sinnvoll oder gar unmöglich ist. Die Funktionen der MATLAB Control System Toolbox, zu denen z. B. `bode` und `sigma` gehören, nutzen die dünne Besetzungsstruktur der beiden Beispiele (siehe dazu Abb. 3.3) nicht aus, sondern behandeln alle Matrizen des LZI-Systems als dicht besetzt. Die notwendigen Algorithmen zur Berechnung der Bode- und Sigma-Plots benötigen dann aber Speicherplatz bzw. einen Rechenaufwand, der proportional zu n^2 bzw. n^3 wächst, und damit bei den hier vorliegenden Dimensionen bereits zu erheblichen Rechenzeiten und Speichererfordernissen führt. Daher wurden die Graphen für die beiden folgenden „Bode-Plots"wie folgt erzeugt:

```
>> lw=200; wmin=-2; wmax=3;
>> w=logspace(wmin,wmax,lw); y=zeros(p,lw);
>> imath=sqrt(-1);
>> for k=1:lw, y(:,k)=(C*((imath*w(k)*E-A)\B))'; end
>> y_db=20*log10(abs(y));
```

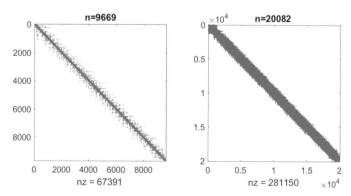

Abb. 3.3 Diese Abbildung zeigt die Besetzungsstruktur der Matrizen A des LZI-Systems für den konvektiven Wärmefluss mit $n = 9669$ (links) und $n = 20.082$ (rechts). Die Matrizen haben $nz = 67.391$ bzw. $nz = 281.150$ Einträge ungleich null. Beachte, dass bei beiden LZI-Systemen E diagonal ist.

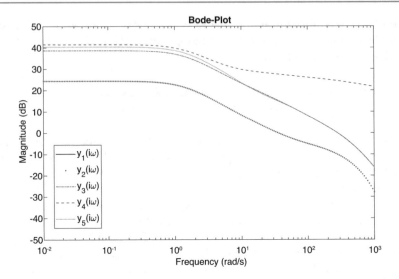

Abb. 3.4 Frequenzgang der fünf I/O-Funktionen für den Anemometer.

Dabei erzeugt die letzte Zeile das Signal in der Maßeinheit „Dezibel (dB)". Zum Plotten kann man dann die Funktion semilogx verwenden, um Achsen zu erhalten, die analog zu den von den MATLAB-Funktionen bode, bodemag und sigma erzeugten Plots skaliert sind.

Der erste Datensatz gehört zu einem Anemometer. Dies ist ein Mikrosystem zur Messung von Strömungsgeschwindigkeiten. Mit dem Anemometer wird eine Wärmequelle in eine Strömung eingebracht. Zwei Sensoren, links und rechts der Wärmequelle, messen die Temperatur der vorbeifließenden Flüssigkeit. Aus deren Differenz kann dann auf die Strömungsgeschwindigkeit des Fluids zurück geschlossen werden. Neben den beiden Sensoren gibt es noch drei weitere Ausgangsgrößen, wobei diese die Temperatur an der Wärmequelle (links, mittig, rechts) liefern. Hier führt die FEM auf ein System mit $n = 9669$ Zustandsgrößen, $m = 1$ Wärmequelle, und wie gerade beschrieben, $p = 5$ Ausgangssignalen.

Das zweite Beispiel aus der gleichen Klasse von Diskretisierungen für den konvektiven Wärmefluss in Mikrosystemen beschreibt die Abkühlung von Computerchips. Da diese sich bei hoher Auslastung oft stark erhitzen, ist es erforderlich, eine Kühlung vorzusehen. Der vorliegende zweite. Datensatz stammt aus der Modellierung einer solchen Problematik. Die Diskretisierung erfolgte auch hier durch die FEM, was diesmal zu einem LZI-System mit $n = 20.082, m = 1, p = 5$ führt. Man beachte hier, dass das Abspeichern der Matrizen A und E als dicht besetzte Matrizen einen Speicheraufwand von etwa $770 MB$ erfordern würde. Bei Verwendung von bode oder sigma müssten beide Matrizen im Arbeitsspeicher des verwendeten Computers gehalten werden! Die Amplitude der fünf Ausgangssignale ist in Abb. 3.5 dargestellt.

Obwohl in beiden Datensätzen die Matrix A nicht mehr symmetrisch ist, sind die Frequenzgänge wie in den beiden Abb. 3.4 und 3.5 zu sehen, immer noch recht

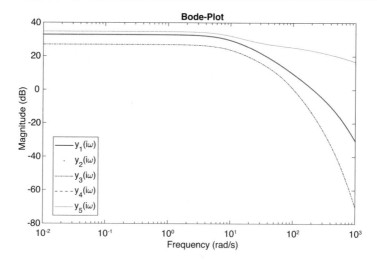

Abb. 3.5 Frequenzgang der fünf I/O-Funktionen für die Chip-Kühlung. Man beachte, dass jeweils der erste und zweite sowie dritte und vierte Ausgang optisch denselben Graph ergeben, jedoch in ihren tatsächlichen Werten voneinander abweichen.

glatt und damit relativ einfach zu approximieren. Für die numerischen Algorithmen ergeben sich aber durch die Nicht-Symmetrie von A zusätzliche Schwierigkeiten, die wir im späteren Verlauf erklären werden.

Die weiteren Details und Hintergründe der mathematischen Modelle findet man in [98] sowie in den dort aufgeführten Referenzen.

3.3 International Space Station

Die International Space Station (ISS) (siehe Foto links in Abb. 3.6) ist die einzige zur Zeit ständig bemannte Raumstation und das größte außerirdische Bauwerk der Menschheitsgeschichte.[3]

Für einige Module der ISS existieren Datensätze für das mechanisch-dynamische Verhalten der Konstruktion. Dabei handelt es sich um das russische Servicemodul 1R und das vorassemblierte P3/P4-Element, bestehend aus einer sogenannten Gitterstruktur (im Englischen *truss structure*) P3 und dem Solarzellenträger P4, das bei der Mission 12A[4] im September 2006 mit einem Space-Shuttle in den Orbit gebracht und am P1-Träger montiert wurde[5], siehe Foto rechts in Abb. 3.6.

Die beiden verfügbaren Datensätze der zugehörigen LZI-Systeme – hier im MAT-LAB internen .mat Format – sind entsprechend bezeichnet:

---

[3] https://de.wikipedia.org/wiki/Internationale_Raumstation, aufgerufen am 06.09.2019.
[4] https://www.nasa.gov/mission_pages/station/structure/iss_assembly_12a.html, aufgerufen am 06.09.2019.
[5] https://de.wikipedia.org/wiki/Integrated_Truss_Structure, aufgerufen am 06.09.2019.

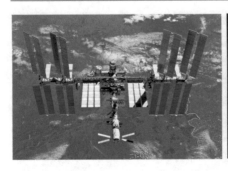

Abb. 3.6 Links: International Space Station (ISS). Rechts: Servicemodul 1R und das vorassemblierte P3/P4-Element. Urheberschaft: NASA. Links: https://upload.wikimedia.org/wikipedia/commons/d/d7/STS-133_International_Space_Station_after_undocking_5.jpg. Rechts: https://upload.wikimedia.org/wikipedia/commons/8/8c/STS-115_ISS_after_undocking.jpg

iss1r – Matrizen A, B, C für das russische Servicemodul 1R,
iss12a – Matrizen A, B, C für das Element P3/P4, benannt nach der Mission 12A.

In beiden Fällen handelt es sich um Modelle zur Analyse des mechanischen Verhaltens, um z. B. Schwingungen zu modellieren und damit das Verhalten bei äußeren Anregungen vorherzusagen. Dies führt auf lineare Systeme zweiter Ordnung der Form

$$M\ddot{z}(t) + L\dot{z}(t) + Kz(t) = \widetilde{B}u(t), \tag{3.2a}$$

$$y(t) = C_p z(t) + C_v \dot{z}(t). \tag{3.2b}$$

Hierbei sind $M, L, K \in \mathbb{R}^{\tilde{n} \times \tilde{n}}$, M, K symmetrisch positiv definit, $L = L^T$, und $\widetilde{B} \in \mathbb{R}^{\tilde{n} \times m}$, $C_p, C_v \in \mathbb{R}^{p \times \tilde{n}}$. Die Einträge von $z(t)$ beschreiben die Auslenkungen der Struktur in einzelnen Knotenpunkten des zugrundeliegenden Gittermodells (zur Illustration der Begriffe Gittermodell und Auslenkung siehe Abb. 3.7). Durch die bei Differenzialgleichungen höherer Ordnung übliche Linearisierung $x(t) = \begin{bmatrix} z(t) \ \dot{z}(t) \end{bmatrix}^T$ erhält man ein LZI-System in der Form (3.1) mit

$$A = \begin{bmatrix} 0 & I_{\tilde{n}} \\ -M^{-1}K & -M^{-1}L \end{bmatrix}, \quad B = \begin{bmatrix} 0 \\ \widetilde{B} \end{bmatrix}, \quad C = \begin{bmatrix} C_p & C_v \end{bmatrix},$$

d. h. $n = 2\tilde{n}$. Bei beiden ISS Modellen werden nur die Veränderungen der Auslenkungen gemessen, sodass $C_p = 0$ gilt. Beiden Modellen ist ebenfalls gemein, dass es jeweils drei Eingangs- und Ausgangssignale gibt, d. h. $m = p = 3$ in beiden Fällen. Die Ordnung der LZI-Systeme ergibt sich zu

iss1r $- \tilde{n} = 135$, also $n = 270$;
iss12a $- \tilde{n} = 706$, also $n = 1412$.

Da beide Datensätze einer sogenannten modalen Analyse entstammen, sind die Modelle bereits auf das wesentliche reduziert und die Matrizen M, L, K diagonal. Die Eigenwerte von A sind hier alle komplexwertig, die Spektren für beide Modelle

Abb. 3.7 Illustration eines sehr einfachen Gittermodels für einen Träger, der an den rot markierten Punkten fix befestigt ist. Wirken Kräfte wie eingezeichnet auf den Träger ein, so „verbiegt" sich dieser leicht, wie im unteren Bild angedeutet. Dabei ändern alle weiß gekennzeichneten Knotenpunkte ihre Position. Die Auslenkung in den einzelnen Knotenpunkten beschreibt die aktuelle Entfernung des Punktes von seiner Ruhelage im oberen Bild.

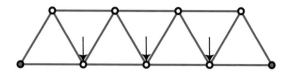

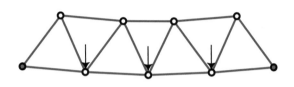

sind in Abb. 3.8 dargestellt. Wie wir später sehen werden, ist es dabei wichtig, dass alle Eigenwerte λ von A in der linken Halbebene liegen, also alle Realteile echt kleiner null sind, auch wenn das in der Abbildung schwer zu erkennen ist – die maximalen Realteile sind $-0{,}0031$ für ISS. 1R bzw. $-0{,}0021$ für ISS. 12A.

Den Bode-Plot für das ISS Modul 1R findet man in Abb. 3.9, die Sigma-Plots für beide Modelle in Abb. 3.10. Hierbei wird für den Bode-Plot nur die Amplitude gezeigt (in MATLAB mittels `load iss1r; iss1r = ss(A,B,C,0);`

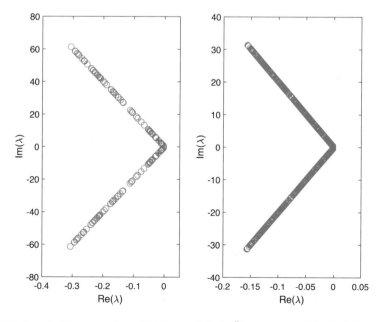

Abb. 3.8 Lage der Eigenwerte der A-Matrix, bzw. Pole der Übertragungsfunktion in der komplexen Ebene, für das ISS Modul 1R (links) bzw. P3/P4 (rechts), Real- vs. Imaginärteile.

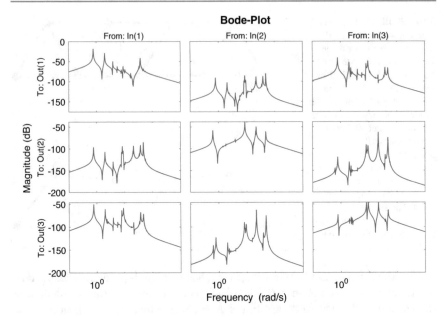

Abb. 3.9 Bode-Plot (Amplitude) der 9 I/O-Funktionen für das ISS Modul 1R.

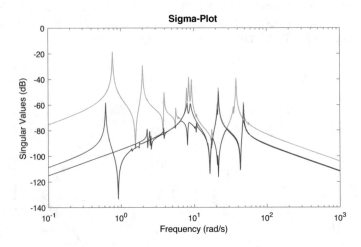

Abb. 3.10 Sigma-Plot für das ISS Modul 1R.

`bodemag(iss1r); title('Bode-Plot')` erzeugt). Man sieht, dass hier die Übertragungsfunktion sehr viel weniger glatt verläuft als bei den Beispielen zur Wärmeübertragung. Das deutet bereits darauf hin, dass hier die Übertragungsfunktion schwieriger zu approximieren ist als bei den vorausgegangenen Beispielen.

Weitere Details und Hintergründe des mathematischen Modells findet man in [29, 30, 63].

Grundlagen aus der (numerischen) linearen Algebra

4

In diesem Kapitel werden einige Grundlagen aus der (numerischen) linearen Algebra wiederholt bzw. vorgestellt. Einige Abschnitte sollten Studierenden in einem mathematisch-orientierten Masterstudiengang bekannt sein (z. B. die Abschn. 4.1, 4.4 oder 4.9), diese Abschnitte dienen vornehmlich der Einführung der im folgenden verwendeten Begriffe und der Wiederholung der wesentlichen hier benötigten Konzepte. Andere Abschnitte gehören nicht überall zum Standardstoff. Beweise und weiterführende Informationen finden sich u. a. in [46,58,81,91].

Im Folgenden sei entweder $\mathbb{K} = \mathbb{R}$ oder $\mathbb{K} = \mathbb{C}$.

4.1 Bild, Kern and Rang einer Matrix

Sei $A \in \mathbb{K}^{m \times n}$. Das *Bild* oder der *Spaltenraum* von A ist definiert als

$$\mathrm{Bild}(A) = \left\{ y \in \mathbb{K}^m \mid \text{ es existiert ein } x \in \mathbb{K}^n \text{ mit } y = Ax \right\}.$$

Der *Kern* oder der *Nullraum* von A ist die Menge der Vektoren x mit $Ax = 0$, wobei 0 der 0-Vektor in $\mathbb{K}^m$ sei,

$$\mathrm{Kern}(A) = \left\{ x \in \mathbb{K}^n \mid Ax = 0 \right\}.$$

Die Vektoren $v_1, v_2, \ldots, v_k$ in $\mathbb{K}^n$ sind *linear unabhängig,* wenn aus $\sum_{i=1}^{k} \alpha_i v_i = 0$ stets $\alpha_i = 0$ für alle $i = 1, \ldots, k$ folgt. Andernfalls ist eine nichttriviale Kombination der v_i null und $\{v_1, v_2, \ldots, v_n\}$ sind *linear abhängig.* Für eine Menge von Vektoren $\{v_1, v_2, \ldots, v_k\}$ wird die Menge aller Linearkombinationen dieser Vektoren mit

P. Benner und H. Faßbender, *Modellreduktion*, Springer Studium Mathematik (Master), https://doi.org/10.1007/978-3-662-67493-2_4

Spann von $\{v_1, v_2, \ldots, v_k\}$ bezeichnet,

$$\mathcal{V} = \mathrm{span}\{v_1, v_2, \ldots, v_k\} = \left\{\sum_{i=1}^{k} \beta_i v_i, \beta_i \in \mathbb{K}\right\}.$$

Häufig werden die Vektoren $v_1, v_2, \ldots, v_k$ als Spalten einer Matrix

$$V = \begin{bmatrix} v_1 & v_2 & \cdots & v_k \end{bmatrix} \in \mathbb{K}^{n \times k}$$

aufgefasst und kurz span V statt $\mathrm{span}\{v_1, v_2, \ldots, v_k\}$ geschrieben. Die Anzahl der linear unabhängigen Vektoren in $\{v_1, v_2, \ldots, v_k\}$ heißt *Dimension* des Raums span V. Der Spann von $\{v_1, v_2, \ldots, v_k\}$ mit $v_i \in \mathbb{K}^n, i = 1, \ldots, n$, ist ein Untervektorraum des $\mathbb{K}^n$. Für ein $x \in \mathbb{K}^n \backslash \mathcal{V}$ wird $x + \mathcal{V}$ eine *lineare Mannigfaltigkeit* (auch *affiner Unterraum*) genannt.

Das Bild einer Matrix $A \in \mathbb{K}^{m \times n}$ ist ein Untervektorraum des $\mathbb{K}^m$, während der Kern von A ein Untervektorraum von $\mathbb{K}^n$ ist. Es gilt

Theorem 4.1. *Sei* $A \in \mathbb{K}^{m \times n}$. *Dann gilt*

$$\mathrm{Kern}(A) = \left(\mathrm{Bild}(A^H)\right)^{\perp},$$

$$\mathrm{Kern}(A^H) = (\mathrm{Bild}(A))^{\perp},$$

wobei $\mathcal{V}^{\perp} = \{x \in \mathbb{K}^n \mid x^H v = 0 \text{ für alle } v \in \mathcal{V}\}$ *das* orthogonale Komplement *eines Untervektorraums* $\mathcal{V} \subseteq \mathbb{K}^n$ *bezeichnet. Insbesondere gilt*

$$\mathrm{Bild}(A) \oplus \mathrm{Kern}(A^H) = \mathbb{K}^m,$$

$$\mathrm{Kern}(A) \oplus \mathrm{Bild}(A^H) = \mathbb{K}^n.$$

Man nennt die vier im Zusammenhang mit A stehenden Unterräume aus Theorem 4.1 auch die *vier fundamentalen Unterräume von A*.

Für eine Matrix $A \in \mathbb{K}^{n \times m}$ ist der *Spaltenrang* definiert als die Dimension des Spaltenraums und der *Zeilenrang* als die Dimension des Zeilenraums. Der Zeilen- und Spaltenrang einer Matrix ist gleich. Daher spricht man vom (wohldefinierten) *Rang* der Matrix. Eine Matrix $A \in \mathbb{K}^{n \times m}$ hat vollen Rang, falls $\mathrm{rang}(A) = \min\{m, n\}$.

Für $A \in \mathbb{K}^{m \times n}$ gilt der *Dimensionssatz*

$$n = \dim(\mathrm{Bild}(A)) + \dim(\mathrm{Kern}(A)), \tag{4.1}$$

sowie

$$\mathrm{rang}(A) = r \iff \dim(\mathrm{Bild}(A)) = r,$$

und

$$\text{rang}(A) = r \iff \dim(\text{Kern}(A)) = n - r.$$

Ist $r < n$, so folgt $\text{Kern}(A) \neq \{0\}$.

Das folgende Theorem fasst einige äquivalente Bedingungen für die Invertierbarkeit einer quadratischen Matrix zusammen.

Theorem 4.2. *Sei $A \in \mathbb{K}^{n \times n}$. Die folgenden Aussagen sind äquivalent:*

a) A besitzt eine Inverse A^{-1}.
b) $\text{rang}(A) = n$.
c) $\text{Kern}(A) = \{0\}$.
d) $\text{Bild}(A) = \mathbb{K}^n$.
e) $\det(A) \neq 0$.
f) 0 ist kein Eigenwert von A.

Man nennt ein solches A nichtsingulär oder regulär.

Abschließend werden noch einige Ergebnisse zum Rang einer Matrix und eines Matrixprodukts angegeben. Für den Rang einer Matrix $A \in \mathbb{K}^{n \times m}$ gilt

$$\text{rang}(A) \leq \min\{m, n\}.$$

Die Transponierte A^T einer Matrix A hat den gleichen Rang wie A,

$$\text{rang}(A) = \text{rang}(A^T).$$

Zudem gilt, falls A reell ist,

$$\text{rang}(A) = \text{rang}(A^T A) = \text{rang}(A A^T) = \text{rang}(A^T).$$

Für zwei Matrizen $A \in \mathbb{K}^{n \times m}$ und $B \in \mathbb{K}^{n \times m}$ gilt die Subadditivität

$$\text{rang}(A + B) \leq \text{rang}(A) + \text{rang}(B).$$

Die Rangungleichungen von Sylvester besagen: Für eine Matrix $A \in \mathbb{K}^{n \times m}$ und eine Matrix $B \in \mathbb{K}^{m \times \ell}$ gilt:

$$\text{rang}(A) + \text{rang}(B) - m \leq \text{rang}(A \cdot B) \leq \min\{\text{rang}(A), \text{rang}(B)\}. \qquad (4.2)$$

4.2   Eigenwerte, -vektoren und invariante Unterräume

Definition 4.3. Sei $A \in \mathbb{K}^{n \times n}$. Dann heißt $\lambda \in \mathbb{C}$ ein *Eigenwert* von A zum *(Rechts-)* *Eigenvektor* $x \in \mathbb{C}^n$, $x \neq 0$, wenn

$$Ax = \lambda x.$$

Die Menge aller Eigenwerte heißt das *Spektrum* von A und wird hier mit

$$\Lambda(A) = \{\lambda \in \mathbb{C} \mid \text{ es existiert ein } x \in \mathbb{C}^n, \ x \neq 0 \text{ mit } Ax = \lambda x\}$$

bezeichnet. Den Betrag des betragsgrößten Eigenwerts nennt man *Spektralradius*

$$\rho(A) = \max\{|\lambda| \mid \lambda \in \Lambda(A)\}.$$

Der Menge aller Eigenvektoren zu einem Eigenwert λ vereinigt mit dem Nullvektor wird als der *Eigenraum* $\text{Eig}(A, \lambda)$ zum Eigenwert λ bezeichnet,

$$\text{Eig}(A, \lambda) = \{x \in \mathbb{C}^n \mid Ax = \lambda x\}.$$

Die Dimension des Eigenraums $\text{Eig}(A, \lambda)$ wird als *geometrische Vielfachheit* von λ bezeichnet.

Ein *Linkseigenvektor* $y \in \mathbb{C}^n$, $y \neq 0$ zum Eigenwert λ ist definiert durch

$$y^H A = \lambda y^H.$$

Aus $Ax = \lambda x$, $x \neq 0$, folgt, dass $(A - \lambda I)x = 0$ für ein $x \neq 0$ gilt. Daher muss $A - \lambda I$ singulär sein, denn das homogene lineare Gleichungssystem besitzt nur dann eine Lösung $\neq 0$. Dies ist äquivalent zu $\det(A - \lambda I) = 0$.

Theorem 4.4. *λ ist ein Eigenwert von A genau dann, wenn* $\det(A - \lambda I) = 0$.

Das *charakteristische Polynom* $\det(A - \lambda)$ der Matrix A ist ein Polynom vom Grad n. Die Eigenwerte von A sind nach Theorem 4.4 gerade die Nullstellen des charakteristischen Polynoms. Das charakteristische Polynom $p(\lambda) = \det(A - \lambda I)$ hat nach dem Fundamentalsatz der Algebra genau n reelle oder komplexe Nullstellen, falls sie mit der entsprechenden Vielfachheit gezählt werden,

$$\det(A - \lambda I) = (\lambda - \lambda_1)^{k_1}(\lambda - \lambda_2)^{k_2} \cdots (\lambda - \lambda_j)^{k_j}, \qquad \sum_{i=1}^{j} k_i = n.$$

Die Vielfachheit eines Eigenwertes als Nullstelle des charakteristischen Polynoms bezeichnet man als *algebraische Vielfachheit*.

Anmerkung 4.5. Man beachte, dass das charakteristische Polynom einer reellwertigen Matrix A nur über den komplexen Zahlen in Linearfaktoren zerfällt. Eine reelle Matrix hat daher nicht notwendigerweise nur reelle Eigenwerte, sie kann (und wird i. d. R.) komplexe Eigenwerte besitzen. Falls komplexwertige Eigenwerte existieren, so müssen diese in komplex-konjugierten Paaren $(\lambda, \overline{\lambda})$ auftreten. Ist also $\lambda \in \mathbb{C}$ ein Eigenwert der Matrix $A \in \mathbb{R}^{n \times n}$, dann ist auch $\overline{\lambda}$ ein Eigenwert von A. Ist $x \in \mathbb{C}^n$ ein Eigenvektor zum Eigenwert $\lambda \in \mathbb{C}$, also $Ax = \lambda x$, dann folgt wegen

$$A\overline{x} = \overline{Ax} = \overline{\lambda x} = \overline{\lambda}\,\overline{x},$$

dass $y = \overline{x}$ ein Eigenvektor zum Eigenwert $\overline{\lambda}$ ist. Hat $A \in \mathbb{R}^{n \times n}$ einen reellen Eigenwert, dann können zugehörige Eigenvektoren immer reellwertig gewählt werden.

Folgende Fakten ergeben sich als einfache Konsequenzen aus dem Bisherigen für $A \in \mathbb{K}^{n \times n}$:

1. Die geometrische Vielfachheit ist höchstens gleich der algebraischen Vielfachheit.
2. Ist λ ein Eigenwert einer invertierbaren Matrix A zum Eigenvektor x, so ist $\frac{1}{\lambda}$ Eigenwert der inversen Matrix von A zum Eigenvektor x.
3. Sind λ_i die Eigenwerte der Matrix A, so gilt $\sum_{i=1}^n \lambda_i = \sum_{i=1}^n a_{ii}$ und $\prod_{i=1}^n \lambda_i =$ $\det(A)$, wobei bei mehrfachen Eigenwerten die Vielfachheit zu beachten ist. Die Summe der Diagonalelemente der Matrix A wird *Spur* von A genannt, d. h., $\operatorname{Spur}(A) = \sum_{i=1}^n a_{ii} = \sum_{i=1}^n \lambda_i$.
4. Das Spektrum einer Matrix A ist gleich dem Spektrum der transponierten Matrix, $\Lambda(A) = \Lambda(A^T)$. Die Eigenvektoren und Eigenräume müssen nicht übereinstimmen.
5. Analog gilt $\Lambda(A^H) = \Lambda(\overline{A}) = \overline{\Lambda(A)}$.

Jede quadratische Matrix ist Nullstelle ihres charakteristischen Polynoms, wobei ein skalares Polynom vom Grad k

$$p(\lambda) = \alpha_0 + \alpha_1 \lambda + \cdots + \alpha_k \lambda^k$$

als Abbildung von $\mathbb{K}^{n \times n} \to \mathbb{K}^{n \times n}$ aufgefasst wird,

$$p(A) = \alpha_0 + \alpha_1 A + \cdots + \alpha_k A^k.$$

Theorem 4.6 (Satz von Cayley-Hamilton). *Für eine Matrix $A \in \mathbb{K}^{n \times n}$ und ihr charakteristisches Polynom $p_A(\lambda) = \det(A - \lambda I)$ gilt $p_A(A) = 0 \in \mathbb{R}^{n \times n}$.*

Im Prinzip reduziert sich die Berechnung der Eigenwerte auf die Bestimmung der Nullstellen des charakteristischen Polynoms. Dies ist für größere n nicht mit direkten Methoden lösbar. Man nutzt deshalb folgendes Ergebnis über Ähnlichkeitstransformationen.

Theorem 4.7. *Seien* $A, B, P \in \mathbb{K}^{n \times n}$ *mit* $B = PAP^{-1}$ *(d. h. A und B sind* ähnlich*). Dann haben A und B dasselbe charakteristische Polynom (und damit dieselben Eigenwerte),* $\det(A - \lambda I) = \det(B - \lambda I)$.

Theorem 4.8. *Sei* $A \in \mathbb{K}^{n \times n}$. *Dann existiert eine reguläre Matrix* $T \in \mathbb{C}^{n \times n}$, *sodass* $T^{-1}AT = J$ *mit*

$$
J = \begin{bmatrix} J_1 & & \\ & \ddots & \\ & & J_r \end{bmatrix}, \quad J_i = \begin{bmatrix} \lambda_i & 1 & & \\ & \lambda_i & \ddots & \\ & & \ddots & 1 \\ & & & \lambda_i \end{bmatrix} \in \mathbb{C}^{r_i \times r_i}, \quad i = 1, \ldots, r,
$$

und $n = \sum_{i=1}^{r} r_i$.

J heißt *Jordansche Normalform* von A. Die Diagonaleinträge der J_i sind die Eigenwerte von A. Es kann mehrere Jordanblöcke zum selben Eigenwert λ geben. Die Anzahl der Jordanblöcke J_i zum selben Eigenwert λ entspricht der geometrischen Vielfachheit dieses Eigenwerts. Die Summe der Dimensionen r_i aller Jordanblöcke zum selben Eigenwert λ entspricht der algebraischen Vielfachheit dieses Eigenwerts. Die Spalten der Matrix T sind die Eigenvektoren und Hauptvektoren von A. Die Jordansche Normalform ist eine der wesentlichen Repräsentationen einer Matrix, um theoretische Aussagen zu erzielen. Die Jordansche Normalform ist allerdings nicht numerisch stabil berechenbar: Hat A mehrfache Eigenwerte oder ist nahe an einer Matrix mit mehrfachen Eigenwerten, dann ist die numerische Berechnung der Jordanschen Normalform sehr empfindlich gegenüber kleinen Störungen.

Offenbar ist die Jordansche Normalform einer Matrix A diagonal, wenn für jeden Eigenwert von A die geometrische und die algebraische Vielfachheit übereinstimmen.

Definition 4.9. Eine quadratische Matrix $A \in \mathbb{K}^{n \times n}$ heißt *diagonalisierbar,* wenn es eine *Diagonalmatrix*

$$
D = \operatorname{diag}(d_1, d_2, \ldots, d_n) = \begin{bmatrix} d_1 & 0 & \cdots & 0 \\ 0 & d_2 & \ddots & \vdots \\ \vdots & \ddots & \ddots & 0 \\ 0 & \cdots & 0 & d_n \end{bmatrix}
$$

gibt, zu der sie ähnlich ist, d. h., es existiert eine reguläre Matrix S, sodass gilt $D = S^{-1}AS$.

Die Diagonaleinträge von D sind dann gerade Eigenwerte von A. Zugehörige Eigenvektoren stehen in der jeweiligen Spalte Se_i von S, denn aus $AS = SD$ folgt $ASe_i = SDe_i = \lambda_i Se_i$.

Theorem 4.10. *Sei $A \in \mathbb{K}^{n \times n}$. Dann sind die folgenden Aussagen äquivalent:*

a) A ist diagonalisierbar.

b) Das charakteristische Polynom $\det(A - \lambda I)$ zerfällt vollständig in Linearfaktoren und die geometrische Vielfachheit entspricht der algebraischen Vielfachheit für jeden Eigenwert.

c) Es gibt eine Basis des $\mathbb{C}^n$, die aus Eigenvektoren von A besteht.

Bei einer Diagonalmatrix kann man die Eigenwerte auf der Diagonalen von D durch geeignete Permutation in jeder gewünschten Reihenfolge anordnen. Daher kann bei einer reellen diagonalisierbaren Matrix $A = SDS^{-1}$ erreicht werden, dass die konjugiert-komplexen Paare von Eigenwerten immer direkt hintereinander auf der Diagonalen von D stehen.

Anmerkung 4.11. Eine *Permutationsmatrix* ist eine Matrix, bei der in jeder Zeile und in jeder Spalte genau ein Eintrag eins ist und alle anderen Einträge null sind. Das Produkt von Permutationsmatrizen ist wieder eine Permutationsmatrix. Jede Permutationsmatrix P besitzt eine Inverse, $P^{-1} = P^T$.

Beispiel 4.12. Sei $A \in \mathbb{R}^{5 \times 5}$ mit $S^{-1}AS = D$,

$$
D = \begin{bmatrix} \lambda_1 & & & & \\ & \lambda_2 & & & \\ & & \lambda_3 & & \\ & & & \overline{\lambda_2} & \\ & & & & \overline{\lambda_1} \end{bmatrix}, \qquad \lambda_1, \lambda_2 \in \mathbb{C}, \lambda_3 \in \mathbb{R}.
$$

Offensichtlich entsprechen die Spalten in S gerade Eigenvektoren von A, denn $ASe_j = SDe_j = \lambda_j Se_j$, $j = 1, 2, 3$, und $ASe_4 = \overline{\lambda_2}Se_4$, $ASe_5 = \overline{\lambda_3}Se_5$. Mit

$$
P = \begin{bmatrix} 1 & 0 & 0 & 0 & 0 \\ 0 & 0 & 0 & 0 & 1 \\ 0 & 0 & 1 & 0 & 0 \\ 0 & 1 & 0 & 0 & 0 \\ 0 & 0 & 0 & 1 & 0 \end{bmatrix}
$$

lassen sich die Eigenwerte auf der Diagonalen von D so umordnen, dass komplex-konjugierte Paare von Eigenwerten direkt hintereinander auf der Diagonalen auftreten,

$$
D^{(P)} = PDP^T = \begin{bmatrix} \lambda_1 & & & & \\ & \overline{\lambda_1} & & & \\ & & \lambda_3 & & \\ & & & \lambda_2 & \\ & & & & \overline{\lambda_2} \end{bmatrix}.
$$

Es gilt $S^{-1}AS = P^T D^{(P)} P$, bzw. $ASP^T = SP^T D^{(P)}$. Die Spalten von $S^{(P)} = SP^T$ liefern die Eigenvektoren, $AS^{(P)}e_1 = \lambda_1 S^{(P)}e_1$, $AS^{(P)}e_2 = \overline{\lambda_1}S^{(P)}e_2$, $AS^{(P)}e_3 = \lambda_3 S^{(P)}e_3$, usw.

Eine Klasse von diagonalisierbaren Matrizen bilden die symmetrischen, bzw. die Hermitschen Matrizen. Diese sind zudem orthogonal, bzw. unitär diagonalisierbar.

Definition 4.13. Eine Matrix $A \in \mathbb{R}^{n \times n}$ heißt *symmetrisch,* wenn $A = A^T$ gilt, d. h., wenn für ihre Einträge $a_{ij} = a_{ji}$ für $i, j = 1, \ldots, n$ gilt.

Eine Matrix $A \in \mathbb{C}^{n \times n}$ heißt *Hermitesch,* wenn $A = A^H$ gilt, d. h., wenn für ihre Einträge $a_{ij} = \overline{a_{ji}}$ für $i, j = 1, \ldots, n$ gilt.

Eine Matrix $Q \in \mathbb{R}^{n \times n}$ heißt *orthogonal,* wenn $QQ^T = Q^T Q = I$ gilt.

Eine Matrix $U \in \mathbb{C}^{n \times n}$ heißt *unitär,* wenn $UU^H = U^H U = I$ gilt.

Es gilt

Theorem 4.14. *Sei $A \in \mathbb{K}^{n \times n}$ eine symmetrische oder Hermitsche Matrix. Die folgenden Aussagen gelten.*

a) Alle Eigenwerte sind stets reell.

b) Es lässt sich immer eine Orthonormalbasis $\{u_1, \ldots, u_n\}$ aus Eigenvektoren angeben; d. h., $u_1, \ldots, u_n$ bilden eine Basis des $\mathbb{R}^n$ bzw. $\mathbb{C}^n$, und es gilt im reellen Fall $u_i^T u_j = 0$, bzw. im komplexen Fall $u_i^H u_j = 0$ für $i \neq j$.

c) A ist im reellen Fall orthogonal bzw. im komplexen Fall unitär diagonalisierbar,

$$U^H AU = \mathrm{diag}(\lambda_1, \ldots, \lambda_n),$$

wobei die Spalten von U gerade die orthonormalisierten Eigenvektoren sind, $U = [u_1 \cdots u_n]$.

Für Matrizen, die nicht diagonalisierbar sind, nutzt man zur Berechnung der Eigenwerte häufig folgendes Resultat.

Theorem 4.15 (Schur-Zerlegung) *Jede Matrix $A \in \mathbb{K}^{n \times n}$ ist unitär ähnlich zu einer oberen Dreiecksmatrix T ($t_{ij} = 0$ für $i > j$, $i, j = 1, \ldots, n$). Für jedes $A \in \mathbb{K}^{n \times n}$ existiert also eine unitäre Matrix $U \in \mathbb{C}^{n \times n}$, sodass*

$$U^H AU = T = \begin{bmatrix} t_{11} & t_{12} & t_{13} & \cdots & t_{1n} \\ & t_{22} & t_{23} & \cdots & t_{2n} \\ & & t_{33} & \cdots & t_{3n} \\ & & & \ddots & \vdots \\ & & & & t_{nn} \end{bmatrix}. \tag{4.3}$$

Die Diagonaleinträge von T sind die Eigenwerte von A.

Auch hier kann auf der Diagonalen von T jede beliebige Reihenfolge der Eigenwerten hergestellt werden.

Für $A \in \mathbb{R}^{n \times n}$ erzeugt die Schur-Zerlegung im Falle komplexwertiger Eigenwerte eine komplexwertige obere Dreiecksmatrix T. Da komplexwertige Eigenwerte reeller Matrizen immer in komplex-konjugierten Paaren $(\lambda, \overline{\lambda})$ auftreten, kann eine reelle Matrix mittels einer orthogonalen Ähnlichkeitstransformation auf reelle quasi-obere Dreiecksgestalt transformiert werden.

Theorem 4.16 (reelle Schur-Zerlegung). *Jede Matrix $A \in \mathbb{R}^{n \times n}$ ist orthogonal ähnlich zu einer quasi-oberen Dreiecksmatrix T. Für jedes $A \in \mathbb{R}^{n \times n}$ existiert also eine orthogonale Matrix $Q \in \mathbb{R}^{n \times n}$, sodass*

$$Q^T A Q = T = \begin{bmatrix} T_{11} & T_{12} & T_{13} & \cdots & T_{1\ell} \\ & T_{22} & T_{23} & \cdots & T_{2\ell} \\ & & T_{33} & \cdots & T_{3\ell} \\ & & & \ddots & \vdots \\ & & & & T_{\ell\ell} \end{bmatrix} \tag{4.4}$$

mit $T_{jj} \in \mathbb{R}^{n_j \times n_j}$, $n_j \in \{1, 2\}$ und $\sum_{j=1}^{\ell} n_j = n$. Für $n_j = 1$ ist T_{jj} ein reeller Eigenwert von A und für $n_j = 2$ sind die Eigenwerte von T_{jj} ein komplex-konjugiertes Paar von Eigenwerten von A. Q kann so gewählt werden, dass die Eigenwerte von A in beliebiger Reihenfolge auf der Diagonalen von T erscheinen.

Die erste Spalte von U aus (4.3) entspricht einem Eigenvektor von A zum Eigenwert t_{11}. Ebenso entspricht die erste Spalte von Q in (4.4) einem Eigenvektor von A zum Eigenwert t_{11}, falls $n_1 = 1$. Alle weiteren Spalten von Q und U entsprechen i. d. R. keinen Eigenvektoren von A.

Allerdings bilden die ersten k Spalten von U einen invarianten Unterraum von A zu den Eigenwerten $t_{11}, \ldots, t_{kk}$. Ebenso bilden die ersten $n_1 + n_2 + \cdots + n_k$ Spalten von Q einen invarianten Unterraum von A zu den Eigenwerten der Blöcke $T_{11}, \ldots, T_{kk}$.

Definition 4.17. Sei $A \in \mathbb{K}^{n \times n}$ und $\mathscr{S}$ ein Unterraum des $\mathbb{C}^n$. Die Menge

$$A(\mathscr{S}) = \{Ax \text{ für alle } x \in \mathscr{S}\}$$

beschreibt die Menge aller möglichen Bilder von Vektoren aus $\mathscr{S}$ unter der Transformation A. Falls $A(\mathscr{S}) \subseteq \mathscr{S}$ gilt, so nennt man $\mathscr{S}$ einen *A-invarianten Unterraum*.

Eine wichtige Beobachtung ist nun, dass

$$AX = XB \quad \text{mit} \quad B \in \mathbb{C}^{k \times k}, \; X \in \mathbb{C}^{n \times k}$$

die A-Invarianz von $\mathscr{S} = \text{Bild}(X)$ impliziert. Wegen

$$By = \lambda y \; \Rightarrow \; A(Xy) = \lambda(Xy)$$

sind Eigenwerte von B also auch Eigenwerte von A, $\Lambda(B) \subset \Lambda(A)$, und aus Eigenvektoren y von B sind leicht Eigenvektoren von A zu erzeugen.

Das folgende Theorem stellt einen Zusammenhang zwischen einem invarianten Unterraum einer Matrix und der Transformation auf obere Block-Dreiecksgestalt her.

Theorem 4.18. *Sei $F \in \mathbb{K}^{n \times n}$. Dann gibt es eine reguläre Matrix $S \in \mathbb{K}^{n \times n}$ mit*

$$S^{-1} F S = \begin{bmatrix} A_{\ell \times \ell} & B_{\ell \times q} \\ 0 & C_{q \times q} \end{bmatrix}, \quad q = n - \ell \quad (Block\text{-}Dreiecksform)$$

und $A_{\ell \times \ell} \in \mathbb{K}^{\ell \times \ell}$, $B_{\ell \times q} \in \mathbb{K}^{\ell \times q}$ und $C_{q \times q} \in \mathbb{K}^{q \times q}$ genau dann, wenn die ersten ℓ Spalten von S einen invarianten Unterraum von F aufspannen.

Zum einen liefert dieses Theorem, wie oben schon gesagt, dass die ersten k Spalten der Matrix U in der Schur-Zerlegung (4.3) einen invarianten Unterraum von A aufspannen. Zum anderen liefert das Theorem, dass für eine reelle Matrix eine reelle Zerlegung in obere Block-Dreiecksform existiert. Zudem gilt

Theorem 4.19. *Sei $F \in \mathbb{K}^{n \times n}$. Dann existiert eine reguläre Matrix $S \in \mathbb{K}^{n \times n}$ mit*

$$S^{-1} F S = \begin{bmatrix} D_{r_1 \times r_1} & & & \\ & D_{r_2 \times r_2} & & \\ & & \ddots & \\ & & & D_{r_m \times r_m} \end{bmatrix}, \quad (Block\text{-}Diagonalform)$$

$n = \sum_{j=1}^{m} r_j$ *und $D_{r \times r} \in \mathbb{K}^{r \times r}$ genau dann, wenn $S = \begin{bmatrix} S_1 \mid S_2 \mid \cdots \mid S_m \end{bmatrix}$, sodass $S_i \in \mathbb{R}^{n \times r_i}$ und die Spalten der S_i, $i = 1, \ldots, n$, spannen einen invarianten Unterraum von F auf.*

Für symmetrische und Hermitesche Matrizen gibt der Trägheitsindex die Anzahl der positiven, negativen und null Eigenwerte an.

Definition 4.20. Sei $A \in \mathbb{R}^{n \times n}$ symmetrisch oder $A \in \mathbb{C}^{n \times n}$ Hermitesch mit n_+ positiven, n_- negativen und n_0 null Eigenwerten, dann heißt das Tripel (n_+, n_-, n_0) der *Trägheitsindex* von A.

Kennt man den Trägheitsindex einer symmetrischen oder Hermiteschen Matrix, so kann man direkt ihre Signatur angeben.

Lemma 4.21. *Sei $A \in \mathbb{R}^{n \times n}$ symmetrisch oder $A \in \mathbb{C}^{n \times n}$ Hermitesch mit Trägheitsindex (n_+, n_-, n_0). Dann sind A und $S_A = \mathrm{diag}(I_{n_+}, I_{n_-}, 0_{n_0})$ kongruent, d.h., es gibt eine reguläre Matrix $G \in \mathbb{R}^{n \times n}$, bzw. $G \in \mathbb{C}^{n \times n}$, sodass $A = G S_A G^T$, bzw. $A = G S_A G^H$ gilt. Man nennt S_A die Signatur von A.*

Allgemeiner gilt der Trägheitssatz von Sylvester.

Theorem 4.22 (Trägheitssatz von Sylvester). *Sei $A \in \mathbb{R}^{n \times n}$ symmetrisch oder $A \in \mathbb{C}^{n \times n}$ Hermitesch. Der Trägheitsindex von A ist invariant unter Kongruenz, d. h., für jede reguläre Matrix $G \in \mathbb{R}^{n \times n}$ haben A und $G^T A G$, bzw. $G^H A G$ den gleichen Trägheitsindex.*

Abschließend sei noch die Definitheit symmetrischer (bzw. Hermitscher) Matrizen erwähnt, sowie Kriterien für deren Bestimmung.

Definition 4.23. Eine symmetrische (bzw. Hermitesche) Matrix $A \in \mathbb{R}^{n \times n}$ (bzw. $A \in \mathbb{C}^{n \times n}$) heißt

- positiv definit, falls $x^H A x > 0$,
- positiv semidefinit, falls $x^H A x \geq 0$,
- negativ definit, falls $x^H A x < 0$,
- negativ semidefinit, falls $x^H A x \leq 0$

für alle $x \in \mathbb{R}^n$ (bzw. $x \in \mathbb{C}^n$) mit $x \neq 0$. Eine Matrix, die weder positiv noch negative semidefinit ist, heißt indefinit.

Es gilt folgende Charakterisierung der Definitheit über die Eigenwerte der Matrix.

Theorem 4.24. *Eine symmetrische (bzw. hermitesche) Matrix ist genau dann*

- *positiv definit, wenn alle Eigenwerte größer als null sind,*
- *positiv semidefinit, wenn alle Eigenwerte größer oder gleich null sind,*
- *negativ definit, wenn alle Eigenwerte kleiner als null sind,*
- *negativ semidefinit, wenn alle Eigenwerte kleiner oder gleich null sind,*
- *indefinit, wenn positive und negative Eigenwerte existieren.*

4.3 Verallgemeinertes Eigenwertproblem

Seien $A, B \in \mathbb{K}^{n \times n}$ zwei gegebene Matrizen. Für jedes $z \in \mathbb{C}$ nennt man $A - zB$ ein Matrixbüschel und bezeichnet dieses kurz mit (A, B). Das Spektrum von (A, B), d. h. die Menge aller Eigenwerte, ist definiert als

$$\Lambda(A, B) = \{\mu \in \mathbb{C} \mid \det(A - \mu B) = 0\}.$$

Das verallgemeinerten Eigenwertproblem lautet dann: Gesucht ist $\lambda \in \Lambda(A, B)$ mit zugehörigem(Rechts-)Eigenvektor $x \in \mathbb{C}^n \backslash \{0\}$, sodass

$$Ax = \lambda Bx$$

erfüllt ist. Die Lösungen (λ, x) werden als Eigenpaar des Matrixbüschels (A, B) bezeichnet. Setzt man $B = I$ erhält man das Standardeigenwertproblem aus Definition 4.3.

Man nennt ein Matrixbüschel (A, B) *regulär* (oder auch *nichtsingulär*), falls $\det(A - zB)$ nicht identisch null ist. Andernfalls nennt man das Matrixbüschel *singulär*. In diesem Fall gilt $\Lambda(A, B) = \mathbb{C}$. Ist (A, B) regulär, dann nennt man $p(z) = \det(A - zB)$ das *charakteristische Polynom des Büschels*. Der Grad k von $p(z)$ ist kleiner oder gleich n, sodass k Nullstellen existieren. Diese Nullstellen entsprechen den endlichen Eigenwerten von (A, B). Ist $k < n$, so enthält das Spektrum von (A, B) neben diesen k endlichen Eigenwerten noch $n - k$ Eigenwerte ∞.

Grundlegend für die Berechnung von Eigenwerten sind Äquivalenztransformationen UAV und UBV von A und B mit nichtsingulären Matrizen $U, V \in \mathbb{C}^{n \times n}$. Dabei verändert sich die Eigenwerte nicht. Ein Eigenvektor x von (A, B) geht in einen Eigenvektor Vx von (UAV, UBV) über. Man kann zeigen

Theorem 4.25 (Verallgemeinerte Schur-Zerlegung). *Zu $A, B \in \mathbb{K}^{n \times n}$ existieren unitäre Matrizen $U, V \in \mathbb{C}^{n \times n}$, sodass $U^H AV = T$ und $U^H BV = S$ obere Dreiecksmatrizen sind.*

Für $i = 1, \ldots, n$ sind daher die Eigenwerte eines regulären Matrixbüschels (A, B) gegeben durch

$$\lambda_i = t_{ii}/s_{ii}, \qquad\qquad \text{falls } s_{ii} \neq 0,$$
$$\lambda_i = \infty, \qquad\qquad \text{falls } t_{ii} \neq 0, s_{ii} = 0.$$

Sind A und B beide symmetrisch und eine von beiden Matrizen zudem positiv definit, dann sind beide Matrizen simultan diagonalisierbar. Zudem ist das Matrixbüschel dann regulär und hat nur reelle Eigenwerte (d. h. insbesondere keine unendlichen Eigenwerte).

Theorem 4.26. *Sei $A \in \mathbb{R}^{n \times n}$ symmetrisch und $B \in \mathbb{R}^{n \times n}$ symmetrisch positiv definit. Dann hat das Matrixbüschel (A, B) reelle Eigenwerte und linear unabhängige Eigenvektoren. Es gibt eine nichtsinguläre Matrix $X \in \mathbb{R}^{n \times n}$ mit*

$$X^T AX = \operatorname{diag}(\lambda_1, \lambda_2, \ldots, \lambda_n),$$
$$X^T BX = I_n,$$

sodass

$$\Lambda(A, B) = \{\lambda_1, \lambda_2, \ldots, \lambda_n\}.$$

4.4 (Matrix-) Normen

Definition 4.27. Eine Abbildung $\|\cdot\| : \mathbb{K} \to \mathbb{R}$ heißt *Norm*, wenn die drei folgenden Bedingungen erfüllt sind.

1. Positivität: für alle $x \in \mathbb{K}^n$, $x \neq 0$, gilt $\|x\| > 0$.
2. Homogenität: für alle $x \in \mathbb{K}^n$ und alle $\alpha \in \mathbb{K}$ gilt $\|\alpha x\| = |\alpha| \cdot \|x\|$.
3. Dreiecksungleichung: für alle $x, y \in \mathbb{K}^n$ gilt $\|x + y\| \leq \|x\| + \|y\|$.

Einige wichtige Normen sind im Folgenden aufgelistet.

- *Summennorm:* $\|x\|_1 = \sum_{j=1}^n |x_j|$.
- *Euklidische Norm:* $\|x\|_2 = \sqrt{\sum_{j=1}^n |x_j|^2} = \sqrt{x^H x}$.
- *Maximumsnorm:* $\|x\|_\infty = \max\{|x_j| \mid j = 1, \ldots, n\}$.
- *p-Norm:* $\|x\|_p = \sqrt[p]{\sum_{j=1}^n |x_j|^p}$.

Zudem gelten die beiden folgenden Beobachtungen.

- Jedes Skalarprodukt induziert eine Norm $\|x\| = \sqrt{\langle x, x \rangle}$.
- Für jede Norm $\|\cdot\|$ und jede reguläre Matrix W ist auch durch $\|x\|_W = \|Wx\|$ eine Norm gegeben.

Ist nun $f : \mathbb{K}^m \to \mathbb{K}^n$ eine lineare Abbildung (ein linearer Operator) mit der Matrixdarstellung $A \in \mathbb{K}^{n \times m}$, und sind auf $\mathbb{K}^m$ und $\mathbb{K}^n$ jeweils Normen $\|\cdot\|_{\mathbb{K}^m}$ und $\|\cdot\|_{\mathbb{K}^n}$ festgelegt, so ist die zugehörige *Operatornorm* $\|f\|$ bzw. $\|A\|$ definiert durch

$$\|f\| = \|A\| = \sup_{x \neq 0} \frac{\|Ax\|_{\mathbb{K}^n}}{\|x\|_{\mathbb{K}^m}}.$$

Lemma 4.28 (Eigenschaften von Matrixnormen). *Es sei eine Vektornorm $\|\cdot\|$ auf $\mathbb{K}^n$ gegeben. Die zugehörige Operatornorm auf $\mathbb{K}^{n \times n}$ sei hier ebenfalls mit $\|\cdot\|$ bezeichnet.*

1. *Verträglichkeit: Es gilt $\|Ax\| \leq \|A\|\|x\|$ für alle $x \in \mathbb{K}^n$, $A \in \mathbb{K}^{n \times n}$.*
2. *Submultiplikativität: $\|AB\| \leq \|A\|\|B\|$ für alle $A, B \in \mathbb{K}^{n \times n}$.*
3. *Normiertheit: Es gilt $\|I\| = 1$ für die Einheitsmatrix I.*

Es sei $A \in \mathbb{K}^{n \times m}$. Auf $\mathbb{K}^n$ und $\mathbb{K}^m$ betrachten wir jeweils dieselbe p-Norm $\|\cdot\|_p$. Dadurch sei eine Operatornorm $\|A\|_p$ festgelegt. Für $p = 1, 2, \ldots$ lässt sich diese Operatornorm leicht charakterisieren,

- *Spaltensummennorm:* $\|A\|_1 = \max\{\sum_{i=1}^n |a_{ij}| \mid j = 1, \ldots, n\}$.
- *Spektralnorm:* $\|A\|_2 = \sqrt{\rho(A^H A)}$.

- *Zeilensummennorm:* $\|A\|_\infty = \max\left\{\sum_{j=1}^n |a_{ij}|, i = 1, \ldots, n\right\}.$

Beispiel 4.29. (Frobeniusnorm). Nicht jede Norm auf dem Vektorraum der Matrizen ist eine Operatornorm. Da $\mathbb{K}^{n \times m}$ als Vektorraum isomorph ist zu $\mathbb{K}^{nm}$, ist das kanonische elementweise Skalarprodukt für alle $A, B \in \mathbb{K}^{n \times m}$ definiert als

$$\langle A, B \rangle = \sum_{i,j=1}^n a_{ij}\bar{b}_{ij} = \mathrm{Spur}(AB^H) = \mathrm{Spur}(B^H A).$$

Die letzten beiden Gleichungen verifiziert man durch Nachrechnen. Mit diesem Skalarprodukt hat man nun auch eine Norm

$$\|A\|_F^2 = \langle A, A \rangle = \mathrm{Spur}(AA^H) = \mathrm{Spur}(A^H A)$$

definiert, die sogenannte *Frobeniusnorm*. Die Frobeniusnorm ist aber keine Operatornorm, denn für die Einheitsmatrix $I \in \mathbb{K}^{n \times n}$ gilt $\|I\|_F = \sqrt{n} > 1$, falls $n > 1$. Die Frobeniusnorm ist submultiplikativ und verträglich mit der Euklidischen Norm, denn es gilt $\|Ax\|_2 \le \|A\|_F \|x\|_2$.

Die Euklidische Norm, die Spektralnorm und die Frobeniusnorm sind unitär invariant.

Theorem 4.30. *Sei $U \in \mathbb{C}^{n \times n}$ unitär, d. h. $U^H U = UU^H = I$. Es gelten die folgenden Aussagen.*

a) *Unitäre Transformationen verändern die Euklidische Länge eines Vektors nicht, d. h. für jedes $z \in \mathbb{K}^n$ ist $\|Uz\|_2 = \sqrt{z^H U^H U z} = \sqrt{z^H z} = \|z\|_2$.*
b) *Für beliebiges $A \in \mathbb{K}^{n \times m}$, $m \in \mathbb{N}$ beliebig, gilt $\|A\|_2 = \|UA\|_2$, bzw. für $A \in \mathbb{K}^{m \times n}$ gilt $\|A\|_2 = \|AU\|_2$.*
c) *Für beliebiges $A \in \mathbb{K}^{n \times m}$, $m \in \mathbb{N}$ beliebig, gilt $\|A\|_F = \|UA\|_F$, bzw. für $A \in \mathbb{K}^{m \times n}$ gilt $\|A\|_F = \|AU\|_F$.*

Dies gilt natürlich entsprechend für orthogonale Matrizen in $\mathbb{R}^{n \times n}$.

4.5   Kondition und Stabilität

Bevor man Algorithmen zur numerischen Lösung eines Problems entwirft, sollte man zunächst das Problem hinsichtlich der Frage, wie stark die Lösung des Problems von Störungen in den Eingangsdaten abhängt, untersuchen. Angenommen, es sei die Funktion $g: \mathbb{K}^n \to \mathbb{K}^m$ auszuwerten. Dann lautet die Fragestellung, eine Abschätzung für den Fehler $\|g(d) - g(\tilde{d})\|$ für eine geeignete Norm zu finden.

Definition 4.31. Die Empfindlichkeit der Lösung eines mathematischen Problems bezüglich (kleiner) Änderungen in den Daten nennt man *Kondition* des Problems. Das Problem wird *gut konditioniert* genannt, wenn kleine Änderungen des Datenwertes d auch nur kleine Änderungen in $g(d)$ bewirken, andernfalls bezeichnet man es als *schlecht konditioniert*.

Die gute oder schlechte Kondition ist also eine Eigenschaft des mathematischen Problems und nicht des gewählten numerischen Verfahrens zur Berechnung seiner Lösung. Konkret kann man sich die Daten d als die „echten" Eingangsdaten, für die g auszuwerten ist, vorstellen und $\widetilde{d}$ als die „tatsächlichen" Eingangsdaten, die z. B. aufgrund von unvermeidlichen Rundungsfehlern beim Abspeichern der „echten" Eingangsdaten auf einem Computer entstanden sind. Nur wenn $\|g(d) - g(\widetilde{d})\|$ klein ist für einen kleinen Fehler $\|d - \widetilde{d}\|$, kann man erwarten, dass ein Algorithmus zur Lösung des Problem ein brauchbares Ergebnis liefert.

Angenommen die Funktion g bildet eine offenen Teilmenge $U \subset \mathbb{R}^n$ in den $\mathbb{R}^m$ ab, d. h., $g : U \to \mathbb{R}^m$, und g ist (mindestens) zweimal stetig differenzierbar. Dann gilt mittels der mehrdimensionalen Taylorentwicklung

$$g(\widetilde{d}) = g(d) + J_g(d)(\widetilde{d} - d) + \text{weitere Terme höherer Ordnung in } (\widetilde{d} - d)$$

mit der Jacobi-Matrix

$$J_g(d) = \left[\frac{\partial g_i}{\partial d_j}(d) \right]_{1 \leq i \leq m, 1 \leq j \leq n}.$$

Nimmt man nun an, dass $\|\widetilde{d} - d\| < 1$ hinreichend klein ist, so kann man die Terme höherer Ordnung vernachlässigen. Es ergibt sich

$$\|g(\widetilde{d}) - g(d)\| \approx \|J_g(d)\| \cdot \|\widetilde{d} - d\|.$$

Definition 4.32. Man nennt die Zahl $\kappa_{abs} = \|J_g(d)\|$ die *absolute normweise Kondition* und die Zahl $\kappa_{rel} = \frac{\|d\|}{\|g(d)\|}\|J_g(d)\|$ die *relative normweise Kondition* des Problems (g, d).

κ_{abs} beschreibt also die Verstärkung des absoluten und κ_{rel} die Verstärkung des relativen Fehlers in den Daten. Ein Problem (g, d) ist gut konditioniert, falls seine Kondition klein und schlecht konditioniert, falls sie groß ist.

Bei der Analyse des Problems des Lösens eines Gleichungssystems $Ax = b$ spielt die Kondition der Matrix A eine wesentliche Rolle.

Definition 4.33. Sei $A \in \mathbb{K}^{n \times n}$ regulär. Die Zahl

$$\kappa(A) = \|A\|\,\|A^{-1}\| \tag{4.5}$$

heißt *Konditionszahl* der Matrix A bzgl. der gewählten Matrixnorm.

Fällt die Kondition der Matrix A groß aus, so ist die Lösung des linearen Gleichungssystems empfindlich gegenüber Störungen in A und/oder b. Man spricht dann von einem *schlecht konditioniertem Gleichungssystem*. Allerdings ist $\kappa(A)$ nicht die Kondition des Gleichungssystems – diese hängt jedoch i.W. von $\kappa(A)$ ab, für Details siehe z. B. [39,52].

Zur Lösung gut konditionierter Probleme kann es gut- und schlechtartige numerische Verfahren geben. Typischerweise besteht ein Algorithmus aus einer Vielzahl von arithmetischen Operationen. Jede einzelne arithmetische Operation kann zu einem Rundungsfehler führen. Um eine Abschätzung für den durch diese Fehler entstehenden Gesamtfehler im Endresultat zu erhalten, gibt es unterschiedliche Vorgehensweisen.

Bei der *Vorwärtsanalyse* verfolgt man sämtliche Fehler von Rechenschritt zu Rechenschritt und schätzt sofort für jedes Zwischenergebnis den bisher aufgetretenen akkumulierten Fehler ab. Für das Endergebnis steht dann eine Abschätzung des Gesamtfehlers direkt zur Verfügung. Formal interpretiert man einen Algorithmus zur Berechnung einer Funktion $g(d)$ als eine Funktion $\widetilde{g}$, mit welcher $\widetilde{g}(d)$ bestimmt wird. Die Vorwärtsanalyse liefert eine Antwort auf die Frage, wie sich $g(d)$ und $\widetilde{g}(d)$ unterscheiden.

Definition 4.34. Sei $\widetilde{g}$ die Implementierung eines Algorithmus zur Lösung des Problems g der relativen Kondition κ_{rel}. Ein Algorithmus ist *vorwärts stabil*, falls

$$\frac{\|g(d) - \widetilde{g}(d)\|}{\|g(d)\|} \leq \sigma_V \kappa_{rel} \mathbf{u} + \text{Terme höherer Ordnung}$$

für ein $\sigma_V > 0$ gilt und σ_V kleiner als die Anzahl der hintereinander ausgeführten Elementaroperationen ist. Hier bezeichnet $\mathbf{u}$ die sogenannte *Maschinengenauigkeit* (auch *unit roundoff*), ein Maß für den Rundungsfehler, der bei der Rechnung mit Gleitkommazahlen unvermeidlich auftritt.

Die Verfolgung der Fehler von Schritt zu Schritt des Verfahrens in der *Rückwärtsanalyse* geschieht derart, dass jedes Zwischenergebnis, das der Algorithmus liefert, als exakt berechneter Wert für gestörte Anfangsdaten interpretiert wird. Formal interpretiert man einen Algorithmus zur Berechnung einer Funktion $g(d)$ also als eine Funktion $\widetilde{g}$, welcher die exakte Lösung des Problems für gestörte Eingangsdaten berechnet, d. h., $\widetilde{g}(d) = g(\widetilde{d})$, und untersucht die zugehörige Störung $\|d - \widetilde{d}\|$.

Definition 4.35. Sei $\widetilde{g}$ die Implementierung eines Algorithmus zur Lösung des Problems g. Es gelte $\widetilde{g}(d) = g(\widetilde{d})$. Der Algorithmus heißt *rückwärts stabil*, falls

$$\frac{\|d - \widetilde{d}\|}{\|d\|} \leq \sigma_R \mathbf{u}$$

für ein kleines σ_R gilt.

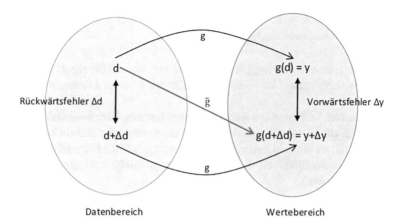

Abb. 4.1 Veranschaulichung Vorwärts- und Rückwärtsanalyse mit $\widetilde{g}(d) = g(\widetilde{d}) = g(d + \Delta g)$ und $\widetilde{d} = d + \Delta d$.

Die Rückwärtsanalyse liefert daher noch keine Aussage über den Gesamtfehler. Dazu benötigt man noch Aussagen über die Auswirkungen der Störungen in den Eingangsdaten auf die Genauigkeit des Ergebnisses, sogenannte Störungssätze. Dieses scheinbar aufwendige Vorgehen ist oft vorteilhafter als eine Vorwärtsanalyse, obwohl dort direkt eine Abschätzung für den Fehler im Ergebnis zur Verfügung steht. Nur bei der Rückwärtsanalyse kann die Rechenarithmetik berücksichtigt werden, während bei der Herleitung eines Störungssatzes die Eigenschaften der reellen oder komplexen Zahlen wie Kommutativität und Assoziativität ausgenutzt werden können. Die unterschiedliche Sichtweise bei Vorwärts- und Rückwärtsanalyse verdeutlicht die Grafik in Abb. 4.1. Es gilt stets

$$\sigma_V < \sigma_R,$$

m. a. W., aus der Rückwärtsstabilität folgt die Vorwärtsstabilität.

Bei der Analyse der Gauß-Elimination zur Lösung eines linearen Gleichungssystems $Ax = b$ ergibt sich, dass nur die (in der Praxis nicht verwendete) Gauß-Elimination mit totaler Pivotsuche rückwärtsstabil ist, während die Gauß-Elimination mit Spaltenpivotsuche nur „in der Regel" rückwärtsstabil ist, siehe [39] für Details.

Die Untersuchung eines Problems auf Kondition und eines Algorithmus auf Stabilität ist i. Allg. sehr aufwendig. Wir werden dies im Folgenden vermeiden und lediglich an geeigneter Stelle entsprechende Ergebnisse angeben.

4.6 LR- und Cholesky-Zerlegung

In den folgenden Abschnitten werden wiederholt lineare Gleichungssysteme $Ax = b$ für quadratische reguläre Matrizen A zu lösen sein.

Theorem 4.36. *Sei* $A \in \mathbb{K}^{n \times n}$ *eine reguläre Matrix und* $b \in \mathbb{K}^n$. *Dann existiert genau ein* $x \in \mathbb{K}^n$, *sodass* $Ax = b$.

Dies impliziert, dass *homogene Gleichungssysteme* $Ax = 0$ für reguläres A nur die Lösung $x = 0$ besitzen. Nur wenn A singulär ist, kann es Lösungen ungleich 0 geben.

Das klassische Verfahren zur Auflösung eines linearen Gleichungssystems $Ax = b$ ist die Gaußsche Eliminationsmethode. Um die numerische Stabilität des Verfahrens zu garantieren, muss in jedem Schritt ein betragsgrößtes Element in der in dem Schritt bearbeiteten Spalte an die Stelle des Diagonalelements getauscht werden (Spaltenpivotisierung).

Theorem 4.37. *Für jede invertierbare Matrix* $A \in \mathbb{K}^{n \times n}$ *existiert eine Permutationsmatrix* P, *eine (dazu) eindeutige untere Dreiecksmatrix* $L \in \mathbb{K}^{n \times n}$ *mit Einheitsdiagonale, deren Einträge sämtlich betragsmäßig durch eins beschränkt sind (d. h.,* $|l_{ij}| \leq 1$), *und eine eindeutige reguläre obere Dreiecksmatrix* $R \in \mathbb{K}^{n \times n}$, *sodass*

$$PA = LR.$$

Die Matrizen P, L *und* R *ergeben sich aus der Gauß-Elimination mit Spaltenpivotisierung.*

Hat man für PA eine *LR-Zerlegung* $PA = LR$ vorliegen, so kann man das Gleichungssystem $Ax = b$ für jede rechte Seite b ganz einfach lösen, denn wegen

$$Ax = b \iff PAx = Pb \iff LRx = Pb \iff Ly = Pb, Rx = y$$

bestimmt man zuerst y durch *Vorwärtseinsetzen* aus $Ly = Pb$, um danach x aus $Rx = y$ durch *Rückwärtseinsetzen* zu berechnen. Der Aufwand zur Bestimmung der LR-Zerlegung (ca. $\frac{2}{3}n^3$ arithmetische Operationen) dominiert die Kosten der Lösung eines linearen Gleichungssystems. Für jede rechte Seite fällt dann nur die Lösung $Ly = Pb, Rx = y$ an. Einmal Vorwärts- oder Rückwärtseinsetzen kostet $\frac{n(n-1)}{2}$ Multiplikationen und Additionen und n Divisionen.

Häufig werden wir die Anzahl an arithmetischen Operationen nicht so konkret wie hier angeben, sondern lediglich deren Größenordnung unter zu Hilfenahme der Landau-Notation: Für $T, f : \mathbb{N} \to \mathbb{R}^+$ gilt

$$T(n) \in \mathcal{O}(f(n)) \iff \text{es existiert } n_0, c > 0, \text{ sodass } T(n) \leq c \cdot f(n) \text{ für alle } n \geq n_0.$$

Die Menge $\mathcal{O}(f(n))$ (lies: groß O von f von n) beschreibt alle Funktionen, die für $n \to \infty$ nicht schneller als $f(n)$ wachsen. Die Berechnung der LR-Zerlegung ist also ein Verfahren, welches $\mathcal{O}(n^3)$ arithmetische Operationen benötigt.

Wendet man die Gauß-Elimination auf symmetrisch positiv definite Matrizen an, so vereinfacht sich die Berechnung aufgrund der Symmetrie erheblich. Pivotisierung ist nicht notwendig.

Theorem 4.38. *Für jede symmetrische positiv definite Matrix $A \in \mathbb{R}^{n \times n}$ existiert eine eindeutig bestimmte Zerlegung der Form*

$$A = LDL^T,$$

wobei L eine untere Dreiecksmatrix mit Einheitsdiagonale und D eine positive Diagonalmatrix ist.

Korollar 4.39. *Sei $A \in \mathbb{R}^{n \times n}$ symmetrisch und positiv definit und sei $A = LDL^T$ wie in Theorem 4.38. Da $D = \mathrm{diag}(d_i)$ mit positiven d_i ist, existiert $D^{\frac{1}{2}} = \mathrm{diag}(\sqrt{d_i})$ und daher die* Cholesky-Zerlegung

$$A = \widetilde{L} \, \widetilde{L}^T, \tag{4.6}$$

wobei $\widetilde{L}$ die untere Dreiecksmatrix $\widetilde{L} = LD^{\frac{1}{2}}$ ist.

Zur Herleitung des Algorithmus wird die Gl. (4.6) elementweise ausgewertet

$$\begin{bmatrix} l_{11} & & \\ \vdots & \ddots & \\ l_{n1} & \dots & l_{nn} \end{bmatrix} \cdot \begin{bmatrix} l_{11} & \dots & l_{n1} \\ & \ddots & \vdots \\ & & l_{nn} \end{bmatrix} = \begin{bmatrix} a_{11} & \dots & a_{n1} \\ \vdots & & \vdots \\ a_{n1} & \dots & a_{nn} \end{bmatrix}.$$

Dies führt auf die Gleichungen

$$i = k : a_{kk} = l_{k1}^2 + \cdots + l_{k,k-1}^2 + l_{kk}^2,$$
$$i > k : a_{ik} = l_{i1}l_{k1} + \cdots + l_{i,k-1}l_{k,k-1} + l_{ik}l_{kk}.$$

Die Matrix $\widetilde{L} = [l_{ij}]$ kann daher mit dem Algorithmus 1, dem *Cholesky-Verfahren*, berechnet werden. Für den Rechenaufwand ergibt sich $\frac{1}{6}n^3$ Multiplikationen, $\frac{1}{2}n^2$ Divisionen und n Quadratwurzeln. Im Vergleich erfordert das Gaußsche Eliminationsverfahren in der Umsetzung über die LR-Zerlegung etwa doppelt so viele Operationen. Die Berechnung der Cholesky-Zerlegung ist numerisch stabil.

Algorithmus 1 Cholesky-Verfahren

Eingabe: symmetrisch positiv definite Matrix $A \in \mathbb{R}^{n \times n}$.
Ausgabe: untere Dreiecksmatrix $L \in \mathbb{R}^{n \times n}$ mit $A = LL^T$.

1: **for** $k = 1 : n$ **do**
2:   $l_{kk} = (a_{kk} - \sum_{j=1}^{k-1} l_{kj}^2)^{\frac{1}{2}}$
3:   **for** $i = k + 1 : n$ **do**
4:     $l_{ik} = (a_{ik} - \sum_{j=1}^{k-1} l_{ij}l_{kj})/l_{kk}$
5:   **end for**
6: **end for**

In MATLAB kann man sich den L-Faktor der Cholesky-Zerlegung einer symmetrischen Matrix A durch den Befehl `L = chol(A)` berechnen lassen. Zur Berechnung der LR-Zerlegung einer Matrix A nutzt man `[L,R,P] = lu(A)`. Das Lösen eines Gleichungssystems $Ax = b$ erfolgt in MATLAB am effizientesten mittels `x=A\b`, da MATLAB zunächst die Eigenschaften der Matrix A bestimmt und dann den passenden Löser dafür verwendet.

Für symmetrisch positiv semidefinite Matrizen existiert ebenfalls eine Cholesky-Zerlegung.

Theorem 4.40 (Cholesky-Zerlegung). *Für jede symmetrische positiv semidefinite Matrix $A \in \mathbb{R}^{n \times n}$ existiert eine Zerlegung der Form*

$$A = LL^T,$$

wobei L eine untere Dreiecksmatrix ist.

4.7 Singulärwertzerlegung (SVD)

Theorem 4.41. *Sei $A \in \mathbb{K}^{m \times n}$. Dann existieren unitäre Matrizen $U \in \mathbb{K}^{m \times m}$ und $V \in \mathbb{K}^{n \times n}$ und eine Diagonalmatrix $\Sigma \in \mathbb{R}^{m \times n}$ mit*

$$A = U \Sigma V^H, \tag{4.7}$$

wobei

$$\Sigma = \begin{cases} \begin{bmatrix} \Sigma_1 \\ 0 \end{bmatrix} & m \geq n \\[2em] \begin{bmatrix} \Sigma_1 & 0 \end{bmatrix} & m \leq n \end{cases} \quad und \quad \Sigma_1 = \begin{bmatrix} \sigma_1 & & \\ & \ddots & \\ & & \sigma_{\min(m,n)} \end{bmatrix}$$

mit $\sigma_1 \geq \sigma_2 \geq \cdots \geq \cdots \geq \sigma_{\min(m,n)} \geq 0$.

Anmerkung 4.42. Falls $A \in \mathbb{R}^{m \times n}$, dann können U und V reell und orthogonal gewählt werden.

Definition 4.43. Sei $A \in \mathbb{K}^{m \times n}$. Die Zerlegung (4.7) ist die *Singulärwertzerlegung* (SVD) von A, die nichtnegativen σ_j sind die *Singulärwerte*, die Spalten von U und V die zugehörigen linken und rechten *singulären Vektoren*.

Ist $m < n$, so kann die Singulärwertzerlegung auch kompakter mittels

$$A = U \Sigma_1 V_m^H \tag{4.8}$$

dargestellt werden, wobei $V_m \in \mathbb{K}^{n \times m}$ aus den ersten m Spalten von V besteht. Falls $m \geq n$, gilt analog

$$A = U_n \Sigma_1 V^H, \tag{4.9}$$

wobei $U_n \in \mathbb{K}^{m \times n}$ aus den ersten n Spalten von U besteht. Dies nennen wir im Folgenden die *kompakte SVD*.

Die drei folgenden Korollare sind (einfache) Folgerungen aus der Singulärwertzerlegung einer Matrix. Dabei zeigt das Folgende, dass die SVD eine wesentliche Rolle bei der Bestimmung der vier fundamentalen Unterräume einer Matrix spielt.

Korollar 4.44. *Für* $A \in \mathbb{K}^{m \times n}$, $A = \begin{bmatrix} a_1 \cdots a_n \end{bmatrix}$ *gilt*

a) Spaltenraum$(A) = \text{span}\{a_1, \ldots, a_n\} = \text{Bild}(A) = \text{span}\{u_1, \ldots, u_r\}$,
b) Zeilenraum$(A) = \text{Bild}(A^H) = \text{span}\{v_1, \ldots, v_r\}$,
c) Kern$(A) = \{x \in \mathbb{R}^n \mid Ax = 0\} = \text{span}\{v_{r+1}, \ldots, v_m\}$,
d) Co-Kern$(A) = \text{Kern}(A^H) = \text{span}\{u_{r+1}, \ldots, u_n\}$,

und daher

$$\begin{aligned} \text{span}\{u_1, \ldots, u_r\} \oplus \text{span}\{u_{r+1}, \ldots, u_n\} &= \text{Bild}(A) \oplus \text{Kern}(A^H) = \mathbb{K}^n, \\ \text{span}\{v_{r+1}, \ldots, v_m\} \oplus \text{span}\{v_1, \ldots, v_r\} &= \text{Kern}(A) \oplus \text{Bild}(A^H) = \mathbb{K}^m. \end{aligned} \tag{4.10}$$

Korollar 4.45. *Für* $A \in \mathbb{K}^{m \times n}$ *sind* AA^H *und* $A^H A$ *Hermitesche positiv semidefinite Matrizen. Besitzt* A *eine SVD wie in (4.7), so liefern* U *und* Σ, *bzw.* V *und* Σ *die Eigenvektoren und Eigenwerte dieser Matrizen,* $AA^H = U \Sigma^2 U^H$ *und* $A^H A = V \Sigma^2 V^H$.

Korollar 4.46. *Sei* $A \in \mathbb{K}^{n \times n}$ *Hermitesch positiv definit mit einer SVD wie in (4.7). Dann stimmen die singulären Werte und die Eigenwerte von* A *überein.*

Korollar 4.47. *Sei* $A = U \Sigma V^H$ *die Singulärwertzerlegung von* $A \in \mathbb{K}^{m \times n}$. *Dann gilt*

a) $Av_j = \sigma_j u_j$ *und* $A^H u_j = \sigma_j v_j$ *für* $j \in \{1, \ldots, \min(m, n)\}$.
b) A *hat* rang$(A) = r$ *genau dann, wenn* $\sigma_r > \sigma_{r+1} = \cdots = \sigma_{\min(m,n)} = 0$.

c) *Hat* A rang$(A) = r$, *dann lässt sich* A *schreiben als* $A = A_r = \sum_{j=1}^{r} \sigma_j u_j v_j^H$.

Mithilfe der Singulärwertzerlegung lassen sich zudem sehr einfach die Spektralnorm und die Frobenius-Norm einer Matrix, sowie die Kondition einer Matrix (4.5) bestimmen.

Lemma 4.48. *Für* $A \in \mathbb{K}^{m \times n}$ *mit einer Singulärwertzerlegung wie in (4.7) gilt*

a) $\|A\|_F^2 = \sum\limits_{i=1}^{m} \sum\limits_{j=1}^{n} |a_{ij}|^2 = \sigma_1^2 + \cdots + \sigma_r^2$.

b) $\|A\|_2 = \sqrt{\rho(A^T A)} = \sigma_1$.

c) Für $m = n$ und A regulär gilt $\|A^{-1}\|_2 = \frac{1}{\sigma_n}$ und

$$\kappa_2(A) = \|A\|_2 \|A^{-1}\|_2 = \frac{\sigma_1}{\sigma_n}.$$

Für die singulären Werte gibt es eine min-max-Charakterisierung (eine entsprechende Charakterisierung der Eigenwerte einer Hermiteschen Matrix findet man
in der Literatur als Satz von Courant-Fischer). Aus dieser folgt eine später nützliche
Ungleichung.

Lemma 4.49. *[77, Theorem 3.1.2, Corollary 3.1.3] Sei $A \in \mathbb{C}^{m \times n}$ und sei A_r die
Untermatrix von A, die man erhält, wenn man insgesamt r Zeilen und/oder Spal-
ten von A streicht. Die singulären Werte von A seien der Größe nach geordnet,
$\sigma_1(A) \geq \sigma_2(A) \geq \cdots$. Die singulären Werte von A_r seien entsprechend geordnet.
Die Menge der k-dimensionalen Untervektorräume von $\mathbb{C}^n$, $k = 1, \ldots, n$, sei mit
$\mathscr{X}_k$ bezeichnet. Dann gilt*

$$\sigma_k(A) = \min_{\mathscr{X} \in \mathscr{X}_{k-1}} \max_{x \perp \mathscr{X}, \|x\|_2 = 1} \|Ax\|_2$$

und

$$\sigma_k(A) \geq \sigma_k(A_r)$$

*für $k = 1, \ldots, \min\{m, n\}$. Dabei setzt man für $Y \in \mathbb{C}^{p \times q}$ gerade $\sigma_j(Y) = 0$ falls
$j > \min\{p, q\}$.*

Die SVD ist nicht nur eine der fundamental wichtigen Methoden zur Zerlegung einer
Matrix und zur Bestimmung von Unterräumen und anderen wichtigen Kenngrößen,
sondern spielt auch eine wesentliche Rolle in der Dimensionsreduktion, z.B. im
Maschinellen Lernen, den Datenwissenschaften („Data Science") und der angewand-
ten Statistik – dort oft als Werkzeug zur Berechnung einer „Principal Component
Analysis". Entsprechend motiviert sie auch viele Algorithmen in der Modellreduktion. Die Grundlage dazu liefert das folgende Theorem.

Theorem 4.50 (Schmidt-Mirsky/Eckart-Young Theorem). *Sei $A \in \mathbb{K}^{m \times n}$ mit
einer SVD wie in (4.7). Für $k \leq \mathrm{rang}(A) = r$ ist die beste Rang-k-Approximation
an A in der Spektralnorm gegeben durch*

$$A_k = \sum_{j=1}^{k} \sigma_j u_j v_j^H.$$

mit dem Approximationsfehler

$$\|A - A_k\|_2 = \min_{\text{rang}(B)=k} \|A - B\|_2 = \sigma_{k+1}.$$

Anmerkung 4.51. In Theorem 4.50 kann die $\|\cdot\|_2$-Norm durch die $\|\cdot\|_F$-Norm ersetzt werden.

Beispiel 4.52. Zur Visualisierung der besten Approximationseigenschaft von A_r wird hier ein zweidimensionales Schwarzweißfoto betrachtet. Dieses kann man interpretieren als eine Matrix, bei der jeder Eintrag der Grauwert des Pixels in der entsprechenden Position ist. Das linke Bild aus Abb. 4.2 zeigt die Manhattan-Bridge in New York City, die die Stadtteile Manhattan und Brooklyn verbindet. Es ist als Matrix $A \in \mathbb{R}^{4955 \times 2932}$ von Grauwerten gespeichert. Berechnet man die Singulärwertzerlegung der Matrix A und sieht sich $A_k = \sum_{i=1}^{k} \sigma_i u_i v_i^T$ für $k = 200$ und $k = 100$ an, so erhält man das mittlere und das rechte Bild in Abb. 4.2. Das mittlere Bild in Abb. 4.2 zeigt das komprimierte Bild, welches nur noch die ersten 200 (statt sämtlicher 2932) Singulärwerte und die entsprechenden Vektoren aus U und V berücksichtigt. Man erkennt keinen Unterschied gegenüber dem Originalbild. Im rechten Bild in Abb. 4.2 sind nur die ersten 100 Singulärwerte berücksichtigt. Bei genauer Betrachtung kann man leichte Abweichungen vom Originalbild erkennen. Für die Bilder in Abb. 4.3 wurden lediglich $k = 40$ bzw. $k = 10$ Singulärwerte berücksichtigt. Man sieht deutlich, dass die wesentlichen Informationen („Features", „Principal Components") immer noch erkennbar sind. Dies zeigt die beste Approximationseigenschaft der Singulärwertzerlegung. Die größten Singulärwerte enthalten die relevanteste in der Matrix dekodierte Information.

Zugleich benötigt man zur Speicherung von A_k deutlich weniger Speicherplatz als für die volle Matrix. Für die Reduktion nutzt man statt $A \in \mathbb{R}^{m \times n}$ nur $u_1, \ldots, u_k$, und $\sigma_1 v_1, \ldots, \sigma_k v_k$, d. h. statt $4 \cdot m \cdot n$ Bytes nur $4 \cdot k \cdot (m+n)$. In unserem Beispiel wird daher zur Speicherung von A_k nur Platz für $4 \cdot k \cdot (2.932 + 4.955) = 7.887 \cdot 4k$ Daten, d. h. für $k = 100$ gerade $4 \cdot 788.700$ Bytes statt $4 \cdot 14.528.060$ (d. h., nur 5,4 % der für

Originalbild	k = 200	k = 100

Abb. 4.2 Manhattan-Bridge-Foto im Original (Foto: Heike Faßbender), sowie A_{200} und A_{100}.

Abb. 4.3 Manhattan-Bridge-Foto im Original, sowie A_{40} und A_{10}.

das Originalbild erforderlichen Datenmenge) benötigt. Die Singulärwertzerlegung ist allerdings kein sonderlich geeignetes Mittel zur Bildkompression, es gibt dazu wesentlich bessere Verfahren, wie z. B. JPEG.

Abb. 4.4 zeigt die Singulärwerte der Matrix A. Im linken Bild sind alle Singulärwerte zu sehen; sie fallen relativ schnell ab, werden aber nicht sonderlich klein. Im rechten Bild sind nur die ersten 400 Singulärwerte aufgetragen, sowie horizontale Linien, die anzeigen, ab welchem Wert von σ_k bei den Bildern in Abb. 4.2 und 4.3 die Singulärwerte abgeschnitten wurden. Konkret ergibt sich hier

$$\|A - A_{200}\|_2 = \sigma_{201} \approx 15{,}6668,$$
$$\|A - A_{100}\|_2 = \sigma_{101} \approx 26{,}9737,$$
$$\|A - A_{40}\|_2 = \sigma_{41} \approx 50{,}2982,$$
$$\|A - A_{10}\|_2 = \sigma_{11} \approx 112{,}2711.$$

Wie gesehen, tragen vor allem die großen Singulärwerte die relevante Information in sich.

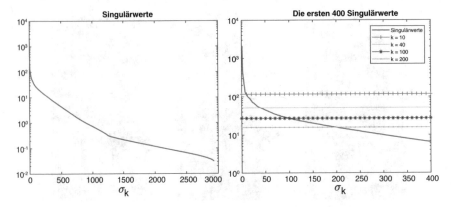

Abb. 4.4 Singulärwerte Manhattan-Bridge-Foto.

Mithilfe der Singulärwertzerlegung lässt sich die Moore-Penrose-Pseudoinverse einer nicht notwendigerweise regulären Matrix A bzw. einer nichtquadratischen Matrix A berechnen.

Definition 4.53. Sei $A \in \mathbb{K}^{m \times n}$. Die Moore-Penrose-Pseudoinverse $A^\dagger$ ist die eindeutig bestimmte Matrix $A^\dagger = X \in \mathbb{K}^{n \times m}$ mit den Eigenschaften

1. $AXA = A$,
2. $XAX = X$,
3. $(AX)^H = AX$,
4. $(XA)^H = XA$.

Lemma 4.54. *Sei die SVD $A = U\Sigma V^H$ von $A \in \mathbb{K}^{m \times n}$ mit den unitären bzw. orthogonalen Matrizen $U \in \mathbb{K}^{m \times m}$ und $V \in \mathbb{K}^{n \times n}$ und einer Diagonalmatrix $\Sigma \in \mathbb{R}^{m \times n}$ gegeben, wobei*

$$\Sigma = \begin{cases} \begin{bmatrix} \Sigma_1 \\ 0 \end{bmatrix} & m \geq n \\[2em] \begin{bmatrix} \Sigma_1 & 0 \end{bmatrix} & m \leq n \end{cases}$$

und $\Sigma_1 = \mathrm{diag}(\sigma_1, \ldots, \sigma_{\min(m,n)})$, $\sigma_1 \geq \cdots \geq \sigma_r > \sigma_{r+1} = \cdots = \sigma_{\min(m,n)} = 0$. Dann ist die Moore-Penrose-Pseudoinverse $A^\dagger \in \mathbb{K}^{n \times m}$ von A gegeben durch

$$A^\dagger = V\Sigma^\dagger U^H$$

mit der Diagonalmatrix $\Sigma^\dagger \in \mathbb{R}^{n \times m}$

$$\Sigma^\dagger = \begin{cases} \begin{bmatrix} \Sigma_1^\dagger & 0 \end{bmatrix} & m \geq n \\[2em] \begin{bmatrix} \Sigma_1^\dagger \\ 0 \end{bmatrix} & m \leq n \end{cases}$$

und $\Sigma_1^\dagger = \mathrm{diag}(\frac{1}{\sigma_1}, \ldots, \frac{1}{\sigma_r}, 0 \ldots, 0)$.

Es folgt sofort für $m \geq n$ und $\mathrm{rang}(A) = n$, dass $A^\dagger A = I_n$ gilt.

Die numerische Berechnung einer Singulärwertzerlegung ist aufgrund des Zusammenhangs zwischen den Singulärwerten und den Eigenwerten von AA^H und $A^H A$ nicht in endlich vielen Schritten möglich. Eine Berechnung über den in Korollar 4.45 dargestellten Zusammenhang ist möglich, aber numerisch instabil und daher nicht empfehlenswert. Es sollten speziell entwickelte stabile, iterative Verfahren genutzt werden. In MATLAB kann man sich eine Singulärwertzerlegung einer Matrix A durch den Befehl `[U,S,V]=svd(A)` berechnen lassen. Mittels `[U,S,V]=svd(A,'econ')` wird die kompakte Darstellung (4.8) bzw. (4.9) der Singulärwertzerlegung berechnet. Zur Berechnung der Pseudoinverse einer Matrix A bietet MATLAB den Befehl pinv(A). Zur Berechnung von $A^\dagger B$ kann auch A\B genutzt werden, dies ergibt allerdings nicht immer dieselbe Lösung wie pinv(A)*B.

4.8   QR-Zerlegung

Jede Matrix $A \in \mathbb{R}^{n \times \ell}$ lässt sich zerlegen in

$$A = QR, \tag{4.11}$$

wobei $Q \in \mathbb{R}^{n \times n}$ eine orthogonale Matrix, d.h. $Q^T Q = I$, und $R \in \mathbb{R}^{n \times \ell}$ eine obere Dreiecksmatrix ist. Falls $n \geq \ell$, so ist R von der Form

$$R = \begin{bmatrix} \star & \star & \star & \cdots & \star \\ & \star & \star & \cdots & \star \\ & & \star & \cdots & \star \\ & & & \ddots & \vdots \\ & & & & \star \\ \\ \\ \end{bmatrix} = \begin{bmatrix} \hat{R} \\ 0 \end{bmatrix} \tag{4.12}$$

mit $\hat{R} \in \mathbb{R}^{\ell \times \ell}$ und $0 \in \mathbb{R}^{n-\ell \times \ell}$. Ist $n \leq \ell$, so hat R die Form

$$R = \begin{bmatrix} \hat{R} & \tilde{R} \end{bmatrix}$$

mit einer oberen Dreiecksmatrix $\hat{R} \in \mathbb{R}^{n \times n}$ und $\tilde{R} \in \mathbb{R}^{n \times \ell - n}$. Die Zerlegung (4.11) heißt *(vollständige) QR-Zerlegung* von A. Ist $n \geq \ell$, so kann man in (4.11) statt QR auch $\hat{Q}\hat{R}$ schreiben. Dabei ist $\hat{R}$ wie in (4.12) und $\hat{Q}$ entspricht gerade den ersten ℓ Spalten von Q. Man nennt $\hat{Q}\hat{R}$ eine *kompakte QR-Zerlegung*.

Konkret gilt

Theorem 4.55. *Sei $A \in \mathbb{R}^{n \times \ell}$, $n \geq \ell$, mit vollem Spaltenrang. Dann existiert eine orthogonale Matrix $Q \in \mathbb{R}^{n \times n}$ und eine obere Dreiecksmatrix $R \in \mathbb{R}^{n \times \ell}$ derart, dass*

$$A = QR$$

gilt.

In dieser QR-Zerlegung sind die ersten ℓ Spalten von Q und die obere Dreiecksmatrix R im wesentlichen eindeutig (bis auf Vorzeichen). Zu je zwei kompakten QR-Zerlegungen

$$Q_1 R_1 = A = Q_2 R_2$$

mit $Q_1, Q_2 \in \mathbb{R}^{n \times \ell}$ und $R_1, R_2 \in \mathbb{R}^{\ell \times \ell}$ existiert eine Diagonalmatrix $D \in \mathbb{R}^{n \times n}$ mit ± 1 Einträgen auf der Diagonalen, sodass

$$Q_1 = Q_2 D \qquad R_1 = D R_2.$$

Insbesondere existiert genau eine kompakte QR-Zerlegung von A derart, dass die Diagonalelemente der Matrix R reell und positiv sind.

Es gibt verschiedene Algorithmen zur Berechnung der QR-Zerlegung einer Matrix, insbesondere die Gram-Schmidt-Orthogonalisierung der Spaltenvektoren von A, sowie die Transformation von A in eine obere Dreiecksmatrix mittels Givens- oder Householder-Transformationen. Alle Algorithmen benötigen $\mathcal{O}(n^3)$ arithmetische Operationen. Der konkrete Aufwand hängt vom gewählten Verfahren und ggf. von der zu zerlegenden Matrix ab. Bei der Verwendung von Householder-Transformationen ergibt sich ein Gesamtaufwand von zusammengerechnet $\frac{2}{3}n^3 + 2n^2 - \frac{16}{3}n$ Multiplikationen, Divisionen und Wurzeln. Für Details sei auf Lehrbücher wie [34,52,58,69] verwiesen. In MATLAB kann man sich eine solche QR-Zerlegung durch den Befehl [Q,R]=qr(A) berechnen lassen. Im Falle $n \geq \ell$ reicht es in der Praxis oft aus, die kompakte QR-Zerlegung von A zu berechnen. MATLAB liefert dies mittels [Q,R]=qr(A,0). Die Berechnung der QR-Zerlegung ist numerisch (rückwärts-) stabil.

Im Falle einer Matrix $A \in \mathbb{R}^{n \times \ell}$, die nicht vollen Spaltenrang besitzt, ist man häufig an einer QR-Zerlegung interessiert, an welcher der Rang der Matrix abgelesen werden kann. Ist $n \geq \ell$ und gibt es eine Permutation P, sodass AP eine QR Zerlegung $AP = QR$ mit

$$R = \begin{bmatrix} R_{11} & R_{12} \\ 0 & R_{22} \end{bmatrix}, \qquad R_{11} \in \mathbb{R}^{r \times r}, r < \ell$$

und

$$\|R_{22}\|_2 \ll \sigma_{min}(R_{11})$$

gilt, dann nennt man die Zerlegung $AP = QR$ eine „*rank-revealing*" QR-Zerlegung, kurz *RRQR-Zerlegung*, und r den *numerischen Rang* von A [58,76]. Hier bezeichnet σ_{min} den kleinsten Singulärwert von R_{11}. Mithilfe der RRQR-Zerlegung kann man z. B. eine orthonormale Basis des Bildes von A bestimmen.

Die QR-Zerlegung einer komplexen Matrix $A \in \mathbb{C}^{n \times n}$ wird ganz analog definiert: $A = QR$ mit einer unitären Matrix $Q \in \mathbb{C}^{n \times n}$ und einer oberen Dreiecksmatrix $R \in \mathbb{C}^{n \times n}$. Ist $A \in \mathbb{C}^{n \times \ell}$ mit $n \geq \ell$, dann kann man dies wieder als eine kompakte QR-Zerlegung schreiben.

4.9 Projektoren

Ein wesentliches Werkzeug bei der Modellreduktion sind Projektoren. Daher werden hier zur Erinnerung die Definition und einige Eigenschaften von Projektoren wiederholt.

Definition 4.56. Ein *Projektor* ist eine Matrix $P \in \mathbb{K}^{n \times n} \backslash \{0\}$ mit $P^2 = P$. Ist $P = P^H$, dann ist P ein *unitärer Projektor* (bzw. im reellen Fall ein *orthogonaler Projektor*) (auch Galerkin-Projektor genannt), sonst ein *schiefer Projektor* (auch Petrov-Galerkin-Projektor genannt).

Lemma 4.57. *Sei* $P \in \mathbb{K}^{n \times n} \backslash \{0\}$ *mit* $P^2 = P$.

a) *Eine Projektor P hat nur zwei von einander verschiedene Eigenwerte 0 und 1. Die zugehörigen Eigenräume sind der Kern von P (=Eigenraum zur 0) und das Bild von P (=Eigenraum zur 1). Es gilt*

$$\mathbb{K}^n = \mathrm{Kern}(P) \oplus \mathrm{Bild}(P).$$

Die Abbildung P ist daher eine Projektion auf Bild(P) *entlang* Kern(P).

b) $I - P$ *ist eine Projektion auf* Kern(P) *entlang* Bild(P), *da* Kern$(I - P) =$ Bild(P) *und* Bild$(I - P) =$ Kern(P).

c) $Pv = v$ *für alle* $v \in$ Bild(P).

d) *Ist* $\{v_1, \ldots, v_r\}$ *eine Basis für einen r-dimensionalen Unterraum $\mathcal{V}$ von $\mathbb{K}^n$ und* $V = \begin{bmatrix} v_1 \ v_2 \ \cdots \ v_r \end{bmatrix} \in \mathbb{K}^{n \times r}$, *dann ist* $V^H V \in \mathbb{K}^{r \times r}$ *regulär und*

$$P = V(V^H V)^{-1} V^H$$

ein Galerkin-Projektor auf $\mathcal{V}$ (entlang $\mathcal{V}^{\perp} = \{v \in \mathbb{K}^n \mid v^H x = 0$ für alle $x \in \mathcal{V}\}$. Weiter gilt $\mathrm{rang}(P) = \dim \mathcal{V}$ (= $\dim$ Bild(P)) $= r$. *Zudem ist $I - P$ ein Galerkin-Projektor auf $\mathcal{V}^{\perp}$.*

e) *Sei* $\mathcal{W} \subset \mathbb{K}^n$ *ein weiterer r-dimensionaler Unterraum von $\mathbb{K}^n$ mit der Basis* $\{w_1, \ldots, w_r\}$ *und* $\mathbb{K}^n = \mathcal{V} \oplus \mathcal{W}^{\perp}$. *Dann ist mit* $W = \begin{bmatrix} w_1 \ \cdots \ w_r \end{bmatrix}$ *die Matrix* $W^H V \in \mathbb{K}^{r \times r}$ *regulär und*

$$P = V(W^H V)^{-1} W^H$$

ist ein schiefer Projektor auf $\mathcal{V}$ entlang von $\mathcal{W}^{\perp}$.

f) *Ist* $V = \begin{bmatrix} v_1 \ v_2 \ \cdots \ v_r \end{bmatrix}$ *eine orthonormale bzw. unitäre Basismatrix für einen r-dimensionalen Unterraum $\mathcal{V} \subset \mathbb{R}^n$ bzw. $\mathbb{C}^n$, dann ist $P = V V^H$ ein Galerkin-Projektor auf $\mathcal{V}$.*

Definition 4.58. Sei $A \in \mathbb{K}^{n \times n}$. Das Spektrum $\Lambda(A)$ von A sei in zwei disjunkte Teilmengen unterteilt, $\Lambda(A) = \Lambda_1(A) \cup \Lambda_2(A)$ mit $\Lambda_1(A) \cap \Lambda_2(A) = \emptyset$. Die Summe der algebraischen Vielfachheiten der Eigenwerte in $\Lambda_1(A)$ sei r. Sei $\mathcal{V}$ ein r-dimensionaler A-invarianter Unterraum zu $\Lambda_1(A)$ (d.h. ist $V = \begin{bmatrix} v_1 \ v_2 \ \cdots \ v_r \end{bmatrix}$ eine Basismatrix für $\mathcal{V}$, dann gilt $AV = VB$ für eine Matrix $B \in \mathbb{C}^{r \times r}$ mit $\Lambda(B) = \Lambda_1(A)$). Dann heißt ein Projektor P auf $\mathcal{V}$ *Spektralprojektor*.

Lemma 4.59. *Mit der Notation und den Voraussetzungen wie in Definition 4.58 gilt, dass $I - P$ ein Spektralprojektor auf den $n - r$-dimensionalen A-invarianten Unterraum zu $\Lambda_2(A)$ ist.*

Ist $r < \ell$, $\{v_1, \ldots, v_\ell\}$ ein Erzeugendensystem für einen r-dimensionalen Unterraum $\mathscr{V}$ von $\mathbb{K}^n$ und $V = \begin{bmatrix} v_1 & v_2 & \cdots & v_\ell \end{bmatrix} \in \mathbb{R}^{n \times \ell}$, dann ist $V^H V$ in der Regel eine singuläre Matrix. In diesem Fall ist $P = V(V^H V)^\dagger V^H$ ein Projektor auf $\mathscr{V}$. Hier bezeichnet $F^\dagger$ die *Moore-Penrose-Pseudoinverse*, siehe Lemma 4.54.

4.10 Matrixexponentialfunktion

Definition 4.60. Sei $A \in \mathbb{K}^{n \times n}$ eine quadratische Matrix. Dann ist die *Matrixexponentialfunktion* von A die durch die folgende Potenzreihe definierte Matrix

$$\exp(A) = e^A = \sum_{k=0}^{\infty} \frac{A^k}{k!} \in \mathbb{K}^{n \times n}. \tag{4.13}$$

Ist A diagonalisierbar, d.h. existiert eine reguläre Matrix T mit $T^{-1}AT = D = \operatorname{diag}(\lambda_1, \ldots, \lambda_n)$, dann folgt

$$\exp(A) = \sum_{k=0}^{\infty} \frac{A^k}{k!} = \sum_{k=0}^{\infty} \frac{(TDT^{-1})^k}{k!} = T \sum_{k=0}^{\infty} \frac{D^k}{k!} T^{-1} = T \exp(D) T^{-1}.$$

Beispiel 4.61. Betrachte die Matrix $A = \begin{bmatrix} 0 & 1 \\ -2 & -3 \end{bmatrix}$ mit den Eigenwerten $\lambda_1 = -1$ und $\lambda_2 = -2$ (wie man leicht nachrechnet, gilt $\det(A - \lambda I) = \lambda^2 + 3\lambda + 2$). Es folgt daher, dass A diagonalisierbar ist;

$$A = \begin{bmatrix} 0 & 1 \\ -2 & -3 \end{bmatrix} = \underbrace{\begin{bmatrix} -1 & 1 \\ 1 & -2 \end{bmatrix}}_{T} \underbrace{\begin{bmatrix} -1 & 0 \\ 0 & -2 \end{bmatrix}}_{D} \underbrace{\begin{bmatrix} -2 & -1 \\ -1 & -1 \end{bmatrix}}_{T^{-1}}.$$

Wegen $e^{At} = Te^{Dt}T^{-1}$ und mit $e^{Dt} = \begin{bmatrix} e^{-t} & 0 \\ 0 & e^{-2t} \end{bmatrix}$ folgt

$$\begin{aligned} e^{At} &= \begin{bmatrix} -1 & 1 \\ 1 & -2 \end{bmatrix} \begin{bmatrix} e^{-t} & 0 \\ 0 & e^{-2t} \end{bmatrix} \begin{bmatrix} -2 & -1 \\ -1 & -1 \end{bmatrix} \\ &= \begin{bmatrix} 2e^{-t} - e^{-2t} & e^{-t} - 2e^{-2t} \\ -2e^{-t} + 2e^{-2t} & -e^{-t} + 2e^{-2t} \end{bmatrix}. \end{aligned}$$

Da $T = T^T$ folgt hier weiter $A^T = T^{-1}DT$ und $e^{A^T t} = T^{-1}e^{Dt}T = (e^{At})^T$.

Für eine Diskussion zur numerisch effizienten Berechnung der Matrixexponential-funktion, bzw., zur numerisch effizienten Berechnung von $\exp(A)b$ für einen Vektor b sei auf [73] verwiesen.

4.11   Krylov-Unterraum und -Matrix

Definition 4.62. Sei $A \in \mathbb{K}^{n \times n}$, $b \in \mathbb{K}^n$ und $k \in \mathbb{N}$. Der Unterraum

$$\mathcal{K}_k(A, b) = \text{span}\{b, Ab, \ldots, A^{k-1}b\} \subset \mathbb{K}^n$$

wird *Krylov-Unterraum der Ordnung k* zu A und b genannt. Die Matrix

$$K(A, b, k) = \begin{bmatrix} b & Ab & \cdots & A^{k-1}b \end{bmatrix} \in \mathbb{K}^{n \times k}$$

ist die zugehörige *Krylov-Matrix*.

Die wichtigsten Eigenschaften von $\mathcal{K}_k(A, b)$ sind im folgenden Theorem zusam-mengefasst.

Theorem 4.63. *Sei $A \in \mathbb{K}^{n \times n}$ regulär, $b \in \mathbb{K}^n \setminus \{0\}$ und $x^\star = A^{-1}b \in \mathbb{K}^n$ die Lösung der Gleichung $Ax = b$. Sei $k \leq n$. Die folgenden Aussagen sind äquivalent.*

a) *$\mathcal{K}_{k-1}(A, b) \subset \mathcal{K}_k(A, b) = \mathcal{K}_{k+1}(A, b) = \mathcal{K}_j(A, b)$ für $j > k$.*
b) *Die Ordnung k ist maximal, d. h., $\dim \mathcal{K}_j(A, b) = j$ für $j \leq k$ und $\dim \mathcal{K}_j(A, b)$ $= k$ für $j > k$. Insbesondere sind die Vektoren $b, Ab, \ldots, A^{k-1}b$ linear unab-hängig.*
c) *$\mathcal{K}_k(A, b)$ ist ein A-invarianter Unterraum, d. h. $A\mathcal{K}_k(A, b) \subseteq \mathcal{K}_k(A, b)$, und für $j < k$ ist $\mathcal{K}_j(A, b)$ ist kein A-invarianter Unterraum .*
d) *$x^* \in \mathcal{K}_k(A, b)$ und $x^* \notin \mathcal{K}_j(A, b)$ für $j < k$.*

Im Zusammenhang mit Modellreduktionsalgorithmen werden wir an einer Ortho-normalbasis für den Krylov-Unterraum $\mathcal{K}_k(A, b)$ interessiert sein. Eine solche Orthonormalbasis kann man z. B. mittels der Anwendung des Orthogonalisierungs-verfahrens von Gram-Schmidt auf die Vektoren $b, Ab, \ldots, A^{k-1}b$ erhalten. Dies ist mathematisch äquivalent zur Berechnung einer QR-Zerlegung von $K(A, b, k)$, siehe Abschn. 4.8. Eine andere, hier bevorzugte, Möglichkeit bietet der Arnoldi-Algorithmus. Dieser beruht auf dem folgenden Zusammenhang zwischen der (stets existierenden) QR-Zerlegung von $K(A, b, k) = QR$ und der Reduktion von A auf Hessenberggestalt mittels einer orthogonalen Ähnlichkeitstransformation mit Q. Eine Matrix $H \in \mathbb{K}^{n \times n}$ ist eine *obere Hessenberg-Matrix*

$$H = \begin{bmatrix} h_{11} & h_{12} & \cdots & \cdots & \cdots & h_{1n} \\ h_{21} & \ddots & \ddots & \ddots & & h_{2n} \\ 0 & h_{32} & \ddots & \ddots & & h_{3n} \\ 0 & 0 & \ddots & \ddots & \ddots & \vdots \\ \vdots & \vdots & \ddots & \ddots & \ddots & \vdots \\ 0 & 0 & \cdots & 0 & h_{n-1,n} & h_{nn} \end{bmatrix} = \begin{bmatrix}\diagdown\end{bmatrix},$$

falls $h_{ij} = 0$ für $i > j + 1$.

Theorem 4.64. *Sei $A \in \mathbb{K}^{n \times n}$ und seien $Q, U \in \mathbb{K}^{n \times n}$ unitäre Matrizen mit $Qe_1 = q_1$ und $Ue_1 = u_1$.*

a) *Ist $K(A, q_1, n)$ regulär und hat sie die Zerlegung $K(A, q_1, n) = QR$ mit einer regulären oberen Dreiecksmatrix R, so ist $H = Q^H A Q$ eine unreduzierte obere Hessenbergmatrix.*

b) *Ist $H = Q^H A Q$ eine unreduzierte obere Hessenbergmatrix, so hat $K(A, q_1, n)$ die Zerlegung $K(A, q_1, n) = QR$, wobei R die obere Dreiecksmatrix $R = K(H, e_1, n)$ ist. Ist H unreduziert, so ist R regulär.*

c) *Sind $H = Q^H A Q$ und $\tilde{H} = U^H A U$ obere Hessenbergmatrizen, wobei H unreduziert ist, und sind q_1 und u_1 linear abhängig, so ist $J = Q^H U$ eine obere Dreiecksmatrix, also $\tilde{H} = J^H H J$.*

Da die QR-Zerlegung $K(A, q_1, n) = QR$ mit $Qe_1 = q_1$ immer existiert, kann man jedes $A \in \mathbb{K}^{n \times n}$ in einem endlichen Verfahren durch Ähnlichkeitstransformation mit einer orthogonalen Matrix auf obere Hessenberggestalt transformieren. Dabei ist der erste Spaltenvektor q_1 der Transformationsmatrix Q frei wählbar (solange $\|q_1\|_2 = 1$).

Anmerkung 4.65. Die Zerlegung

$$Q^H A Q = H = \begin{bmatrix}\diagdown\end{bmatrix}$$

(4.14)

heißt *Hessenbergzerlegung* von $A \in \mathbb{K}^{n \times n}$. Falls $A = A^H$ (d.h. A ist Hermitesch, bzw. im reellen Fall symmetrisch), dann ist H ebenfalls Hermitesch bzw. symmetrisch und hat Tridiagonalgestalt $H = T = \begin{bmatrix}\diagdown\diagdown\end{bmatrix}$.

Theorem 4.64 liefert einen Weg, eine orthogonale Basis für Krylov-Unterräume zu berechnen. Betrachtet man (4.14) in der Form $AQ = QH$ spaltenweise

$$AQe_j = QHe_j, \quad j = 1, \ldots, n,$$

so erhält man mit $Qe_j = q_j$

$$Aq_1 = QHe_1 = Q(h_{11}e_1 + h_{21}e_2) = h_{11}q_1 + h_{21}q_2,$$
$$Aq_2 = h_{12}q_1 + h_{22}q_2 + h_{32}q_3,$$
$$\vdots$$
$$Aq_j = \sum_{i=1}^{j+1} h_{ij}q_i.$$

Ausgehend von q_1 lassen sich die Spalten von Q und die Einträge von H berechnen. Aus der ersten Gleichung folgt

$$q_1^H Aq_1 = h_{11}$$

und

$$h_{21}q_2 = (A - h_{11}I)q_1.$$

Mit der Wahl $h_{21} = \|(A - h_{11}I)q_1\|_2$ und $q_2 = ((A - h_{11}I)q_1)/h_{21}$ folgt $\|q_2\| = 1$. Aus der zweiten Gleichung folgt

$$q_1^H Aq_2 = h_{12} \quad \text{und} \quad q_2^H Aq_2 = h_{22},$$

sowie

$$h_{32}q_3 = (A - h_{22}I)q_2 - h_{12}q_1.$$

Mit der Wahl $h_{32} = \|(A - h_{22}I)q_2 - h_{12}q_1\|_2$ und $q_3 = ((A - h_{22}I)q_2 - h_{12}q_1)/h_{32}$ folgt $\|q_3\| = 1$. In analoger Weise lassen sich aus den weiteren Gleichungen die restlichen Spalten von Q und H bestimmen.

Für nichtsymmetrische Matrizen ergibt sich der in Algorithmus 2 angegebene *Arnoldi-Algorithmus*. Berechnet man nicht die volle Reduktion von A auf Hessenberggestalt, sondern nur die ersten k Spalten von Q und H, so kann man das berechnete kompakt in der sogenannten *Arnoldi-Rekursion* zusammenfassen:

$$AQ_k = Q_k H_k + h_{k+1,k}q_{k+1}e_k^T. \tag{4.15}$$

Hier bezeichnet $Q_k = \begin{bmatrix} q_1 \cdots q_k \end{bmatrix}$ und H_k die k-te führende Hauptabschnittsmatrix, d.h., die Teilmatrix $H_k = \begin{bmatrix} h_{11} \cdots h_{1k} \\ \vdots \quad \vdots \\ h_{k1} \cdots h_{kk} \end{bmatrix} \in \mathbb{K}^{k \times k}$ von H. Es folgt

$$H_k = Q_k^H AQ_k.$$

Algorithmus 2 Arnoldi-Algorithmus zur Berechnung einer orthogonalen Basis von $\mathcal{K}_k(A, b)$

Eingabe: $A \in \mathbb{K}^{n \times n}$, $b \in \mathbb{K}^n$, $k \leq n$ Anzahl der zu berechnenden Spalten von Q.
Ausgabe: Q_k (und H_k) mit $A Q_k = Q_k H_k + h_{k+1,k} q_{k+1} e_k^T$.
1: $q_1 = b / \|b\|_2$
2: **for** $j = 1 : k$ **do**
3:    $z = A q_j$
4:    **for** $i = 1 : j$ **do**
5:      $h_{ij} = q_i^H z$
6:      $z = z - h_{ij} q_i$
7:    **end for**
8:    $h_{j+1,j} = \|z\|_2$
9:    **if** $h_{j+1,j} = 0$ **then**
10:      quit
11:    **end if**
12:    $q_{j+1} = z / h_{j+1,j}$
13: **end for**

H_k geht mittels einer Galerkin-Projektion aus A hervor (siehe Definition 4.56). Die Spalten von Q_k bilden eine Orthonormalbasis von $\mathcal{K}_k(A, b)$.

Die Schleife über i, welche z aufdatiert, kann auch als (modifiziertes) Gram-Schmidt Verfahren zur Subtraktion der Komponenten in den Richtungen q_1 bis q_j von z aufgefasst werden, sodass z orthogonal zu diesen Vektoren wird. In dem Algorithmus wird A nur in Form einer Matrix-Vektormultiplikation benötigt, insbesondere wird die Matrix A selbst nicht verändert. Der Hauptaufwand zur Berechnung der Vektoren q_1 bis q_k beträgt k Matrix-Vektormultiplikationen mit A. Jede dieser Matrix-Vektormultiplikationen kostet maximal n^2 Multiplikationen. Ist A dünn besetzt, hat A also viele Nulleinträge, wie z. B. die Matrizen A in den Beispielen in Kap. 3, dann reduzieren sich diese Kosten bei Ausnutzung der Struktur von A. Zu diesen Kosten kommen noch die Kosten für die Orthogonalisierung, diese umfassen größenordnungsmäßig $k^2 n$ weitere arithmetische Operationen.

Ist $h_{j+1,j} = 0$, dann spannen die Spalten von Q_j einen invarianten Unterraum von A auf und dim $\mathcal{K}_j(A, b) = j = $ dim $\mathcal{K}_{j+\ell}(A, b)$ für $\ell = 1, 2, \ldots$. In diesem Fall sind die Eigenwerte von $Q_j^H A Q_j$ gerade eine Teilmenge der Eigenwerte von A. Aber auch wenn $h_{j+1,j} \neq 0$, sind die Eigenwerte von $Q_j^H A Q_j$ nach wenigen Schritten j oft schon eine gute Approximation an (meist die betragsgrößten) Eigenwerte von A.

Für symmetrische Matrizen erhält man mit demselben Ansatz eine Reduktion einer symmetrischen Matrix auf symmetrische Tridiagonalgestalt. Der Arnoldi-Algorithmus vereinfacht sich denn zum sogenannten *Lanczos-Algorithmus*.

Wir werden häufig sogenannte Block-Krylov-Unterräume benötigen.

Definition 4.66. Sei $A \in \mathbb{K}^{n \times n}$, $B \in \mathbb{K}^{n \times m}$ und $k \in \mathbb{N}$.
Der Raum

$$\mathcal{K}_k(A, B) = \text{span}\{B, AB, \ldots, A^{k-1} B\}$$

wird *Block-Krylov-Unterraum* der Ordnung k zu A und B genannt.

Die Matrix

$$K(A, B, k) = \begin{bmatrix} B & AB & \cdots & A^{k-1}B \end{bmatrix} \in \mathbb{K}^{n \times mk}$$

ist die zugehörige *Block-Krylov-Matrix*.

Der Block-Krylov-Unterraum $\mathscr{K}_k(A, B)$ wird hier als Unterraum des $\mathbb{K}^n$ aufgefasst. Mit $B = \begin{bmatrix} b_1 & \cdots & b_m \end{bmatrix}, b_j \in \mathbb{K}^n$ gilt

$$\mathscr{K}_k(A, B) = \{\sum_{j=0}^{k-1} \sum_{\ell=1}^{m} \alpha_{j\ell} A^j b_\ell, \alpha_{j\ell} \in \mathbb{K}\} \subseteq \mathbb{K}^n.$$

Theorem 4.63 kann entsprechend erweitert werden. Algorithmus 2 muss angepasst werden, eine mögliche Variante findet sich in Algorithmus 3.

Algorithmus 3 Block-Arnoldi-Algorithmus zur Berechnung einer orthogonalen Basis von $\mathscr{K}_k(A, B)$

Eingabe: $A \in \mathbb{K}^{n \times n}$, $B \in \mathbb{K}^{n \times m}$, $k \leq n$ mit $\dim(\mathscr{K}_k(A, B)) = mk$.
Ausgabe: $\mathscr{Q}_k = \begin{bmatrix} Q_1 & Q_2 & \cdots & Q_k \end{bmatrix} \in \mathbb{K}^{n \times km}$ mit $\mathrm{span}(\mathscr{Q}_k) = \mathscr{K}_k(A, B)$ und $\mathscr{Q}_k^H \mathscr{Q}_k = I_{km}$.
1: Berechne die kompakte QR-Zerlegung $B = Q_1 R_1$ mit $Q_1 \in \mathbb{K}^{n \times m}$.
2: **for** $j = 1 : k$ **do**
3:   $W_j = AQ_j$
4:   **for** $i = 1 : j$ **do**
5:     $H_{i,j} = Q_i^H W_j$
6:     $W_j = W_j - Q_j H_{i,j}$
7:   **end for**
8:   Berechne die kompakte QR-Zerlegung $W_j = Q_{j+1} R_{j+1}$ mit $Q_{j+1} \in \mathbb{K}^{n \times m}$.
9:   $H_{j+1,j} = R_{j+1}$
10: **end for**

Ähnlich wie beim Standard-Arnoldi-Verfahren ist hier eine Arnoldi-Rekursion erfüllt. Sei $\mathscr{H}_k \in \mathbb{K}^{km \times km}$ die obere Block-Hessenbergmatrix, deren Nichtnullblöcke gerade die $H_{ij} \in \mathbb{K}^{m \times m}$ aus Algorithmus 3 sind für $i, j = 1, \ldots, k$. Sei zudem $\mathscr{Q}_k = \begin{bmatrix} Q_1 & Q_2 & \cdots & Q_k \end{bmatrix} \in \mathbb{K}^{n \times km}$. Dann gilt die Rekursion

$$A\mathscr{Q}_k = \mathscr{Q}_k \mathscr{H}_k + Q_{k+1} H_{k+1,k} E_k^T$$

mit der Matrix $E_k = \begin{bmatrix} e_{(k-1)m+1} & e_{(k-1)m+2} & \cdots & e_{km} \end{bmatrix}$, die aus den letzten m Spalten der $km \times km$ Identität I_{km} besteht. Weiter gilt

$$\mathscr{H}_k = \mathscr{Q}_k^H A \mathscr{Q}_k$$

und

$$\mathscr{Q}_k^H \mathscr{Q}_k = I_{km}.$$

Es wurde hierbei angenommen, dass dim $(\mathcal{K}_k(A, B)) = mk$ gilt. Dies muss für größere k nicht immer stimmen. Wenn einige Spaltenvektoren des Blocks $A^{j-1}B$ linear abhängig von Spaltenvektoren vorheriger Blöcke sind, sollten diese aus der Berechnung „entfernt" werden, bzw., die Berechnung sollte diese nicht weiter berücksichtigen. Dies algorithmisch umzusetzen ist technisch aufwändig und soll hier nicht weiter diskutiert werden.

Folgende Verallgemeinerung von Krylov-Unterräumen wird ebenfalls nützlich sein.

Definition 4.67. Sei $A \in \mathbb{K}^{n \times n}$, $B \in \mathbb{K}^{n \times m}$ und $k \in \mathbb{N}$. Seien $\phi_i(\lambda)$ rationale Funktionen, $i = 1, \ldots, k$. Der Unterraum

$$\mathscr{F}(A, B) = \{\phi_1(A)B, \phi_2(A)B, \ldots, \phi_k(A)B\}$$

wird *rationaler Block-Krylov-Unterraum* der Ordnung k zu A und B genannt.

Hierbei wird vor allem $\phi_j(A)B = (\sigma I - A)^{-j}B$ für $\sigma \in \mathbb{K}$ relevant sein. Algorithmus 3 lässt sich leicht für diesen Fall modifizieren, dies führt auf den rationalen Block-Arnoldi-Algorithmus. In Schritt 3 ist dann ein lineares Gleichungssystem $(A - \mu I)W_j = Q_j$ zu lösen. Dazu sollte man einmal voran eine LR-Zerlegung von $A - \mu I$ berechnen, um dann in der Iteration das Gleichungssystem durch simples Vorwärts-/Rückwärtseinsetzen zu lösen. Mehr Details dazu findet man z. B. in [66, 101].

4.12 Kronecker- und vec-Notation

Das Kronecker-Produkt zweier Matrizen beliebiger Größe erlaubt u. a. das Umschreiben linearer Matrixgleichungen wie z. B. $AXB = C$ für $A \in \mathbb{K}^{m \times n}$, $B \in \mathbb{K}^{\ell \times p}$, $C \in \mathbb{K}^{m \times p}$, $X \in \mathbb{K}^{n \times \ell}$ in ein lineares Gleichungssystem.

Definition 4.68. Das *Kronecker-Produkt* einer Matrix $A \in \mathbb{K}^{m \times n}$ und einer Matrix $B \in \mathbb{K}^{p \times q}$ ist definiert als die Matrix

$$A \otimes B = \begin{bmatrix} a_{11}B & \cdots & a_{1n}B \\ \vdots & \ddots & \vdots \\ a_{m1}B & \cdots & a_{mn}B \end{bmatrix} \in \mathbb{K}^{mp \times nq}.$$

I. Allg. gilt $A \otimes B \neq B \otimes A$.

Beispiel 4.69. Betrachte $A = \begin{bmatrix} 0 & 1 \\ -2 & -3 \end{bmatrix}$ und $B = \begin{bmatrix} 0 \\ 1 \end{bmatrix}$. Dann ist

$$A \otimes B = \begin{bmatrix} 0 \cdot \begin{bmatrix} 0 \\ 1 \end{bmatrix} & 1 \cdot \begin{bmatrix} 0 \\ 1 \end{bmatrix} \\ -2 \cdot \begin{bmatrix} 0 \\ 1 \end{bmatrix} & -3 \cdot \begin{bmatrix} 0 \\ 1 \end{bmatrix} \end{bmatrix} = \begin{bmatrix} 0 & 0 \\ 0 & 1 \\ 0 & 0 \\ -2 & -3 \end{bmatrix} \in \mathbb{R}^{4 \times 2}$$

und

$$B \otimes A = \begin{bmatrix} 0 & 0 \\ 0 & 0 \\ 0 & 1 \\ -2 & -3 \end{bmatrix} \in \mathbb{R}^{4 \times 2}.$$

Definition 4.70. Mit jeder Matrix $A \in \mathbb{K}^{m \times n}$ wird ein Vektor $\text{vec}(A) \in \mathbb{K}^{mn}$ assoziiert

$$\text{vec}(A) = \begin{bmatrix} a_{11} \cdots a_{m1} \; a_{12} \cdots a_{m2} \cdots a_{1n} \cdots a_{mn} \end{bmatrix}^T.$$

Beispiel 4.71. Für $A = \begin{bmatrix} 0 & 1 \\ -2 & -3 \end{bmatrix}$ ergibt sich $\text{vec}(A) = \begin{bmatrix} 0 \\ -2 \\ 1 \\ -3 \end{bmatrix}$.

Das Kronecker-Produkt besitzt zahlreiche hilfreiche Eigenschaften, von denen im Folgenden einige aufgelistet werden. Es gilt

$$A \otimes (B \otimes C) = (A \otimes B) \otimes C,$$
$$(A \otimes B)^T = A^T \otimes B^T,$$
$$A \otimes (B + C) = A \otimes B + A \otimes C,$$
$$(B + C) \otimes A = B \otimes A + C \otimes A,$$
$$\lambda(A \otimes B) = (\lambda A) \otimes B = A \otimes (\lambda B),$$
$$AC \otimes BD = (A \otimes B)(C \otimes D),$$

wobei angenommen sei, dass die verwendeten Matrizen passende Größen haben und die Matrixprodukte AC und BD definiert sind. Zudem gilt für die Eigenwerte λ_i, $i = 1, \ldots, n$, einer Matrix $A \in \mathbb{K}^{n \times n}$ und μ_j, $j = 1, \ldots, m$, einer Matrix $B \in \mathbb{K}^{m \times m}$, dass die Eigenwerte von $A \otimes B$ durch $\lambda_i \mu_j$, $i = 1, \ldots, n$, $j = 1, \ldots, m$, gegeben sind.

Lemma 4.72. *Seien* $A \in \mathbb{K}^{m \times n}$, $B \in \mathbb{K}^{\ell \times p}$, $C \in \mathbb{K}^{m \times p}$ *gegeben. Die Matrixgleichung*

$$AXB = C$$

für die Unbekannte $X \in \mathbb{K}^{n \times \ell}$ *ist äquivalent zu den* mp *Gleichungen mit* $n\ell$ *Unbekannten*

$$(B^T \otimes A) \, \text{vec}(X) = \text{vec}(C).$$

Entsprechend lassen sich weitere (lineare) Matrixgleichungen in Gleichungssysteme umschreiben.

4.13 Lyapunov- und Sylvester-Gleichungen

Sei $A \in \mathbb{R}^{n \times n}$ und $x(t) \in \mathbb{R}^n$ eine Lösung der Differenzialgleichung

$$\dot{x}(t) = Ax(t). \tag{4.16}$$

Sei weiter $V \in \mathbb{R}^{n \times n}$ eine reelle symmetrische Matrix. Betrachte nun die quadratische Form $v(x) = x(t)^T V x(t)$. Es folgt

$$\dot{v}(x) = \dot{x}(t)^T V x(t) + x(t)^T V \dot{x}(t) = x(t)^T \left(A^T V + V A \right) x(t).$$

Setzt man

$$A^T V + V A = -W,$$

dann ist offenbar W reell und symmetrisch und $\dot{v}(x) = -w(x)$ mit der quadratischen Form $w(x) = x(t)^T W x(t)$. Lyapunov [94] hat gezeigt, dass für jede Lösung $x(t)$ von (4.16) $\lim_{t \to \infty} x(t) = 0$ gilt genau dann, wenn man positive definite quadratische Formen v und w finden kann mit $\dot{v} = w$. Konkret ergibt sich ein Zusammenhang zwischen den Eigenschaften der Eigenwerte von A und der Existenz einer Lösung der Gleichung $A^T V + V A = -W$.

Gleichungen der Form

$$AP + PA^T = -F$$

heißen *Lyapunov-Gleichungen*. Dabei seien $A, F \in \mathbb{R}^{n \times n}$ gegeben, $P \in \mathbb{R}^{n \times n}$ ist gesucht. Hier werden die für das Weitere relevanten Ergebnisse zur Existenz und Eindeutigkeit der Lösung einer Lyapunov-Gleichung angegeben.

Beispiel 4.73. Betrachte für $A = \begin{bmatrix} 0 & 1 \\ -2 & -3 \end{bmatrix}$ und $B = \begin{bmatrix} 0 \\ 1 \end{bmatrix}$ die Lyapunov-Gleichung $AP + PA^T = -BB^T$. Mit $P = \begin{bmatrix} a & b \\ c & d \end{bmatrix}$ ergibt sich

$$\begin{bmatrix} c & d \\ -2a-3c & 2b-3d \end{bmatrix} + \begin{bmatrix} b & -2a-3b \\ d & -2c-3d \end{bmatrix} = -\begin{bmatrix} 0 & 0 \\ 0 & 1 \end{bmatrix}.$$

Dies führt mit Lemma 4.72 auf das Gleichungssystem

$$\begin{bmatrix} 0 & 1 & 1 & 0 \\ -2 & -3 & 0 & 1 \\ -2 & 0 & -3 & 1 \\ 0 & -2 & -2 & -6 \end{bmatrix} \begin{bmatrix} a \\ b \\ c \\ d \end{bmatrix} = \begin{bmatrix} 0 \\ 0 \\ 0 \\ -1 \end{bmatrix}$$

mit der Lösung

$$\begin{bmatrix} a \\ b \\ c \\ d \end{bmatrix} = \begin{bmatrix} \frac{1}{12} \\ 0 \\ 0 \\ \frac{1}{6} \end{bmatrix}.$$

Damit ergibt sich die Lösung $P = \begin{bmatrix} \frac{1}{12} & 0 \\ 0 & \frac{1}{6} \end{bmatrix}$.

Mit der Kronecker- und vec-Notation aus Abschn. 4.12 kann jede Lyapunov-Gleichung in ein äquivalentes lineares Gleichungssystem umgeschrieben werden.

Lemma 4.74. *Für $A, F \in \mathbb{R}^{n \times n}$ gilt*

$$AP + PA^T = -F \iff ((I \otimes A) + (A \otimes I)) \operatorname{vec}(P) = -\operatorname{vec}(F).$$

Das lineare Gleichungssystem ist eindeutig lösbar genau dann, wenn $(I \otimes A) + (A \otimes I)$ regulär ist.

Das folgende Theorem beantwortet die Frage nach Existenz und Eindeutigkeit der Lösung einer Lyapunov-Gleichung.

Theorem 4.75. *Sei $A, F \in \mathbb{R}^{n \times n}$. Seien $\lambda_1, \dots, \lambda_n$ die Eigenwerte von A.*

a) *Die Lyapunov-Gleichung $AP + PA^T = -F$ hat eine eindeutige Lösung $P \in \mathbb{R}^{n \times n}$ genau dann, wenn $\lambda_i \neq -\lambda_j$ für $i, j = 1, \dots, n$ (d. h., genau dann, wenn $\Lambda(A) \cap \Lambda(-A) = \emptyset$).*

b) *Insbesondere, wenn A asymptotisch stabil[1] ist, d. h., $\operatorname{Re}(\lambda_i) < 0$ für $i = 1, \dots, n$, besitzt die Lyapunov-Gleichung $AP + PA^T = -F$ eine eindeutige Lösung $P \in \mathbb{R}^{n \times n}$.*

c) *Ist A asymptotisch stabil, d. h., $\operatorname{Re}(\lambda_i) < 0$ für $i = 1, \dots, n$, dann besitzt die Lyapunov-Gleichung $AP + PA^T = -F$ für jede symmetrische Matrix F eine eindeutige symmetrische Matrix P als Lösung.*

Ganz analog zur ersten Aussage aus Theorem 4.75 folgt

Theorem 4.76. *Seien $A, B, C \in \mathbb{R}^{n \times n}$. Die Sylvester-Gleichung*

$$AX + XB = C$$

hat eine eindeutige Lösung $X \in \mathbb{R}^{n \times n}$ genau dann, wenn die Matrizen A und $-B$ keine gemeinsamen Eigenwerte haben, d. h., falls $\Lambda(A) \cap \Lambda(-B) = \emptyset$.

In der Literatur finden sich zahlreiche weitere Aussagen. Wir werden im Weiteren noch die Folgende benötigen.

Theorem 4.77. *Sei $A \in \mathbb{R}^{n \times n}$ asymptotisch stabil, d. h., $\operatorname{Re}(\lambda_i) < 0$ für $i = 1, \dots, n$ für die Eigenwerte $\lambda_1, \dots, \lambda_n$ von A. Dann gilt*

---

[1]Siehe Abschn. 7.3 für weitere Erläuterungen.

a) *Für jedes $F \in \mathbb{R}^{n \times n}$ ist die eindeutige Lösung von $AP + PA^T = -F$ gegeben durch $P = \int_0^\infty e^{At} F e^{A^T t} dt$.*

b) *Für jedes symmetrisch positiv definite $F \in \mathbb{R}^{n \times n}$ ist die eindeutige Lösung von $AP + PA^T = -F$ ebenfalls symmetrisch und positiv definit.*

c) *Für jedes symmetrisch positiv semidefinite $F \in \mathbb{R}^{n \times n}$ ist die eindeutige Lösung von $AP + PA^T = -F$ ebenfalls symmetrisch und positiv semidefinit.*

Eine verallgemeinerte Lyapunov-Gleichung

$$APE^T + EPA^T + F = 0$$

für $A, E, F \in \mathbb{R}^{n \times n}$ kann für nichtsinguläres E immer in eine Standard-Lyapunov-Gleichung umgeschrieben werden,

$$E^{-1}AP + PA^T E^{-T} + E^{-1}FE^{-T} = \tilde{A}P + P\tilde{A}^T + \tilde{F} = 0.$$

Alle bisherigen Resultate lassen sich daher auf verallgemeinerte Lyapunov-Gleichungen übertragen. Im Falle einer singulären Matrix E ändern sich die Existenz- und Eindeutigkeitsaussagen erheblich [122].

4.14 Formeln zur Matrixinvertierung

Wir werden mehrfach (für theoretische Überlegungen) die Inverse einer Matrix verwenden.

Die beiden ersten Formeln, die wir angeben, beziehen sich auf Matrizen, die sich als Summen zweier Matrizen darstellen lassen.

Theorem 4.78 (Sherman-Morrison-Woodbury Formel). *Sei $A \in \mathbb{K}^{n \times n}$ regulär und $U, V \in \mathbb{K}^{n \times k}$. Wenn die Matrix $I - V^H A^{-1} U \in \mathbb{K}^{k \times k}$ regulär ist, dann gilt*

$$(A - UV^H)^{-1} = A^{-1} + A^{-1}U(I - V^H A^{-1}U)^{-1}V^H A^{-1}.$$

Theorem 4.79 (Neumannsche Reihe). *Seien $A, B \in \mathbb{K}^{n \times n}$.*

a) *Sei $\rho(A) < 1$. Dann ist $I - A$ invertierbar und*

$$(I - A)^{-1} = \sum_{i=0}^{\infty} A^i.$$

b) *Sei A invertierbar und $\rho(A^{-1}B) < 1$. Dann ist $A + B$ invertierbar und*

$$(A + B)^{-1} = A^{-1} - A^{-1}BA^{-1} + \sum_{j=2}^{\infty} (-1)^j (A^{-1}B)^j A^{-1}.$$

Damit folgt sofort für $s \in \mathbb{C}$ mit $\rho(-s^{-1}A) < 1$, dass $sI - A$ invertierbar ist und

$$(sI - A)^{-1} = \sum_{i=1}^{\infty} s^{-i} A^{i-1}$$

gilt.

Abschließend geben wir noch das Schur-Komplement einer Matrix an.

Definition 4.80 (Schur-Komplement). Sei $A \in \mathbb{K}^{n \times n}$ regulär, $B \in \mathbb{K}^{n \times m}$, $C \in \mathbb{K}^{m \times n}$, $D \in \mathbb{K}^{m \times m}$. Dann nennt man die Matrix

$$S = D - CA^{-1}B$$

das Schur-Komplement von A in der Matrix $X = \begin{bmatrix} A & B \\ C & D \end{bmatrix}$.

Damit kann man die Inverse der Blockmatrix X wie folgt angeben.

Theorem 4.81. *Sei $A \in \mathbb{K}^{n \times n}$ regulär, $B \in \mathbb{K}^{n \times m}$, $C \in \mathbb{K}^{m \times n}$, $D \in \mathbb{K}^{m \times m}$. Dann gilt mit dem Schur-Komplement $S = D - CA^{-1}B$*

$$\begin{bmatrix} A & B \\ C & D \end{bmatrix}^{-1} = \begin{bmatrix} A^{-1} + A^{-1}BS^{-1}CA^{-1} & -A^{-1}BS^{-1} \\ -S^{-1}CA^{-1} & S^{-1} \end{bmatrix},$$

$$\begin{bmatrix} A & B \\ C & D \end{bmatrix}^{-1} = \begin{bmatrix} I_n & -A^{-1}B \\ 0 & I_m \end{bmatrix} \begin{bmatrix} A^{-1} & 0 \\ 0 & S^{-1} \end{bmatrix} \begin{bmatrix} I_n & 0 \\ -CA^{-1} & I_m \end{bmatrix}.$$

4.15 Differentiation komplex- und matrixwertiger Funktionen

Um die Übertragungsfunktion (2.4) von LZI-Systemen (2.1) differenzieren zu können, betrachten wir hier die Ableitung von Funktionen $F : \mathbb{C} \rightarrow \mathbb{C}^{p \times m}$. Da die hier interessierenden Übertragungsfunktionen rationale Funktionen sind, also eine endliche Anzahl von Polen haben und außerhalb von Umgebungen dieser Pole analytisch sind, gehen wir hier davon aus, dass F im Punkt $s \in \mathbb{C}$, in dem wir differenzieren wollen, komplex differenzierbar ist.

Wir betrachten dazu zunächst die Matrix $F(\alpha)$, deren Einträge Funktionen $f_{ij} : \mathbb{C} \rightarrow \mathbb{C}$ sind. Die erste Ableitung bzgl. α ist definiert als die Matrix der Größe $p \times m$ mit den elementweisen Ableitungen

$$F'(\alpha) = \frac{\partial F}{\partial \alpha} = \begin{bmatrix} \frac{\partial f_{11}}{\partial \alpha} & \frac{\partial f_{12}}{\partial \alpha} & \cdots & \frac{\partial f_{1n}}{\partial \alpha} \\ \frac{\partial f_{21}}{\partial \alpha} & \frac{\partial f_{22}}{\partial \alpha} & \cdots & \frac{\partial f_{2n}}{\partial \alpha} \\ \vdots & \vdots & & \vdots \\ \frac{\partial f_{m1}}{\partial \alpha} & \frac{\partial f_{m2}}{\partial \alpha} & \cdots & \frac{\partial f_{mn}}{\partial \alpha} \end{bmatrix}.$$

Für Matrizen $F_1(\alpha)$, $F_2(\alpha)$, $F_3(\alpha)$ passender Größe mit $F_1(\alpha)F_2(\alpha) = F_3(\alpha)$ gilt

$$F_1'(\alpha)F_2(\alpha) + F_1(\alpha)F_2'(\alpha) = F_3'(\alpha).$$

Daher ergibt sich für eine reguläre Matrix $F(\alpha)$ aus $F^{-1}(\alpha)F(\alpha) = I$ gerade

$$F^{-1}(\alpha)\frac{\partial F(\alpha)}{\partial \alpha} + \frac{\partial F^{-1}(\alpha)}{\partial \alpha}F(\alpha) = 0,$$

bzw.

$$\frac{\partial F^{-1}(\alpha)}{\partial \alpha} = -F^{-1}(\alpha)\frac{\partial F(\alpha)}{\partial \alpha}F^{-1}(\alpha). \tag{4.17}$$

Diese Formel werden wir in den folgenden Abschnitten wiederholt für die Funktion $R(\alpha) = \alpha I - A$ anwenden. Da dann $R'(\alpha) = I$ gilt, folgt in diesem Falle

$$\frac{\partial R^{-1}(\alpha)}{\partial \alpha} = -R^{-2}(\alpha).$$

Modellreduktion durch Projektion

5

In diesem Kapitel wird der generelle Ansatz, ein reduziertes System mittels geeigneter Projektion zu erzeugen, vorgestellt. Dabei wird zunächst von dem LZI-System

$$\dot{x}(t) = Ax(t) + Bu(t),$$
$$y(t) = Cx(t) + Du(t) \tag{5.1}$$

mit $A \in \mathbb{R}^{n \times n}$, $B \in \mathbb{R}^{n \times m}$, $C \in \mathbb{R}^{p \times n}$ und $D \in \mathbb{R}^{p \times m}$ ausgegangen. Ziel ist die Konstruktion eines reduzierten LZI-Systems

$$\dot{\hat{x}}(t) = \hat{A}\hat{x}(t) + \hat{B}u(t),$$
$$\hat{y}(t) = \hat{C}\hat{x}(t) + \hat{D}u(t) \tag{5.2}$$

mit $\hat{A} \in \mathbb{R}^{r \times r}$, $\hat{B} \in \mathbb{R}^{r \times m}$, $\hat{C} \in \mathbb{R}^{p \times r}$, $\hat{D} \in \mathbb{R}^{p \times m}$ und $r \ll n$. Dabei sollten sich der Ausgang des Originalsystems (5.1) und der des reduzierten Systems (5.2) möglichst wenig unterscheiden, d. h., $\|y - \hat{y}\| < \text{tol} \|u\|$ für alle sinnvollen Eingänge $u(t)$ und eine geeignete Norm $\| \cdot \|$. Passende Normen auf den hier relevanten Funktionenräumen werden in Abschn. 7.8 eingeführt. Zudem sollen ggf. weitere Eigenschaften des Systems (5.1) erhalten bleiben. Beispielsweise sollte $\hat{A}$ symmetrisch sein, wenn A symmetrisch ist oder $\hat{A}$ sollte asymptotisch stabil (d. h., alle Eigenwerte von $\hat{A}$ liegen in der offenen linken Halbebene, $\Lambda(\hat{A}) \subset \mathbb{C}_-$) sein, wenn A dies ist.

5.1 Die Grundidee

Zunächst sei angenommen, dass die Lösungstrajektorie $x(t; u)$ vollständig in einem niedrig-dimensionalen Unterraum $\mathcal{V}$ mit $\dim \mathcal{V} = r$ liegt. Die Notation $x(t; u)$

© Springer-Verlag GmbH Deutschland, ein Teil von Springer Nature 2024
P. Benner und H. Faßbender, *Modellreduktion*, Springer Studium Mathematik (Master),
https://doi.org/10.1007/978-3-662-67493-2_5

verdeutlicht hier die Abhängigkeit der Lösung x von der gewählten Steuerung u. Dann gilt $x(t) = V\hat{x}(t)$ für eine Matrix $V \in \mathbb{R}^{n \times r}$ mit $\text{Bild}(V) = \mathscr{V}$ und $\hat{x}(t) \in \mathbb{R}^r$. Einsetzen in (5.1) liefert

$$V\dot{\hat{x}}(t) = AV\hat{x}(t) + Bu(t),$$
$$y(t) = CV\hat{x}(t) + Du(t).$$

Nun konstruiert man eine Matrix $W \in \mathbb{R}^{n \times r}$ mit $W^T V = I_r$. Dazu kann man z. B. $W = V$ nehmen, falls V orthonormale Spalten hat. Andernfalls kann man, wie in Lemma 4.57 gezeigt, $W = V(V^T V)^{-1}$ wählen, um eine orthogonale Projektion zu erhalten, oder man wählt $W = \widetilde{W}(V^T \widetilde{W})^{-1}$ mit $\widetilde{W} \in \mathbb{R}^{n \times r}$, $\text{Rang}(\widetilde{W}) = r$ und $V^T \widetilde{W}$ regulär, um eine schiefe Projektion zu erhalten.

Multipliziert man die erste Gleichung mit W^T, so erhält man

$$W^T V\dot{\hat{x}}(t) = W^T AV\hat{x}(t) + W^T Bu(t),$$
$$y(t) = CV\hat{x}(t) + Du(t).$$

Wegen $W^T V = I_r$ entspricht dies dem reduzierten LZI-System (5.2) mit

$$\hat{A} = W^T AV, \quad \hat{B} = W^T B, \quad \hat{C} = CV, \quad \hat{D} = D \tag{5.3}$$

und $\hat{y} = y$. Der Fehler $y - \hat{y}$ ist daher, wie zu erwarten, null. Das System wurde lediglich auf den für die Lösung x relevanten Unterraum $\mathscr{V}$ mittels der ((Petrov-) Galerkin-)Projektion (siehe Definition 4.56) $\Pi = VW^T$ projiziert, es wurde keinerlei Information vernachlässigt.

Nun sei angenommen, dass sich die Lösungstrajektorie $x(t; u)$ durch ein $\hat{x}$ aus einem niedrig-dimensionalen Unterraum $\mathscr{V}$ mit $\dim \mathscr{V} = r$ gut approximieren lässt, d. h., $x(t) \approx V\hat{x}(t)$ für eine Matrix $V \in \mathbb{R}^{n \times r}$ und $\text{Bild}(V) = \mathscr{V}$ sowie $\hat{x}(t) \in \mathbb{R}^r$. Dann folgt aus (5.1)

$$V\dot{\hat{x}}(t) = AV\hat{x}(t) + Bu(t) + f_1(t),$$
$$y(t) = CV\hat{x}(t) + Du(t) + f_2(t),$$

mit Fehlertermen $f_1(t) \in \mathbb{R}^n$, $f_2(t) \in \mathbb{R}^p$. Weiter sei angenommen, dass eine Matrix $W \in \mathbb{R}^{n \times r}$ mit $W^T V = I_r$ existiert. Multipliziert man nun die erste Gleichung mit W^T, so erhält man

$$W^T V\dot{\hat{x}}(t) = W^T AV\hat{x}(t) + W^T Bu(t) + W^T f_1(t),$$
$$y(t) = CV\hat{x}(t) + Du(t) + f_2(t),$$

bzw.

$$\dot{\hat{x}}(t) = \hat{A}\hat{x}(t) + \hat{B}u(t) + W^T f_1(t),$$
$$y(t) = \hat{C}\hat{x}(t) + \hat{D}u(t) + f_2(t)$$

mit $\hat{A}$, $\hat{B}$, $\hat{C}$, $\hat{D}$ wie in (5.3). Wählt man nun $\hat{x}$ als exakte Lösung der Differenzialgleichung $\dot{\hat{x}}(t) = \hat{A}\hat{x}(t) + \hat{B}u(t)$, dann gilt

$$W^T f_1(t) = W^T \left(V\dot{\hat{x}}(t) - AV\hat{x}(t) - Bu(t) \right) = \dot{\hat{x}}(t) - \hat{A}\hat{x}(t) - \hat{B}u(t) = 0. \quad (5.4)$$

Mit $\hat{y}(t) = y(t) - f_2(t) \in \mathbb{R}^p$ ergibt sich somit das reduzierte System (5.2)

$$\dot{\hat{x}}(t) = W^T A V \hat{x}(t) + W^T B u(t),$$
$$\hat{y}(t) = C V \hat{x}(t) + D u(t).$$

Falls $\|y - \hat{y}\| = \|f_2\|$ „klein" ist, sollte dies eine gute Approximation an das Origi-
nalsystem (5.1) liefern.

Die konstruktionsbedingt erfüllte Orthogonalitätsbedingung (5.4)

$$f_1(t) \perp \mathscr{W} = \text{Bild}(W)$$

nennt man eine *Petrov-Galerkin-Bedingung,* woraus sich auch der bereits eingeführte
Begriff der Petrov-Galerkin-Projektion ableitet. Wählt man $\mathscr{W} = \mathscr{V}$, so wird die
Orthogonalitätsbedingung *Galerkin-Bedingung* genannt. Aufgrund dieser Nomen-
klatur werden Verfahren, die auf diesem Ansatz beruhen, auch *Galerkin-* bzw. *Petrov-
Galerkin-Verfahren* genannt.

Anmerkung 5.1. Manchmal nennt man $\mathscr{V}$ den Ansatzraum und $\mathscr{W}$ den Testraum,
da dies im Kontext von Petrov-Galerkin-Verfahren zur numerischen Lösung von
partiellen Differenzialgleichungen gebräuchlich ist.

Die Grundidee der in den folgenden Kapiteln betrachteten Modellreduktionsverfahren besteht nun in der Konstruktion einer geeigneten Petrov-Galerkin-Projektion
$\Pi = V W^T$ mit $V, W \in \mathbb{R}^{n \times r}$ und $W^T V = I_r$ und der Projektion des Originalsystems (5.1) auf ein reduziertes System (5.2), wobei die reduzierten Matrizen
$\hat{A}, \hat{B}, \hat{C}, \hat{D}$ wie in (5.3) berechnet werden. Der Zustandsraum von (5.1) wird auf den
r-dimensionalen Unterraum $\mathscr{V}$ entlang von $\mathscr{W}^{\perp}$ projiziert, der Zustand x wird also
durch eine Linearkombination von Basisvektoren des niedrig-dimensionalen Unter-
raums $\mathscr{V}$ approximiert. Zudem soll $\|y - \hat{y}\|$ möglichst „klein" sein. In den folgenden
Kapiteln werden verschiedene Ansätze zur Bestimmung einer geeigneten Projektion
$\Pi = V W^T$ vorgestellt und ihre Eigenschaften diskutiert. Zwei grundlegende Eigenschaften wollen wir hier bereits vorwegnehmen, da diese allen Projektionsverfahren
gemein sind:

Theorem 5.2. *Sei* $A \in \mathbb{R}^{n \times n}$ *symmetrisch, d. h.* $A = A^T$. *Wählt man in* (5.3) $W = V$
für eine Matrix V *mit orthonormalen Spalten, dann gilt auch*

$$\hat{A} = \hat{A}^T,$$

d. h. die Symmetrie wird im reduzierten Modell erhalten. Ist zudem A asymptotisch stabil, d. h. $\Lambda(A) \subset \mathbb{C}_-$, dann gilt, dass auch $\hat{A}$ (und damit das reduzierte LZI-System) asymptotisch stabil ist.

Beweis. Die erste Aussage ist trivial. Für die zweite Aussage verwendet man, dass Symmetrie und Stabilität impliziert, dass A symmetrisch negativ definit ist, und aufgrund des vollen Rangs von A und V ergibt sich dann dieselbe Eigenschaft für $\hat{A}$, wie man sofort mit der Definition der negativen Definitheit nachrechnet. ∎

Die Aussage von Theorem 5.2 gilt natürlich analog im komplexen Fall für Hermitesche Matrizen.

Die hier vorgestellte Idee der Berechnung eines Modells reduzierter Ordnung lässt sich problemlos auf die allgemeinere Form (2.5) eines LZI-System übertragen. Zu dem LZI-System

$$
\begin{aligned}
E\dot{x}(t) &= Ax(t) + Bu(t), \\
y(t) &= Cx(t) + Du(t)
\end{aligned}
\tag{5.5}
$$

mit $E, A \in \mathbb{R}^{n \times n}$, $B \in \mathbb{R}^{n \times m}$, $C \in \mathbb{R}^{p \times n}$ und $D \in \mathbb{R}^{p \times m}$ wird eine geeignete Projektion $\Pi = VW^T$ gesucht, sodass mittels $\hat{E} = W^T EV$, $\hat{A} = W^T AV$, $\hat{B} = W^T B$, $\hat{C} = CV$ und $\hat{D} = D$ ein reduziertes LZI-System

$$
\begin{aligned}
\hat{E}\dot{\hat{x}}(t) &= \hat{A}\hat{x}(t) + \hat{B}u(t), \\
\hat{y}(t) &= \hat{C}\hat{x}(t) + \hat{D}u(t)
\end{aligned}
\tag{5.6}
$$

erzeugt werden kann.

Man beachte dabei, dass die Orthogonalitätsbedingung hier auf zwei verschiedene Weisen gewählt werden kann: Entweder $W^T V = I_r$ oder $W^T EV = I_r$, wobei letzteres dann $\hat{E} = I_r$ impliziert. Die erste Variante bedeutet, dass man Orthogonalität bzgl. des Euklidischen Skalarprodukts fordert, während die zweite Variante für symmetrisch positiv definite Matrizen E Orthogonalität im von E implizierten inneren Produkt fordert. Gerade im Kontext von diskretisierten partiellen Differenzialgleichungen hat die zweite Variante Vorteile, auf die wir im Rahmen dieses Buches jedoch nicht eingehen können, da dafür tiefere Kenntnisse zur Fehlerabschätzung bei der numerischen Lösung von partiellen Differenzialgleichungen vorausgesetzt werden müssten. Es sei lediglich darauf verwiesen, dass $\langle \cdot, \cdot \rangle$ dann dem L_2-inneren Produkt der diskretisierten Funktionen im Endlich-dimensionalen entspricht.

Nachdem wir in diesem Abschnitt die prinzipielle Vorgehensweise bei den in diesem Lehrbuch betrachteten Modellreduktionsverfahren für LZI-Systeme vorgestellt haben, werden in den folgenden Kapiteln die drei gebräuchlichsten Methodenklassen dieser Art vorgestellt. Im Kap. 6 wird einer der ersten Ansätze zur Modellreduktion eines LZI-System, das modale Abschneiden, diskutiert. Im wesentlichen wird das LZI-System durch eine Koordinatentransformation so umgeschrieben, dass die Matrix A diagonal, bzw. in Block-Diagonalform ist, sodass ihre Eigenwerte sofort ablesbar sind. Die im gewissen Sinne unwichtigen Eigenwerte werden dann vernachlässigt (abgeschnitten) und so ein reduziertes Modell erstellt. Bei dem in Kap. 8 besprochenen Verfahren des balancierten Abschneidens wird das LZI-System (formal) zunächst in eine Form gebracht, an der man „wichtige" von „unwichtigen" Zuständen unterscheiden kann. Die „unwichtigen" werden dann vernachlässigt (abgeschnitten) und so ein reduziertes Modell erstellt. Zum Verständnis dieses Ansatzes sind Kenntnisse aus der System- und Regelungstheorie erforderlich, die in Kap. 7 eingeführt werden. Die dritte Klasse an Verfahren, die in Kap. 9 genauer betrachtet werden, sind die interpolatorischen Verfahren. Während die beiden ersten Methodenklassen explizit mit dem LZI-System arbeiten, wird hier nun versucht, dass reduzierte LZI-System so zu konstruieren, dass dessen Übertragungsfunktion $\hat{G}(s)$ die Übertragungsfunktion $G(s)$ des ursprünglichen LZI-Systems möglichst gut approximiert. Konkret soll $\hat{G}(s)$ die Funktion $G(s)$ an einigen Punkten interpolieren, d. h., es soll $\hat{G}(\sigma_j) = G(\sigma_j)$ für einige σ_j gelten. Manchmal sollen auch noch die erste und ggf. höhere Ableitungen an den Stellen σ_j übereinstimmen. Auf den ersten Blick ist der Zusammenhang zwischen der Modellreduktion durch Projektion und der interpolatorischen Modellreduktion nicht offensichtlich. Dies ist aber recht leicht einzusehen, der Raum $\mathcal{V}$ muss nur passend gewählt werden, wie wir im folgenden Abschnitt sehen werden.

5.2 Projektion durch Interpolation

Wir gehen hier von dem LZI-System (5.1) und dem reduzierten System (5.2) mit den Übertragungsfunktionen $G(s) = C(sI_n - A)^{-1}B$ und $\hat{G}(s) = \hat{C}(sI_r - \hat{A})^{-1}\hat{B}$ aus. Der Einfachheit halber nehmen wir in diesem Abschnitt an, dass s reell ist, um einige technische Details, die im Zusammenhang mit komplexer Arithmetik entstehen und die wir in Kap. 9 näher beleuchten werden, zu umgehen.

Es gilt

$$
\begin{aligned}
G(s) - \hat{G}(s) &= C(sI_n - A)^{-1}B - \hat{C}(sI_r - \hat{A})^{-1}\hat{B} \\
&= C(sI_n - A)^{-1}B - CV(sI_r - \hat{A})^{-1}W^T B \\
&= C((sI_n - A)^{-1} - V(sI_r - \hat{A})^{-1}W^T)B \\
&= C(\underbrace{I_n - V(sI_r - \hat{A})^{-1}W^T(sI_n - A)}_{=:P(s)})(sI_n - A)^{-1}B. \qquad (5.7)
\end{aligned}
$$

Für alle reelle s_*, die nicht gerade ein Eigenwert von A oder $\hat{A}$ sind, also

$$
s_* \in \mathbb{R}\backslash(\Lambda(A) \cup \Lambda(\hat{A})), \qquad (5.8)
$$

ist $P(s_*)$ ein Projektor auf $\mathscr{V}$, denn $P(s_*)^2 = P(s_*)$ und $\mathrm{Bild}(P(s_*)) = \mathrm{Bild}(V)$. Wählt man $\mathscr{V}$ derart, dass $(s_* I_n - A)^{-1} B \in \mathscr{V},$[1] dann folgt

$$(I_n - P(s_*))\big((s_* I_n - A)^{-1} B\big) = 0 \tag{5.9}$$

und damit $G(s_*) = \hat{G}(s_*)$.

Analog sieht man aus

$$\begin{aligned} G(s) - \hat{G}(s) &= C(s I_n - A)^{-1} B - \hat{C}(s I_r - \hat{A})^{-1} \hat{B} \\ &= C(s I_n - A)^{-1}(I_n - \underbrace{(s I_n - A) V(s I_r - \hat{A})^{-1} W^T}_{:=Q(s)}) B, \end{aligned} \tag{5.10}$$

dass mit s_* wie in (5.8) die Matrix $Q(s_*)^T$ ein Projektor auf $\mathscr{W}$ ist, sodass mit $(s I_n - A)^{-T} C^T \in \mathscr{W}$

$$C(s_* I_n - A)^{-1}(I_n - Q(s_*)) = 0 \tag{5.11}$$

folgt und damit ebenfalls $G(s_*) = \hat{G}(s_*)$ gilt. Damit haben wir die folgende Aussage bewiesen.

Theorem 5.3. *Gegeben sei ein LZI-System* (5.1) *sowie das reduzierte System* (5.2), *welches durch Petrov-Galerkin-Projektion mit den Ansatz- bzw. Testräumen* $\mathscr{V} \subset \mathbb{R}^n$ *und* $\mathscr{W} \subset \mathbb{R}^n$ *aus* (5.1) *entstanden sei. Weiter gelte* (5.8), *sowie entweder*

$$(s_* I_n - A)^{-1} B \in \mathscr{V} \tag{5.12}$$

oder

$$(s_* I_n - A)^{-T} C^T \in \mathscr{W}. \tag{5.13}$$

Dann interpoliert die Übertragungsfunktion des reduzierten LZI-Systems (5.2) *diejenige des originalen LZI-Systems* (5.1) *an der Stelle* s_*, *d. h.,*

$$G(s_*) = \hat{G}(s_*).$$

Mit einer ähnlichen Argumentation kann man sogar Hermite-Interpolation beweisen. Unter Verwendung von (4.17) mit $\alpha = s_j$ und $F(\alpha) = s_j I_n - A$ folgt

$$G'(s) = \frac{\partial}{\partial s} G(s) = C \left(\frac{\partial}{\partial s}(s I_n - A)^{-1} \right) B = -C(s I_n - A)^{-2} B.$$

---

[1] Beachte, dass wir hier und im Folgenden eine verkürzende Notation verwenden: Für $m = 1$ ist $(s_* I_n - A)^{-1} B$ ein Vektor im $\mathbb{R}^n$, sodass die Elementbeziehung zum Untervektorraum $\mathscr{V}$ korrekt ist, während dies im Falle $m > 1$ so zu verstehen ist, dass $\mathrm{Bild}((s_* I_n - A)^{-1} B) \subset \mathscr{V}$ gilt.

Damit erhält man mit $P(s)$ und $Q(s)$ wie in (5.7) und (5.10)

$$
\begin{aligned}
G'(s) - \hat{G}'(s) &= -C(sI_n - A)^{-2}B + CV(sI_r - \hat{A})^{-2}W^T B \\
&= -C(sI_n - A)^{-1}\Big(I_n - \\
&\quad (sI_n - A)V(sI_r - \hat{A})^{-1}\underbrace{W^T V}_{=I_r}(sI_r - \hat{A})^{-1}W^T(sI_n - A)\Big)(sI_n - A)^{-1}B \\
&= -C(sI_n - A)^{-1}\big(I_n - Q(s)P(s)\big)(sI_n - A)^{-1}B \\
&= -C(sI_n - A)^{-1}\,(I_n - Q(s))\,(I_n + P(s))\,(sI_n - A)^{-1}B \\
&\quad - C(sI_n - A)^{-1}Q(s)(sI_n - A)^{-1}B + C(sI_n - A)^{-1}P(s)(sI_n - A)^{-1}B.
\end{aligned}
$$

Wählt man nun wieder ein s_* wie in (5.8), und konstruiert V, W, sodass (5.12) *und* (5.13) erfüllt sind, so folgt wegen (5.11) und (5.9)

$$
\begin{aligned}
C(s_*I_n - A)^{-1}Q(s_*)(s_*I_n - A)^{-1}B &= C(s_*I_n - A)^{-2}B \\
&= C(s_*I_n - A)^{-1}P(s_*)(s_*I_n - A)^{-1}B.
\end{aligned}
$$

Daher folgt $G'(s_*) - \hat{G}'(s_*) = 0$, womit wir Hermite-Interpolation gezeigt haben.

Korollar 5.4. *Gegeben sei ein LZI-System (5.1) sowie das reduzierte System (5.2), welches durch Petrov-Galerkin-Projektion mit den Ansatz- bzw. Testräumen $\mathcal{V} \subset \mathbb{R}^n$ und $\mathcal{W} \subset \mathbb{R}^n$ aus (5.1) entstanden sei. Weiter gelte (5.8), sowie (5.12) und (5.13). Dann erfüllt die Übertragungsfunktion des reduzierten LZI-Systems (5.2) an der Stelle s_* die Hermiteschen Interpolationsbedingungen*

$$
G(s_*) = \hat{G}(s_*) \quad und \quad G'(s_*) = \hat{G}'(s_*).
$$

Damit folgt also, dass man rationale Funktionen, die die Übertragungsfunktion (Hermite-)interpolieren, durch Projektion bestimmen kann. Diese Erkenntnis liefert eine wesentliche Grundlage für die Modellreduktionsverfahren dieser Klasse. Man beachte, dass alle Aussagen dieses Abschnitts sinngemäß auch für komplexe s_* gelten, wobei man dann entweder mit komplexen Projektoren argumentieren muss, oder die Unterräume $\mathcal{V}$, $\mathcal{W}$ in reelle Unterräume transformieren muss, wie wir es später in Abschn. 9.1.3 erläutern werden.

Die Übertragung dieser Ideen auf allgemeinere LZI-Systeme der Form (5.5) ist unkompliziert. Es muss dann die Übertragungsfunktion $G(s) = C(sE - A)^{-1}B$ betrachtet werden.

Modales Abschneiden

6

In diesem Kapitel betrachten wir erneut ein LZI-System wie (2.1), also

$$\dot{x}(t) = Ax(t) + Bu(t),$$
$$y(t) = Cx(t) + Du(t),$$

(6.1)

mit $A \in \mathbb{R}^{n \times n}$, $B \in \mathbb{R}^{n \times m}$, $C \in \mathbb{R}^{p \times n}$, und $D \in \mathbb{R}^{p \times m}$. Dabei wird angenommen, dass A diagonalisierbar ist. Es existiert also eine reguläre Matrix $S_{\mathbb{C}} \in \mathbb{C}^{n \times n}$ mit

$$A = S_{\mathbb{C}} \Lambda_{\mathbb{C}} S_{\mathbb{C}}^{-1}, \qquad \Lambda_{\mathbb{C}} = \text{diag}(\lambda_1, \dots, \lambda_n) \in \mathbb{C}^{n \times n}.$$

(6.2)

Mithilfe dieser Eigenzerlegung kann man ein recht einfaches Modellreduktionsverfahren herleiten, welches dadurch motiviert wird, dass die Eigenwerte von A unterschiedlich starken Einfluss auf das dynamische Verhalten des LZI-Systems (6.1) haben, und solche „Eigenmoden" vernachlässigt werden können, die weniger „wichtig" dabei sind.

6.1 Grundidee des Verfahrens

Setzt man die Eigenzerlegung (6.2) von A in (6.1) ein und multipliziert mit $S_{\mathbb{C}}^{-1}$, so erhält man

$$S_{\mathbb{C}}^{-1} \dot{x}(t) = \Lambda_{\mathbb{C}} S_{\mathbb{C}}^{-1} x(t) + S_{\mathbb{C}}^{-1} Bu(t),$$
$$y(t) = Cx(t) + Du(t).$$

© Springer-Verlag GmbH Deutschland, ein Teil von Springer Nature 2024
P. Benner und H. Faßbender, *Modellreduktion*, Springer Studium Mathematik (Master),
https://doi.org/10.1007/978-3-662-67493-2_6

Mit $\tilde{x}(t) = S_{\mathbb{C}}^{-1} x(t)$ folgt weiter

$$\dot{\tilde{x}}(t) = \Lambda_{\mathbb{C}} \tilde{x}(t) + S_{\mathbb{C}}^{-1} B u(t),$$
$$\tilde{y}(t) = C S_{\mathbb{C}} \tilde{x}(t) + D u(t) \quad (= y(t)). \tag{6.3}$$

Nun partitioniert man

$$\Lambda_{\mathbb{C}} = \begin{bmatrix} \Lambda_{\mathbb{C}}^{(1)} & 0 \\ 0 & \Lambda_{\mathbb{C}}^{(2)} \end{bmatrix}, \qquad \Lambda_{\mathbb{C}}^{(1)} = \mathrm{diag}(\lambda_1, \dots, \lambda_r) \in \mathbb{C}^{r \times r}.$$

Entsprechend schreibt man $S_{\mathbb{C}}$ und $S_{\mathbb{C}}^{-1}$ als Blockmatrizen der Form

$$S_{\mathbb{C}} = \begin{bmatrix} S_1 & S_2 \end{bmatrix}, \qquad S_1 \in \mathbb{C}^{n \times r},$$
$$S_{\mathbb{C}}^{-1} = \begin{bmatrix} W_1^T \\ W_2^T \end{bmatrix}, \qquad W_1 \in \mathbb{C}^{n \times r}.$$

Dann entsprechen in (6.3) die Systemmatrizen gerade den folgenden Blockmatrizen

$$S_{\mathbb{C}}^{-1} A S_{\mathbb{C}} = \Lambda_{\mathbb{C}} = \begin{bmatrix} \Lambda_{\mathbb{C}}^{(1)} & 0 \\ 0 & \Lambda_{\mathbb{C}}^{(2)} \end{bmatrix} = \begin{bmatrix} W_1^T A S_1 & 0 \\ 0 & W_2^T A S_2 \end{bmatrix},$$
$$S_{\mathbb{C}}^{-1} B = \begin{bmatrix} W_1^T B \\ W_2^T B \end{bmatrix},$$
$$C S_{\mathbb{C}} = \begin{bmatrix} C S_1 & C S_2 \end{bmatrix}.$$

Als reduziertes Modell wählt man

$$\hat{A}_{\mathbb{C}} = \Lambda_{\mathbb{C}}^{(1)} = W_1^T A S_1, \quad \hat{B}_{\mathbb{C}} = W_1^T B, \quad \hat{C}_{\mathbb{C}} = C S_1, \quad \hat{D}_{\mathbb{C}} = D.$$

Mit $\tilde{x}(t) = S_{\mathbb{C}}^{-1} x(t) = \begin{bmatrix} \hat{x}(t) \\ \hat{x}_2(t) \end{bmatrix}$, wobei $\hat{x}(t) \in \mathbb{C}^r$, lautet das reduzierte System also

$$\dot{\hat{x}}(t) = \Lambda_{\mathbb{C}}^{(1)} \hat{x}(t) + \hat{B}_{\mathbb{C}} u(t),$$
$$\hat{y}(t) = \hat{C}_{\mathbb{C}} \hat{x}(t) + \hat{D}_{\mathbb{C}} u(t).$$

Der zweite Teil der Zustandsgleichung

$$\dot{\hat{x}}_2(t) = \Lambda_{\mathbb{C}}^{(2)} \hat{x}_2(t) + W_2^T B u(t) \tag{6.4}$$

wird vernachlässigt; die Zustände $\hat{x}_2(t)$ werden abgeschnitten – daher auch der Begriff der Modellreduktion durch *Abschneiden*. Die Eigenwerte von $\hat{A}_{\mathbb{C}} = \Lambda_{\mathbb{C}}^{(1)}$ sind offensichtlich Eigenwerte von A. Insbesondere gilt daher, falls A nur Eigenwerte mit Realteil kleiner null hat, so hat auch $\hat{A}_{\mathbb{C}}$ nur solche Eigenwerte.

Man beachte, dass wegen $S_{\mathbb{C}} \in \mathbb{C}^{n \times n}$ die Matrizen $\hat{A}_{\mathbb{C}}$, $\hat{B}_{\mathbb{C}}$ und $\hat{C}_{\mathbb{C}}$ komplexwertig sind. Das skizzierte Vorgehen erzeugt also nicht, wie gewünscht, ein reelles reduziertes System. Dazu muss der Ansatz wie folgt abgewandelt werden. Da A eine reelle Matrix ist, treten komplexwertige Eigenwerte λ immer in Paaren $(\lambda, \bar{\lambda})$ auf. Wie schon in Anmerkung 4.5 festgehalten, gilt für die zugehörigen Eigenvektoren:

- Ist $z \in \mathbb{C}^n$ ein Eigenvektor von $A \in \mathbb{R}^{n \times n}$ zum Eigenwert $\lambda \in \mathbb{C}$, dann ist $\bar{z}$ ein Eigenvektor von A zum Eigenwert $\bar{\lambda}$.
- Ist z ein Eigenvektor von $A \in \mathbb{R}^{n \times n}$ zum Eigenwert $\lambda \in \mathbb{R}$, dann kann z immer reell gewählt werden; $z \in \mathbb{R}^n$.

Es kann oBdA angenommen werden, dass die Eigenwerte auf der Diagonalen von $\Lambda_{\mathbb{C}}$ so angeordnet sind, dass man diese als eine beliebige Folge von 1×1- und 2×2-Diagonalblöcken interpretieren kann, wobei die 1×1-Blöcke $[\lambda]$ für reelle Eigenwerte $\lambda \in \mathbb{R}$ und die 2×2-Blöcke $\begin{bmatrix} \lambda & \\ & \bar{\lambda} \end{bmatrix}$ für komplex-konjugierte Paare von Eigenwerten stehen (siehe Beispiel 4.12). Die Spalten von $S_{\mathbb{C}}$ liefern die entsprechenden Eigenvektoren. Nun kann jeder Block $\begin{bmatrix} \lambda & \\ & \bar{\lambda} \end{bmatrix} \in \mathbb{C}^{2 \times 2}$ durch eine einfache Ähnlichkeitstransformation in eine reelle Matrix mit den Eigenwerten $\lambda, \bar{\lambda}$ transformiert werden, denn mit $X_2 = \frac{1}{\sqrt{2}} \begin{bmatrix} 1 & \iota \\ 1 & -\iota \end{bmatrix}$ (beachte $X_2^H X_2 = I$, d.h. X_2 is unitär) folgt

$$\begin{bmatrix} a & -b \\ b & a \end{bmatrix} = X_2^H \begin{bmatrix} a + \iota b & \\ & a - \iota b \end{bmatrix} X_2, \qquad a, b \in \mathbb{R}.$$

Konstruiert man nun eine Block-Diagonalmatrix $X \in \mathbb{C}^{n \times n}$ mit einer passenden Abfolge von Blöcken $[1] \in \mathbb{R}^{1 \times 1}$ für reelle Eigenwerte und Blöcken $X_2 \in \mathbb{C}^{2 \times 2}$ für komplex-konjugierte Paare von Eigenwerten, so wird $\Lambda_{\mathbb{C}}$ in eine reelle Block-Diagonalmatrix

$$X^H \Lambda_{\mathbb{C}} X = \Lambda = \text{diag}(\Theta_1, \ldots, \Theta_\ell) \tag{6.5}$$

mit $\Theta_j \in \mathbb{R}^{1 \times 1}$ oder $\Theta_j \in \mathbb{R}^{2 \times 2}$ transformiert. Dabei entspricht ein Block $\Theta_j \in \mathbb{R}^{2 \times 2}$ einem komplex-konjugiertem Paar von Eigenwerten von A und ein Block $\Theta_j \in \mathbb{R}^{1 \times 1}$ einem reellen Eigenwert von A. Weiter folgt aus $S_{\mathbb{C}}^{-1} A S_{\mathbb{C}} = \Lambda_{\mathbb{C}}$ mit $S = S_{\mathbb{C}} X$

$$S^{-1} A S = \Lambda \in \mathbb{R}^{n \times n}.$$

Eine kurze abschließende Überlegung zeigt, dass tatsächlich $S \in \mathbb{R}^{n \times n}$ gilt. Die Eigenvektoren zu reellen Eigenwerten sind reell, diese ändern sich nicht durch die Berechnung $S = S_{\mathbb{C}} X$. Die Eigenvektoren zu einem komplex-konjugierten Paar von Eigenwerten stehen direkt hintereinander in der Matrix $S_{\mathbb{C}}$ und werden bei der Berechnung von $S = S_{\mathbb{C}} X$ mit X_2 multipliziert

$$\begin{bmatrix} z & \bar{z} \end{bmatrix} X_2 = \frac{2}{\sqrt{2}} \begin{bmatrix} \text{Re}(z) & \text{Im}(z) \end{bmatrix} \in \mathbb{R}^{n \times 2}.$$

Daher existiert immer eine reguläre Matrix $S \in \mathbb{R}^{n \times n}$, welche A auf Block-Diagonal-
gestalt $SAS^{-1} = \Lambda = \mathrm{diag}(\Theta_1, \ldots, \Theta_\ell)$ mit $\Theta_j \in \mathbb{R}^{1 \times 1}$ oder $\Theta_j \in \mathbb{R}^{2 \times 2}$ transformiert. Dabei entspricht ein Block $\Theta_j \in \mathbb{R}^{2 \times 2}$ einem komplex-konjugierten Paar
von Eigenwerten von A und ein Block $\Theta_j \in \mathbb{R}^{1 \times 1}$ einem reellen Eigenwert von A.
Nun partitioniert man Λ in zwei Block-Diagonalmatrizen

$$\Lambda = \begin{bmatrix} \Lambda_1 & 0 \\ 0 & \Lambda_2 \end{bmatrix}, \qquad \Lambda_1 = \mathrm{diag}(\Theta_1, \ldots, \Theta_s) \in \mathbb{C}^{r \times r}, \qquad (6.6)$$

sodass Λ_1 die Eigenwerte $\lambda_1, \ldots, \lambda_r$ und Λ_2 die Eigenwerte $\lambda_{r+1}, \ldots, \lambda_n$ besitzt.
Man beachte, dass aufgrund der Blockstruktur von Λ_i ($i = 1, 2$) ein komplex-konju-
giertes Paar von Eigenwerten zu genau einem der beiden Λ_i-Blöcke gehören muss.
   Analog zum obigen Vorgehen schreibt man S und S^{-1} als Blockmatrizen der
Form

$$S = \begin{bmatrix} S_1 & S_2 \end{bmatrix}, \qquad S_1 \in \mathbb{R}^{n \times r},$$
$$S^{-1} = \begin{bmatrix} W_1^T \\ W_2^T \end{bmatrix}, \qquad W_1 \in \mathbb{R}^{n \times r}. \qquad (6.7)$$

Wählt man nun erneut als reduziertes Modell

$$\hat{A} = \Lambda_1 = W_1^T A S_1, \quad \hat{B} = W_1^T B, \quad \hat{C} = C S_1, \quad \hat{D} = D, \qquad (6.8)$$

so sind sämtliche Systemmatrizen reellwertig. Wie eben gilt auch hier, dass die Eigenwerte von $\hat{A}$ gerade Eigenwerte von A sind, mit A ist daher auch $\hat{A}$ (asymptotisch)
stabil, d.h. alle Eigenwerte liegen in der (offenen) linken Halbebene.
   Das beschriebene Vorgehen wird als *modales Abschneiden* (im Englischen *modal
truncation*) oder *modale Reduktion* bezeichnet. Der Zustandsraum wird auf den
Unterraum, der von den zu den Eigenwerten von Λ_1 gehörenden Eigenvektoren aufgespannt wird, projiziert. Nur eine gewisse Auswahl an Eigenwerten/-vektoren wird
betrachtet, der Rest wird abgeschnitten und vernachlässigt. Da die Anordnung der
Blöcke Θ_j auf der Diagonalen von Λ beliebig gewählt werden kann, können diese so
angeordnet werden, dass die relevanten Eigenwerte im reduzierten System erhalten
bleiben und die unerwünschten abgeschnitten werden. Die Auswahl der relevanten
Eigenwerte ist in der Praxis meist physikalisch motiviert. Es werden z. B. die Eigenwerte gewählt, die das Langzeitverhalten der Lösung von $\dot{x}(t) = Ax(t) + Bu(t)$
beschreiben, also solche mit kleinem negativem Realteil. Man spricht auch von den
„dominanten" Eigenwerten. Das modale Abschneiden ist eine der ältesten Modell-
reduktionstechniken. Es wird häufig in der Strukturdynamik genutzt und ist in vielen kommerziellen Standard-Softwarepaketen verfügbar. Das modale Abschneiden
wurde erstmals in [36] vorgeschlagen, siehe [50, 128] für weitere Literaturhinweise.

Die Identifikation der relevanten Eigenwerte stellt den Kernpunkt der modalen Reduktion dar, da dies über die Approximationsqualität des reduzierten Modells entscheidet. Das folgende Theorem gibt eine Schranke für den Approximationsfehler in der Übertragungsfunktion, welche helfen kann, relevante Eigenwerte zu identifizieren. Wir verwenden dabei die $\mathscr{H}_\infty$-Norm der Übertragungsfunktion, mehr dazu findet man in Abschn. 7.8. In ihrer Definition wird die Spektralnorm $\|\cdot\|_2$ einer Matrix verwendet.

Theorem 6.1. *Sei $A \in \mathbb{R}^{n \times n}$ diagonalisierbar wie in (6.2) ohne rein imaginäre Eigenwerte, $B \in \mathbb{R}^{n \times m}$, $C \in \mathbb{R}^{p \times n}$, und $D \in \mathbb{R}^{p \times m}$. Für $\hat{A}$, $\hat{B}$, $\hat{C}$, $\hat{D}$ wie in (6.8) folgt*

$$\|G - \hat{G}\|_{\mathscr{H}_\infty} \leq \|C_2\|_2 \|B_2\|_2 \max_{\lambda \in \{\lambda_{r+1}, \dots, \lambda_n\}} \frac{1}{|\operatorname{Re}(\lambda)|}, \qquad (6.9)$$

wobei $B_2 = W_2^T B$, $C_2 = C S_2$ mit W_2 und S_2 wie in (6.7) und $\lambda_{r+1}, \dots, \lambda_n$ die Eigenwerte von Λ_2 wie in (6.6) sind, sowie

$$\|G\|_{\mathscr{H}_\infty} := \max_{\omega \in \mathbb{R}} \|G(\iota\omega)\|_2.$$

Beweis. Mit

$$\hat{G}(s) = \hat{C}(sI - \Lambda_1)^{-1}\hat{B} + D$$

und

$$\begin{aligned}
G(s) &= C(sI - A)^{-1}B + D \\
&= CS\left\{S^{-1}(sI - A)^{-1}S\right\}S^{-1}B + D \\
&= CS\left\{(sS^{-1}S - S^{-1}AS)\right\}^{-1}S^{-1}B + D \\
&= CS\left\{(sI - S^{-1}AS)\right\}^{-1}S^{-1}B + D \\
&= \begin{bmatrix}\hat{C} & C_2\end{bmatrix}\left(sI - \begin{bmatrix}\Lambda_1 & 0 \\ 0 & \Lambda_2\end{bmatrix}\right)^{-1}\begin{bmatrix}\hat{B} \\ B_2\end{bmatrix} + D \\
&= \hat{C}(sI - \Lambda_1)^{-1}\hat{B} + D + C_2(sI - \Lambda_2)^{-1}B_2
\end{aligned}$$

folgt

$$G(s) - \hat{G}(s) = C_2(sI - \Lambda_2)^{-1}B_2.$$

Weiter gilt in Analogie zu (6.5) mit $X\Lambda_2 X^H = \Lambda_{\mathbb{C}}^{(2)} \in \mathbb{C}^{n-r \times n-r}$ und der unitären Invarianz der Euklidischen Norm

$$\|G - \hat{G}\|_{\mathscr{H}_\infty} = \max_{\omega \in \mathbb{R}} \|C_2(\iota\omega I - \Lambda_2)^{-1}B_2\|_2$$

$$\leq \|C_2\|_2\|B_2\|_2 \max_{\omega \in \mathbb{R}} \|(\iota\omega I - \Lambda_2)^{-1}\|_2$$

$$= \|C_2\|_2\|B_2\|_2 \max_{\omega \in \mathbb{R}} \|(\iota\omega I - X\Lambda_2 X^H)^{-1}\|_2$$

$$= \|C_2\|_2\|B_2\|_2 \max_{\omega \in \mathbb{R}} \|(\iota\omega I - \Lambda_{\mathbb{C}}^{(2)})^{-1}\|_2$$

$$= \|C_2\|_2\|B_2\|_2 \max_{\omega \in \mathbb{R}} \frac{1}{\min_{r+1 \leq j \leq n} |\iota\omega - \lambda_j|}$$

$$= \|C_2\|_2\|B_2\|_2 \max_{\lambda \in \{\lambda_{r+1}, \dots, \lambda_n\}} \frac{1}{|\operatorname{Re}(\lambda)|},$$

denn $\min |\iota\omega - \lambda_j|$ wird für den Eigenwert λ_j am kleinsten, der am nächsten an der imaginären Achse liegt, d. h. für den mit dem betragsmäßig kleinsten Realteil. Dies ist gleichbedeutend damit, dass hier der Eigenwert gesucht ist, für den $\frac{1}{|\operatorname{Re}(\lambda)|}$ am größten ist. ∎

Wegen

$$\|B_2\|_2 \leq \|W_2^T\|_2\|B\|_2 \leq \|S^{-1}\|_2\|B\|_2$$

und

$$\|C_2\|_2 \leq \|C\|_2\|S_2\|_2 \leq \|C\|_2\|S\|_2$$

ergeben sich die konservativeren Fehlerschranken

$$\|G - \hat{G}\|_{\mathscr{H}_\infty} \leq \kappa_2(S)\|C\|_2\|B\|_2 \max_{\lambda \in \{\lambda_{r+1}, \dots, \lambda_n\}} \frac{1}{|\operatorname{Re}(\lambda)|} \tag{6.10}$$

und

$$\|G - \hat{G}\|_{\mathscr{H}_\infty} \leq \kappa_2(S)\|C\|_2\|B\|_2 \max_{\lambda \in \{\lambda_1, \dots, \lambda_n\}} \frac{1}{|\operatorname{Re}(\lambda)|}$$

mit der Kondition $\kappa_2(S) = \|S\|_2\|S^{-1}\|_2$ von S. Die Fehlerschranken (6.9) und (6.10) sind berechenbar, falls S vollständig bekannt ist.

Falls A unitär diagonalisierbar ist, so gilt: $S = U$, $U^H U = I$ und $\kappa_2(S) = 1$. Ist A nicht unitär diagonalisierbar, so kann $\kappa_2(S)$ sehr groß werden.

Ist A unitär diagonalisierbar, dann liefert (6.10) folgende Schranke

$$\|G - \hat{G}\|_{\mathscr{H}_\infty} \leq \|C\|_2\|B\|_2 \frac{1}{|\operatorname{Re}(\lambda_{r+1})|},$$

falls die Eigenwerte von A entsprechend ihrer Realteile geordnet sind,

$$|\operatorname{Re}(\lambda_1)| \leq |\operatorname{Re}(\lambda_2)| \leq \cdots \leq |\operatorname{Re}(\lambda_r)| \leq |\operatorname{Re}(\lambda_{r+1})| \leq \cdots \leq |\operatorname{Re}(\lambda_n)|.$$

Diese kurze Diskussion zeigt, dass die Fehlerschranken für den Approximationsfehler in der Übertragungsfunktion klein bleiben, wenn die Eigenwerte mit kleinem
Realteil im reduzierten Modell erhalten werden.

Abschließend sei angemerkt, dass es nicht notwendig ist, S und S^{-1} in (6.7)
komplett zu bestimmen. Um die Reduktion durchzuführen, genügt es, S_1 und W_1
zu berechnen. Mehr noch, die Matrix A muss für die Reduktion noch nicht einmal
diagonalisiert werden. Es genügt, den führenden Teil einer Block-Diagonalisierung
$H = \begin{bmatrix} H_1 & \\ & H_2 \end{bmatrix}$ mit $H_1 \in \mathbb{R}^{r \times r}$ von A zu berechnen, wobei die Eigenwerte von H_2
gerade die seien, die abgeschnitten werden sollen (siehe Theorem 4.19). Es reicht
also aus, von der Zerlegung $S^{-1}AS = H$ mit S wie in (6.7) nur S_1, W_1 und H_1 zu
berechnen. Typischerweise werden dazu Algorithmen wie Varianten des Lanczos-
Algorithmus für symmetrische Matrizen oder Varianten des Arnoldi-Algorithmus
für nichtsymmetrische Matrizen verwendet. Wird z.B. der Arnoldi-Algorithmus verwendet und wird in der Arnoldi-Rekursion (4.15) der Term r_k für $k = r$ null, so hat
man S_1, W_1 und H_1 berechnet. Um zu erreichen, dass die Eigenwerte von H_1 gerade
den Gewünschten entsprechen und dass r_k null wird, sind einige Modifikationen an
dem als Algorithmus 2 angegebenem Arnoldi-Algorithmus notwendig, siehe z.B.
[58, 126] für eine Einführung. Eine Alternative sind Varianten des Jacobi-Davidson-
Algorithmus [119].

Anmerkung 6.2. Der im letzten Absatz skizzierte Ansatz zur Berechnung der modalen Reduktion kann problemlos für nichtdiagonalisierbare Matrizen angewendet werden. Die Abschätzung (6.9) gilt dann nicht mehr in der dort angegebenen Form. Der
Beweis ist bis zur Ungleichung

$$\|G - \hat{G}\|_{\mathscr{H}_\infty} \leq \|C_2\|_2 \|B_2\|_2 \max_{\omega \in \mathbb{R}} \|(\imath\omega I - H_2)^{-1}\|_2$$

identisch (man ersetze dabei Λ_1 durch H_1 und Λ_2 durch H_2). Da für jede quadratische Matrix deren Schurform existiert (Theorem 4.15), gibt es eine unitäre Matrix X
sodass $X^H H_2 X = T$ eine obere Dreiecksmatrix ist. Aufgrund der unitären Invari-
anz der Euklidischen Norm folgt $\|(\imath\omega I - H_2)^{-1}\|_2 = \|(\imath\omega I - T)^{-1}\|_2$. Die Eigen-
werte von H_2 (und damit die Diagonalelemente von T) sind gerade die Eigenwerte
$\lambda_{r+1}, \ldots, \lambda_n$ von A, die abgeschnitten werden. Angenommen X wurde so gewählt,
dass $\mathrm{diag}(T) = \mathrm{diag}(\lambda_{r+1}, \ldots, \lambda_n)$. Dann gilt

$$(\imath\omega I - T)^{-1} = \begin{bmatrix} (\imath\omega - \lambda_{r+1})^{-1} & & & \\ & (\imath\omega - \lambda_{r+2})^{-1} & & \\ & & \ddots & \\ & & & (\imath\omega - \lambda_n)^{-1} \end{bmatrix} + N,$$

mit einer echten oberen Dreiecksmatrix N (d.h., die Diagonalelemente von N sind
alle null). Nutzt man nun die eher konservative Abschätzung der Euklidischen Norm

durch die Frobeniusnorm, so erhält man

$$\|(\iota\omega I - T)^{-1}\|_2^2 \leq \|(\iota\omega I - T)^{-1}\|_F^2 = \|N\|_F^2 + \sum_{j=r+1}^{n} \frac{1}{|\iota\omega - \lambda_j|^2}.$$

Es ist also

$$\max_{\omega\in\mathbb{R}} \sum_{j=r+1}^{n} \frac{1}{|\iota\omega - \lambda_j|^2} = \max_{\omega\in\mathbb{R}} \sum_{j=r+1}^{n} \frac{1}{(\mathrm{Re}(\lambda_j))^2 + (\omega - \mathrm{Im}(\lambda_j))^2}$$

zu betrachten. Hieraus lässt sich keine schöne Abschätzung des Fehlers entwickeln. Aber man erkennt, dass es auch hier Sinn macht, die Eigenwerte nahe der imaginären Achse (also die mit kleinem Realteil) zu behalten und die mit großem Realteil abzuschneiden, da Letztere nur kleine Beiträge zur Summe liefern.

Die hier vorgestellte Idee der Berechnung eines Modells reduzierter Ordnung mittels modalen Abschneidens lässt sich unter gewissen Umständen auf die allgemeinere Form (2.5) eines LZI-Systems übertragen. Falls in

$$\begin{aligned} E\dot{x}(t) &= Ax(t) + Bu(t), \\ y(t) &= Cx(t) + Du(t), \end{aligned} \tag{6.11}$$

E und A simultan diagonalisierbar sind, d. h., wenn eine reguläre Matrix $S_{\mathbb{C}}$ existiert, sodass

$$\begin{aligned} S_{\mathbb{C}}^{-1} E S_{\mathbb{C}} &= D_E = \mathrm{diag}(\mu_1, \ldots, \mu_n) \in \mathbb{C}^{n\times n} \quad \text{und} \\ S_{\mathbb{C}}^{-1} A S_{\mathbb{C}} &= D_A = \mathrm{diag}(\nu_1, \ldots, \nu_n) \in \mathbb{C}^{n\times n} \end{aligned}$$

gilt, dann folgt analog zu den Überlegungen zu Beginn dieses Abschnitts, dass

$$\begin{aligned} D_E S_{\mathbb{C}}^{-1} \dot{x}(t) &= D_A S_{\mathbb{C}}^{-1} x(t) + S_{\mathbb{C}}^{-1} Bu(t), \\ y(t) &= C S_{\mathbb{C}} S_{\mathbb{C}}^{-1} x(t) + Du(t), \end{aligned}$$

bzw. mit $\tilde{x}(t) = S_{\mathbb{C}}^{-1} x(t)$, $\tilde{B} = S_{\mathbb{C}}^{-1} B$ und $\tilde{C} = C S_{\mathbb{C}}$

$$\begin{aligned} D_E \dot{\tilde{x}}(t) &= D_A \tilde{x}(t) + \tilde{B} u(t), \\ y(t) &= \tilde{C} \tilde{x}(t) + Du(t). \end{aligned}$$

Ähnlich zu den obigen Überlegungen kann auch hier eine reellwertige Variante mit Block-Diagonalmatrizen anstelle von D_E und D_A erzeugt und ein reduziertes Modell erstellt werden.

Wie die folgende Überlegung zeigt, sind zwei Matrizen E und A simultan diagonalisierbar, wenn sie kommutieren. Mit obiger Notation folgt für die Diagonalmatrizen D_E und D_A sofort $D_A D_E = D_E D_A$. Damit ergibt sich für

$$AE = S_{\mathbb{C}} D_A S_{\mathbb{C}}^{-1} S_{\mathbb{C}} D_E S_{\mathbb{C}}^{-1} = S_{\mathbb{C}} D_A D_E S_{\mathbb{C}}^{-1}$$
$$= S_{\mathbb{C}} D_E D_A S_{\mathbb{C}}^{-1} = S_{\mathbb{C}} D_E S_{\mathbb{C}}^{-1} S_{\mathbb{C}} D_A S_{\mathbb{C}}^{-1} = EA.$$

Die Umkehrung der Aussage gilt ebenfalls, d. h. zwei Matrizen E und A sind simultan diagonalisierbar genau dann, wenn sie kommutieren, siehe z. B. [81].

In der Praxis wird häufig die Matrix E symmetrisch und positiv definit sein, während die Matrix A symmetrisch ist, zudem kommutieren E und A nicht. Der naive Ansatz, die erste Gleichung des LZI-Systems (zumindest implizit) mit E^{-1} durchzumultiplizieren, würde in einer Systemmatrix $E^{-1}A$ resultieren, welche i.Allg. nicht mehr symmetrisch ist (und auch nicht mehr dünnbesetzt, auch wenn A und E das waren). Man nutzt stattdessen die folgende Überlegung. Da E symmetrisch und positiv definit ist, existiert ihre Cholesky-Zerlegung $E = LL^T$ mit einer eindeutigen regulären unteren Dreiecksmatrix L. Damit lässt sich das LZI-System schreiben als

$$LL^T \dot{x}(t) = A(L^{-T}L^T)x(t) + Bu(t),$$
$$y(t) = C(L^{-T}L^T)x(t) + Du(t),$$

bzw. mit $\tilde{x}(t) = L^T x(t)$ als

$$\dot{\tilde{x}}(t) = L^{-1}AL^{-T}\tilde{x}(t) + L^{-1}Bu(t),$$
$$y(t) = CL^{-T}\tilde{x}(t) + Du(t). \tag{6.12}$$

Die Matrizen A und $\tilde{A} = L^{-1}AL^{-T}$ sind zueinander kongruent[1]. Aus dem Trägheitssatz von Sylvester (Theorem 4.22) folgt, dass A und $\tilde{A}$ mit Vielfachheiten gezählt die gleichen Anzahlen positiver und negativer Eigenwerte haben. Weiter stimmt die Übertragungsfunktion des LZI-Systems (6.12) mit der des LZI-Systems (6.11) überein, denn mit $\tilde{B} = L^{-1}B$ und $\tilde{C} = CL^{-T}$ sieht man sofort

$$\tilde{C}(sI - \tilde{A})^{-1}\tilde{B} = CL^{-T}(sI - L^{-1}AL^{-T})^{-1}L^{-1}B$$
$$= C(L(sI - L^{-1}AL^{-T})L^T)^{-1}B = C(sE - A)^{-1}B.$$

Das LZI-System (6.12) kann nun, wie in diesem Abschnitt diskutiert, modal reduziert werden. Da $\tilde{A}$ symmetrisch ist,

$$\tilde{A}^T = (L^{-1}AL^{-T})^T = (L^{-T})^T A^T L^{-T} = L^{-1}AL^{-T} = \tilde{A},$$

besitzt $\tilde{A}$ nur reelle Eigenwerte und ist reell diagonalisierbar.

---

[1]Zwei Matrizen H und F heißen kongruent, wenn es eine reguläre Matrix S gibt mit $H = SFS^T$.

Theorem 6.1 impliziert, dass es sinnvoll ist, die Eigenwerte mit kleinem Realteil im reduzierten Modell zu erhalten. In der Literatur gibt es zahlreiche andere Vorschläge zur Wahl der abzuschneidenden Eigenwerte und zur Modifikation des Vorgehen. Einige davon stellen wir in den folgenden Abschnitten kurz vor.

6.2   Pol-Residuen-Form der Übertragungsfunktion

Eine neuere Idee zur Wahl der „dominanten" Eigenwerte geht ebenfalls von der komplexwertigen Diagonalzerlegung $S_{\mathbb{C}}^{-1} A S_{\mathbb{C}} = \Lambda_{\mathbb{C}} \in \mathbb{C}^{n \times n}$ aus. Die Spalten von $S_{\mathbb{C}} = \begin{bmatrix} x_1 \cdots x_n \end{bmatrix}$ sind gerade die Eigenvektoren von A, $A x_j = \lambda_j x_j$, während die Zeilen von $S_{\mathbb{C}}^{-1} = \begin{bmatrix} y_1^H \\ \vdots \\ y_n^H \end{bmatrix}$ die Linkseigenvektoren von A sind, $y_j^H A = \lambda_j y_j^H$. Damit lässt sich die Übertragungsfunktion schreiben als

$$G(s) = C \left(\sum_{k=1}^{n} \frac{1}{s - \lambda_k} x_k y_k^H \right) B + D = \sum_{k=1}^{n} \frac{(C x_k)(y_k^H B)}{s - \lambda_k} + D. \qquad (6.13)$$

Diese Darstellung von G heißt *Pol-Residuen-Form*, da die $R_k = (C x_k)(y_k^H B)$ die Residuen und die λ_k die Pole der Übertragungsfunktion sind (siehe z. B. [79] oder Lehrbücher zur komplexen Analysis bzw. Funktionentheorie für mehr Informationen, z. B. [47]). Zudem stellt (6.13) die *Partialbruchzerlegung* der Übertragungsfunktion dar.

Beispiel 6.3. Für das LZI-System mit

$$A = \begin{bmatrix} -1 & 0 \\ 0 & -2 \end{bmatrix}, \quad B = \begin{bmatrix} 1 \\ 2 \end{bmatrix}, \quad C = \begin{bmatrix} 1 & -2 \end{bmatrix}, \quad D = 0$$

folgt wegen $S_{\mathbb{C}} = I$ mit $x_1 = e_1 = y_1$, $x_2 = e_2 = y_2$ und $\lambda_1 = -1$, $\lambda_2 = -2$ die Pol-Residuen-Form

$$G(s) = \frac{(C x_1)(y_1^H B)}{s - \lambda_1} + \frac{(C x_2)(y_2^H B)}{s - \lambda_2} = \frac{1}{s + 1} - \frac{4}{s + 2}.$$

Die Übertragungsfunktion hat daher die beiden Pole -1 und -2, ihre Nullstelle ist gegeben durch $-\frac{2}{3}$.

Der 3D-Bode-Plot in Abb. 6.1 ist ein Oberflächenplot, der die Amplitude

$$20 \log_{10} |G(s)|$$

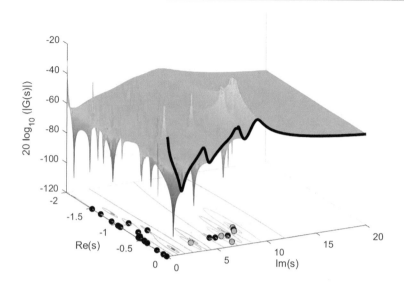

Abb. 6.1 3-D Bode-Plot (Amplitude) von $G(s)$, Eigenwerte (schwarze Punkte) mit den fünf gemäß (6.14) dominanten Eigenwerten (grüne Punkte) in $[-2, 0] \times \iota[0, 20] \subset \mathbb{C}_-$ für das SISO-Testbeispielsystem New-England.

gegen den Real- und Imaginärteil von $s \in \mathbb{C}$ aufzeichnet. Der Plot in Abb. 6.1 zeigt $G(s)$ für das SISO-Testbeispiel New-England[2] [110] in einem Gebiet in der linken Halbebene. In dem Beispiel ist $A \in \mathbb{R}^{66 \times 66}$, $B = b \in \mathbb{R}^{66 \times 1}$, $C = c \in \mathbb{R}^{1 \times 66}$ und $D = 0 \in \mathbb{R}$. Die Pole von $G(s)$, d. h. die Eigenwerte von A, sind als schwarze Punkte in der komplexen Ebene eingezeichnet. Wenn s sich einem Eigenwert von A nähert, dann wachsen die Funktionswerte von $|G(s)|$ gegen unendlich. Der Schnitt zwischen der Oberfläche und der Im(s)-z-Ebene (hier durch eine dicke schwarze Linie gekennzeichnet) entspricht dem Amplitudengang des Bode-Plots von $G(s)$. Die lokalen Maxima von $|G(\iota\omega)|$ treten in der Nähe von Frequenzen $\omega \in \mathbb{R}_+$ auf, die nahe an Imaginärteilen von gewissen Eigenwerten λ_j von A liegen. Um zu sehen, welche Eigenwerte dieses Verhalten erzeugen, betrachtet man für den Eigenwert $\lambda_n = \alpha + \iota\beta$ von A das Verhalten von $G(\iota\omega)$ für $\omega \to \beta$

$$\lim_{\omega \to \beta} G(\iota\omega) = \lim_{\omega \to \beta} \sum_{k=1}^{n} \frac{R_k}{\iota\omega - \lambda_k} + D$$

$$= \lim_{\omega \to \beta} \left(\frac{R_n}{\iota\omega - (\alpha + \iota\beta)} + \sum_{k=1}^{n-1} \frac{R_k}{\iota\omega - \lambda_k} \right) + D$$

$$= \frac{R_n}{-\alpha} + \sum_{k=1}^{n-1} \frac{R_k}{\iota\beta - \lambda_k} + D.$$

---

[2]Erhältlich auf [78].

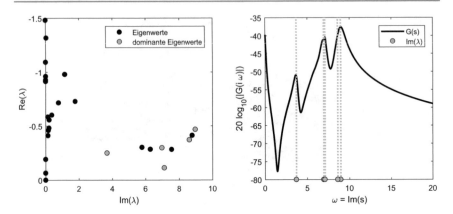

Abb. 6.2 Links: Eigenwerte (schwarze Punkte) und die fünf gemäß (6.15) dominanten Eigenwerte (grüne Punkte) in $[-1.5, 0] \times \iota[0, 10]$. Rechts: Bode-Plot (Amplitude) und Imaginärteile der fünf gemäß (6.14) dominanten Eigenwerte des SISO-Testbeispielsystems New-England.

Ist ω nahe an $\text{Im}(\lambda_n)$ und $\frac{|R_n|}{|\text{Re}(\lambda_n)|}$ groß, dann ist $|G(\iota\omega)|$ im Bode-Plot groß. Daher sollte man beim modalen Abschneiden die Eigenwerte λ_j auswählen, für die

$$\frac{|R_j|}{|\text{Re}(\lambda_j)|} \tag{6.14}$$

am größten ist.

Für reelle Matrizen A treten komplexwertige Eigenwerte stets als komplex-konjugiertes Paar auf, d. h., mit $\lambda \in \mathbb{C}$ ist auch $\overline{\lambda}$ ein Eigenwert. Ist x ein Rechts- oder Linkseigenvektor von A zum Eigenwert λ, so ist $\overline{x}$ ein Rechts- oder Linkseigenvektor von A zum Eigenwert $\overline{\lambda}$. Der Ausdruck (6.14) ist für λ und $\overline{\lambda}$ identisch. Daher ist mit λ auch $\overline{\lambda}$ ein dominanter Eigenwert. Wählt man stets das komplex-konjugierte Paar λ und $\overline{\lambda}$, erlaubt dies auch eine Umsetzung des Verfahrens mit rein reeller Arithmetik.

Abb. 6.2 zeigt zwei Ausschnitte aus der Abb. 6.1. Links sind die Real- und Imaginärteile der Eigenwerte und der fünf gemäß (6.14) dominanten Eigenwerte im Gebiet $[-1.5, 0] \times \iota[0, 10]$ aufgetragen, rechts ist der Amplitudengang (Bode-Plot) im Intervall $[0, 20]$ zu sehen, wobei die Imaginärteile der dominanten Eigenwerte zusätzlich eingezeichnet sind. Der Zusammenhang zwischen den lokalen Maxima im Bode-Plot und den Imaginärteilen der dominanten Eigenwerte ist deutlich erkennbar. In der Abbildung links sieht man ebenfalls deutlich, dass die dominanten Eigenwerte zwar nahe an der imaginären Achse liegen, es sich aber nicht um die fünf am nächsten an der imaginären Achse liegenden Eigenwerte handelt. In der Abbildung rechts entspricht keiner der fünf dominanten Eigenwerte dem lokalen Maximum der Übertragungsfunktion $|G(\iota\omega)|$ bei null. Erhöht man die Anzahl der betrachteten dominanten Eigenwerte auf sieben, so würde auch dieses lokale Maximum mit dem Imaginärteil eines dominanten Eigenwertes zusammentreffen.

Ganz analog kann man im Falle eines MIMO-Systems argumentieren. In dem Fall treten die lokalen Maxima im Sigma-Plot von $G(s)$ auf. Im ersten Teil dieses Kapitels war das Ziel, die Eigenwerte von A, die möglichst nahe an der imaginären

Achse liegen, auszuwählen und die, die weiter weg liegen, abzuschneiden. Dies könnte in (6.13) einen großen Term $\frac{1}{s-\lambda_k}$ verursachen, der aber durch ein kleines Residuum R_k abgeschwächt oder gar kompensiert werden kann. Daher sollte die Wahl der Eigenwerte ganz analog zum SISO-Fall wie in (6.14) erfolgen: Wähle die r Eigenwerte, die den größten Beitrag zu $G(s)$ auf der imaginären Achse liefern, d. h. die für die

$$\frac{\|Cx_k\|_2 \|y_k^H B\|_2}{|\operatorname{Re}(\lambda_k)|} \tag{6.15}$$

maximal wird. Diese Wahl der abzuschneidenden Eigenwerte sollte insgesamt bessere Ergebnisse liefern, da G mehr Informationen über das LZI-System enthält als A.

Ein simpler Ansatz diese Eigenwerte zu bestimmen, besteht in der Lösung des kompletten Eigenwertproblems für die Matrix A und dem anschließenden Testen, welches die gemäß dem Kriterium (6.15) dominanten und daher auszuwählenden Eigenwerte sind. Zu diesen können Eigenvektoren z. B. mittels inverser Iteration bestimmt werden, siehe z. B. [58]. Dieses Vorgehen ist zeitaufwändig und für größere Systeme nicht empfehlenswert.

Der sogenannte Dominante-Pole-Algorithmus ist die Basis für numerisch effizientere Verfahren. Die Idee wird hier für den Fall $m = p = 1$ und $D = 0$ skizziert. Sei λ ein Eigenwert von A. Da

$$|G(s)| \longrightarrow \infty$$

für $s \to \lambda$, folgt

$$H(s) = G(s)^{-1} \longrightarrow 0$$

für $s \to \lambda$. Um Nullstellen von $H(s)$ zu finden, wird das Newton-Verfahren ausgehend von einem Startwert s_0 angewendet: $s_{j+1} = s_j - \frac{H(s_j)}{H'(s_j)}$. Es folgt mit

$$H'(s) = \left(\frac{1}{G(s)}\right)' = -\frac{G'(s)}{G^2(s)}$$

für die Iteration

$$s_{j+1} = s_j - \frac{H(s_j)}{H'(s_j)} = s_j + \frac{G(s_j)}{G'(s_j)}.$$

Um nun G' berechnen zu können, erinnern wir uns an Abschn. 4.15. Setzt man $\alpha = s_j$ und $F(\alpha) = s_j I - A$ in (4.17), so folgt

$$G'(s_j) = -C(s_j I - A)^{-1}(s_j I - A)'(s_j I - A)^{-1}B = -C(s_j I - A)^{-1}(s_j I - A)^{-1}B$$

und

$$s_{j+1} = s_j + \frac{G(s_j)}{G'(s_j)} = s_j - \frac{C(s_j I - A)^{-1}B}{C(s_j I - A)^{-1}(s_j I - A)^{-1}B} = s_j - \frac{Cv_j}{w_j^H v_j},$$

wobei $v_j = (s_j I - A)^{-1} B$ und $w_j = (s_j I - A)^{-H} C^T$. Weiter folgt

$$
\begin{aligned}
s_{j+1} &= \frac{s_j w_j^H v_j - C v_j}{w_j^H v_j} = \frac{(s_j w_j^H - C) v_j}{w_j^H v_j} \\
&= \frac{C \left(s_j (s_j I - A)^{-1} - I \right) v_j}{w_j^H v_j} = \frac{C(s_j I - A)^{-1} A v_j}{w_j^H v_j} \\
&= \frac{w_j^H A v_j}{w_j^H v_j}.
\end{aligned}
$$

Aufgrund der Konvergenzeigenschaften des Newton-Verfahrens wird der Wert s_j lokal quadratisch gegen einen Eigenwert λ von A konvergieren, wenn der Startwert s_0 geeignet gewählt wurde. Die Vektoren v_j und w_j konvergieren gegen einen Rechts- bzw- Linkseigenvektor von A zu dem Eigenwert λ. Meist tritt Konvergenz gegen einen dominanten Eigenwert ein. Eine genauere Erläuterung findet man z. B. in [108, 111]. Die Wahl des Startwerts s_0 beeinflusst gegen welchen dominaten Eigenwert von A s_j konvergiert. Eine Zusammenfassung des Vorgehens ist in Algorithmus 4 zu finden. Es sollte beachtet werden, dass die zu lösenden Gleichungssysteme effizient z. B. über eine LR-Zerlegung der jeweiligen Systemmatrix und anschließendem Vorwärts-/Rückwärtseinsetzen gelöst werden sollten.

Der „Subspace Accelerated Dominant Pole Algorithmus" [109] modifiziert diesen Ansatz, um nicht nur einen dominanten Pol in der Nähe des Startwerts, sondern mehrere dominante Eigenwerte zu bestimmen. MATLAB-Implementierungen einiger Varianten des Dominante-Pole-Algorithmus sowie weiterführende Literaturhinweise findet man auf [78].

6.3 Hinzunahme spezieller Zustandsvektoren

Bislang haben sich die Überlegungen durch die Betrachtung der Eigenwerte von A auf das dynamische Langzeitverhalten des LZI-Systems konzentriert. Die abgeschnittenen, im reduzierten Model nicht berücksichtigten Eigenwerte gehören zu den schnell abklingenden Komponenten des Zustandsvektors, die nach kurzer Zeit einen „(quasi-)stationären" Zustand erreichen. Im reduzierten System ist der Vektor $\hat{x}_2$ (6.4) nicht enthalten, der Einfluss der zugehörigen Zustandskomponenten auf das dynamische Verhalten wird vollständig ignoriert. Dem entspricht mathematisch $\hat{x}_2 = 0$ zu setzen [36]. Betrachtet man nun die *stationäre Lösung* von

$$
\dot{x}(t) = A x(t) + B u(t),
$$

also $\dot{x}(t) = 0$, dann gilt in (6.4) wegen $0 = \Lambda_{\mathbb{C}}^{(2)} \hat{x}_2(t) + W_2^T B u(t)$ aber gerade

$$
\hat{x}_2 = -(\Lambda_{\mathbb{C}}^{(2)})^{-1} W_2^T B u(t). \tag{6.16}
$$

Algorithmus 4 Dominante-Pole-Algorithmus

Eingabe: $A \in \mathbb{R}^{n \times n}$ diagonalisierbar, $B \in \mathbb{R}^n$, $C^T \in \mathbb{R}^n$, Startwert $s_0 \in \mathbb{C}$, Toleranz $\epsilon \in \mathbb{R}$.
Ausgabe: Approximation an Eigenwert λ von A, der großen Beitrag zu $G(s)$ auf der imaginären
    Achse liefert und zugehörige Rechts- und Linkseigenvektoren v und w.
1: Wähle $s_0 \in \mathbb{C}$ und setze $j = 0$.
2: Löse $(s_0 I - A)v_0 = B$.
3: Löse $(s_0 I - A)^H w_0 = C^T$.
4: $s_1 = \frac{w_0^H A v_0}{w_0^H v_0}$
5: $v_0 = v_0/\|v_0\|_2$ und $w_0 = w_0/\|w_0\|_2$
6: **while** $\|Av_j - s_{j+1}v_j\| > \varepsilon$ **do**
7:     Löse $(s_j I - A)v_j = B$.
8:     Löse $(s_j I - A)^H w_j = C^T$.
9:     $s_{j+1} = \frac{w_j^H A v_j}{w_j^H v_j}$
10:    $v_j = v_j/\|v_j\|_2$ und $w_j = w_j/\|w_j\|_2$
11:    $j = j + 1$
12: **end while**
13: $\lambda = s_j$
14: $v = v_j$ und $w = w_j$

Im stationären Zustand stimmt das reduzierte System also bei der Wahl $\hat{x}_2 = 0$ nicht mit dem Originalsystem überein. Nun ist man aber in vielen Anwendungen auch am stationären Zustand interessiert.

Es gibt diverse Ansätze dieses Problem zu beheben. In [50] wird z. B. vorgeschlagen, eine geeigneten Matrix F zu bestimmen, sodass $\hat{x}_2$ als Approximation $\hat{x}_2 \approx F\hat{x}$ dargestellt werden kann. Ein anderer Vorschlag ist eine Basisanreicherung von S_1 in (6.7) um $-A^{-1}B$ (dies entspricht gerade der stationären Lösung). Dazu berechnet man z. B. eine orthogonale Matrix V, die denselben Spaltenraum aufspannt wie $\begin{bmatrix} S_1 & -A^{-1}B \end{bmatrix}$, bestimmt eine passende Matrix W, sodass $\Pi = VW^T$ eine Projektion ist und nutzt dann V und W zur Reduktion des LZI-Systems:

$$\dot{\hat{x}} = W^T A V \hat{x}(t) + W^T B u(t),$$
$$\hat{y}(t) = C V \hat{x}(t) + D u(t).$$

Die stationäre Lösung, also das Verhalten für $t \to \infty$ bei asymptotisch stabilen LZI-Systemen, entspricht der Arbeitsfrequenz von 0 Hz bzw. 0 rad/s im Frequenzraum. Aus Theorem 5.3 ergibt sich aus der Anreicherung von V um den Spaltenraum von $-A^{-1}B$ sofort, dass die Übertragungsfunktion bei null interpoliert wird, d. h.,

$$G(0) = \hat{G}(0).$$

Kann man zusätzlich W so wählen, dass die Spalten von $-A^{-T}C^T$ im Bild von W liegen, so ergibt sich aus Korollar 5.4 zusätzlich Hermite-Interpolation bei null, d. h.

$$G'(0) = \hat{G}'(0).$$

Ein etwas anderer Ansatz als die Basiserweiterung besteht darin, statt $\hat{x}_2 = 0$ zu setzen, für diese Zustandskomponenten die Stationäritätsannahme

$$\dot{\hat{x}}_2(t) = 0 \tag{6.17}$$

zu machen. Löst man dann in (6.3) nach $\hat{x}_2$ auf, so erhält man genau (6.16). Setzt man dies wiederum in (6.3) ein, so ergibt sich das reduzierte System

$$\dot{\hat{x}}(t) = \Lambda_{\mathbb{C}}^{(1)}\hat{x}(t) + \hat{B}_{\mathbb{C}}u(t),$$

$$\hat{y}(t) = \hat{C}_{\mathbb{C}}\hat{x}(t) + \left(\hat{D}_{\mathbb{C}} - (\Lambda_{\mathbb{C}}^{(2)})^{-1}W_2^T B\right)u(t).$$

Es wird also der Ausgang des Systems korrigiert, sodass das reduzierte Modell den stationären Zustand korrekt angibt. Es gilt also auch hier $G(0) = \hat{G}(0)$. Man beachte, dass hier der Durchgriffsterm im reduzierten Modell verändert wird, d. h. es gilt nicht mehr $D = \hat{D}$ und damit auch i.Allg.

$$\lim_{|s|\to\infty} G(s) = D \neq \hat{D} = \lim_{|s|\to\infty} \hat{G}(s).$$

Zudem ist das reduzierte LZI-System i.Allg. keine (Petrov-)Galerkin-Projektion des ursprünglichen LZI-Systems mehr. Dieses Vorgehen bezeichnet man als *statische Kondensation* [67] bzw. auch nach dem Autor dieses Artikels als *Guyan-Reduktion*. Dieses Vorgehen kann man auch nutzen, wenn keine (Block-)Diagonaldarstellung der Matrix A verwendet wird wie z.B. beim balancierten Abschneiden in Kap. 8. Dann treten im reduzierten Modell noch weitere Korrekturterme auf, siehe Abschn. 8.3.2.

Eine weitere Erweiterung sind die aus der „Component Mode Synthesis" (CMS) entwickelten Ansätze, die eine Kombination von Substrukturtechnik und modaler Superposition darstellen, wie z.B. die Craig-Bampton-Methode [32], die wir hier jedoch nicht weiter betrachten. Weitere Ansätze und Literaturhinweise dazu findet man u.a. in [55,105,132].

6.4   Beispiele

Wir wollen nun die Eigenschaften einiger der in diesem Kapitel diskutierten und auf dem modalen Abschneiden beruhenden Verfahren anhand zweier Beispiele aus Kap. 3 illustrieren.

Beispiel 6.4. Zunächst betrachten wir das Servicemodul 1R der International Space Station aus Abschn. 3.3. In einem ersten Experiment berechnen wir ein modal reduziertes System, bei dem wir alle Eigenwerte von A mit Realteil größer als *-0,01* im reduzierten Modell erhalten. Dies kann man z.B. mithilfe der entsprechenden MORLAB-Funktion `ml_ct_ss_mt` für das modale Abschneiden wie folgt realisieren:

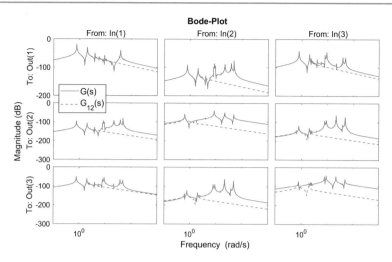

Abb. 6.3 Beispiel 6.4: Amplitude des Bode-Plots für das volle ($G(s)$) und reduzierte Modell der Ordnung $r = 12$ ($\hat{G}(s) \equiv G_{12}(s)$).

```
>> load('iss1r.mat')
>> iss1r=ss(full(A),full(B),full(C),0);
>> opts.Alpha=-.01;
>> [rom,info]=ml_ct_ss_mt(iss1r,opts);
```

Es ergibt sich ein reduziertes Modell der Ordnung $r = 12$. Abb. 6.3 zeigt den Bode-Plot für das volle und das reduzierte Modell. Man erkennt, dass für kleine Frequenzen die lokalen Maxima der Amplitude der Übertragungsfunktion sehr gut approximiert werden, während bei hohen Frequenzen die Graphen nicht mehr übereinstimmen. Allerdings sind hier auch die Werte der Übertragungsfunktion schon recht klein, sodass diese Frequenzen für das dynamische Verhalten der Ausgangsgößen eine weniger wichtige Rolle einnehmen.

Der absolute bzw. relative Approximationsfehler für die Übertragungsfunktion ergeben sich zu

$$\|G - G_{12}\|_{\mathscr{H}_\infty} \approx 0{,}012026 \quad \text{bzw.} \quad \frac{\|G - G_{12}\|_{\mathscr{H}_\infty}}{\|G\|_{\mathscr{H}_\infty}} \approx 0{,}10377,$$

wobei wir $\hat{G}(s)$ mit $G_{12}(s)$ bezeichnen, um die Abhängigkeit von der Ordnung des reduzierten Modells herauszustellen und den Vergleich mit reduzierten Modellen anderer Ordnung zu erleichtern.

Um die Qualität des reduzierten Modells zu verbessern, nehmen wir nun weitere Pole der Übertragungsfunktion im reduzierten Modell hinzu. Dafür behalten wir alle Pole mit Realteilen größer als $-0{,}05$ und erhalten mit der analogen Berechnung wie oben ein reduziertes Modell der Ordnung $r = 74$ und absolutem bzw. relativem

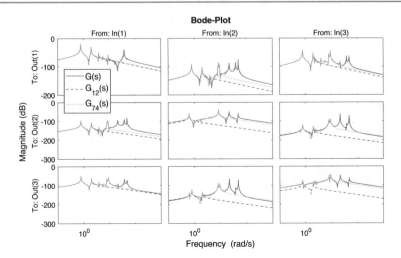

Abb. 6.4 Beispiel 6.4: Amplitude des Bode-Plots für das volle ($G(s)$) und die reduzierten Modelle der Ordnung $r = 12$ ($G_{12}(s)$) und $r = 74$ ($G_{74}(s)$).

Fehler

$$\|G - G_{74}\|_{\mathscr{H}_\infty} \approx 0{,}010665 \quad \text{bzw.} \quad \frac{\|G - G_{74}\|_{\mathscr{H}_\infty}}{\|G\|_{\mathscr{H}_\infty}} \approx 0{,}092030.$$

In Abb. 6.4 sieht man nun deutliche Verbesserungen gegenüber dem kleineren Modell, obwohl der relative Fehler nur geringfügig kleiner geworden ist. Im Detail kann man das besser erkennen, wenn man die Übertragungsfunktionen der einzelnen SISO-Systeme von einem der drei Eingänge zu einem der drei Ausgänge betrachtet, in Abb. 6.5 z. B. für u_3 nach y_1, also die Abbildung aus der ersten Zeile und dritten Spalte von Abb. 6.4.

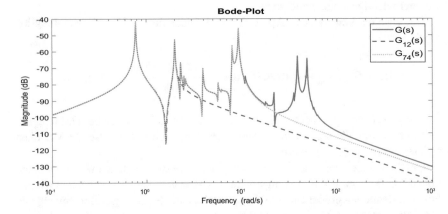

Abb. 6.5 Beispiel 6.4: Amplitude des Bode-Plots für das volle ($G(s)$) und die reduzierten Modelle der Ordnung $r = 12$ ($G_{12}(s)$) und $r = 74$ ($G_{74}(s)$), Eingang u_3 nach Ausgang y_1.

Eine Verbesserung durch Basisanreicherung oder statische Kondensation kann bei diesem Beispiel nicht erreicht werden, da

$$G(0) \approx 0, \quad \text{bzw., genauer} \quad \|G(0)\|_2 < 3 \cdot 10^{-18},$$

und dies ebenso für die reduzierten Modelle gilt, sodass das statische Verhalten im reduzierten Modell bereits nahezu exakt erhalten ist.

Die Verwendung der dominanten Pole gemäß Kriterium (6.15) bringt jedoch einen deutlichen Gewinn an Genauigkeit. Zum Vergleich mit dem bislang diskutierten modal reduzierten Modell der Ordnung 12 berechnen wir die nach diesem Dominanzmaß zwölf wichtigsten Pole und projizieren das LZI-System auf den entsprechenden 12-dimensionalen A-invarianten Eigenraum entlang des von den zugehörigen Links-Eigenvektoren aufgespannten Unterraums. Damit erhalten wir dann ebenfalls ein reduziertes System der Ordnung $r = 12$. Die Übertragungsfunktion $\hat{G}_{12,dp}$ dieses LZI-Systems approximiert diejenige des vollen Modells mit absolutem bzw. relativem Fehler

$$\|G - \hat{G}_{12,dp}\|_{\mathscr{H}_\infty} \approx 4{,}5488 \cdot 10^{-3} \quad \text{bzw.} \quad \frac{\|G - \hat{G}_{12,dp}\|_{\mathscr{H}_\infty}}{\|G\|_{\mathscr{H}_\infty}} \approx 0{,}039252,$$

also sogar besser als das modal reduzierte Modell mit denjenigen 74 Polen, die am nächsten an der imaginären Achse liegen. Abb. 6.6 zeigt die Lage aller 270 Pole des vollen Systems sowie der zwölf gemäß (6.15) dominanten Pole. Es ist offensichtlich, dass dies nicht diejenigen Pole mit dem Betrage nach kleinstem Realteil sind.

Der Vergleich von $G_{12,dp}$ mit dem ursprünglichen 12-dimensionalen reduzierten Modell ist in Abb. 6.7 illustriert, und zur Verdeutlichung nochmals für die SISO Übertragungsfunktion von u_1 nach y_1 in Abb. 6.8.

Die Hinzunahme weiterer dominanter Pole verbessert die Approximation weiter. So erhält man z. B. für $r = 24$, also die Einbeziehung der 24 bzgl. des Dominanzmaßes (6.15) wichtigsten Moden ein reduziertes Modell mit relativem Fehler von weniger als 1 %:

$$\frac{\|G - \hat{G}_{24,dp}\|_{\mathscr{H}_\infty}}{\|G\|_{\mathscr{H}_\infty}} \approx 9{,}8559 \cdot 10^{-3}. \tag{6.18}$$

Nun ist man in der Praxis nicht nur am Frequenzgang interessiert, sondern auch am Verhalten des LZI-Systems im Zeitbereich. Zur Illustration vergleichen wir hierbei das volle Modell der Ordnung $n = 270$ mit demselben reduzierten Modell der Ordnung $r = 24$ wie in (6.18), welches die 24 dominanten Pole verwendet. Dazu betrachten wir exemplarisch als Eingangsfunktionen

$$u_1(t) = 10e^{-t}\sin(t), \ u_2(t) = 100e^{-t}\sin(2t), \ u_3(t) = 1000e^{-t}\sin(3t). \tag{6.19}$$

In MATLAB kann man die daraus resultierende Funktion $u(t)$ wie folgt realisieren:

```
>> u = @(t) [10.*exp(-t).*sin(t); ...
            100.*exp(-t).*sin(2*t); 1000.*exp(-t).*sin(3*t)];
```

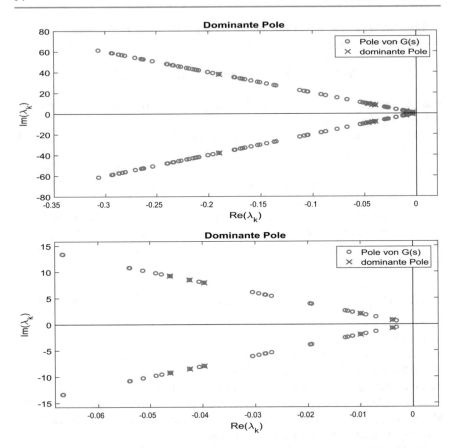

Abb. 6.6 Beispiel 6.4: Alle Pole der Übertragungsfunktion sowie die zwölf gemäß (6.15) dominanten Pole (oben), sowie eine Vergrößerung des Bereichs in der Nähe der imaginären Achse (unten)

Für die numerische Simulation im Zeitbereich verwenden wir die MORLAB-Funktion `ml_ct_ss_simulate_ss21`, die ein numerisches Integrationsverfahren von zweiter Ordnung[3] für gewöhnliche Differenzialgleichungen verwendet, um die Ausgangsfunktion $y(t)$ numerisch zu approximieren. Beachte, dass wir wegen $p = 3$ hier drei Ausgangsfunktionen haben. Für die Simulation setzen wir die Zeitschrittweite $\Delta t = 10^{-3}$ und simulieren das LZI-System im Intervall $[0, 20]$, ausgehend vom Startwert $y(0) = 0$. Dies realisiert man in MATLAB wie folgt, wobei `rom_dp24` das reduzierte Modell der Übertragungsfunktion $\hat{G}_{24,dp}$ enthält:

```
>> opts.InputFcn = u;
>> opts.TimeRange = [0,20];
```

---

[3]Dies bedeutet grob, dass sich bei einer Zeitschrittweite Δt der Fehler wie $(\Delta t)^2$ verhält, wenn die Lösung der Differenzialgleichung zweimal stetig differenzierbar ist.

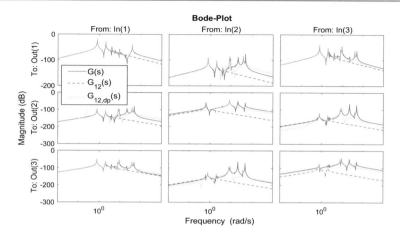

Abb. 6.7 Beispiel 6.4: Amplitude des Bode-Plots für das volle ($G(s)$) und die reduzierten Modelle der Ordnung $r = 12$ ($G_{12}(s)$ und $G_{12,dp}(s)$).

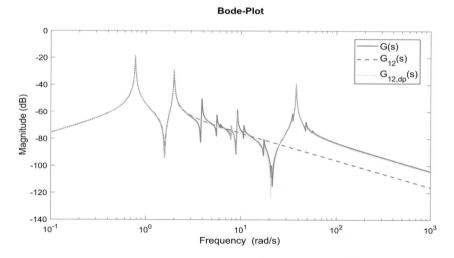

Abb. 6.8 Beispiel 6.4: Amplitude des Bode-Plots für das volle ($G(s)$) und die reduzierten Modelle der Ordnung $r = 12$ ($G_{12}(s)$ und $G_{12,dp}(s)$), Eingang u_1 nach Ausgang y_1.

```
>> opts.TimePoints = 20000;
>> [t,y,info] = ml_ct_ss_simulate_ss21(iss1r,rom_dp24,opts);
```

Als Ausgabe erhält man die oberen drei Plots in Abb. 6.9, welche die drei Ausgangsfunktionen darstellen. (Die Plots erhält man direkt von der Simulationsroutine, wenn `opts.ShowPlot=1` gesetzt ist.) Außerdem stellen wir den absoluten Fehler der drei Ausgänge dar, wozu man obige MATLAB-Befehlssequenz um

```
>> opts.DiffMode = 'abs';
```

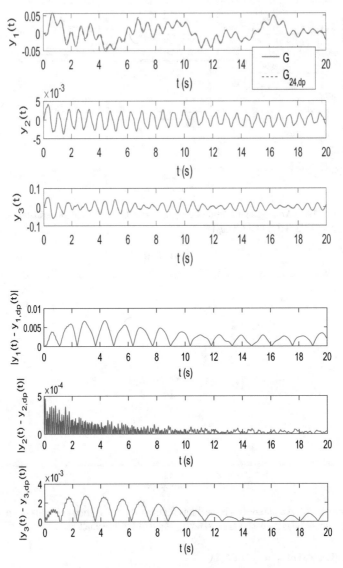

Abb. 6.9 Beispiel 6.4: Zeitbereichssimulation und absoluter Fehler für das volle (G) und das redu-zierte Modell der Ordnung $r = 24$ ($G_{24,dp}$). Abgetragen ist die Zeit t in Sekunden (s) gegen die Ausgangsfunktionen des vollen und reduzierten Modells (oben), bzw. deren punktweise absolute Fehler (unten).

ergänzen muss, um die Darstellung des absoluten Fehlers anstatt der Ausgangsfunktionen selbst zu erhalten. (Da die drei Ausgangsfunktionen mehrere Nulldurchgänge aufweisen, lässt sich der relative Fehler aufgrund der daraus resultierenden Divisionen durch null nicht gut darstellen.) Man erkennt, dass das dynamische Verhalten des LZI-Systems durch das reduzierte Modell gut wiedergegeben wird. ∎

Es sei angemerkt, dass das LZI-System (6.1) des ISS.1R Modells ein strukturmechanisches Problem ist, also aus der Linearisierung einer gewöhnlichen Differenzialgleichung zweiter Ordnung resultiert. Das Verfahren des modalen Abschneidens wurde ursprünglich gerade für solche Systeme entwickelt und zeigt hier seine Stärken in der Approximation von Systemen mit sogenannten *schwach gedämpften Moden,* d. h., Systemen mit Polen, die relativ nahe an der imaginären Achse liegen. Bei Übertragungsfunktionen mit glatterem Verlauf der Übertragungsfunktion sind diese Verfahren i. d. R. nicht besonders gut geeignet (im Vergleich zu den in Kap. 8 und 9 vorgestellten Methoden). Glatte Verläufe der Übertragungsfunktion erhält man, wenn die Pole der Übertragungsfunktion, bzw. die Eigenwerte von A (oder $A - \lambda E$) alle reell sind, wie z. B. bei vielen thermodynamischen Problemen. Ein solches betrachten wir im Folgenden Beispiel.

Beispiel 6.5. Wir wollen nun das Verhalten der auf dem modalen Abschneiden beruhenden Verfahren für das Beispiel der Stahlabkühlung aus Abschn. 3.1 untersuchen. Dazu verwenden wir den Datensatz, der ein LZI-System der Ordnung $n = 1357$ erzeugt. Da wir es hier mit $m = 7$ Ein- und $p = 6$ Ausgängen zu tun haben, besteht der Bode-Plot aus 42 Einzelabbildungen allein für die Amplitude. Da man dann bei der Darstellung nur noch wenig erkennen kann, zeigen wir hier nur Bode-Plots des vollen und reduzierten Systems für SISO-Übertragungsfunktionen für ausgewählte Ein-/Ausgangskombinationen.

Zunächst berechnen wir ein modal reduziertes System mit der MORLAB Funktion `ml_ct_dss_mt`, die erlaubt, Systeme mit $E \neq I_n$ als LZI-Objekt in MATLAB zu übergeben. Diese werden als Struktur mit `dss` angelegt. Nach dem Einlesen der Daten mit `mmread` wie in Kap. 3 beschrieben, erhält man das reduzierte Modell z. B. wie folgt.

```
>> rail=dss(full(A),full(B),full(C),0,full(E));
>> opts.Alpha=-.001;
>> opts.StoreProjection=1;
>> [rom_001,info_001]=ml_ct_dss_mt(rail,opts);
```

Es ergibt sich ein reduziertes System der Ordnung $r = 11$. Die Approximationsqualität für kleine Frequenzen ist hier akzeptabel, wie man in Abb. 6.10 sieht. Allerdings kann man auch erkennen, dass das reduzierte Modell eine sichtbare Abweichung in Richtung $\omega \to 0$ aufweist. Diese ist noch deutlicher für die Übertragungsfunktion von u_6 nach y_6 in Abb. 6.11 zu erkennen.

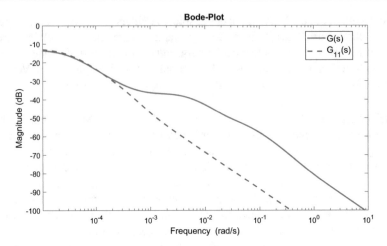

Abb. 6.10 Beispiel 6.5: Amplitude des Bode-Plots für das volle ($G(s)$) und das reduzierte Modell der Ordnung $r = 11$ ($G_{11}(s)$), Eingang u_5 zum Ausgang y_1.

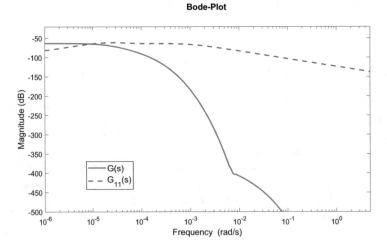

Abb. 6.11 Beispiel 6.5: Amplitude des Bode-Plots für das volle ($G(s)$) und das reduzierte Modelle der Ordnung $r = 11$ ($G_{11}(s)$), Eingang u_6 zum Ausgang y_6.

Die absoluten bzw. relativen Approximationsfehler ergeben sich hier zu

$$\|G - G_{11}\|_{\mathscr{H}_\infty} \approx 0{,}059503 \quad \text{bzw.} \quad \frac{\|G - G_{11}\|_{\mathscr{H}_\infty}}{\|G\|_{\mathscr{H}_\infty}} \approx 0{,}16892.$$

Die Übertragungsfunktion von u_6 nach y_6 wird offenbar recht schlecht approximiert und es zeigt sich insbesondere auch eine Abweichung für kleine Frequenzen. Wir verwenden hier nun für das zugehörige SISO-System eine Basisanreichung, wobei V um `-A\B(:,6)` (in MATLAB-Notation) ergänzt wird, W um `(C(6,:)/A)`′, und danach die Biorthogonalität von V, W wiederhergestellt wird. Dies führt hier zu einer deutlichen Verbesserung, wie Abb. 6.12 zeigt,

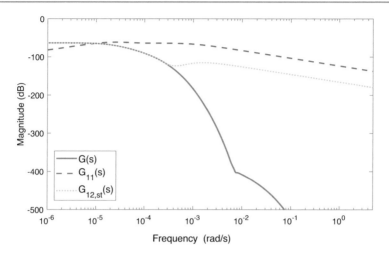

Abb. 6.12 Beispiel 6.5: Amplitude des Bode-Plots für das volle ($G(s)$), das reduzierte Modelle der Ordnung $r = 11$ ($G_{11}(s)$) sowie das um die statischen Moden angereicherte Modell der Ordnung $r = 12$ ($G_{12,st}(s)$), Eingang u_6 zum Ausgang y_6.

Tab. 6.1 Beispiel 6.5: Pole größer als -0.001 (links) sowie die nach (6.15) dominanten Pole (rechts), jeweils geordnet nach aufsteigendem Abstand zur imaginären Achse. Die *kursiv* gedruckten Pole sind in beiden Polmengen enthalten, d. h. die Sortierung nach Dominanzmaß (6.15) führt hier zur Auswahl von nur vier anderen Polen als die Auswahl gemäß Abstand zur imaginären Achse

alle Pole > -0.001	dominante Pole nach (6.15)
-0,000017966410671	*-0,000017966410671*
-0,000029444888682	*-0,000029444888682*
-0,000088278547599	*-0,000088278547599*
-0,000192950461848	*-0,000423603356815*
-0,000264328334691	*-0,000553886417414*
-0,000337633007755	-0,000859486423406
-0,000423603356815	*-0,000931858920514*
-0,000553886417414	-0,001042373818503
-0,000719719843800	-0,001659019614991
-0,000859486423406	-0,003314460965685
-0,000931858920514	-0,003535537293238

und insbesondere wird die Interpolation von $G(0)$ erreicht in Übereinstimmung mit den theoretischen Aussagen aus Abschn. 6.3. Ein analoges Resultat kann man mit Guyan-Reduktion erhalten. Obwohl auch hier die nach (6.15) dominanten Pole nicht diejenigen sind, die am nächsten an der imaginären Achse liegen (siehe Tab. 6.1), kann man durch die Verwendung der dominanten Pole hier keine wesentliche Verbesserung gegenüber dem zunächst berechneten, modal reduzierten Modell, erzielen. ∎

Grundlagen aus der System- und Regelungstheorie

7

Ganz allgemein werden in der System- und Regelungstheorie Systeme der Form

$$\dot{x}(t) = f(x, u, t), \quad t > t_0, \quad x(t_0) = x^0,$$
$$y(t) = h(x, u, t) \tag{7.1}$$

betrachtet mit dem Zustand $x \in \mathbb{R}^n$, dem Eingang $u \in \mathbb{R}^m$, dem Ausgang $y \in \mathbb{R}^p$, und Funktionen $f \colon \mathbb{R}^n \times \mathbb{R}^m \times \mathbb{R} \to \mathbb{R}^n$ und $h \colon \mathbb{R}^n \times \mathbb{R}^m \times \mathbb{R} \to \mathbb{R}^p$, also einem System von n gewöhnlichen Differenzialgleichungen erster Ordnung

$$\dot{x}_1 = f_1(x_1, \ldots, x_n, u_1, \ldots, u_m, t), \quad x_1(t_0) = x_1^0,$$
$$\dot{x}_2 = f_2(x_1, \ldots, x_n, u_1, \ldots, u_m, t), \quad x_2(t_0) = x_2^0,$$
$$\vdots$$
$$\dot{x}_n = f_n(x_1, \ldots, x_n, u_1, \ldots, u_m, t), \quad x_n(t_0) = x_n^0,$$

sowie p Gleichungen

$$y_1 = h_1(x_1, \ldots, x_n, u_1, \ldots, u_m, t),$$
$$y_2 = h_2(x_1, \ldots, x_n, u_1, \ldots, u_m, t),$$
$$\vdots$$
$$y_p = h_p(x_1, \ldots, x_n, u_1, \ldots, u_m, t),$$

die den Systemausgang und z. B. Meßgrößen modellieren. Im Folgenden werden wir die Abhängigkeit des Zustands $x(t)$ und des Ausgangs $y(t)$ von der gewählten Steuerung $u(t)$, dem Anfangszeitpunkt t_0 und dem Anfangszustand x^0 durch die Notation $x(t) = x(t; u, x_0, t_0)$ und $y(t) = y(t; u, x_0, t_0)$ ausdrücken.

Wir betrachten in diesem Buch meistens lineare und zeitinvariante Systeme.

© Springer-Verlag GmbH Deutschland, ein Teil von Springer Nature 2024
P. Benner und H. Faßbender, *Modellreduktion*, Springer Studium Mathematik (Master),
https://doi.org/10.1007/978-3-662-67493-2_7

Definition 7.1. Ein System (7.1) heißt *linear*, wenn zu jedem Startzeitpunkt $t_0 >$ 0 und für alle zulässigen Anfangszustände x^0 und Eingänge $u(t)$ die folgenden Bedingungen für $t \geq t_0$ und $\alpha_1, \alpha_2, \beta_1, \beta_2 \in \mathbb{R}$ erfüllt sind,

$$y(t; \alpha_1 u_1 + \alpha_2 u_2, 0, t_0) = \alpha_1 y(t; u_1, 0, t_0) + \alpha_2 y(t; u_2, 0, t_0),$$
$$y(t; 0, \beta_1 x^{0,1} + \beta_2 x^{0,2}, t_0) = \beta_1 y(t; 0, x^{0,1}, t_0) + \beta_2 y(t; 0, x^{0,2}, t_0),$$
$$y(t; u, x_0, t_0) = y(t; 0, x_0, t_0) + y(t; u, 0, t_0).$$

Es gilt also das *Superpositionsprinzip,* auch als Überlagerungsprinzip bezeichnet, bzgl. des Anfangszustands x^0, des Eingangs u sowie deren Kombination.

Definition 7.2. Ein System (7.1) heißt *zeitinvariant*, wenn für jeden zulässigen Eingang $u(t)$, jeden Startzeitpunkt t_0 und $t_v \geq 0$ sowie jeden Anfangszustand x^0 der Ausgang $y(t) = y(t; u, x^0, t_0)$ die folgende Bedingung erfüllt

$$y(t; u, x^0, t_0) = y(t + t_v; w, x^0, t_0 + t_v)$$

mit $w(t) = u(t - t_v)$.

Ein System (7.1) ist also unabhängig von zeitlichen Verschiebungen, wenn für jede Zeitverschiebung t_v mit dem Eingangssignal $u(t - t_v)$ der Ausgang gerade durch $y(t - t_v)$ gegeben ist. Anders ausgedrückt, bewegen wir uns von x^0 nach x^1 im Zeitraum $[t_0, t_1]$ mit der Steuerung $u(t)$, dann können wir genauso von x^0 nach x^1 im Zeitraum $[0, t_1 - t_0]$ gelangen, wenn wir $x(t - t_0), u(t - t_0)$ und $y(t - t_0)$ betrachten. Daher werden wir im Folgenden oBdA annehmen, dass $t_0 = 0$ und in der Notation dann die Abhängigkeit vom Anfangszeitpunkt weglassen.

Es gilt

Theorem 7.3. *Ein System (7.1) ist genau dann linear und zeitinvariant, wenn es sich in der Form (2.1)*

$$\dot{x}(t) = Ax(t) + Bu(t), \quad t > t_0, \quad x(t_0) = x^0,$$
$$y(t) = Cx(t) + Du(t) \tag{7.2}$$

mit $A \in \mathbb{R}^{n \times n}$, $B \in \mathbb{R}^{n \times m}$, $C \in \mathbb{R}^{p \times n}$, $D \in \mathbb{R}^{p \times m}$ und $x^0 \in \mathbb{R}^n$ schreiben lässt.

Im Folgenden werden einige für die im weiteren diskutierten Modellreduktionsverfahren benötigte Grundkenntnisse über LZI-Systeme (7.2) aus der System- und Regelungstheorie vorgestellt. Dabei wird wie oben, und auch schon in Kap. 2 diskutiert, $t_0 = 0$ angenommen. Für weitergehende Literatur sei auf die Bücher [60, 74, 79, 120, 133] verwiesen. Eine kurze Einführung in die hier vorgestellten Grundkenntnisse aus der System- und Regelungstheorie über LZI-Systeme der Form

$$E\dot{x}(t) = Ax(t) + Bu(t), \quad t > t_0, \quad x(t_0) = x^0,$$
$$y(t) = Cx(t) + Du(t)$$

mit $E, A \in \mathbb{R}^{n \times n}$, $B \in \mathbb{R}^{n \times m}$, $C \in \mathbb{R}^{p \times n}$, $D \in \mathbb{R}^{p \times m}$, wobei E singulär ist, findet man z. B. in [23,95]. Für reguläres E lassen sich alle im Folgenden vorgestellten Resultate problemlos anpassen, indem das LZI-System (zumindest formal) durch Multiplikation mit E^{-1} in ein LZI-System der Form (7.2) umgeformt werden kann.

7.1 Zustandsraumtransformation

Unter einer *Zustandsraumtransformation* eines LZI-Systems (7.2) versteht man eine lineare Abbildung des Zustands x auf einen Zustand $\tilde{x}$. Eine solche lineare Transformation lässt sich immer als Multiplikation von x mit einer regulären Matrix $T \in \mathbb{R}^{n \times n}$ beschreiben (Basiswechsel im Zustandsraum). Das zu $\tilde{x}$ gehörige LZI-System lautet dann mit $\tilde{x}(t) = Tx(t)$

$$\dot{\tilde{x}}(t) = TAT^{-1}\tilde{x}(t) + TBu(t), \quad t > 0, \quad \tilde{x}(0) = \tilde{x}^0, \tag{7.3a}$$

$$\tilde{y}(t) = CT^{-1}\tilde{x}(t) + Du(t). \tag{7.3b}$$

Kurz zusammengefasst lässt sich die Zustandsraumtransformation daher darstellen als

$$\mathfrak{T} : \begin{cases} x & \mapsto \tilde{x} = Tx, \\ (A, B, C, D) & \mapsto (TAT^{-1}, TB, CT^{-1}, D). \end{cases} \tag{7.4}$$

Die folgende Rechnung zeigt die Invarianz der Übertragungsfunktion bzgl. einer Zustandsraumtransformation,

$$
\begin{aligned}
D + (CT^{-1})(sI - TAT^{-1})^{-1}(TB) &= D + C\left(T^{-1}\{sTT^{-1} - TAT^{-1}\}^{-1}T\right)B \\
&= D + C\left(T^{-1}\{T(sI - A)T^{-1}\}^{-1}T\right)B \\
&= D + C\left(T^{-1}\{T(sI - A)^{-1}T^{-1}\}T\right)B \\
&= D + C(sI - A)^{-1}B \\
&= G(s). \tag{7.5}
\end{aligned}
$$

Insbesondere kann ein LZI-System durch geeignete Wahl von T auf eine gewisse gewünschte Form gebracht werden, in der theoretische Überlegungen oder die Bestimmung der Lösung einfacher sind.

Sei ein reguläres $T \in \mathbb{R}^{n \times n}$ gegeben. Definiere

$$T = \begin{bmatrix} W^T \\ T_2^T \end{bmatrix}, T^{-1} = \begin{bmatrix} V & T_1 \end{bmatrix}$$

mit $V, W \in \mathbb{R}^{n \times r}$ und $T_1, T_2 \in \mathbb{R}^{n \times (n-r)}$. Setze $\tilde{x}(t) = T x(t) = \begin{bmatrix} \check{x}(t) \\ \check{x}(t) \end{bmatrix}$, mit $\check{x}(t) \in \mathbb{R}^r$. Einsetzen in (7.3) ergibt

$$
\begin{aligned}
\dot{\tilde{x}}(t) &= T A T^{-1} \tilde{x}(t) + T B u(t) \\
&= \begin{bmatrix} W^T \\ T_2^T \end{bmatrix} A \begin{bmatrix} V & T_1 \end{bmatrix} \begin{bmatrix} \check{x}(t) \\ \check{x}(t) \end{bmatrix} + \begin{bmatrix} W^T \\ T_2^T \end{bmatrix} B u(t) \\
&= \begin{bmatrix} W^T A V & W^T A T_1 \\ T_2^T A V & T_2^T A T_1 \end{bmatrix} \begin{bmatrix} \check{x}(t) \\ \check{x}(t) \end{bmatrix} + \begin{bmatrix} W^T B u(t) \\ T_2^T B u(t) \end{bmatrix}, \\
\tilde{y}(t) &= C T^{-1} \tilde{x}(t) + D u(t) \\
&= \begin{bmatrix} C V & C T_1 \end{bmatrix} \begin{bmatrix} \check{x}(t) \\ \check{x}(t) \end{bmatrix} + D u(t) \\
&= C V \check{x}(t) + D u(t) + C T_1 \check{x}(t).
\end{aligned}
\tag{7.6}
$$

Berücksichtigt man ähnlich wie beim modalen Abschneiden nur den vorderen Teil der Gleichungen (schneidet man alle Terme mit T_1 und T_2 und damit insbesondere $\check{x}$ ab), so erhält man ein reduziertes System

$$
\begin{aligned}
\dot{\hat{x}}(t) &= W^T A V \hat{x}(t) + W^T B u(t), \\
\hat{y}(t) &= C V \hat{x}(t) + D u(t).
\end{aligned}
\tag{7.7}
$$

Man beachte, dass $\check{x}(t), \hat{x}(t) \in \mathbb{R}^r$, aber i. Allg. $\check{x}(t) \neq \hat{x}(t)$ gilt.

Wegen $W^T V = I$ ist

$$
\Pi = V W^T \in \mathbb{R}^{n \times n}
\tag{7.8}
$$

eine (schiefe) Projektion auf den r-dimensionalen Unterraum $\mathcal{V} = \mathrm{span}\{v_1, \ldots, v_r\}$, der von den Spalten v_i, $i = 1, \ldots, r$, von V aufgespannt wird, entlang $(\mathrm{Bild}(W))^\perp$. Das Abschneiden der Terme zu $\check{x}(t)$ (und aller Terme mit T_2) entspricht daher der Projektion des LZI-Systems mittels $\Pi = V W^T$. Man beachte, dass dadurch, dass $\check{x}(t)/T_2$ komplett vernachlässigt wird, die Gleichung für $\hat{x}(t)$ in (7.7) nicht der für $\check{x}(t)$ in (7.6) entspricht. Die Übertragungsfunktion $G(s)$ des Ausgangssystems (7.2) und des reduzierten Systems (7.7) stimmen bei ∞ überein,

$$
G(\infty) = \hat{G}(\infty) = D.
$$

7.2   (Minimale) Realisierung

Ist die Übertragungsfunktion $G(s) = C(sI - A)^{-1} B + D$ gegeben, so nennt man die vier Matrizen

$$
(A, B, C, D) \in \mathbb{R}^{n \times n} \times \mathbb{R}^{n \times m} \times \mathbb{R}^{p \times n} \times \mathbb{R}^{p \times m}
$$

eine *Realisierung* des zugehörigen LZI-Systems (7.2). Zu einer Übertragungs-funktion $G(s) = C(sI - A)^{-1}B + D$ gibt es in der Regel unendlich viele Rea-lisierungen. Dies zeigt bereits (7.5), da jede Zustandsraumtransformation T eine neue Realsierung des selben Systems liefert.

Das folgende Beispiel zeigt, dass es daneben noch weitere Realisierungen gibt, bei denen die Matrizen sogar andere Dimensionen besitzen.

Beispiel 7.4. Seien $A \in \mathbb{R}^{n \times n}$, $B \in \mathbb{R}^{n \times m}$, $C \in \mathbb{R}^{p \times n}$ wie bislang. Sei $A_j \in \mathbb{R}^{n_j \times n_j}$ für $j = 1, 2$ sowie $B_1 \in \mathbb{R}^{n_1 \times m}$ und $C_2 \in \mathbb{R}^{p \times n_2}$ für $p, m, n_1, n_2 \in \mathbb{N}$. Betrachte die drei LZI-Systeme

$$\frac{d}{dt} \begin{bmatrix} x(t) \\ x_1(t) \end{bmatrix} = \begin{bmatrix} A & 0 \\ 0 & A_1 \end{bmatrix} \begin{bmatrix} x(t) \\ x_1(t) \end{bmatrix} + \begin{bmatrix} B \\ B_1 \end{bmatrix} u(t),$$
$$y(t) = \begin{bmatrix} C & 0 \end{bmatrix} \begin{bmatrix} x(t) \\ x_1(t) \end{bmatrix} + Du(t) \tag{7.9}$$

und

$$\frac{d}{dt} \begin{bmatrix} x(t) \\ x_2(t) \end{bmatrix} = \begin{bmatrix} A & 0 \\ 0 & A_2 \end{bmatrix} \begin{bmatrix} x(t) \\ x_2(t) \end{bmatrix} + \begin{bmatrix} B \\ 0 \end{bmatrix} u(t),$$
$$y(t) = \begin{bmatrix} C & C_2 \end{bmatrix} \begin{bmatrix} x(t) \\ x_2(t) \end{bmatrix} + Du(t), \tag{7.10}$$

sowie (7.2). Die Übertragungsfunktion von (7.2) ist gegeben durch

$$G(s) = C(sI_n - A)^{-1}B + D.$$

Für das System (7.9) erhält man die Übertragungsfunktion

$$\begin{aligned} G_1(s) &= \begin{bmatrix} C & 0 \end{bmatrix} \left(sI_{n+n_1} - \begin{bmatrix} A & 0 \\ 0 & A_1 \end{bmatrix} \right)^{-1} \begin{bmatrix} B \\ B_1 \end{bmatrix} + D \\ &= \begin{bmatrix} C & 0 \end{bmatrix} \begin{bmatrix} (sI_n - A)^{-1} & 0 \\ 0 & (sI_{n_1} - A_1)^{-1} \end{bmatrix} \begin{bmatrix} B \\ B_1 \end{bmatrix} + D \\ &= \begin{bmatrix} C(sI_n - A)^{-1} & 0 \end{bmatrix} \begin{bmatrix} B \\ B_1 \end{bmatrix} + D \\ &= C(sI_n - A)^{-1}B + D = G(s). \end{aligned}$$

Ganz analog folgt für die Übertragungsfunktion des LZI-Systems (7.10)

$$G_2(s) = \begin{bmatrix} C & C_2 \end{bmatrix} \left(sI_{n+n_2} - \begin{bmatrix} A & 0 \\ 0 & A_2 \end{bmatrix} \right)^{-1} \begin{bmatrix} B \\ 0 \end{bmatrix} + D = G(s).$$

Damit haben wir drei Realisierungen desselben LZI-Systems gefunden,

$$(A, B, C, D), \quad \left(\begin{bmatrix} A & 0 \\ 0 & A_1 \end{bmatrix}, \begin{bmatrix} B \\ B_1 \end{bmatrix}, \begin{bmatrix} C & 0 \end{bmatrix}, D \right) \quad \text{und} \quad \left(\begin{bmatrix} A & 0 \\ 0 & A_2 \end{bmatrix}, \begin{bmatrix} B \\ 0 \end{bmatrix}, \begin{bmatrix} C & C_2 \end{bmatrix}, D \right).$$

Da n_j beliebig gewählt werden darf, kann die Ordnung eines Systems beliebig vergrößert werden, ohne die Übertragungsfunktion zu ändern.

Anmerkung 7.5. Das Problem, aus einer gegebenen Übertragungsfunktion $G(s)$ die Zustandsraumdarstellung (A, B, C, D) zu bestimmen, wird als *Realisierungsproblem* bezeichnet. Dies wollen wir hier nicht betrachten. Wir nehmen an, dass (A, B, C, D) bereits bekannt sind.

Angenommen, eine Realisierung (A, B, C, D) eines LZI-Systems der Ordnung n ist bekannt. Für jedes LZI-System existiert eine eindeutige minimale Anzahl $\hat{n}$ von Zuständen, die notwendig ist, um die Abhängigkeit des Ausgangssignals von dem Eingangssignal vollständig zu beschreiben. Diese Zahl $\hat{n}$ nennt man *McMillan Grad* des Systems.

Definition 7.6. Eine *minimale Realisierung* ist eine Realisierung $(\hat{A}, \hat{B}, \hat{C}, \hat{D})$ mit Ordnung $\hat{n}$, wobei $\hat{n}$ der McMillan Grad des Systems ist.

Offensichtlich ist $\hat{n}$ eindeutig, die Realisierung $(\hat{A}, \hat{B}, \hat{C}, \hat{D})$ allerdings nicht.

Das Bestimmen einer minimalen Realisierung kann als erster Schritt der Modellreduktion aufgefasst werden, da so überflüssige (redundante) Zustände aus dem System entfernt werden. Das folgende Beispiel verdeutlicht diese Interpretation.

Beispiel 7.7. Die Übertragungsfunktion $G(s) = c^T(sI - A)^{-1}b$ des SISO-Systems mit $A = \begin{bmatrix} 0 & 1 \\ 1 & 0 \end{bmatrix}$, $b = \begin{bmatrix} 0 \\ 1 \end{bmatrix}$, $c = \begin{bmatrix} 1 & 1 \end{bmatrix}$ und $d = 0$ ist gerade

$$c(sI - A)^{-1}b = \frac{1}{s^2 - 1} \begin{bmatrix} 1 & 1 \end{bmatrix} \begin{bmatrix} s & 1 \\ 1 & s \end{bmatrix} \begin{bmatrix} 0 \\ 1 \end{bmatrix} = \frac{s + 1}{s^2 - 1} = \frac{1}{s - 1}.$$

Da das SISO-System $(\widetilde{A}, \widetilde{b}, \widetilde{c}, \widetilde{d}) = (1, 1, 1, 0)$ dieselbe Übertragungsfunktion $\widetilde{c}(s - \widetilde{A})^{-1}\widetilde{b} = \frac{1}{s-1}$ hat wie das zu (A, b, c, d) gehörige SISO-System, ist (A, b, c, d) nicht minimal. Das minimale System $(\widetilde{A}, \widetilde{b}, \widetilde{c}, \widetilde{d})$ ist im Vergleich zum nicht minimalen System (A, b, c, d) ein reduziertes System. Man beachte, dass man die minimale Realisierung erhält, indem man einen Pol der Übertragungsfunktion hebt.

7.3 Stabilität

Bei der Untersuchung dynamischer Systeme interessiert man sich u. a. ausgehend von einem konkreten Anfangszustand x^0 für das Verhalten für $t \to \infty$. Dieser Grenzwert wird auch als Attraktor bezeichnet. Dies ist also ein Zustand, auf den sich das System im Laufe der Zeit zubewegt und der irgendwann nicht mehr verlassen wird. So kann sich das System z. B. immer mehr einem bestimmten Endzustand annähern, in dem die Dynamik zum Erliegen kommt und ein statisches System entsteht. Ein anderer typischer Endzustand ist die Abfolge gleicher Zustände, die periodisch durchlaufen werden. Für die hier betrachteten LZI-Systeme ist lediglich die Frage, ob die Lösungen eines dynamischen Systems beschränkt bleiben, bzw. ob sie gegen 0 gehen, interessant.

Definition 7.8. Das System (7.2) heißt *stabil*, falls eine (und damit jede) Lösung der homogenen Gleichung $\dot{x} = Ax$ auf einem (und damit auf jedem) Intervall (t_0, ∞) beschränkt ist. Es heißt *asymptotisch stabil*, falls außerdem $\lim_{t \to \infty} \|x(t)\| = 0$ gilt, wobei $\| \cdot \|$ eine beliebige Norm auf $\mathbb{R}^n$ ist.

Theorem 7.9. *Gegeben sei das LZI-System* (7.2).

- *Das LZI-System ist stabil, wenn alle Eigenwerte der Matrix A einen nichtpositiven Realteil besitzen (in der linken Halbebene liegen) und alle Eigenwerte mit Realteil 0 gleiche algebraische und geometrische Vielfachheit haben.*
- *Das LZI-System ist asymptotisch stabil, wenn alle Eigenwerte der Matrix A einen negativen Realteil besitzen, oder anders ausgedrückt, wenn alle Eigenwerte von A in der offenen linken Halbebene $\mathbb{C}_- = \{z \in \mathbb{C} \mid \mathrm{Re}(z) < 0\}$ liegen.*

Beweis. Zum Beweis der Aussagen betrachten wir $\dot{x}(t) = Ax(t)$ mit der Anfangsbedingung $x(0) = x^0$.

Zunächst sei $n = 1$ angenommen. Dies entspricht gerade $\dot{x}(t) = \lambda x(t)$, $x(0) = x^0$ mit der exakten Lösung

$$x(t) = e^{\lambda t} x^0.$$

Zuerst betrachten wir den Fall $\lambda \in \mathbb{R}$.

- Für $\lambda \le 0$ und $\varepsilon > 0$ mit $|x^0| \le \varepsilon$ folgt sofort

$$|x(t)| = |e^{\lambda t} x^0| = |e^{\lambda t}| \cdot |x^0| \le 1 \cdot |x^0| \le \varepsilon.$$

Jede Lösung $x(t)$ ist daher auf $(0, \infty)$ beschränkt. Das System ist stabil.
- Für $\lambda < 0$ gilt weiter $\lim_{t \to \infty} |x(t)| = \lim_{t \to \infty} |e^{\lambda t} x^0| \xrightarrow{t \to \infty} 0$. Das System ist asymptotisch stabil.
- Für $\lambda > 0$ ist das System nicht stabil, da die Lösung nicht beschränkt ist.

Nun betrachten wir den Fall $\lambda \in \mathbb{C}$. Dann folgt mit $\lambda = \mathrm{Re}(\lambda) + \iota \, \mathrm{Im}(\lambda)$

$$|e^{\lambda t}| = |e^{(\mathrm{Re}(\lambda) + \iota \, \mathrm{Im}(\lambda))t}| = |e^{\mathrm{Re}(\lambda)t} \cdot e^{\iota \, \mathrm{Im}(\lambda)t}| = |e^{\mathrm{Re}(\lambda)t}| \cdot |e^{\iota \, \mathrm{Im}(\lambda)t}| = |e^{\mathrm{Re}(\lambda)t}|.$$

Daher ist mit denselben Überlegungen wie im Falle $\lambda \in \mathbb{R}$, das System stabil, falls $\mathrm{Re}(\lambda) \le 0$ und asymptotisch stabil, falls $\mathrm{Re}(\lambda) < 0$.

Nun sei n beliebig und A eine Diagonalmatrix, $A = \mathrm{diag}(\lambda_1, \dots \lambda_n)$, $\lambda_i \in \mathbb{C}$. Die exakte Lösung von $\dot{x}(t) = Ax(t)$ ist dann gerade $x(t) = e^{At} x^0 \in \mathbb{C}^n$, d. h., jeder Eintrag in $x(t)$ entspricht $e^{\lambda_i t} x_i^0$. Wie eben folgt, dass falls alle Eigenwerte λ_i

einen nichtpositiven Realteil haben ($\text{Re}(\lambda_i) \leq 0$, $i = 1, \ldots, n$), dann ist das System stabil und falls $\text{Re}(\lambda_i) < 0$, $i = 1, \ldots, n$, dann ist das System asymptotisch stabil.

Nun sei n beliebig und A diagonalisierbar, d. h., es existiert eine reguläre Matrix T mit $T^{-1}AT = D = \text{diag}(\lambda_1, \ldots \lambda_n)$, $\lambda_i \in \mathbb{C}$. Die exakte Lösung von $\dot{x}(t) = Ax(t)$ ist dann gerade $x(t) = e^{At}x^0 = Te^{Dt}T^{-1}x^0 \in \mathbb{C}^n$ (siehe Abschn. 4.10). Daher gilt

$$\|x(t)\| = \|Te^{Dt}T^{-1}x^0\| \leq \|T\| \cdot \|T^{-1}\| \cdot \|e^{Dt}\| \cdot \|x^0\|.$$

Da bis auf $\|e^{Dt}\|$ alle Terme unabhängig von t sind, wird das Verhalten von $x(t)$ für $t \to \infty$ allein durch e^{Dt} bestimmt. Mit den bisherigen Überlegungen folgt daher, dass falls für alle Eigenwerte $\text{Re}(\lambda_i) \leq 0$, $i = 1, \ldots, n$, gilt, dann ist das System stabil und falls $\text{Re}(\lambda_i) < 0$, $i = 1, \ldots, n$, dann ist das System asymptotisch stabil.

Nun sei abschließend n beliebig und A nicht diagonalisierbar. Dann existiert eine reguläre Matrix T, welche A auf Jordansche Normalform transformiert, d. h., $T^{-1}AT = J$ (siehe Theorem 4.8). Analog zu eben hängt das Verhalten von $x(t)$ für $t \to \infty$ allein von dem Term e^{Jt} ab. Eine genaue Analyse des Terms liefert die Aussage des Theorems. ∎

7.4   Steuerbarkeit

Es wird wieder das LZI-System (7.2) betrachtet. Der Zustandsraum wird wie schon in Kap. 2 mit $\mathscr{X}$, der Eingangsraum mit $\mathscr{U}$ bezeichnet. Hier soll der Frage nachgegangen werden, wann ein LZI-System steuerbar ist, d. h., wann es von ausgewählten Anfangszuständen in ausgewählte Endzustände überführt werden kann. Konkret definiert man den Begriff der Steuerbarkeit wie folgt.

Definition 7.10. Das LZI-System (7.2) mit Anfangsbedingung $x(0) = x^0 \in \mathscr{X}$ ist *steuerbar nach* $x^1 \in \mathscr{X}$ *in der Zeit* $t_1 > 0$, falls ein $u : [0, t_1] \to \mathscr{U}$ existiert, sodass $x(t_1, u) = x^1$. Das Paar (t_1, x^1) heißt dann *erreichbar* von $(0, x^0)$. Ein LZI-System heißt *vollständig steuerbar* (oder kurz *steuerbar*), wenn für jedes $x^0 \in \mathscr{X}$ ein $u : [0, t_1] \to \mathscr{U}$ existiert, sodass jedes $x^1 \in \mathscr{X}$ in beliebiger Zeit t_1 erreicht werden kann. Man sagt dann auch (A, B) ist *steuerbar.*

Zunächst wird nun die Frage beantwortet, wann für einen gegebenen Anfangszustand $x^0 \in \mathscr{X}$ ein gegebenes Ziel $x^1 \in \mathscr{X}$ mithilfe einer Steuerungsfunktion $u : [0, t_1] \to \mathscr{U}$ erreicht werden kann. In Theorem 2.3 wurde schon die Lösung der Zustandsgleichung des LZI-Systems (7.2) konkret angegeben,

$$x(t) = e^{At}x^0 + \int_0^t e^{A(t-s)}Bu(s)\,ds = e^{At}\left(x^0 + \int_0^t e^{-As}Bu(s)\,ds\right).$$

Wann existiert nun ein u, sodass $x(t_1) = x^1$ von $x(0) = x^0$ erreicht werden kann? Es gilt

$$x^1 = x(t_1) = e^{At_1}x^0 + \int_0^{t_1} e^{A(t_1-s)}Bu(s)\,ds$$

und daher

$$e^{-At_1}x^1 - x^0 = \int_0^{t_1} e^{-As}Bu(s)\,ds. \tag{7.11}$$

Mit der Wahl $u(s) = B^T e^{-A^T s} \cdot g,\, g \in \mathbb{R}^n$ konstant, ergibt sich

$$e^{-At_1}x^1 - x^0 = \int_0^{t_1} e^{-As}BB^T e^{-A^T s}\,ds \cdot g = P(0, t_1) \cdot g \tag{7.12}$$

mit der $(0, t_1)$-*Steuerbarkeitsgramschen*

$$P(0, t_1) = \int_0^{t_1} e^{-As}BB^T e^{-A^T s}\,ds \in \mathbb{R}^{n \times n}.$$

Falls $P(0, t_1)$ regulär ist, kann die Gl.(7.12) eindeutig nach g aufgelöst werden; $g = P(0, t_1)^{-1}\left(e^{-At_1}x^1 - x^0\right)$. Damit erhält man eine eindeutige Lösung für $u(s)$; $u(s) = B^T e^{-A^T s} \cdot P(0, t_1)^{-1}\left(e^{-At_1}x^1 - x^0\right)$. Man hat so ein u konstruiert, welches das LZI-System aus dem Zustand x^0 in den Zustand x^1 steuert.

Um nun die Steuerbarkeit eines LZI-Systems vollständig zu charakterisieren, sind einige Vorüberlegungen notwendig. Die Matrix

$$e^{-As}BB^T e^{-A^T s} = \left(e^{-As}B\right)\left(e^{-As}B\right)^T \in \mathbb{R}^{n \times n}$$

ist per Konstruktion eine symmetrische, positiv semidefinite Matrix. Das Integral erhält diese Eigenschaft, denn für alle $z \in \mathbb{R}^n$ gilt

$$z^T P(0, t_1)z = \int_0^{t_1} z^T e^{-As}BB^T e^{-A^T s}z\,ds = \int_0^{t_1} \|B^T e^{-A^T s}z\|_2^2\,ds \geq 0. \tag{7.13}$$

Daher ist auch $P(0, t_1)$ symmetrisch und positiv semidefinit,

$$P(0, t_1) = P(0, t_1)^T \quad \text{und} \quad z^T P(0, t_1)z \geq 0$$

für alle $z \in \mathbb{R}^n$. Ist $P(0, t_1)$ regulär, so muss $P(0, t_1)$ positiv definit sein.

Offenbar gilt für alle $z \in \mathbb{R}^n$, $z \neq 0$, wegen der Nichtnegativität des Integranden

$$\int_0^{t_1} \|B^T e^{-A^T s} z\|_2^2 \, ds = 0 \;\Leftrightarrow\; \|B^T e^{-A^T s} z\|_2 = 0 \text{ für alle } s \in [0, t_1]$$

$$\Leftrightarrow\; B^T e^{-A^T s} z = 0 \text{ für alle } s \in [0, t_1]$$

$$\Leftrightarrow\; e^{-As} B B^T e^{-A^T s} z = 0 \text{ für alle } s \in [0, t_1]$$

$$\Leftrightarrow\; \int_0^{t_1} e^{-As} B B^T e^{-A^T s} z \, ds = 0.$$

Bei der Äquivalenz $B^T e^{-A^T s} z = 0 \;\Leftrightarrow\; e^{-As} B B^T e^{-A^T s} z = 0$ ist die „$\Rightarrow$"-Richtung direkt zu sehen. Für die „$\Leftarrow$"-Richtung nutzt man die positive Semidefinitheit von $M = e^{-As} B B^T e^{-A^T s} = R R^T$ mit $R = B^T e^{-A^T s}$. Statt $Mz = 0 \Leftarrow Rz = 0$ zeigen wir die äquivalente Aussage $Rz \neq 0 \Leftarrow Mz \neq 0$. Sei daher angenommen $Rz \neq 0$. Dann

$$0 < \|Rz\|_2^2 = z^T R^T R z = z^T M z.$$

Also $Mz \neq 0$, da sonst $z^T M z = 0$. Damit folgt aus $Mz = 0$ gerade $Rz = 0$.

Mithilfe der obigen Äquivalenzen gilt für alle $s \in [0, t_1]$

$$B^T e^{-A^T s} z = 0 \;\Leftrightarrow\; P(0, t_1) z = 0. \tag{7.14}$$

Das folgende Lemma beantwortet die Frage, wann sich ein gegebener Vektor x in Form des Integrals aus (7.11) schreiben lässt.

Lemma 7.11. *Sei $t_1 \in \mathbb{R}$ mit $t_1 > 0$. Ein Vektor $x \in \mathbb{R}^n$ lässt sich genau dann als*

$$x = \int_0^{t_1} e^{-As} B u(s) \, ds \tag{7.15}$$

mit einer Funktion u schreiben, wenn x im Bild von $P(0, t_1)$ liegt, d. h., wenn es ein $z \in \mathbb{R}^n$ gibt mit $x = P(0, t_1) z$.

Beweis. Definiere

$$\mathscr{L}(0, t_1) = \left\{ x \in \mathbb{R}^n \mid \text{es existiert ein } u : [0, t_1] \to \mathscr{U} \text{ mit } x = \int_0^{t_1} e^{-As} B u(s) \, ds \right\}.$$

Wegen der Linearität des Integrals und der Vektorraumeigenschaften von $\mathscr{U}$ ist $\mathscr{L}(0, t_1)$ ein Untervektorraum des $\mathbb{R}^n$.

Mit der Wahl $u(s) = B^T e^{-A^T s} z$ für z konstant, folgt sofort, dass $\text{Bild}(P(0, t_1)) \subset \mathscr{L}(0, t_1)$ gilt.

Wenn wir nun zeigen, dass $\mathscr{L}(0, t_1) = \text{Bild}(P(0, t_1))$ gilt, dann folgt die Aussage des Lemmas. Dazu reicht es, die Aussage $\mathscr{L}(0, t_1) \cap \text{Kern}(P(0, t_1)) = \{0\}$ zu zeigen, denn wegen des Dimensionssatzes (4.1) und der Dimensionsformel[1] gilt

$$
\begin{aligned}
n &= \dim(\text{Bild}(P(0, t_1))) + \dim(\text{Kern}(P(0, t_1))) \\
&\leq \dim(\mathscr{L}(0, t_1)) + \dim(\text{Kern}(P(0, t_1))) \\
&= \dim(\mathscr{L}(0, t_1) + \text{Kern}(P(0, t_1))) \\
&\leq n.
\end{aligned}
$$

Damit würde daher $\dim(\mathscr{L}(0, t_1)) = \dim(\text{Bild}(P(0, t_1)))$ folgen, also insgesamt $\mathscr{L}(0, t_1) = \text{Bild}(P(0, t_1))$.

Eine Beschreibung des Kerns von $P(0, t_1)$ liefert (7.14),

$$
\text{Kern}(P(0, t_1)) = \{z \in \mathbb{R}^n \mid B^T e^{-A^T s} z = 0 \text{ für alle } s \in [0, t_1]\}.
$$

Für $x \in \mathscr{L}(0, t_1) \cap \text{Kern}(P(0, t_1))$ gilt

$$
\|x\|_2^2 \;\overset{}{=}\; x^T x \;\overset{x \in \mathscr{L}(0,t_1)}{=}\; \int_0^{t_1} x^T \left(e^{-As} B u(s) \right) ds = \int_0^{t_1} \left(B^T e^{-A^T s} x \right)^T u(s)\, ds \;\overset{x \in \text{Kern}(P(0,t_1))}{=}\; 0.
$$

Daher muss $x = 0$ gelten und somit $\mathscr{L}(0, t_1) \cap \text{Kern}(P(0, t_1)) = \{0\}$. ∎

Der Vektorraum $\mathscr{L}(0, t_1)$ entspricht gerade der Menge aller x^1, für die $(0, x^0)$ nach (t_1, x^1) steuerbar ist. Es ergibt sich folgende (zunächst überraschende) Charakterisierung für $\mathscr{L}(0, t_1)$.

Theorem 7.12. *Für ein zeitinvariantes System* $\dot{x}(t) = Ax(t) + Bu(t)$ *entspricht* $\mathscr{L}(0, t_1)$ *dem von den Spalten der* Steuerbarkeitsmatrix

$$
K(A, B) = \begin{bmatrix} B & AB & A^2 B & \cdots & A^{n-1} B \end{bmatrix} \in \mathbb{R}^{n \times nm}
$$

aufgespannten Raum, d.h. $\mathscr{L}(0, t_1) = \text{Bild}(K(A, B))$. *Insbesondere ist* $\mathscr{L}(0, t_1)$ *von 0 und* t_1 *unabhängig.*

Beweis. Aus Lemma 7.11 folgt $\mathscr{L}(0, t_1) = \text{Bild}(P(0, t_1))$. Da $P(0, t_1)$ reell und symmetrisch ist, ist dies mit Theorem 4.1 äquivalent zu der Aussage

$$
\mathscr{L}(0, t_1)^{\perp} = \text{Kern}(P(0, t_1)).
$$

---

[1] $\dim(V_1 + V_2) = \dim V_1 + \dim V_2 - \dim(V_1 \cap V_2)$ für zwei Untervektorräume V_1, V_2 eines Vektorraums V.

Um die Aussage des Theorems zu beweisen, ist daher

$$P(0, t_1)x = 0 \iff x^T K(A, B) = 0$$

zu zeigen. Wegen (7.14) und (4.13) gilt

$$P(0, t_1)x = 0 \iff B^T e^{-A^T s} x = 0 \text{ für alle } s \in [0, t_1]$$

$$\iff x^T e^{-As} B = \sum_{j=0}^{\infty} \frac{-s^j}{j!} x^T A^j B = 0 \text{ für alle } [0, t_1]$$

$$\iff x^T A^j B = 0 \text{ für } j = 0, 1, 2, \dots.$$

Die letzte Äquivalenz folgt durch Ableiten von $g(s) = \sum_{j=0}^{\infty} \frac{-s^j}{j!} x^T A^j B = 0$

$$\frac{d^k}{ds^k} g(s) = \sum_{j=k}^{\infty} \frac{-s^{(j-k)}}{(j-k)!} x^T A^j B = 0$$

und Einsetzen von $s = 0$.

Insgesamt haben wir nun $P(0, t_1)x = 0 \implies x^T K(A, B) = 0$ gezeigt. Die Äquivalenz ergibt sich folgendermaßen. Der Satz von Cayley-Hamilton (Theorem 4.6) sagt, dass für

$$p_A(\lambda) = \det(A - \lambda I) = \sum_{j=0}^{n} \alpha_j \lambda^j, \qquad \alpha_j \in \mathbb{R} \text{ und } \alpha_n = (-1)^n$$

gerade $p_A(A) = 0$ gilt. Daraus folgt mit $\beta_j = (-1)^{n+1} \alpha_j$

$$A^n = \sum_{j=0}^{n-1} \beta_j A^j. \tag{7.16}$$

Also folgt

$$x^T A^n B = \sum_{j=0}^{n-1} \beta_j x^T A^j B.$$

Durch wiederholte Anwendung von (7.16) sowie Zusammenfassung aller Koeffizienten von $x^T A^j B$ zu $\beta_j^{(\nu)}$ erhält man die Darstellung

$$x^T A^{n+\nu} B = \sum_{j=0}^{n-1} \beta_j^{(\nu)} x^T A^j B \tag{7.17}$$

für alle $v \in \mathbb{N}_0$. Daraus ergibt sich die folgende Ergänzung der Kette von Äquivalenzen

$$P(0, t_1)x = 0 \overset{(7.14)}{\Longleftrightarrow} x^T e^{-As} B = \sum_{j=0}^{\infty} \frac{(-s)^j}{j!} x^T A^j B = 0, \qquad s \in [0, t_1]$$

$$\Longleftrightarrow x^T A^j B = 0, \qquad j \in \mathbb{N}_0$$

$$\overset{(7.17)}{\Longleftrightarrow} x^T A^j B = 0, \qquad j = 0, 1, \ldots, n-1$$

$$\Longleftrightarrow x^T K(A, B) = 0.$$

Damit folgt die Aussage des Theorems.   ∎

Insgesamt haben wir nun u. a. gezeigt, dass

$$\text{Bild}(P(0, t_1)) = \mathscr{L}(0, t_1) = \text{Bild}(K(A, B))$$

gilt. Daher ist $P(0, t_1)$ genau dann regulär (und damit positiv definit), wenn das Bild von $K(A, B)$ gerade $\mathbb{R}^n$ ist, bzw. rang$(K(A, B)) = n$. Dann kann die Gl. (7.12) eindeutig nach g aufgelöst werden. Man kann also ein eindeutiges u konstruieren, welches das LZI-System aus dem Zustand x^0 in den Zustand x^1 steuert.

Nun kann folgende Charakterisierung der Steuerbarkeit eines LZI-System hergeleitet werden.

Theorem 7.13 (Hautus-Popov-Lemma (Steuerbarkeit)). *Seien $A \in \mathbb{R}^{n \times n}$, $B \in \mathbb{R}^{n \times m}$. Die folgenden Aussagen sind äquivalent.*

a) *(A, B) ist steuerbar.*
b) *Für die Steuerbarkeitsmatrix $K(A, B) = \begin{bmatrix} B & AB & A^2B & \cdots & A^{n-1}B \end{bmatrix} \in \mathbb{R}^{n \times nm}$ gilt rang$(K(A, B)) = n$.*
c) *Falls $z \in \mathbb{C}^n$, $z \neq 0$ ein Linkseigenvektor von A ist, so muss $z^H B \neq 0$ gelten.*
d) *Es gilt rang$\left(\begin{bmatrix} A - \lambda I & B \end{bmatrix} \right) = n$ für alle $\lambda \in \mathbb{C}$.*
e) *Die $(0, t_1)$-Steuerbarkeitsgramsche $P(0, t_1) = \int_0^{t_1} e^{-As} BB^T e^{-A^T s}\, ds$ ist symmetrisch und positiv definit.*

Beweis. Es werden die Äquivalenzen a) ⇔ b), c) ⇔ d), b) ⇔ d) und b) ⇔ e) gezeigt. Damit sind alle Aussagen äquivalent.

a) ⇔ b) Ist (A, B) steuerbar, dann folgt $\mathscr{L}(0, t_1) = \mathbb{R}^n$. Da zudem nach Theorem 7.12 $\mathscr{L}(0, t_1) = \text{Bild}(K(A, B))$ gilt, muss rang$(K(A, B)) = n$ gelten. Ist rang$(K(A, B)) = n$ gegeben, dann folgt Bild$(K(A, B)) = \mathbb{R}^n$ und wegen Theorem 7.12 $\mathscr{L}(0, t_1) = \text{Bild}(K(A, B)) = \mathbb{R}^n$. Das impliziert (A, B) steuerbar.

c) $\Leftrightarrow$ d) Für einen Vektor $z \in \mathbb{C}^n$ gilt $z^H \begin{bmatrix} A - \lambda I & B \end{bmatrix} = 0$ genau dann, wenn z ein Linkseigenvektor von A ist ($z^H A = \lambda z^H$) und $z^H B = 0$. Daher ist $\text{rang}(\begin{bmatrix} A - \lambda I & B \end{bmatrix}) < n$ genau dann, wenn ein Linkseigenvektor $z \in \mathbb{C}^n$ von A existiert, der $z^H B = 0$ erfüllt.

b) $\Leftrightarrow$ e) Diese Aussage haben wir in Vorbereitung dieses Theorems schon gezeigt.

b) $\Rightarrow$ d) Angenommen, es gelte $\text{rang}(\begin{bmatrix} A - \lambda I & B \end{bmatrix}) < n$. Dann existiert ein $z \neq 0$ mit $z^H \begin{bmatrix} A - \lambda I & B \end{bmatrix} = 0$, d.h., $z^H A = \lambda z^H$ und $z^H B = 0$. Dann gilt $z^H A^j = \lambda^j z^H$ und

$$z^H A^j B = \lambda^j z^H B = 0$$

für alle $j \in \mathbb{N}_0$. Daraus folgt $z^H K(A, B)) = 0$ im Widerspruch zu b).

d) $\Rightarrow$ b) Angenommen, es gelte $\text{rang}(K(A, B)) = r < n$. Dann existiert eine Orthonormalbasis $\{v_1, \ldots, v_r\}$ von $\text{Bild}(K(A, B))$. Diese Basis werde zu einer Orthonormalbasis des $\mathbb{R}^n$ ergänzt durch $\{v_{r+1}, \ldots, v_n\}$. Dann gilt

$$\text{Bild}(K(A, B))^{\perp} = \text{span}\{v_{r+1}, \ldots, v_n\}.$$

Setze $V = \begin{bmatrix} v_1 & v_2 & \cdots & v_n \end{bmatrix} \in \mathbb{R}^{n \times n}$. Da die Spalten von V orthonormal sind, gilt $VV^T = I = V^T V$. Außerdem gilt $v_{r+j}^T K(A, B) = 0$, $j = 1, \ldots, n - r$. Dies impliziert $v_{r+j}^T B = 0$, $j = 1, \ldots, n - r$, bzw. $V^T B = \begin{bmatrix} B_1 \\ 0 \end{bmatrix}$.

Mit dem Satz von Cayley-Hamilton folgt (7.16) und daher für $\kappa(A, B) = \text{Bild}(K(A, B))$, dass

$$A\kappa(A, B) \subset \kappa(A, B),$$

d.h., $\kappa(A, B)$ ist ein A-invarianter Unterraum des $\mathbb{R}^n$. Da die Spalten von $V_1 = \begin{bmatrix} v_1 & v_2 & \cdots & v_r \end{bmatrix} \in \mathbb{R}^{n \times r}$ eine Basis für diesen A-invarianten Unterraum bilden, existiert $A_1 \in \mathbb{R}^{r \times r}$ mit $\Lambda(A_1) \subset \Lambda(A)$ und $AV_1 = V_1 A_1$. Damit folgt

$$AV = V \begin{bmatrix} A_1 & A_2 \\ 0 & A_3 \end{bmatrix}.$$

Sei nun $\check{z} \neq 0$ ein Linkseigenvektor von A_3, d.h., $\check{z}^H A_3 = \lambda \check{z}^H$ für ein $\lambda \in \Lambda(A_3) \subset \Lambda(A)$. Definiert man nun $z = V \begin{bmatrix} 0 \\ \check{z} \end{bmatrix}$, dann ist $z \neq 0$, da V orthogonal und $\check{z} \neq 0$. Zudem erfüllt z

$$z^H B = \begin{bmatrix} 0 & \check{z}^H \end{bmatrix} V^T B = \begin{bmatrix} 0 & \check{z}^H \end{bmatrix} \begin{bmatrix} B_1 \\ 0 \end{bmatrix} = 0$$

und

$$z^H A = \begin{bmatrix} 0 & \check{z}^H \end{bmatrix} V^T A = \begin{bmatrix} 0 & \check{z}^H \end{bmatrix} V^T A V V^T = \begin{bmatrix} 0 & \check{z}^H \end{bmatrix} \begin{bmatrix} A_1 & A_2 \\ 0 & A_3 \end{bmatrix} V^T$$

$$= \lambda \begin{bmatrix} 0 & \check{z}^H \end{bmatrix} V^T = \lambda z^H.$$

Damit gilt $z^H \begin{bmatrix} A - \lambda I & B \end{bmatrix} = 0$ im Widerspruch zu d). ∎

Anmerkung 7.14. Ist die $(0, t_1)$-Steuerbarkeitsgramsche

$$P(0, t_1) = \int_0^{t_1} e^{-As} B B^T e^{-A^T s}$$

ds symmetrisch und positiv definit, so ist auch

$$\int_0^{t_1} e^{At} B B^T e^{A^T t} \, dt$$

symmetrisch und positiv definit, denn mithilfe der Substitutionsregel folgt

$$I^{(1)} = \int_0^{t_1} e^{-As} B B^T e^{-A^T s} \, ds = -\int_{t_1}^0 e^{-A(t_1-t)} B B^T e^{-A^T(t_1-t)} \, dt$$

$$= \int_0^{t_1} e^{-At_1} \left(e^{At} B B^T e^{A^T t} \right) e^{-A^T t_1} \, dt$$

$$= e^{-At_1} \left(\int_0^{t_1} e^{At} B B^T e^{A^T t} \, dt \right) e^{-A^T t_1} = S I^{(2)} S^T.$$

Da $S = e^{-At_1}$ regulär und I^1 symmetrisch ist, haben $I^{(1)}$ und $I^{(2)}$ nach dem Trägheitssatz von Sylvester (Theorem 4.22) denselben Trägheitsindex und somit ist mit $I^{(1)}$ auch $I^{(2)}$ positiv definit.

Anmerkung 7.15. Ist A asymptotisch stabil, dann existiert $P(0, t_1)$ für $t_1 = \infty$. Es folgt, dass die *Steuerbarkeitsgramsche*

$$P = \int_0^\infty e^{At} B B^T e^{A^T t} \, dt \tag{7.18}$$

symmetrisch und positiv definit ist, falls $P(0, t_1)$ symmetrisch und positiv definit ist.

Beispiel 7.16. Zur Demonstration des Hautus-Popov-Lemmas betrachten wir das SISO-System aus Beispiel 7.7, $A = \begin{bmatrix} 0 & 1 \\ 1 & 0 \end{bmatrix}$ und $B = \begin{bmatrix} 0 \\ 1 \end{bmatrix}$. (A, B) ist steuerbar, denn die folgenden Bedingungen aus Theorem 7.13 sind erfüllt:

b) Die Matrix $K(A, B) = \begin{bmatrix} B & AB \end{bmatrix} = \begin{bmatrix} 0 & 1 \\ 1 & 0 \end{bmatrix}$ hat offenbar Rang 2.

c) Die Eigenwerte von A sind $\lambda_1 = 1$ und $\lambda_2 = -1$ mit den zugehörigen Linkseigenvektoren $z_1 = \begin{bmatrix} 1 \\ 1 \end{bmatrix}$ und $z_2 = \begin{bmatrix} 1 \\ -1 \end{bmatrix}$. Daher folgt $z_1^T B = 1 \neq 0$ und $z_2^T B = 1 \neq 0$.

d) Da A regulär ist, folgt $\mathrm{rang}(A - \lambda I) = n$ für alle $\lambda \notin \Lambda(A)$. Es muss daher $\mathrm{rang}\left(\begin{bmatrix} A - \lambda I & B \end{bmatrix}\right)$ nur für $\lambda \in \Lambda(A) = \{1, -1\}$ getestet werden. Für $\lambda_1 = 1$ ergibt sich $\mathrm{rang}\left(\begin{bmatrix} -1 & 1 & 0 \\ 1 & -1 & 1 \end{bmatrix}\right) = 2$, für $\lambda_2 = -1$ ergibt sich $\mathrm{rang}\left(\begin{bmatrix} 1 & 1 & 0 \\ 1 & 1 & 1 \end{bmatrix}\right) = 2$. Alternativ kann man hier auch kürzer beobachten, dass für alle $\lambda \in \mathbb{C}$ gilt

$$\mathrm{rang}\left(\begin{bmatrix} -\lambda & 1 & 0 \\ 1 & -\lambda & 1 \end{bmatrix}\right) = 2.$$

e) Analog zum Vorgehen in Beispiel 4.61 ergibt sich wegen $A = VDV^T$ mit $D = \mathrm{diag}(1, -1)$ und $V = \frac{1}{\sqrt{2}} \begin{bmatrix} 1 & 1 \\ 1 & -1 \end{bmatrix}$

$$e^{At} = \frac{1}{2} \begin{bmatrix} 1 & 1 \\ 1 & -1 \end{bmatrix} \begin{bmatrix} e^t & 0 \\ 0 & e^{-t} \end{bmatrix} \begin{bmatrix} 1 & 1 \\ 1 & -1 \end{bmatrix} = \frac{1}{2} \begin{bmatrix} e^t + e^{-t} & e^t - e^{-t} \\ e^t - e^{-t} & e^t + e^{-t} \end{bmatrix}.$$

Es folgt

$$e^{At} B B^T e^{A^T t} = (e^{At} B)(e^{At} B)^T = \frac{1}{4} \begin{bmatrix} e^t - e^{-t} \\ e^t + e^{-t} \end{bmatrix} \begin{bmatrix} e^t - e^{-t} \\ e^t + e^{-t} \end{bmatrix}^T$$

$$= \frac{1}{4} \begin{bmatrix} (e^t - e^{-t})^2 & e^{2t} - e^{-2t} \\ e^{2t} - e^{-2t} & (e^t + e^{-t})^2 \end{bmatrix}$$

und weiter

$$P(s) = \int_0^s e^{At} B B^T e^{A^T t} \, dt$$

$$= \frac{1}{4} \begin{bmatrix} \int_0^s (e^t - e^{-t})^2 \, dt & \int_0^s (e^{2t} - e^{-2t}) \, dt \\ \int_0^s (e^{2t} - e^{-2t}) \, dt & \int_0^s (e^t + e^{-t})^2 \, dt \end{bmatrix}$$

$$= \frac{1}{4} \frac{1}{2} \begin{bmatrix} (e^{2t} - 4t - e^{-2t})\big|_{t=0}^s & (e^{2t} + e^{-2t})\big|_{t=0}^s \\ (e^{2t} + e^{-2t})\big|_{t=0}^s & (e^{2t} + 4t - e^{-2t})\big|_{t=0}^s \end{bmatrix}$$

$$= \frac{1}{8} \begin{bmatrix} e^{2s} - 4s - e^{-2s} & e^{2s} + e^{-2s} - 2 \\ e^{2s} + e^{-2s} - 2 & e^{2s} + 4s - e^{-2s} \end{bmatrix}.$$

$P(s)$ ist offensichtlich symmetrisch und, wie man leicht nachrechnet, positiv definit für alle $s > 0$. ∎

Abschließend wird noch der Fall $\mathrm{rang}(K(A, B)) = r < n$ betrachtet.

Lemma 7.17. *Sei $A \in \mathbb{R}^{n \times n}$, $B \in \mathbb{R}^{n \times m}$ und $K(A, B) = \begin{bmatrix} B & AB & A^2B & \cdots & A^{n-1}B \end{bmatrix}$ mit $\mathrm{rang}(K(A, B)) = r < n$. Dann existiert eine orthogonale Matrix $V \in \mathbb{R}^{n \times n}$, sodass*

$$V^T A V = \begin{bmatrix} A_1 & A_2 \\ 0 & A_3 \end{bmatrix} \quad und \quad v^T B = \begin{bmatrix} B_1 \\ 0 \end{bmatrix} \tag{7.19}$$

mit $A_1 \in \mathbb{R}^{r \times r}$ und $B_1 \in \mathbb{R}^{r \times m}$ und (A_1, B_1) steuerbar.

Beweis. Die Existenz einer orthogonalen Matrix V mit der Eigenschaft (7.19) wurde schon im Beweis der Aussage d) $\Rightarrow$ b) des Theorems 7.13 gezeigt.

Für die Steuerbarkeitsmatrix folgt

$$\begin{aligned}
K(A, B) &= \begin{bmatrix} B & AB & A^2B & \cdots & A^{n-1}B \end{bmatrix} \\
&= \begin{bmatrix} V\widetilde{B} & V\widetilde{A}V^T V\widetilde{B} & (V\widetilde{A}V^T)^2 V\widetilde{B} & \cdots & (V\widetilde{A}V^T)^{n-1} V\widetilde{B} \end{bmatrix} \\
&= V \begin{bmatrix} \widetilde{B} & \widetilde{A}\widetilde{B} & \widetilde{A}^2\widetilde{B} & \cdots & \widetilde{A}^{n-1}\widetilde{B} \end{bmatrix} \\
&= V K(\widetilde{A}, \widetilde{B}) \\
&= V \begin{bmatrix} \begin{bmatrix} B_1 \\ 0 \end{bmatrix} & \begin{bmatrix} A_1 B_1 \\ 0 \end{bmatrix} & \begin{bmatrix} A_1^2 B_1 \\ 0 \end{bmatrix} & \cdots & \begin{bmatrix} A_1^{n-1} B_1 \\ 0 \end{bmatrix} \end{bmatrix}.
\end{aligned}$$

Da V als orthogonale Matrix vollen Rang hat, folgt

$$\mathrm{rang}(K(A, B)) = r = \mathrm{rang}(V K(\widetilde{A}, \widetilde{B})) = \mathrm{rang}(K(\widetilde{A}, \widetilde{B})) = \mathrm{rang}(K(A_1, B_1)).$$

Also ist (A_1, B_1) steuerbar. ∎

Unter den Voraussetzungen von Lemma 7.17 folgt für $C \in \mathbb{R}^{p \times n}$ mit

$$CV = C \begin{bmatrix} v_1 & \cdots & v_r & | & v_{r+1} & \cdots & v_n \end{bmatrix} = \begin{bmatrix} C_1 & C_2 \end{bmatrix}, \quad C_1 \in \mathbb{R}^{p \times r}$$

und $D \in \mathbb{R}^{p \times m}$

$$\begin{aligned}
G(s) &= C(sI - A)^{-1}B + D = CV(sI - V^T A V)^{-1} V^T B + D \\
&= \begin{bmatrix} C_1 & C_2 \end{bmatrix} \begin{bmatrix} sI - A_1 & -A_2 \\ 0 & sI - A_3 \end{bmatrix}^{-1} \begin{bmatrix} B_1 \\ 0 \end{bmatrix} + D \\
&= \begin{bmatrix} C_1 & C_2 \end{bmatrix} \begin{bmatrix} (sI - A_1)^{-1} B_1 \\ 0 \end{bmatrix} + D \\
&= C_1(sI - A_1)^{-1} B_1 + D.
\end{aligned} \tag{7.20}$$

Die Zustandsraumtransformation mit V erlaubt es daher die Übertragungsfunktion statt mittels der nicht steuerbaren Realisierung (A, B, C, D) der Ordnung n nur mithilfe der steuerbaren Realisierung (A_1, B_1, C_1, D) der Ordnung r darzustellen. Dies kann man schon als (einen ersten Schritt zur) Modellreduktion allgemeiner LZI-Systeme interpretieren.

7.5   Beobachtbarkeit

Wir betrachten nun wieder LZI-Systeme der Form (7.2) und stellen uns die Frage, wie viel Information über den Zustand des Systems aus der Beobachtungsgleichung $y(t) = Cx(t) + Du(t)$ gezogen werden kann. Dies ist eine in der Praxis relevante Fragestellung, da man meist nicht den gesamten Zustand für den Entwurf einer Regelung oder Steuerung zur Verfügung hat, sondern nur beobachtbare, bzw. gemessene Größen. Dies können einige der Zustandsvariablen sein, oder aber davon abgeleitete Größen.

Definition 7.18 (Beobachtbarkeit). Ein LZI-System (7.2) heißt *beobachtbar*, falls für zwei Lösungen x, $\tilde{x}$ von $\dot{x}(t) = Ax(t) + Bu(t)$, $x(0) = x^0$ mit derselben Steuerungsfunktion u, für die

$$Cx(t) = C\tilde{x}(t) \quad \text{für alle } t \geq 0$$

gilt, folgt

$$x(t) = \tilde{x}(t) \quad \text{für alle } t \geq 0.$$

Beobachtbarkeit bedeutet also, dass Systeme mit gleichen Eingängen und gleichen Ausgängen in der Zukunft auch gleiche Zustände in der Zukunft haben. Aussagen über Beobachtbarkeit lassen sich ziemlich leicht mit Aussagen über Steuerbarkeit eines dualen Systems zeigen. Das folgende Dualitätsprinzip ist auch in vielen weiteren Bereichen der System- und Regelungstheorie hilfreich.

Theorem 7.19 (Dualität). *Ein LZI-System (7.2) ist beobachtbar, genau dann wenn*

$$\dot{x}(t) = A^T x(t) + C^T w(t) \tag{7.21}$$

steuerbar ist.

Für den Beweis dieser Aussage sei auf [82, Satz 4.1] verwiesen.

Für LZI-Systeme (7.2) erhält man als Konsequenz aus dem Dualitätsprinzip und dem Hautus-Popov-Lemma (Theorem 7.13) folgende Charakterisierungen von Beobachtbarkeit, die nur von A und C abhängen. Daher spricht man auch von dem beobachtbaren Matrixpaar $(A, C) \in \mathbb{R}^{n \times n} \times \mathbb{R}^{p \times n}$.

Theorem 7.20 (Hautus-Test für Beobachtbarkeit). *Sei $A \in \mathbb{R}^{n \times n}$ und $C \in \mathbb{R}^{p \times n}$. Die folgenden Aussagen sind äquivalent.*

a) (A, C) *ist beobachtbar.*

b) *Für die* Beobachtbarkeitsmatrix

$$K(A^T, C^T)^T = \begin{bmatrix} C \\ CA \\ CA^2 \\ \vdots \\ CA^{n-1} \end{bmatrix} \in \mathbb{R}^{np \times n} \tag{7.22}$$

gilt $\mathrm{rang}(K(A^T, C^T)^T) = n$.

c) *Falls $z \neq 0$ ein Rechtseigenvektor von A ist, so muss $C^T z \neq 0$ gelten.*

d) $\mathrm{rang}\left(\begin{bmatrix} A - \lambda I \\ C \end{bmatrix}\right) = n$ *für alle* $\lambda \in \mathbb{C}$.

e) *Die $(0, t_1)$-Beobachtbarkeitsgramsche $Q(0, t_1) = \int_0^{t_1} e^{-A^T t} C^T C e^{-At} \, dt$ ist symmetrisch und positiv definit.*

Anmerkung 7.14 gilt hier entsprechend.

Anmerkung 7.21. Ist A asymptotisch stabil, dann existiert $Q(0, t_1)$ für $t_1 = \infty$. Es folgt, dass die *Beobachtbarkeitsgramsche*

$$Q = \int_0^{\infty} e^{A^T t} C^T C e^{At} \, dt \tag{7.23}$$

symmetrisch und positiv definit ist.

Beispiel 7.22. Zur Demonstration des Hautus-Tests betrachten wir das SISO-System aus Beispiel 7.7, $A = \begin{bmatrix} 0 & 1 \\ 1 & 0 \end{bmatrix}$ und $C = \begin{bmatrix} 1 & 1 \end{bmatrix}$. (A, C) ist nicht beobachtbar, denn die Beobachtbarkeitsmatrix

$$K(A^T, C^T)^T = \begin{bmatrix} C \\ CA \end{bmatrix} = \begin{bmatrix} 1 & 1 \\ 1 & 1 \end{bmatrix}$$

hat nur Rang eins.

Im Fall $\mathrm{rang}(K(A^T, C^T)^T) = r < n$ folgt ähnlich wie in Lemma 7.17

Lemma 7.23. *Sei $A \in \mathbb{R}^{n \times n}$ und $C \in \mathbb{R}^{p \times n}$. Sei weiter $K(A^T, C^T)$ wie in (7.22) mit $\mathrm{rang}(K(A^T, C^T)) = r < n$. Dann existiert eine orthogonale Matrix $S \in \mathbb{R}^{n \times n}$, sodass*

$$S^T A S = \begin{bmatrix} A_1 & 0 \\ A_2 & A_3 \end{bmatrix} \text{ und } C S = \begin{bmatrix} C_1 & 0 \end{bmatrix}$$

mit $A_1 \in \mathbb{R}^{r \times r}$ und $C_1 \in \mathbb{R}^{p \times r}$ und (A_1, C_1) beobachtbar.

Unter den Voraussetzungen von Lemma 7.23 folgt für $B \in \mathbb{R}^{n \times m}$ mit $S^T B = \begin{bmatrix} B_1 \\ B_2 \end{bmatrix}$ und $D \in \mathbb{R}^{p \times m}$

$$G(s) = C(sI - A)^{-1}B + D = CS(sI - S^T AS)^{-1}S^T B + D$$
$$= C_1(sI - A_1)^{-1}B_1 + D.$$

Die Zustandsraumtransformation mit S erlaubt es daher, die Übertragungsfunktion statt mittels der nicht beobachtbaren Realisierung (A, B, C, D) der Ordnung n nur mithilfe der beobachtbaren Realisierung (A_1, B_1, C_1, D) der Ordnung r darstellen. Dies kann man ebenfalls schon als (einen ersten Schritt zur) Modellreduktion allgemeiner LZI-Systeme interpretieren.

Kombiniert man Lemma 7.17 und 7.23 erhält man die sogenannte *Kalman-Zerlegung*.

Theorem 7.24 (Kalman-Zerlegung). *Für jedes LZI-System (7.2) existiert eine orthogonale Zustandsraumtransformation T, sodass*

$$T^T AT = \begin{bmatrix} A_{sb} & 0 & A_{13} & 0 \\ A_{21} & A_{s\bar{b}} & A_{23} & A_{24} \\ 0 & 0 & A_{\bar{s}b} & 0 \\ 0 & 0 & A_{43} & A_{\overline{sb}} \end{bmatrix}, \quad T^T B = \begin{bmatrix} B_{sb} \\ B_{s\bar{b}} \\ 0 \\ 0 \end{bmatrix}, \quad CT = \begin{bmatrix} C_{sb} & 0 & C_{\bar{s}b} & 0 \end{bmatrix}.$$

Das Teilsystem

- (A_{sb}, B_{sb}, C_{sb}) *ist steuerbar und beobachtbar,*
- $\left(\begin{bmatrix} A_{sb} & 0 \\ A_{21} & A_{s\bar{b}} \end{bmatrix}, \begin{bmatrix} B_{sb} \\ B_{s\bar{b}} \end{bmatrix}, \begin{bmatrix} C_{sb} & 0 \end{bmatrix} \right)$ *ist steuerbar,*
- $\left(\begin{bmatrix} A_{sb} & A_{13} \\ 0 & A_{\bar{s}b} \end{bmatrix}, \begin{bmatrix} B_{sb} \\ 0 \end{bmatrix}, \begin{bmatrix} C_{sb} & C_{\bar{s}b} \end{bmatrix} \right)$ *ist beobachtbar.*

7.6   Die Gramschen P, Q und Lyapunov-Gleichungen

Zur Berechnung der Gramschen P und Q wird in der Praxis häufig folgendes Resultat ausgenutzt.

Theorem 7.25. *Es sei ein LZI-System (7.2) gegeben mit A asymptotisch stabil, (A, B) steuerbar und (A, C) beobachtbar. Dann erfüllen die Steuerbarkeitsgramsche P (7.18) und die Beobachtbarkeitsgramsche Q (7.23) die* Lyapunov-Gleichungen

$$AP + PA^T + BB^T = 0, \tag{7.24a}$$
$$A^T Q + QA + C^T C = 0. \tag{7.24b}$$

Beweis.

$$AP + PA^T + BB^T = A \cdot \int_0^\infty e^{At} BB^T e^{A^T t} dt + \int_0^\infty e^{At} BB^T e^{A^T t} dt \cdot A^T + BB^T$$

$$= \int_0^\infty \left\{ A e^{At} BB^T e^{A^T t} + e^{At} BB^T e^{A^T t} A^T \right\} dt + BB^T$$

$$= e^{At} BB^T e^{A^T t} \Big|_{t=0}^\infty + BB^T$$

$$= \lim_{t \to \infty} e^{At} BB^T e^{A^T t} - e^{A \cdot 0} BB^T e^{A \cdot 0} + BB^T$$

$$= 0,$$

da $A \in \mathbb{R}^{n \times n}$ asymptotisch stabil ist. Die andere Gl. (7.24b) zeigt man ganz analog. ∎

Beispiel 7.26. In Beispiel 7.16 wurde für $A = \begin{bmatrix} 0 & 1 \\ -2 & -3 \end{bmatrix}$ und $B = \begin{bmatrix} 0 \\ 1 \end{bmatrix}$ die Steuerbarkeitsgramsche $P(s) = \int_0^s e^{At} BB^T e^{A^T t} dt$ über das Integral bestimmt. Alternativ kann auch die Lyapunov-Gleichung $AP + PA^T + BB^T = 0$ gelöst werden, siehe dazu Beispiel 4.73.

Verfahren zur numerischen Lösung von Lyapunov-Gleichungen werden in Abschn. 8.4 behandelt.

7.7 Interpretation der Gramschen P und Q

Die Steuerbarkeitsgramsche P und die Beobachtbarkeitsgramsche Q helfen bei der Beantwortung der Frage, welche Zustände gut steuerbar bzw. beobachtbar sind.

Aus unserer bisherigen Diskussion wissen wir, dass die Steuerbarkeit den Zusammenhang zwischen dem Eingang $u(t)$ und dem Zustand $x(t)$ beschreibt, nur die Matrizen A und B spielen dabei eine Rolle. Beobachtbarkeit beschreibt den Zusammenhang zwischen dem Zustand $x(t)$ und dem Ausgang $y(t)$, nur die Matrizen A und C spielen dabei eine Rolle. Vollständige Steuerbarkeit bedeutet, dass das System durch einen geeigneten Eingang $u(t)$ in endlicher Zeit aus dem Anfangszustand $x(0) = x^0$ in einen beliebigen Endzustand $x(t_1) = x^1$ überführt werden kann. Vollständige Beobachtbarkeit bedeutet, dass für einen gegebenen Eingang $u(t)$ allein aus der Messung des Ausgangs $y(t)$ über eine endliche Zeitspanne der Anfangszustand $x(0) = x^0$ eindeutig ermittelt werden kann.

Möchte man nun aus allen Eingängen $u(t)$, die das System aus der Ruhelage, d. h. aus dem Anfangszustand $x(0) = 0$, in den Endzustand $x(t_1) = x^1$ überführen, den Eingang auswählen, der minimale Energie benötigt, so ist die Optimierungsaufgabe

$$\min_{u,t_1} \int_0^{t_1} \|u(t)\|_2^2 dt$$

unter der Nebenbedingung $\dot{x}(t) = Ax(t) + Bu(t)$

mit den Randbedingungen $x(0) = 0$ und $x(t_1) = x^1$

zu lösen. Unglücklicherweise ist hier t_1 frei und damit Teil der Optimierung. Um dies zu umgehen, betrachtet man das Problem in negativer Zeitrichtung $\tau = t_1 - t$. Damit ändern sich in der Differenzialgleichung die Vorzeichen[2] $\dot{x}(t) = -Ax(t) - Bu(t)$ und die Integrationsgrenzen ändern sich

$$\int_0^{t_1} \|u(t)\|_2^2 dt = \int_{t_1}^0 -\|u(\tau)\|_2^2 d\tau = \int_0^{t_1} \|u(\tau)\|_2^2 d\tau.$$

Für die Zeiten $t > t_1$ ändert sich nichts mehr (ist x_1 einmal erreicht, ist $u \equiv 0$ optimal), sodass wir hier $t_1 = \infty$ setzen können. Damit ergibt sich das Optimierungsproblem

$$\min_u \int_0^\infty \|u(t)\|_2^2 dt$$

unter der Nebenbedingung $\dot{x}(t) = -Ax(t) - Bu(t)$

mit den Randbedingungen $x(0) = x^1$ und $x(\infty) = 0$.

Die Lösung ist gegeben durch

$$u_{\min} = B^T W x(\tau),$$

wobei W die Lösung der Lyapunov-Gleichung

$$W^{-1}A^T + AW^{-1} + BB^T = 0$$

ist, siehe z. B. [82]. Nach den Überlegungen des letzten Abschnitts muss für asymptotisch stabiles A gerade $P = W^{-1}$ gelten. W ist daher symmetrisch und positiv definit.

Theorem 7.27. *Sei A asymptotisch stabil. Die Steuerbarkeitsgramsche bestimmt den minimalen Wert von $J(u) = \int_0^\infty \|u(t)\|_2^2 dt$,*

$$J(u_{\min}) = (x^1)^T P^{-1} x^1 = (x^1)^T W x^1.$$

---

[2] $\tau = t_1 - t$ impliziert $\frac{d}{d\tau}x(\tau) = \dot{x}(t) \cdot \frac{d\tau}{dt} = -\dot{x}(\tau) = Ax(\tau) + Bu(\tau)$.

Beweis. Es gilt wegen $x(\infty) = 0$ und $x(0) = x^1$

$$
\begin{aligned}
J(u_{\min}) = \int_0^\infty \|u_{\min}(t)\|_2^2 dt &= \int_0^\infty u_{\min}^T(t) u_{\min}(t) dt \\
&= \int_0^\infty x(t)^T W^T B B^T W x(t) dt \\
&= -x(t)^T W x(t)|_{t=0}^\infty, \\
&= -\lim_{t \to \infty} x(t)^T W x(t) + x(0)^T W x(0) \\
&= 0 + (x^1)^T W x^1,
\end{aligned}
$$

denn

$$
\begin{aligned}
\frac{d}{dt} x(t)^T W x(t) &= \dot{x}(t)^T W x(t) + x(t)^T W \dot{x}(t) \\
&= -x(t)^T (A + B B^T W)^T W x(t) - x(t)^T W (A + B B^T W) x(t) \\
&= -x(t)^T (A^T W + W^T B B^T W + W A + W B B^T W) x(t) \\
&= -x(t)^T (A^T W + W A + 2 W B B^T W) x(t) \\
&= -x(t)^T W (W^{-1} A^T + A W^{-1} + 2 B B^T) W x(t) \\
&= -x(t)^T W B B^T W x(t).
\end{aligned}
$$

Dabei wurde ausgenutzt, dass wenn man $u_{\min} = B^T W x(t)$ in die Zustandsgleichung einsetzt, sich $\dot{x}(t) = -(A + B B^T W) x(t)$ ergibt. ∎

Das Produkt $(x^1)^T P^{-1} x^1$ beschreibt also die minimale Energie, die notwendig ist, um x^1 zu erreichen. Dies erlaubt die folgende Interpretation der Singulärwertzerlegung von $P = U \Sigma V^T = U \Sigma U^T$ (Eigenzerlegung von P, da P reell und symmetrisch) mit $\sigma_1 \geq \sigma_2 \geq \cdots \geq \sigma_n$: Die ersten singulären Vektoren u_i zeigen in die Richtungen, die „einfach" zu steuern sind. Der erste Singulärwert σ_1 ist maximal und mit $P^{-1} = U \Sigma^{-1} U^T$ folgt: $u_1^T \Sigma^{-1} u_1 = \frac{1}{\sigma_1}$ ist minimal. Die entsprechenden Singulärwerte σ_i beschreiben, mit welchem Energieaufwand man diese Richtungen im Zustandsraum erreichen kann.

In ähnlicher Weise untersucht man die Frage, welche Zustände gut beobachtbar sind. Man sucht also solche $x(0) = x^0$, die für $u(t) = 0$ die meiste Energie am Ausgang liefern. D.h., man betrachtet

$$
\dot{x}(t) = A x(t), \qquad y(t) = C x(t).
$$

Die Lösung $y(t) = C x(t)$ mit dem Anfangswert $x(0) = x^0$ ist gegeben durch $y(t) = C e^{At} x^0$. Damit liefert der Anfangszustand x^0 die folgende Energie am Ausgang

$$
\|y(t)\|_{\mathscr{L}_2}^2 = \int_0^\infty y(t)^T y(t) dt = (x^0)^T \int_0^\infty e^{A^T t} C^T C e^{At} dt\, x^0 = (x^0)^T Q x^0.
$$

Das Produkt $(x^0)^T Q x^0$ beschreibt also die Energie, welcher der Zustand x^0 am Ausgang liefert. Die Singulärwertzerlegung von Q lässt sich daher wie folgt interpretieren: Die ersten singulären Vektoren zeigen in die Richtungen, die die meiste Energie im Ausgang erzeugen und daher „gut" zu beobachten sind. Die entsprechenden Singulärwerte/Eigenwerte beschreiben, wie groß diese Energie ist.

Kurz zusammengefasst: Schwach steuerbare Zustände sind Zustände, die viel Energie benötigen, um erreicht zu werden. Sie entsprechen Eigenvektoren zu den kleinen Eigenwerten von P, bzw. großen Eigenwerten von P^{-1}. Schwach beobachtbare Zustände sind Zustände, die wenig Energie im Ausgang liefern. Sie entsprechen Eigenvektoren zu den kleinen Eigenwerten von Q.

7.8   Systemnormen

Um den Fehler zwischen den Übertragungsfunktionen des vollen und reduzierten Systems (also zwischen matrixwertigen Funktionen, die $\mathbb{C}$ auf $\mathbb{C}^{p \times m}$ abbilden) abschätzen zu können, benötigen wir geeignete Normen. Die grundlegenden Konzepte der im Folgenden verwendeten Räume findet man in Lehrbüchern zur Funktionalanalysis, siehe z. B. [72, 131]. Die systemtheoretische Interpretationen der Normen findet man z. B. in [38].

Ein Banachraum B ist ein vollständiger normierter Vektorraum über $\mathbb{R}$ oder $\mathbb{C}$, d. h. jede Cauchy-Folge aus Elementen aus B konvergiert in der von der Norm induzierten Metrik $d(x, y) = \|x - y\|$. Ein Hilbertraum ist ein Banachraum, dessen Norm durch ein Skalarprodukt induziert ist. Typische Beispiele für Hilberträume sind der Vektorraum $\mathbb{R}^n$ mit dem Skalarprodukt $\langle u, v \rangle = u^T v$ oder der Vektorraum $\mathbb{C}^n$ mit dem Skalarprodukt $\langle u, v \rangle = u^H v$. Ein weiteres Beispiel ist der Raum $\mathscr{L}_2(-\infty, \infty)$ der quadratisch integrierbaren Funktionen mit dem Skalarprodukt

$$\langle f, g \rangle = \int_{-\infty}^{\infty} \overline{f(t)} \cdot g(t) dt$$

mit $f, g \colon \mathbb{R} \to \mathbb{K}$. Sind die Funktionen vektorwertig, also $f, g \colon \mathbb{R} \to \mathbb{C}^n$, dann ist das Skalarprodukt durch

$$\langle f, g \rangle = \int_{-\infty}^{\infty} (f(t)^H g(t)) dt,$$

gegeben. Im Falle matrixwertiger Funktionen, also $f, g \colon \mathbb{R} \to \mathbb{C}^{n \times m}$, ist es durch

$$\langle f, g \rangle = \int_{-\infty}^{\infty} \text{Spur}(f(t)^H g(t)) dt$$

gegeben, wobei $\text{Spur}(A) = \sum_{j=1}^{m} a_{jj}$ die Spur von $A \in \mathbb{K}$ ist. Für die zugehörige Norm ergibt sich

$$\|f\|_{\mathscr{L}_2}^2 = \langle f, f \rangle = \int_{-\infty}^{\infty} \text{Spur}(f(t)^H f(t)) dt,$$

was für Funktionen $f : \mathbb{R} \to \mathbb{R}$ gerade zu $\int_{-\infty}^{\infty} f^2(t)dt$, bzw. für $f : \mathbb{R} \to \mathbb{C}$ zu $\int_{-\infty}^{\infty} |f(t)|^2 dt$ wird. Dies liefert sofort eine Norm für Funktionen wie die Steuerung $u(t)$, den Zustand $x(t)$ oder den Ausgang $y(t)$ im Zeitbereich.

Wir benötigen allerdings auch Normen für Größen im Frequenzbereich. Neben den in Kürze definierten, für unsere Zwecke passenden Banach- und Hilberträumen werden wir noch Hardyräume benötigen, d. h. Funktionenräume analytischer Funktionen auf bestimmten Teilmengen von $\mathbb{C}$. Diese werden wir hier ohne weitere Erläuterungen definieren, da dies aufgrund der damit verbundenen technischen Details an dieser Stelle zu weit führen würde. Die weiteren Kapitel sind auch ohne vertieftes Wissen über die genauen Definitionen von z. B. dem wesentlichen Supremum ess sup zu verstehen. Für weitere Informationen wird auf die Literatur (z. B. [43,75]) verwiesen.

Der Vollständigkeit halber führen wir allerdings noch kurz den Begriff einer analytischen Funktion ein. Es sei $S \subseteq \mathbb{C}$ eine offene Teilmenge und f eine komplexwertige Funktion auf S, $f : S \to \mathbb{C}$. Dann heißt f analytisch im Punkt $z_0 \in S$, wenn es eine Potenzreihe

$$\sum_{n=0}^{\infty} a_n (z - z_0)^n$$

gibt, die auf einer Umgebung von z_0 gegen $f(z)$ konvergiert. Ist f in jedem Punkt von S analytisch, so heißt f analytisch. Eine analytische Funktion ist beliebig oft differenzierbar. Die Umkehrung gilt nicht. Eine matrixwertige Funktion ist analytisch in S, falls jedes Matrixelement analytisch in S ist.

Wir werden die folgenden Räume und Normen verwenden.

- Sei $G : \mathbb{C} \to \mathbb{C}^{p \times m}$. Dann ist $G \in \mathscr{L}_\infty$ genau dann, wenn

$$\sigma_{\max}(G(\iota\omega)) \leq M \quad \text{für alle} \quad \omega \in \mathbb{R}.$$

Hierbei bezeichnet $\sigma_{\max}(G(\iota\omega))$ den größten Singulärwert von $G(\iota\omega)$. Die zugehörige Norm ist durch

$$\|G\|_{\mathscr{L}_\infty} = \operatorname*{ess\,sup}_{\omega \in \mathbb{R}} \sigma_{\max}(G(\iota\omega))$$

gegeben. Wegen $\sigma_{\max}(G(\iota\omega)) = \|(G(\iota\omega))\|_2$ für die Spektralnorm kann man dies auch schreiben als

$$\|G\|_{\mathscr{L}_\infty} = \operatorname*{ess\,sup}_{\omega \in \mathbb{R}} \|(G(\iota\omega))\|_2.$$

Ist G rational, so ist $G \in \mathscr{L}_\infty$ genau dann, wenn G keine Pole auf der imaginären Achse besitzt.

- Sei $G: \mathbb{C} \to \mathbb{C}^{p \times m}$. Dann ist $G \in \mathscr{L}_2$ genau dann, wenn

$$\int_{-\infty}^{\infty} \text{Spur}\left(G^H(i\omega)G(i\omega)\right) d\omega < \infty.$$

Die Norm ist hier gegeben durch

$$\|G\|_{\mathscr{L}_2}^2 = \frac{1}{2\pi} \int_{-\infty}^{\infty} \text{Spur}\left(G^H(i\omega)G(i\omega)\right) d\omega.$$

Wegen $\text{Spur}(G^H(i\omega)G(i\omega)) = \|G(i\omega)\|_F^2$ mit der Standard-Frobeniusnorm für komplexwertige Matrizen kann man dies auch schreiben als

$$\|G\|_{\mathscr{L}_2}^2 = \frac{1}{2\pi} \int_{-\infty}^{\infty} \|G(i\omega)\|_F^2 d\omega.$$

Wir verwenden hier dieselbe Notation wie bei der Norm im Zeitbereich, da die beiden Hilberträume $\mathscr{L}_2(-\infty, \infty)$ und $\mathscr{L}_2$ isomorph sind, $\mathscr{L}_2(-\infty, \infty) \cong \mathscr{L}_2$. Mittels der Laplace-Transformation gelangt man von dem Raum im Zeitbereich zu dem Raum im Frequenzbereich. Entsprechend bildet die inverse Laplace-Transformation den Raum im Frequenzbereich in den Raum im Zeitbereich ab. Daraus folgt, dass

$$\|G\|_{\mathscr{L}_2} = \|g\|_{\mathscr{L}_2}, \tag{7.25}$$

wobei $g(t) \in \mathscr{L}_2(-\infty, \infty)$ und $G(s) \in \mathscr{L}_2$ die zugehörige Laplace-Transformierte von g sei.

Betrachtet man statt matrixwertiger Funktionen $G(s)$ Vektoren $w(s) \in \mathbb{C}^m$, so ist der Raum $\mathscr{L}_2$ in naheliegender Weise definiert. Man schreibt häufig $\mathscr{L}_2^m$, um die Länge der Vektoren anzudeuten.

Zudem sei angemerkt, dass, falls im LZI-System (7.2) $D \neq 0$ gilt, die zugehörige Übertragungsfunktion nicht in $\mathscr{L}_2$ liegen kann, da dann die uneigentlichen Integrale nicht konvergieren.

- Sei $G: \mathbb{C} \to \mathbb{C}^{p \times m}$ analytisch in der offenen rechten Halbebene und beschränkt in der abgeschlossenen rechten Halbebene. Dann ist $G \in \mathscr{H}_\infty$ genau dann, wenn

$$\sigma_{\max}(G(i\omega)) \leq M \quad \text{für alle} \quad \omega \in \mathbb{R}.$$

Daher ist $\mathscr{H}_\infty$ ein Unterraum von $\mathscr{L}_\infty$. Die zugehörige $\mathscr{H}_\infty$-Norm ist

$$\|G\|_{\mathscr{H}_\infty} = \sup_{\text{Re}(s)>0} \sigma_{\max} G(s) = \sup_{\omega \in \mathbb{R}} \sigma_{\max} G(i\omega).$$

Für asymptotisch stabile SISO-LZI-Systeme erscheint daher die $\mathscr{H}_\infty$-Norm der Übertragungsfunktion G als Maximum im Bode-Plot $|G(i\omega)|$, für MIMO Systeme im Sigma-Plot.

- Sei $G \colon \mathbb{C} \to \mathbb{C}^{p \times m}$ analytisch in der offenen rechten Halbebene. Dann ist $G \in \mathscr{H}_2$ genau dann, wenn

$$\|G\|_{\mathscr{H}_2} = \|G\|_{\mathscr{L}_2} \leq M < \infty.$$

Im Folgenden geben wir einige einfache Folgerungen aus den Definitionen an.

Lemma 7.28. *Für $Y(s) = G(s)U(s)$ mit der matrixwertigen Funktion $G \in \mathscr{H}_\infty$ und $u \in \mathscr{L}_2^m$ gilt $y \in \mathscr{L}_2^p$ und*

$$\|Y\|_{\mathscr{L}_2} \leq \|G\|_{\mathscr{H}_\infty} \|U\|_{\mathscr{L}_2}.$$

Beweis. Da die Spektralnorm submultiplikativ ist, folgt wegen

$$\frac{1}{2\pi} \int_{-\infty}^{\infty} \|Y(i\omega)\|_2^2 d\omega = \frac{1}{2\pi} \int_{-\infty}^{\infty} \|G(i\omega)U(i\omega)\|_2^2 d\omega$$

$$\leq \frac{1}{2\pi} \int_{-\infty}^{\infty} \|G(i\omega)\|_2^2 \|U(i\omega)\|_F^2 d\omega$$

$$\leq \|G\|_{\mathscr{H}_\infty}^2 \cdot \left(\frac{1}{2\pi} \int_{-\infty}^{\infty} \|U(i\omega)\|_F^2 d\omega \right)$$

$$= \|G\|_{\mathscr{H}_\infty}^2 \|U\|_{\mathscr{L}_2}^2 < \infty,$$

dass auch $y \in \mathscr{L}_2^p$. Die Ungleichung gilt, da wir $\|Y\|_{\mathscr{L}_2}^2 \leq \|G\|_{\mathscr{H}_\infty}^2 \|U\|_{\mathscr{L}_2}^2$ gezeigt haben. ∎

Damit ergibt sich das folgende Korollar.

Korollar 7.29. *Seien $Y(s) = G(s)U(s)$ und $\hat{Y}(s) = \hat{G}(s)U(s)$ gegeben mit matrixwertigen Funktionen $G, \hat{G} \in \mathscr{H}_\infty$ und $U \in \mathscr{L}_2^m$. Dann gilt*

$$\|Y - \hat{Y}\|_{\mathscr{L}_2} = \|(G - \hat{G})U\|_{\mathscr{L}_2} \leq \|G - \hat{G}\|_{\mathscr{H}_\infty} \|U\|_{\mathscr{L}_2}. \tag{7.26}$$

Ein kleiner Fehler in der Übertragungsfunktion $\|G - \hat{G}\|_{\mathscr{H}_\infty}$ garantiert daher einen kleinen Fehler im Ausgang $\|Y - \hat{Y}\|_{\mathscr{L}_2}$. Ein Ziel bei der Modellreduktion kann daher sein, das reduzierte System so zu konstruieren, dass $\|G - \hat{G}\|_{\mathscr{H}_\infty}$ klein ist.

Die effiziente Berechnung der $\mathscr{H}_\infty$-Norm einer Übertragungsfunktion ist nicht ganz einfach. Wir verwenden hier stets die entsprechende MATLAB-Funktion `norm`. Der Aufruf erfolgt als `ninf = norm(sys,Inf)` oder, falls man auch die Frequenz, an der der größte Singulärwert auftritt, kennen möchte, als `[ninf,fpeak] = norm(sys,Inf)`.

Wegen (7.25) folgt zudem, dass für die vektorwertigen Ausdrücke in (7.26) der entsprechende Ausdruck im Zeitbereich verwendet werden kann. Also, $\|Y - \hat{Y}\|_{\mathscr{L}_2} =$

$\|y - \hat{y}\|_{\mathscr{L}_2}$ und $\|U\|_{\mathscr{L}_2} = \|u\|_{\mathscr{L}_2}$, wobei $Y, \hat{Y}, U$ die Laplace-Transformierten von $y, \hat{y}, u$ seien. Wir haben also

$$\|y - \hat{y}\|_{\mathscr{L}_2} = \|(G - \hat{G})U\|_{\mathscr{L}_2} \leq \|G - \hat{G}\|_{\mathscr{H}_\infty} \|u\|_{\mathscr{L}_2}.$$

Nun wollen wir noch den Fehler $\max_{t>0} \|y(t) - \hat{y}(t)\|_\infty$ abschätzen. Dazu betrachten wir zunächst nur $\max_{t>0} \|y(t)\|_\infty$ und schreiben $y(t)$ mithilfe der inversen Laplace-Transformation als $y(t) = \frac{1}{2\pi} \int_{-\infty}^{\infty} Y(i\omega)e^{i\omega t} d\omega$, wobei $Y(s)$ die Laplace-Transformierte von $y(t)$ bezeichne. Wir betrachten also

$$\|y(t)\|_\infty = \left\| \frac{1}{2\pi} \int_{-\infty}^{\infty} Y(i\omega)e^{i\omega t} d\omega \right\|_\infty.$$

Zieht man die Norm ins Integral und verwendet $|e^{i\omega t}| = 1$, ergibt sich

$$\max_{t>0} \|y(t)\|_\infty \leq \frac{1}{2\pi} \int_{-\infty}^{\infty} \|Y(i\omega)\|_\infty d\omega.$$

Da für jeden Vektor $z \in \mathbb{C}^p$ die Ungleichung $\|z\|_\infty = \max_{j=1,\dots,p} |z_j| \leq \|z\|_2 = \|z\|_F$ gilt, ergibt sich $\|Y(i\omega)\|_\infty \leq \|Y(i\omega)\|_F$, bzw.

$$\max_{t>0} \|y(t)\|_\infty \leq \frac{1}{2\pi} \int_{-\infty}^{\infty} \|Y(i\omega)\|_F d\omega.$$

Mit dieser Vorüberlegung lässt sich nun das folgende Lemma zeigen.

Lemma 7.30. *Für $Y(s) = G(s)U(s)$ mit der matrixwertigen Funktion $G \in \mathscr{H}_2$ und $u \in \mathscr{L}_2^m$ gilt*

$$\max_{t>0} \|y(t)\|_\infty \leq \|G\|_{\mathscr{H}_2} \|U\|_{\mathscr{L}_2}.$$

Beweis. Mit der Submultiplikativität der Frobeniusnorm und der Cauchy-Schwarz-Ungleichung folgt

$$\begin{aligned}
\frac{1}{2\pi} \int_{-\infty}^{\infty} \|Y(i\omega)\|_F d\omega &= \frac{1}{2\pi} \int_{-\infty}^{\infty} \|G(i\omega)U(i\omega)\|_F d\omega \\
&\leq \frac{1}{2\pi} \int_{-\infty}^{\infty} \|G(i\omega)\|_F \|U(i\omega)\|_F d\omega \\
&\leq \left(\frac{1}{2\pi} \int_{-\infty}^{\infty} \|G(i\omega)\|_F^2 d\omega \right)^{\frac{1}{2}} \left(\frac{1}{2\pi} \int_{-\infty}^{\infty} \|U(i\omega)\|_F^2 d\omega \right)^{\frac{1}{2}} \\
&= \|G\|_{\mathscr{H}_2} \|U\|_{\mathscr{L}_2} < \infty.
\end{aligned}$$

Mit den Vorüberlegungen folgt die Aussage des Lemmas. ∎

Damit ergibt sich für den Fehler $\max_{t>0} \|y(t) - \hat{y}(t)\|_\infty$ mit den Laplace-Transformierten $Y(s)$, $\hat{Y}(s)$ im Kontext von LZI-Systemen die folgende Abschätzung.

Korollar 7.31. *Seien $Y(s) = G(s)U(s)$ und $\hat{Y} = \hat{G}(s)U(s)$ gegeben mit matrixwertigen Funktionen $G, \hat{G} \in \mathscr{H}_2$ und $U \in \mathscr{L}_2^m$. Dann gilt*

$$\max_{t>0} \|y(t) - \hat{y}(t)\|_\infty \leq \|G - \hat{G}\|_{\mathscr{H}_2} \|u\|_{\mathscr{L}_2}. \tag{7.27}$$

Ein kleiner Fehler in der Übertragungsfunktion $\|G - \hat{G}\|_{\mathscr{H}_2}$ garantiert daher einen kleinen Fehler im Ausgang $\|y(t) - \hat{y}(t)\|_\infty$. Ein Ziel bei der Modellreduktion kann daher sein, das reduzierte System so zu konstruieren, dass $\|G - \hat{G}\|_{\mathscr{H}_2}$ klein ist.

Eine Möglichkeit, die $\mathscr{H}_2$-Norm einer Übertragungsfunktion eines LZI-Systems (7.2) zu berechnen, gibt das folgende Lemma.

Lemma 7.32. *Für ein LZI-System (7.2) mit asymptotisch stabilem A und $D = 0$ gilt*

$$\|G\|_{\mathscr{H}_2}^2 = \mathrm{Spur}\left(B^T Q B\right) = \mathrm{Spur}\left(C P C^T\right),$$

wobei P und Q die Steuerbarkeits- (7.18) und Beobachtbarkeitsgramsche (7.23), also die Lösungen der Lyapunov-Gleichungen

$$AP + PA^T + BB^T = 0,$$
$$A^T Q + QA + C^T C = 0$$

seien.

Beweis. Da A asymptotisch stabil ist, ergibt sich wegen (7.25)

$$\|G\|_{\mathscr{H}_2}^2 = \int_0^\infty \mathrm{Spur}(g^T(t)g(t))dt = \int_0^\infty \mathrm{Spur}(B^T e^{A^T t} C^T C e^{At} B)dt$$

und

$$\|G\|_{\mathscr{H}_2}^2 = \int_0^\infty \mathrm{Spur}(g(t)g(t)^T)dt = \int_0^\infty \mathrm{Spur}(C e^{At} BB^T e^{A^T t} C^T)dt,$$

wobei G die Laplace-Transformation von g ist,

$$g(t) = \mathscr{L}^{-1}(G) = \begin{cases} C e^{At} B, & t \geq 0 \\ 0, & t \leq 0 \end{cases}.$$

Da sich die Gramschen auch mittels

$$P = \int_0^\infty e^{At} B B^T e^{A^T t} dt,$$

$$Q = \int_0^\infty e^{A^T t} C^T C e^{At} dt$$

ausdrücken lassen, folgt die Aussage des Lemmas. ■

Zur Berechnung der $\mathcal{H}_2$ Norm verwenden wir meist die entsprechende MATLAB-Funktion `norm`. Der Aufruf erfolgt als `n2 = norm(sys,2)`.

Balanciertes Abschneiden (Balanced Truncation)

Ein weit verbreitetes Verfahren zur Modellreduktion linearer Systeme ist das balancierte Abschneiden. Das Verfahren geht auf [97,99] zurück, siehe auch [1,9,26,64]. Das LZI-System

$$\dot{x}(t) = Ax(t) + Bu(t), \qquad x(0) = x^0,$$
$$y(t) = Cx(t) + Du(t) \tag{8.1}$$

wird zunächst durch eine Zustandsraumtransformation auf balancierte Form gebracht, in der „unwichtige" Zustände leicht identifiziert werden können. Durch ihr Abschneiden erhält man das reduzierte System. Als „unwichtige" Zustände betrachtet man z. B. Zustände, die sowohl schlecht steuerbar als auch schlecht beobachtbar sind, während „wichtige" Zustände sowohl gut steuerbar als auch gut beobachtbar sind. Information dazu liefern die Steuerbarkeitsgramsche P und die Beobachtbarkeitsgramsche Q, welche hier beide gleichzeitig berücksichtigt werden.

8.1   (Balancierte) Realisierungen

Wir hatten schon in Abschn. 7.2 gesehen, dass ein erster Schritt in der Modellreduktion das Erzeugen einer minimalen Realisierung des LZI-Systems sein kann. In der Regel wollen wir das LZI-System auf ein deutlich kleineres als das äquivalente minimale System reduzieren. Um ein geeignetes Vorgehen zu finden, charakterisieren wir zunächst minimale Realisierungen.

Theorem 8.1. *Eine Realisierung* (A, B, C, D) *des LZI-Systems* (8.1) *ist minimal, genau dann wenn* (A, B) *steuerbar und* (A, C) *beobachtbar sind.*

P. Benner und H. Faßbender, *Modellreduktion*, Springer Studium Mathematik (Master), https://doi.org/10.1007/978-3-662-67493-2_8

Beweis. Zunächst zeigen wir, dass aus der Minimalität der Realisierung (A, B, C, D) folgt, dass (A, B) steuerbar und (A, C) beobachtbar sind, indem wir die Negation der Aussage zeigen. Konkret zeigen wir, dass wenn (A, B) nicht steuerbar ist, dann ist (A, B, C, D) nicht minimal. Mit Lemma 7.17 können wir annehmen, dass das LZI-System $\dot{x}(t) = Ax(t) + Bu(t)$, $y(t) = Cx(t) + Du(t)$ die Form

$$\dot{x}(t) = \begin{bmatrix} A_1 & A_2 \\ 0 & A_3 \end{bmatrix} x(t) + \begin{bmatrix} B_1 \\ 0 \end{bmatrix} u(t),$$
$$y(t) = \begin{bmatrix} C_1 & C_2 \end{bmatrix} x(t) + Du(t)$$

hat, wobei $A_1 \in \mathbb{R}^{r \times r}$, $B_1 \in \mathbb{R}^{r \times m}$ und $C_1 \in \mathbb{R}^{p \times r}$. Angenommen $r < n$, d.h., (A, B) ist nicht steuerbar. Mit der Überlegung aus (7.20) folgt

$$G(s) = C(sI - A)^{-1}B + D = C_1(sI - A_1)^{-1}B_1 + D.$$

Die Realisierung (A, B, C, D) ist daher nicht minimal. Ganz analog kann man zeigen, dass wenn (A, C) nicht beobachtbar ist, dann ist (A, B, C, D) nicht minimal (siehe auch die Beispiele 7.7, 7.16 und 7.22).

Nun nehmen wir an, dass (A, B) steuerbar und (A, C) beobachtbar sind. Sei

$$\mathscr{K} = K(A, B) = \begin{bmatrix} B & AB & A^2B & \cdots & A^{n-1}B \end{bmatrix},$$
$$\mathscr{O} = K(A^T, C^T)^T = \begin{bmatrix} C \\ CA \\ \vdots \\ CA^{n-1} \end{bmatrix}.$$

Nehme nun weiter an, dass es eine andere Realisierung $(\tilde{A}, \tilde{B}, \tilde{C}, \tilde{D})$ der Ordnung $\tilde{n} \le n$ gibt mit

$$G(s) = C(sI - A)^{-1}B + D = \tilde{C}(sI - \tilde{A})^{-1}\tilde{B} + \tilde{D} = \tilde{G}(s)$$

für alle $s \in \mathbb{C}$. Setze

$$\tilde{\mathscr{K}} = \begin{bmatrix} \tilde{B} & \tilde{A}\tilde{B} & \tilde{A}^2\tilde{B} & \cdots & \tilde{A}^{n-1}\tilde{B} \end{bmatrix}, \qquad \tilde{\mathscr{O}} = \begin{bmatrix} \tilde{C} \\ \tilde{C}\tilde{A} \\ \vdots \\ \tilde{C}\tilde{A}^{n-1} \end{bmatrix}.$$

Nun betrachten wir die Block-Hankelmatrix

$$
\mathscr{O}\mathscr{K} =
\begin{bmatrix}
CB & CAB & CA^2B & \cdots & & \cdots & CA^{n-1}B \\
CAB & CA^2B & & & & & CA^nB \\
CA^2B & & & & & & \vdots \\
\vdots & & & \cdot^{\cdot^{\cdot}} & & & \vdots \\
\vdots & & & & & & CA^{2n-4}B \\
& \cdot^{\cdot^{\cdot}} & & & CA^{2n-4}B & CA^{2n-3}B \\
CA^{n-1}B & CA^nB & \cdots & & CA^{2n-4}B & CA^{2n-3}B & CA^{2n-2}B
\end{bmatrix}.
$$

Wenn wir zeigen können, dass $\mathscr{O}\mathscr{K} = \widetilde{\mathscr{O}}\widetilde{\mathscr{K}}$, dann folgt aus (A, B) steuerbar und (A, C) beobachtbar mit (4.2) gerade

$$
n = \mathrm{rang}(\mathscr{O}\mathscr{K}) = \mathrm{rang}(\widetilde{\mathscr{O}}\widetilde{\mathscr{K}}).
$$

Ebenfalls aus (4.2) folgt

$$
\widetilde{n} \geq \min\{\mathrm{rang}(\widetilde{\mathscr{O}}), \mathrm{rang}(\widetilde{\mathscr{K}})\} \geq \mathrm{rang}(\widetilde{\mathscr{O}}\widetilde{\mathscr{K}}) = n.
$$

Also muss $n = \widetilde{n}$ gelten und das System ist minimal, wenn (A, B) steuerbar und (A, C) beobachtbar sind.

Für $|s| > \rho(A)$ gilt nach (Theorem 4.79)

$$
(sI - A)^{-1} = \sum_{i=1}^{\infty} s^{-i} A^{i-1}.
$$

Daher folgt für die Übertragungsfunktion

$$
G(s) = D + C(sI - A)^{-1}B = D + \sum_{i=1}^{\infty} CA^{i-1}B s^{-i}.
$$

Betrachte nun

$$
H(s) := G(\frac{1}{s}) = D + \sum_{i=1}^{\infty} CA^{i-1}B s^i
$$

und

$$
\widetilde{H}(s) := \widetilde{G}(\frac{1}{s}) = \widetilde{D} + \sum_{i=1}^{\infty} \widetilde{C}\widetilde{A}^{i-1}\widetilde{B} s^i.
$$

Aus $G(s) = \widetilde{G}(s)$ folgt sofort $H(s) = \widetilde{H}(s)$ und weiter

$$
\frac{d^i}{ds^i} H(s) = \frac{d^i}{ds^i} \widetilde{H}(s)
$$

für $i = 0, 1, \ldots$. Damit ergibt sich für $s = 0$

$$C A^i B = \widetilde{C} \widetilde{A}^i \widetilde{B}$$

und daher $\mathcal{O} \mathcal{K} = \widetilde{\mathcal{O}} \widetilde{\mathcal{K}}$.   ∎

Wegen Anmerkung 7.15 und 7.21 folgt aus Theorem 8.1: Für asymptotisch stabile A ist eine Realisierung (A, B, C, D) minimal, genau dann wenn die Steuerbarkeitsgramsche P (7.18) und die Beobachtbarkeitsgramsche Q (7.23) symmetrisch und positiv definit sind.

Sei nun angenommen, dass A asymptotisch stabil und die Realisierung (A, B, C, D) minimal ist. Damit sind P und Q symmetrisch und positiv definit und somit regulär. Es gilt

$$P Q = P(Q P) P^{-1}. \tag{8.2}$$

Daher sind $P Q$ und $Q P$ ähnlich, d.h. sie haben dieselben Eigenwerte (Theorem 4.7). Da P symmetrisch ist, gilt weiter, dass es ein orthogonales U gibt mit $P = U \Lambda U^T$ und einer Diagonalmatrix $\Lambda = \operatorname{diag}(\lambda_1, \ldots, \lambda_n)$ (Theorem 4.14). Da P symmetrisch und positiv definit ist, sind alle Eigenwerte echt positiv, also $\lambda_i > 0$, $i = 1, \ldots, n$. Definiere

$$P^{\frac{1}{2}} = U \Lambda^{\frac{1}{2}} U^T$$

mit $\Lambda^{\frac{1}{2}} = \operatorname{diag}(\sqrt{\lambda_1}, \ldots, \sqrt{\lambda_n})$. Es folgt sofort $(P^{-1})^{\frac{1}{2}} = (P^{\frac{1}{2}})^{-1}$. Mit (8.2) folgt weiter:

$$P Q = P(Q P) P^{-1} = P^{\frac{1}{2}} P^{\frac{1}{2}} Q P^{\frac{1}{2}} P^{\frac{1}{2}} P^{-\frac{1}{2}} P^{-\frac{1}{2}} = P^{\frac{1}{2}} (P^{\frac{1}{2}} Q P^{\frac{1}{2}}) P^{-\frac{1}{2}},$$

d.h. $P Q$ und $P^{\frac{1}{2}} Q P^{\frac{1}{2}}$ sind ähnlich, haben also dieselben Eigenwerte.

Da wegen $P = P^T$ auch $P^{\frac{1}{2}} = (P^{\frac{1}{2}})^T$ gilt, ergibt sich zudem $(P^{\frac{1}{2}} Q P^{\frac{1}{2}})^T = P^{\frac{1}{2}} Q P^{\frac{1}{2}}$. Weiter folgt wegen der Positivdefinitheit von Q, also wegen $z^T Q z > 0$ für alle Vektoren $z \neq 0$, dass auch $P^{\frac{1}{2}} Q P^{\frac{1}{2}}$ positiv definit ist, denn $y^T P^{\frac{1}{2}} Q P^{\frac{1}{2}} y = z^T Q z > 0$ für alle $y \neq 0$, $z = P^{\frac{1}{2}} y$. Damit haben wir gezeigt, dass $P Q$ ähnlich zu einer symmetrisch positiv definiten Matrix ist. Die Eigenwerte von $P Q$ sind daher alle positiv. Ihre Wurzeln sind somit positive, reelle Zahlen $\sigma_i > 0$, $i = 1, \ldots n$.

Definition 8.2. Die Wurzeln σ_i, $i = 1, \ldots n$, der Eigenwerte von $P Q$ nennt man die *Hankelsingulärwerte* des LZI-Systems (8.1).

In der Regel werden die Hankelsingulärwerte so angeordnet, dass

$$\sigma_1 \geq \sigma_2 \geq \cdots \geq \sigma_n$$

gilt. Falls A asymptotisch stabil und das LZI-System minimal ist, gilt, wie eben gesehen, $\sigma_1 \geq \sigma_2 \geq \cdots \geq \sigma_n > 0$. Falls das LZI-System nicht minimal ist, so können einige Hankelsingulärwerte null sein.

Wir nehmen wie in der bisherigen Diskussion an, dass A asymptotisch stabil und das LZI-System minimal ist, und zeigen als nächstes, dass die Hankelsingulärwerte Invarianten des Systems sind, d. h., sie ändern sich unter einer Zustandsraumtransformation nicht. Sei

$$(\hat{A}, \hat{B}, \hat{C}, \hat{D}) = (TAT^{-1}, TB, CT^{-1}, D)$$

eine transformierte Realisierung. Die zu dem System $(\hat{A}, \hat{B}, \hat{C}, \hat{D})$ gehörige Steuerbarkeitsgramsche $\hat{P}$ erfüllt die Lyapunov-Gleichung (siehe Theorem 7.25)

$$0 = \hat{A}\hat{P} + \hat{P}\hat{A}^T + \hat{B}\hat{B}^T = TAT^{-1}\hat{P} + \hat{P}T^{-T}A^TT^T + TBB^TT^T.$$

Dies ist äquivalent zu

$$0 = A(T^{-1}\hat{P}T^{-T}) + (T^{-1}\hat{P}T^{-T})A^T + BB^T.$$

Die Eindeutigkeit der Lösung der Lyapunov-Gleichung (Theorem 4.75) impliziert $\hat{P} = TPT^T$ und ganz analog $\hat{Q} = T^{-T}QT^{-1}$. Daher gilt

$$\hat{P}\hat{Q} = TPQT^{-1}.$$

Dies ist eine Ähnlichkeitstransformation, sodass die Eigenwerte von $\hat{P}\hat{Q}$ und PQ identisch sind. Dies zeigt die Invarianz der Hankelsingulärwerte unter einer Zustandsraumtransformation. Man kann nun T so wählen, dass $\hat{P}$ und $\hat{Q}$ beide identisch und diagonal sind, also $\hat{P} = \hat{Q} = \mathrm{diag}(\sigma_1, \sigma_2, \ldots, \sigma_n)$.

Definition 8.3. Eine Realisierung (A, B, C, D) heißt *balanciert*, falls

$$P = Q = \begin{bmatrix} \sigma_1 & & \\ & \ddots & \\ & & \sigma_n \end{bmatrix}.$$

Die Steuerbarkeits- und Beobachtbarkeitsgramsche sind also diagonal und identisch mit den geordneten Hankelsingulärwerten auf der Diagonalen.

Bei einer balancierten Realisierung entsprechen die Hankelsingulärwerte gerade den Eigenwerten der Gramschen P und Q. Die Hankelsingulärwerte sind daher ein Maß für den Energietransfer von den Eingängen zu den Ausgängen des LZI-Systems, siehe Abschn. 7.7.

Für eine minimale, asymptotisch stabile Realisierung existiert immer eine balancierende Zustandsraumtransformation:

Theorem 8.4. *Gegeben sei ein minimales LZI-System* (8.1) *mit der Realisierung* (A, B, C, D), *wobei A asymptotisch stabil sei. Die balancierende Realisierung ist durch die Zustandsraumtransformation*

$$T_b = \Sigma^{-\frac{1}{2}} V^T R$$

gegeben, wobei $P = S^T S$ und $Q = R^T R$ Cholesky-Zerlegungen der symmetrisch positiv definiten Gramschen P und Q und $SR^T = U\Sigma V^T$ die Singulärwertzerlegung von SR^T seien mit $S, R, U, V, \Sigma \in \mathbb{R}^{n \times n}$.

Beweis. Die Inverse von T_b ist gerade $T_b^{-1} = S^T U \Sigma^{-\frac{1}{2}}$ wie man leicht nachrechnet, da $T_b T_b^{-1} = I$. Es folgt

$$T_b P Q T_b^{-1} = \Sigma^{-\frac{1}{2}} V^T (RS^T)(SR^T)(RS^T) U \Sigma^{-\frac{1}{2}}$$
$$= \Sigma^{-\frac{1}{2}} V^T (V\Sigma U^T)(U\Sigma V^T)(V\Sigma U^T) U \Sigma^{-\frac{1}{2}}$$
$$= \Sigma^{-\frac{1}{2}} \Sigma \Sigma \Sigma \Sigma^{-\frac{1}{2}} = \Sigma^2$$

und

$$T_b P T_b^T = \Sigma^{-\frac{1}{2}} V^T (RS^T)(SR^T) V \Sigma^{-\frac{1}{2}}$$
$$= \Sigma^{-\frac{1}{2}} V^T (V\Sigma U^T)(U\Sigma V^T) V \Sigma^{-\frac{1}{2}}$$
$$= \Sigma^{-\frac{1}{2}} \Sigma \Sigma \Sigma^{-\frac{1}{2}} = \Sigma$$

sowie mit ähnlicher Rechnung $T_b^{-T} Q T_b^{-1} = \Sigma$.   ∎

Anmerkung 8.5. Im Beweis von Theorem 8.4 wird an keiner Stelle verwendet, dass S und R als Cholesky-Faktoren von P bzw. Q eine spezielle Form haben (S^T und R^T sind untere Dreiecksmatrizen mit positiven Diagonalelementen, siehe Korollar 4.39). Jede Matrix S mit $S^T S = P$ bzw. jede Matrix R mit $R^T R = Q$ kann verwendet werden. Wie wir später sehen, wird dies oft in numerischen Implementierungen verwendet.

Für asymptotisch stabile, nicht-minimale Systeme sind die Gramschen P und Q symmetrisch positiv semidefinitiv. Daher ist PQ ähnlich zu einer symmetrisch positiv semidefiniten Matrix und somit diagonalisierbar,

$$T P Q T^{-1} = \text{diag}(\sigma_1^2, \ldots, \sigma_{\hat{n}}^2, 0, \ldots, 0), \quad \hat{n} < n, \tag{8.3}$$

für ein reguläres T. P und Q können (ähnlich wie vorhin) ebenfalls auf Diagonalgestalt transformiert werden. Konkret kann man mithilfe der Kalman-Zerlegung

(Theorem 7.24) zeigen, dass ein reguläres T existiert, sodass für $\hat{P} = TPT^T$ und $\hat{Q} = T^{-T}QT^{-1}$ gilt

$$\hat{P} = \text{diag}(\Sigma_1, \Sigma_2, 0, 0),$$

$$\hat{Q} = \text{diag}(\Sigma_1, 0, \Sigma_3, 0)$$

mit Diagonalmatrizen $\Sigma_1, \Sigma_2, \Sigma_3$ mit positiven Diagonaleinträgen. Meist gilt hier $\hat{P} \neq \hat{Q}$. Σ_1 repräsentiert die steuerbaren und beobachtbaren Zustände, Σ_2 die steuerbaren und nicht beobachtbaren Zustände, Σ_3 die nicht steuerbaren, aber beobachtbaren Zustände, während der vierte Block für die weder steuerbaren noch beobachtbaren Zustände steht, siehe [56].

Konkret kann man mit dem folgenden Vorgehen ausgehend von einem (nicht minimalem, nicht balanciertem) LZI-System (A, B, C, D) mit asymptotisch stabilem A eine asymptotisch stabile, minimale und balancierte Realisierung $(A_{sb}, B_{sb}, C_{sb}, D_{sb})$ berechnen:

1. Berechne die symmetrisch positiv semidefinite Lösung P von $AP + PA^T + BB^T = 0$.
2. Diagonalisiere P, sodass

$$P = \begin{bmatrix} U_1 & U_2 \end{bmatrix} \begin{bmatrix} \Lambda_1 & 0 \\ 0 & 0 \end{bmatrix} \begin{bmatrix} U_1 & U_2 \end{bmatrix}^T$$

   mit einer orthogonalen Matrix $U = \begin{bmatrix} U_1 & U_2 \end{bmatrix}$ und $0 \notin \Lambda(\Lambda_1)$.
3. Dann ist $(\widetilde{A}, \widetilde{B}, \widetilde{C}, D) = (U_1^T A U_1, U_1^T B, C U_1, D)$ eine steuerbare Realisierung, d.h., $(\widetilde{A}, \widetilde{B})$ sind steuerbar. Zudem ist $\widetilde{A}$ asymptotisch stabil. Diese Aussagen folgen aus der transformierten Lyapunov-Gleichung $\check{A}\check{P} + \check{P}\check{A}^T + \check{B}\check{B}^T = 0$ mit $\check{P} = U^T P U = \begin{bmatrix} \Lambda_1 & 0 \\ 0 & 0 \end{bmatrix}$, $\check{A} = U^T A U = \begin{bmatrix} \widetilde{A} & U_1^T A U_2 \\ U_2^T A U_1 & U_2^T A U_2 \end{bmatrix}$ und $\check{B} = U^T B = \begin{bmatrix} \widetilde{B} \\ U_2^T B \end{bmatrix}$, da diese $U_2^T B = 0$ und $U_2^T A U_1 = 0$ impliziert.
4. Berechne die symmetrisch positiv semidefinite Lösung Q von $Q\widetilde{A} + \widetilde{A}^T Q + \widetilde{C}^T \widetilde{C} = 0$.
5. Diagonalisiere Q, sodass

$$Q = \begin{bmatrix} V_1 & V_2 \end{bmatrix} \begin{bmatrix} \Gamma_1 & 0 \\ 0 & 0 \end{bmatrix} \begin{bmatrix} V_1 & V_2 \end{bmatrix}^T$$

   mit einer orthogonalen Matrix $V = \begin{bmatrix} V_1 & V_2 \end{bmatrix}$ und $0 \notin \Lambda(\Gamma_1)$.
6. Dann ist $(\widehat{A}, \widehat{B}, \widehat{C}, D) = (V_1^T \widetilde{A} V_1, V_1^T \widetilde{B}, \widetilde{C} V_1, D)$ eine steuerbare und beobachtbare (und damit minimale) Realisierung, d.h., $(\widehat{A}, \widehat{B})$ sind steuerbar und $(\widehat{A}, \widehat{C})$ sind beobachtbar. Zudem ist $\widehat{A}$ asymptotisch stabil. Diese Aussagen folgen analog zu 3. aus der transformierten Lyapunov-Gleichung für $V^T Q V$.
7. Mittels des Vorgehens aus Theorem 8.4 kann dann abschließend eine minimale und balancierte Realisierung $(A_{sb}, B_{sb}, C_{sb}, D_{sb})$ erzeugt werden.

Anmerkung 8.6. Betrachtet man statt (8.1) allgemeiner

$$E\dot{x}(t) = Ax(t) + Bu(t), \qquad x(0) = x^0,$$
$$y(t) = Cx(t) + Du(t)$$

mit regulärer Matrix E, dann gelten alle bisherigen Aussagen mit $E^{-1}A$, $E^{-1}B$ statt A, B, da die Zustandsgleichung in der ersten Zeile äquivalent zur Zustandsgleichung des Standard-LTI-Systems

$$\dot{x}(t) = (E^{-1}A)x(t) + (E^{-1}B)u(t), \quad x(0) = x^0,$$

ist. Daher muss nun $E^{-1}A$ asymptotisch stabil, $(E^{-1}A, E^{-1}B)$ steuerbar und $(E^{-1}A, C)$ beobachtbar sein. Die Lyapunov-Gleichungen für die Gramschen lauten

$$E^{-1}AP + P(E^{-1}A)^T + E^{-1}B(E^{-1}B)^T = 0,$$
$$(E^{-1}A)^T Q + QE^{-1}A + C^T C = 0.$$

Eine einfache Umformung liefert die äquivalenten verallgemeinerten Lyapunov-Gleichungen

$$\begin{aligned} APE^T + EPA^T + BB^T &= 0, \\ A^T \tilde{Q}E + E^T \tilde{Q}A + C^T C &= 0 \end{aligned} \tag{8.4}$$

mit $E^T \tilde{Q}E = Q$. Das Bilden der Inversen von E ist daher nicht notwendig, dies kann bei der numerischen Lösung umgangen werden, d. h. man kann in allen numerischen Verfahren mit den Originaldaten (E, A, B, C, D) arbeiten, ohne $(E^{-1}A, E^{-1}B)$ explizit aufstellen zu müssen!

Anmerkung 8.7. Betrachtet man statt (8.1) allgemeiner

$$\begin{aligned} E\dot{x}(t) &= Ax(t) + Bu(t), \quad x(0) = x^0, \\ y(t) &= Cx(t) + Du(t) \end{aligned} \tag{8.5}$$

mit singulärer Matrix E, dann lassen sich mithilfe von gewissen verallgemeinerten Lyapunov-Gleichungen geeignete Gramsche definieren, über die ähnlich wie in dem hier betrachteten Fall geeignete Hankelsingulärwerte und der Begriff einer balancierten Realisierung definiert werden kann, siehe, z. B. [23,95].

8.2   Balanciertes Abschneiden

Wir hatten in Theorem 8.4 gesehen, dass für ein asymptotisch stabiles, minimales LZI-System immer eine balancierte Realisierung (d. h. $P = Q = \mathrm{diag}(\sigma_1, \ldots, \sigma_n)$) existiert und die Zustandsraumtransformation T_b, die die balancierte Realisierung erzeugt, konkret angegeben werden kann. Das zugehörige balancierte LZI-System lautet dann mit $\hat{x}(t) = T_b x(t)$

$$\begin{aligned} \dot{\hat{x}}(t) &= T_b A T_b^{-1} \hat{x}(t) + T_b B u(t), \quad \hat{x}(0) = \hat{x}^0, \\ \hat{y}(t) &= C T_b^{-1} \hat{x}(t) + D u(t), \end{aligned} \tag{8.6}$$

wobei für die Gramschen $\hat{P}$ und $\hat{Q}$ gilt

$$\hat{P} = \hat{Q} = \begin{bmatrix} \sigma_1 & & & & & & \\ & \ddots & & & & & \\ & & \sigma_r & & & & \\ & & & \sigma_{r+1} & & & \\ & & & & \ddots & \\ & & & & & \sigma_n \end{bmatrix} = \begin{bmatrix} \Sigma_1 & \\ & \Sigma_2 \end{bmatrix}$$

mit $\sigma_1 \geq \cdots \geq \sigma_r \geq \sigma_{r+1} \geq \cdots \geq \sigma_n$ und $\Sigma_1 \in \mathbb{R}^{r \times r}$. Die Zustände mit den kleinsten Hankelsingulärwerten tragen wenig zum Energietransfer von $u(t)$ nach $y(t)$ bei und können daher abgeschnitten werden.

Partitioniert man (8.6) passend zu $\hat{P}$ und $\hat{Q}$

$$\begin{bmatrix} \dot{\hat{x}}_1(t) \\ \dot{\hat{x}}_2(t) \end{bmatrix} = \begin{bmatrix} A_r & \hat{A}_{12} \\ \hat{A}_{21} & \hat{A}_{22} \end{bmatrix} \begin{bmatrix} \hat{x}_1(t) \\ \hat{x}_2(t) \end{bmatrix} + \begin{bmatrix} B_r \\ \hat{B}_2 \end{bmatrix} u(t),$$

$$\hat{y}(t) = \begin{bmatrix} C_r & \hat{C}_2 \end{bmatrix} \begin{bmatrix} \hat{x}_1(t) \\ \hat{x}_2(t) \end{bmatrix} + Du(t) \tag{8.7}$$

mit $\hat{x}_1(t) \in \mathbb{R}^r$, $A_r \in \mathbb{R}^{r \times r}$, $B_r \in \mathbb{R}^{r \times m}$ und $C_r \in \mathbb{R}^{p \times r}$ und schneidet die Zustände $\hat{x}_2(t)$ ab (d. h., man schneidet die Hankelsingulärwerte in Σ_2 ab), dann lautet das reduzierte Modell

$$\dot{x}_r(t) = A_r x_r(t) + B_r u(t),$$

$$y_r(t) = C_r x_r(t) + Du(t). \tag{8.8}$$

Wie schon in Abschn. 7.1 diskutiert, entspricht dieses Vorgehen einer Petrov-Galerkin-Projektion auf den Unterraum span$\{V_b\}$ entlang $(\text{Bild}(W_b))^\perp$, wobei $T_b^{-1} = \begin{bmatrix} V_b & T_1 \end{bmatrix}$ und $T_b = \begin{bmatrix} W_b^T \\ T_2^T \end{bmatrix}$ mit $V_b, W_b \in \mathbb{R}^{n \times r}$. Aufgrund der Definition von V_b und W_b folgt sofort, dass $W_b^T V_b = I$ gilt.

Um das reduzierte System (8.8) zu erhalten, ist es nicht notwendig, T_b und T_b^{-1} vollständig zu berechnen. Es reicht aus, V_b und W_b zu bestimmen, denn es gilt $A_r = W_b^T A V_b$, $B_r = W_b^T B$, $C_r = C V_b$, $D_r = D$. Mit Theorem 8.4 ergibt sich das in Algorithmus 5 zusammengefasste Vorgehen.

Anmerkung 8.8. Die Anmerkung 8.5 gilt auch hier. Statt der Cholesky-Faktoren S und R von P und Q kann in Algorithmus 5 jede Matrix S mit $S^T S = P$ bzw. jede Matrix R mit $R^T R = Q$ verwendet werden.

Algorithmus 5 Balanciertes Abschneiden

Eingabe: $A \in \mathbb{R}^{n \times n}, B \in \mathbb{R}^{n \times m}, C \in \mathbb{R}^{p \times n}, D \in \mathbb{R}^{p \times m}, (A, B, C, D)$ minimal, A asymptotisch stabil.

Ausgabe: $A_r \in \mathbb{R}^{r \times r}, B_r \in \mathbb{R}^{r \times m}, C_r \in \mathbb{R}^{p \times r}, D_r \in \mathbb{R}^{p \times m}, (A_r, B_r, C_r, D_r)$ minimal, A_r asymptotisch stabil.

1: Löse die Lyapunov-Gleichungen

$$AP + PA^T = -BB^T, \qquad A^T Q + QA = -C^T C.$$

2: Berechne die Cholesky-Zerlegungen

$$P = S^T S \quad \text{und} \quad Q = R^T R.$$

3: Bestimme die Singulärwertzerlegung

$$SR^T = \begin{bmatrix} U_1 & U_2 \end{bmatrix} \begin{bmatrix} \Sigma_1 & 0 \\ 0 & \Sigma_2 \end{bmatrix} \begin{bmatrix} V_1^T \\ V_2^T \end{bmatrix}, \qquad \Sigma_1 \in \mathbb{R}^{r \times r}.$$

4: Bestimme die Projektion $\Pi = V_b W_b^T$ mit

$$V_b = S^T U_1 \Sigma_1^{-\frac{1}{2}}, \qquad W_b^T = \Sigma_1^{-\frac{1}{2}} V_1^T R.$$

5: Bestimme das reduzierte LZI-System

$$A_r = W_b^T A V_b, \quad B_r = W_b^T B, \quad C_r = C V_b, \quad D_r = D.$$

Man kann auch direkt nachrechnen, dass für V_b und W_b aus Algorithmus 5 wegen

$$
\begin{aligned}
W_b^T V_b &= \Sigma_1^{-\frac{1}{2}} V_1^T (SR^T)^T U_1 \Sigma_1^{-\frac{1}{2}} \\
&= \Sigma_1^{-\frac{1}{2}} V_1^T \begin{bmatrix} V_1 & V_2 \end{bmatrix} \Sigma \begin{bmatrix} U_1^T \\ U_2^T \end{bmatrix} U_1 \Sigma_1^{-\frac{1}{2}} \\
&= \Sigma_1^{-\frac{1}{2}} \begin{bmatrix} I_r & 0 \end{bmatrix} \begin{bmatrix} \Sigma_1 & 0 \\ 0 & \Sigma_2 \end{bmatrix} \begin{bmatrix} I_r \\ 0 \end{bmatrix} \Sigma_1^{-\frac{1}{2}} \\
&= \Sigma_1^{-\frac{1}{2}} \Sigma_1 \Sigma_1^{-\frac{1}{2}} = I_r
\end{aligned}
$$

folgt, dass $\Pi = V_b W_b^T$ ein schiefer Projektor ist. Balanciertes Abschneiden ist daher, wie bereits gesagt, eine Petrov-Galerkin-Projektionsmethode.

Aufgrund der Konstruktion des reduzierten Systems (A_r, B_r, C_r, D_r) (8.8) gilt mit $\hat{A} = T_b A T_b^{-1}, \hat{B} = T_b B, \hat{C} = C T_b^{-1}$ und $\hat{P} = \hat{Q} = \Sigma$

$$\hat{A} \Sigma + \Sigma \hat{A}^T + \hat{B} \hat{B}^T = 0, \tag{8.9}$$

$$\hat{A}^T \Sigma + \Sigma \hat{A} + \hat{C}^T \hat{C} = 0. \tag{8.10}$$

Aus der ersten Gleichung

$$\begin{bmatrix} A_r & \hat{A}_{12} \\ \hat{A}_{21} & \hat{A}_{22} \end{bmatrix} \begin{bmatrix} \Sigma_1 & \\ & \Sigma_2 \end{bmatrix} + \begin{bmatrix} \Sigma_1 & \\ & \Sigma_2 \end{bmatrix} \begin{bmatrix} A_r^T & \hat{A}_{21}^T \\ \hat{A}_{12}^T & \hat{A}_{22}^T \end{bmatrix} + \begin{bmatrix} B_r B_r^T & B_r \hat{B}_2^T \\ \hat{B}_2 B_r^T & \hat{B}_2 \hat{B}_2^T \end{bmatrix} = 0$$

folgt

$$A_r \Sigma_1 + \Sigma_1 A_r^T + B_r B_r^T = 0. \tag{8.11}$$

Analog folgt aus der zweiten Lyapunov-Gleichung

$$A_r^T \Sigma_1 + \Sigma_1 A_r + C_r^T C_r = 0. \tag{8.12}$$

Falls A_r asymptotisch stabil ist, dann würde aus der Eindeutigkeit der Lösung von (8.11) und (8.12) folgen, dass die symmetrisch positiv definiten Matrizen $P_r = \Sigma_1$ und $Q_r = \Sigma_1$ die Steuerbarkeits- und Beobachtbarkeitsgramschen des reduzierten Systems sind. Das reduzierte System (A_r, B_r, C_r, D_r) ist dann minimal und balanciert. Konkret gilt

Theorem 8.9. *Gegeben sei ein minimales LZI-System (8.1), wobei A asymptotisch stabil sei. Für die Hankelsingulärwerte gelte $\sigma_1 \geq \cdots \geq \sigma_r > \sigma_{r+1} \geq \cdots \geq \sigma_n > 0$. Dann ist das reduzierte System (8.8) balanciert, asymptotisch stabil, minimal und hat die Hankelsingulärwerte $\sigma_1, \ldots, \sigma_r$.*

Beweis. Es ist nur noch zu zeigen, dass A_r asymptotisch stabil ist.

Relativ einfach ist zu sehen, dass A_r stabil ist. Sei $\lambda \in \mathbb{C}$ ein Eigenwert von A_r^T (und damit von A_r) mit dem Eigenvektor $x \in \mathbb{C}^n$, $x \neq 0$; $A_r^T x = \lambda x$. Dann gilt $x^H A_r = \bar{\lambda} x^H$ und mit (8.11) folgt

$$0 = x^H (A_r \Sigma_1 + \Sigma_1 A_r^T + B_r B_r^T) x = \bar{\lambda} x^H \Sigma_1 x + \lambda x^H \Sigma_1 x + x^H B_r B_r^T x.$$

Dies ist äquivalent zu

$$(\bar{\lambda} + \lambda) x^H \Sigma_1 x = -x^H B_r B_r^T x.$$

Da Σ_1 positiv definit und $B_r B_r^T$ positiv semidefinit ist, folgt

$$\bar{\lambda} + \lambda \leq 0,$$

also $\text{Re}(\lambda) \leq 0$. A_r ist daher stabil.

Nun zeigen wir, dass A_r asymptotisch stabil ist, d. h., dass A_r keine rein imaginären Eigenwerte besitzt. Dazu betrachten wir $\hat{A} = \begin{bmatrix} A_r & \hat{A}_{12} \\ \hat{A}_{21} & \hat{A}_{22} \end{bmatrix}$ und nehmen an, dass A_r sowohl Eigenwerte in der linken Halbebene (also Eigenwerte mit negativem Realteil) als auch Eigenwerte auf der imaginären Achse (also Eigenwerte mit Realteil null) hat. Dann gibt es eine Block-Diagonaltransformation $T = \begin{bmatrix} T_{11} & \\ & I \end{bmatrix} \in \mathbb{R}^{n \times n}$, $T_{11} \in$

$\mathbb{R}^{r \times r}$ mit $T_{11} A_r T_{11}^{-1} = \begin{bmatrix} F_{11} \\ & F_{22} \end{bmatrix}$, wobei alle Eigenwerte von F_{11} einen negativen Realteil haben und alle Eigenwerte von F_{22} auf der imaginären Achse liegen (siehe Theorem 4.19). Die Matrizen $\hat{B} = \begin{bmatrix} B_r \\ \hat{B}_2 \end{bmatrix}$, $\hat{C} = \begin{bmatrix} C_r & \hat{C}_2 \end{bmatrix}$, $\hat{P} = \hat{Q} = \begin{bmatrix} \Sigma_1 & 0 \\ 0 & \Sigma_2 \end{bmatrix}$ werden entsprechend transformiert,

$$\breve{A} = T\hat{A}T^{-1} = \begin{bmatrix} F_{11} & 0 & F_{13} \\ 0 & F_{22} & F_{23} \\ F_{31} & F_{32} & \hat{A}_{22} \end{bmatrix}, \quad \breve{B} = T\hat{B} = \begin{bmatrix} G_1 \\ G_2 \\ \hat{B}_2 \end{bmatrix}, \quad \breve{C} = \hat{C}T^{-1} = \begin{bmatrix} H_1 & H_2 & \hat{C}_2 \end{bmatrix},$$

$$\breve{P} = T\hat{P}T^T = \begin{bmatrix} P_{11} & P_{12} & 0 \\ P_{12}^T & P_{22} & 0 \\ 0 & 0 & \Sigma_2 \end{bmatrix}, \quad \breve{Q} = T^{-T}\hat{Q}T^{-1} = \begin{bmatrix} Q_{11} & Q_{12} & 0 \\ Q_{12}^T & Q_{22} & 0 \\ 0 & 0 & \Sigma_2 \end{bmatrix}.$$

Das Vorgehen ist nun wie folgt. Wir zeigen

a) $G_2 = 0$ und $H_2 = 0$,
b) $P_{12} = 0$ und $Q_{12} = 0$,
c) $F_{23} = 0$ und $F_{32} = 0$.

Wir zeigen also für $\breve{A}$ und $\breve{B}$ die Blockstruktur

$$\breve{A} = \begin{bmatrix} F_{11} & 0 & F_{13} \\ 0 & F_{22} & 0 \\ F_{31} & 0 & \hat{A}_{22} \end{bmatrix}, \quad \breve{B} = T\hat{B} = \begin{bmatrix} G_1 \\ 0 \\ \hat{B}_2 \end{bmatrix}. \tag{8.13}$$

Haben wir (8.13) gezeigt, dann folgt die Aussage des Theorems mit folgender Überlegung: Ist $\lambda = \imath\mu$, $\mu \in \mathbb{R}$, ein Eigenwert von F_{22} und damit von $\breve{A}$, dann folgt, dass $F_{22} - \lambda I$ singulär ist und

$$\text{rang}\left(\begin{bmatrix} \breve{A} - \lambda I & \breve{B} \end{bmatrix}\right) < n.$$

Damit ist $(\breve{A}, \breve{B})$ nicht steuerbar. Dies ist ein Widerspruch zur Steuerbarkeit von (A, B). $(\breve{A}, \breve{B})$ ist durch Zustandsraumtransformationen aus (A, B) entstanden, dabei bleibt die Steuerbarkeit erhalten. Also kann A_r keine rein imaginären Eigenwerte besitzen, A_r ist daher asymptotisch stabil.

Es bleibt nun noch a), b) und c) (und damit (8.13)) zu zeigen. Dazu betrachten wir die zu $\breve{A}$, $\breve{B}$, $\breve{C}$ gehörenden Lyapunov-Gleichungen

$$\breve{A}\breve{P} + \breve{P}\breve{A}^T + \breve{B}\breve{B}^T = 0,$$
$$\breve{A}^T\breve{Q} + \breve{Q}\breve{A} + \breve{C}^T\breve{C} = 0$$

in ihrer partitionierten Form

$$
\begin{bmatrix} F_{11} & 0 & F_{13} \\ 0 & F_{22} & F_{23} \\ F_{31} & F_{32} & \hat{A}_{22} \end{bmatrix} \begin{bmatrix} P_{11} & P_{12} & 0 \\ P_{12}^T & P_{22} & 0 \\ 0 & 0 & \Sigma_2 \end{bmatrix} + \begin{bmatrix} P_{11} & P_{12} & 0 \\ P_{12}^T & P_{22} & 0 \\ 0 & 0 & \Sigma_2 \end{bmatrix} \begin{bmatrix} F_{11}^T & 0 & F_{31}^T \\ 0 & F_{22}^T & F_{32}^T \\ F_{13}^T & F_{23}^T & \hat{A}_{22}^T \end{bmatrix}
$$
$$
+ \begin{bmatrix} G_1 G_1^T & G_1 G_2^T & G_1 \hat{B}_2^T \\ G_2 G_1^T & G_2 G_2^T & G_2 \hat{B}_2^T \\ \hat{B}_2 G_1^T & \hat{B}_2 G_2^T & \hat{B}_2 \hat{B}_2^T \end{bmatrix} = 0
$$

(8.14)

und

$$
\begin{bmatrix} F_{11}^T & 0 & F_{31}^T \\ 0 & F_{22}^T & F_{32}^T \\ F_{13}^T & F_{23}^T & \hat{A}_{22}^T \end{bmatrix} \begin{bmatrix} Q_{11} & Q_{12} & 0 \\ Q_{12}^T & Q_{22} & 0 \\ 0 & 0 & \Sigma_2 \end{bmatrix} + \begin{bmatrix} Q_{11} & Q_{12} & 0 \\ Q_{12}^T & Q_{22} & 0 \\ 0 & 0 & \Sigma_2 \end{bmatrix} \begin{bmatrix} F_{11} & 0 & F_{13} \\ 0 & F_{22} & F_{23} \\ F_{31} & F_{32} & \hat{A}_{22} \end{bmatrix}
$$
$$
+ \begin{bmatrix} H_1^T H_1 & H_1^T H_2 & H_1^T \hat{C}_2 \\ H_2 H_1^T & H_2^T H_2 & H_2^T \hat{C}_2 \\ \hat{C}_2^T H_1 & \hat{C}_2^T H_2 & \hat{C}_2^T \hat{C}_2 \end{bmatrix} = 0.
$$

(8.15)

Der $(2, 2)$-Block der Gl. (8.14) lautet

$$
F_{22} P_{22} + P_{22} F_{22}^T + G_2 G_2^T = 0.
$$

(8.16)

Da F_{22} reell ist und rein imaginäre Eigenwerte hat, treten die Eigenwerte in Paaren $(\iota a, -\iota a)$ für $a \in \mathbb{R}$ auf. Daher hat (8.16) für $G_2 \neq 0$ wegen Theorem 4.75 keine Lösung. Da P_{22} per Konstruktion aber existiert, muss $G_2 = 0$ gelten. Dann entspricht (8.16) einem homogenen linearen Gleichungssystem (siehe Lemma 4.74), welches immer eine Lösung besitzt. Analog folgt aus dem $(2, 2)$-Block der Gl. (8.15)

$$
F_{22}^T Q_{22} + Q_{22} F_{22} + H_2^T H_2 = 0
$$

gerade $H_2 = 0$. Damit ist a) gezeigt.

Als nächstes betrachten wir den $(1, 2)$-Block der Gl. (8.14)

$$
F_{11} P_{12} + P_{12} F_{22}^T + G_1 G_2^T = 0.
$$

Mit a) reduziert sich dies wegen $G_2 = 0$ zu

$$
F_{11} P_{12} + P_{12} F_{22}^T = 0.
$$

Da F_{11} und F_{22} keine gemeinsamen Eigenwerte haben, ist diese Sylvester-Gleichung nach Theorem 4.76 eindeutig lösbar, die Lösung muss daher $P_{12} = 0$ sein. Analog folgt aus dem $(1, 2)$-Block der Gl. (8.15)

$$
F_{11}^T Q_{12} + Q_{12} F_{22} = 0,
$$

dass $Q_{12} = 0$ gelten muss. Damit ist b) gezeigt.

Abschließend wird der $(2, 3)$-Block der Gl. (8.14) betrachtet,

$$F_{23}\Sigma_2 + P_{12}^T F_{31}^T + P_{22} F_{32}^T + G_2 \hat{B}_2^T = 0.$$

Mit a) und b) reduziert sich diese Gleichung zu

$$F_{23}\Sigma_2 + P_{22} F_{32}^T = 0. \tag{8.17}$$

Aus (8.15) folgt entsprechend

$$F_{32}^T \Sigma_2 + Q_{22} F_{23} = 0. \tag{8.18}$$

Multipliziert man (8.17) mit Σ_2

$$F_{23}\Sigma_2^2 + P_{22} F_{32}^T \Sigma_2 = 0$$

und nutzt (8.18), ergibt sich

$$F_{23}\Sigma_2^2 - P_{22} Q_{22} F_{23} = 0.$$

Da Σ_2^2 und $-P_{22}Q_{22}$ keine gemeinsamen Eigenwerte haben, folgt erneut mit Theorem 4.76, dass $F_{23} = 0$ sein muss. Die Behauptung, dass Σ_2^2 und $-P_{22}Q_{22}$ keine gemeinsamen Eigenwerte haben, sieht man folgendermaßen. Es gilt für $\check{P}$ und $\check{Q}$ nach Konstruktion

$$\begin{bmatrix} P_{11} & P_{12} \\ P_{12}^T & P_{22} \end{bmatrix} = T_{11}\Sigma_1 T_{11}^T, \qquad \begin{bmatrix} Q_{11} & Q_{12} \\ Q_{12}^T & Q_{22} \end{bmatrix} = T_{11}^{-T}\Sigma_1 T_{11}^{-1}.$$

Wegen b) sind $P_{12} = 0$ und $Q_{12} = 0$ und somit

$$\begin{bmatrix} P_{11} & P_{12} \\ P_{12}^T & P_{22} \end{bmatrix}\begin{bmatrix} Q_{11} & Q_{12} \\ Q_{12}^T & Q_{22} \end{bmatrix} = \begin{bmatrix} P_{11} & 0 \\ 0 & P_{22} \end{bmatrix}\begin{bmatrix} Q_{11} & 0 \\ 0 & Q_{22} \end{bmatrix} = \begin{bmatrix} P_{11}Q_{11} & 0 \\ 0 & P_{22}Q_{22} \end{bmatrix}.$$

Zudem gilt

$$\begin{bmatrix} P_{11} & P_{12} \\ P_{12}^T & P_{22} \end{bmatrix}\begin{bmatrix} Q_{11} & Q_{12} \\ Q_{12}^T & Q_{22} \end{bmatrix} = T_{11}\Sigma_1 T_{11}^T T_{11}^{-T}\Sigma_1 T_{11}^{-1} = T_{11}\Sigma_1^2 T_{11}^{-1}.$$

Damit sind Σ_1^2 und $\mathrm{diag}(P_{11}Q_{11}, P_{22}Q_{22})$ zueinander ähnlich und besitzen dieselben Eigenwerte. Insbesondere sind die Eigenwerte von $P_{22}Q_{22}$ eine Teilmenge der Eigenwerte von Σ_1^2. Da $\Sigma_1 = \mathrm{diag}(\sigma_1, \ldots, \sigma_r)$ und $\Sigma_2 = \mathrm{diag}(\sigma_{r+1}, \ldots, \sigma_n)$ wegen $\sigma_1 \geq \cdots \geq \sigma_r > \sigma_{r+1} \geq \cdots \geq \sigma_n > 0$ beide positive, aber keine gemeinsamen Eigenwerte haben, haben auch Σ_1^2 und Σ_2^2 keine gemeinsamen Eigenwerte. Damit folgt c). ∎

Im Folgenden soll ähnlich wie für das Verfahren des modalen Abschneiden in Theorem 6.1 eine obere Schranke δ für den Approximationsfehler

$$\|G - G_r\|_{\mathscr{H}_\infty} \leq \delta$$

bestimmt werden. Das asymptotisch stabile, minimale und balancierte Ausgangssystem sei durch (8.6)

$$\begin{aligned} \dot{\hat{x}}(t) &= \hat{A}\hat{x}(t) + \hat{B}u(t), \\ \hat{y}(t) &= \hat{C}\hat{x}(t) + Du(t) \end{aligned} \tag{8.19}$$

gegeben mit der Übertragungsfunktion $G(s) = \hat{C}(sI - \hat{A})^{-1}\hat{B} + D$. Es habe $\ell \leq n$ verschiedene Hankelsingulärwerte $\sigma_1 > \sigma_2 > \cdots > \sigma_\ell$ mit Vielfachheiten n_j, $j = 1, \ldots, \ell$, sodass die balancierten Gramschen gegeben sind durch

$$\hat{P} = \hat{Q} = \begin{bmatrix} \sigma_1 I_{n_1} & & \\ & \ddots & \\ & & \sigma_\ell I_{n_\ell} \end{bmatrix}.$$

Angenommen, es werden alle zu σ_ℓ gehörenden Zustände abgeschnitten (d.h. $r = n - n_\ell$), d.h.

$$\hat{P} = \hat{Q} = \begin{bmatrix} \sigma_1 I_{n_1} & & & \\ & \ddots & & \\ & & \sigma_{\ell-1} I_{n_{\ell-1}} & \\ & & & \sigma_\ell I_{n_\ell} \end{bmatrix} = \begin{bmatrix} \Sigma_1 & \\ & \Sigma_2 \end{bmatrix} \tag{8.20}$$

mit $\Sigma_2 = \sigma_\ell I_{n_\ell}$. Mit der Partitionierung (8.7) des balancierten LZI-System (8.19) ist das reduzierte LZI-System dann gegeben durch (8.8)

$$\begin{aligned} \dot{x}_r(t) &= A_r x_r(t) + B_r u(t), \\ y_r(t) &= C_r x_r(t) + Du(t) \end{aligned} \tag{8.21}$$

mit der Übertragungsfunktion $G_r(s) = C_r(sI - A_r)^{-1}B_r + D$.

Nun betrachten wir den Fehler

$$G_e(s) = G(s) - G_r(s) = \hat{C}(sI - \hat{A})^{-1}\hat{B} - C_r(sI - A_r)^{-1}B_r.$$

Dieser Fehler $G_e(s)$ kann als Übertragungsfunktion des folgenden LZI-Systems

$$\begin{aligned} \dot{z}(t) &= \begin{bmatrix} A_r & \hat{A}_{12} & 0 \\ \hat{A}_{21} & \hat{A}_{22} & 0 \\ 0 & 0 & A_r \end{bmatrix} z(t) + \begin{bmatrix} B_r \\ \hat{B}_2 \\ B_r \end{bmatrix} u(t) = \tilde{A}z(t) + \tilde{B}u(t), \\ e(t) &= \begin{bmatrix} C_r & \hat{C}_2 & -C_r \end{bmatrix} z(t) = \tilde{C}z(t) \end{aligned} \tag{8.22}$$

mit $\tilde{A} \in \mathbb{R}^{(n+r) \times (n+r)}$, $\tilde{B} \in \mathbb{R}^{(n+r) \times m}$, $\tilde{C} \in \mathbb{R}^{p \times (n+r)}$ und

$$z(t) = \begin{bmatrix} \hat{x}_1(t) \\ \hat{x}_2(t) \\ x_r(t) \end{bmatrix}, \qquad \text{sowie} \qquad e(t) = y(t) - y_r(t)$$

interpretiert werden. Die Matrix $\tilde{A}$ ist aufgrund ihrer Konstruktion asymptotisch stabil. Es folgt

$$G_e(s) = \tilde{C}(sI - \tilde{A})^{-1} \tilde{B}.$$

Wir zeigen nun

Lemma 8.10. *Unter den in diesem Abschnitt verwendeten Annahmen* (8.19), (8.20), (8.21) *und* (8.22) *gilt für* $r = n - n_\ell$

$$\|G_e\|_{\mathscr{H}_\infty} \leq 2\sigma_\ell. \tag{8.23}$$

Beweis. Mit der Zustandsraumtransformation

$$T = \frac{1}{2} \begin{bmatrix} -I_r & 0 & I_r \\ 0 & 2I_{n_\ell} & 0 \\ I_r & 0 & I_r \end{bmatrix}$$

folgt für (8.22)

$$Tz(t) = \frac{1}{2} \begin{bmatrix} x_r(t) - \hat{x}_1(t) \\ 2\hat{x}_2(t) \\ \hat{x}_1(t) + x_r(t) \end{bmatrix}$$

und, da $T^{-1} = \begin{bmatrix} -I_r & 0 & I_r \\ 0 & I_{n_\ell} & 0 \\ I_r & 0 & I_r \end{bmatrix}$,

$$\breve{A} = T\tilde{A}T^{-1} = \begin{bmatrix} A_r & -\frac{1}{2}\hat{A}_{12} & 0 \\ -\hat{A}_{21} & \hat{A}_{22} & \hat{A}_{21} \\ 0 & \frac{1}{2}\hat{A}_{12} & A_r \end{bmatrix},$$

$$\breve{B} = T\tilde{B} = \begin{bmatrix} 0 \\ \hat{B}_2 \\ B_r \end{bmatrix}, \qquad \breve{C} = \tilde{C}T^{-1} = \begin{bmatrix} -2C_r & \hat{C}_2 & 0 \end{bmatrix}.$$

Für dieses zu (8.22) äquivalente System gilt $G_e(s) = \breve{C}(sI - \breve{A})^{-1}\breve{B}$. Die Matrix $\breve{A}$ ist asymptotisch stabil, da schon $\tilde{A}$ asymptotisch stabil ist.

Nun erweitern wir sowohl die Eingangsmatrix $\breve{B}$ als auch die Ausgangsmatrix $\breve{C}$ zu

$$\breve{B} = \begin{bmatrix} 0 & \sigma_\ell \Sigma_1^{-1} C_r^T \\ \hat{B}_2 & -\hat{C}_2^T \\ B_r & 0 \end{bmatrix} = \begin{bmatrix} \breve{B} & \breve{B}_2 \end{bmatrix},$$

$$\breve{C} = \begin{bmatrix} -2C_r & \hat{C}_2 & 0 \\ 0 & -\hat{B}_2^T & -2\sigma_\ell B_r^T \Sigma_1^{-1} \end{bmatrix} = \begin{bmatrix} \breve{C} \\ \breve{C}_2 \end{bmatrix}$$

und führen die Matrix

$$\breve{D} = \begin{bmatrix} 0 & 2\sigma_\ell I_{n_\ell} \\ 2\sigma_\ell I_{n_\ell} & 0 \end{bmatrix} \tag{8.24}$$

ein. Die zu $(\breve{A}, \breve{B}, \breve{C}, \breve{D})$ gehörende Übertragungsfunktion ist

$$\breve{G}(s) = \breve{C}(sI - \breve{A})^{-1}\breve{B} + \breve{D} = \begin{bmatrix} G_e(s) & \breve{C}(sI - \breve{A})^{-1}\breve{B}_2 + 2\sigma_\ell I_{n_\ell} \\ \breve{C}_2(sI - \breve{A})^{-1}\breve{B} + 2\sigma_\ell I_{n_\ell} & \breve{C}_2(sI - \breve{A})^{-1}\breve{B}_2 \end{bmatrix}.$$

Daher gilt wegen Lemma 4.49

$$\|G_e\|_{\mathscr{H}_\infty} \leq \|\breve{G}\|_{\mathscr{H}_\infty}.$$

Wir zeigen nun $\|\breve{G}\|_{\mathscr{H}_\infty} = 2\sigma_\ell$. Dazu benötigen wir die folgende Beobachtung. Die Matrix

$$\breve{P} = \begin{bmatrix} \sigma_\ell^2 \Sigma_1^{-1} & & \\ & 2\sigma_\ell I_{n_\ell} & \\ & & \Sigma_1 \end{bmatrix}$$

erfüllt die beiden Gleichungen

$$\breve{A}\breve{P} + \breve{P}\breve{A}^T + \breve{B}\breve{B}^T = 0,$$
$$\breve{P}\breve{C}^T + \breve{B}\breve{D}^T = 0. \tag{8.25}$$

Die zweite Gleichung lässt sich durch Einsetzen sofort nachprüfen, die erste Gleichung folgt mit (8.9) und $\Sigma_2 = \sigma_\ell I_{n_\ell}$.

Statt nun die Singulärwerte von $\breve{G}(\iota\omega)$, $\omega \in \mathbb{R}$, direkt zu betrachten, um $\|\breve{G}\|_{\mathscr{H}_\infty}$ zu bestimmen, nutzen wir die alternative Darstellung als die Wurzeln aus den Eigenwerten von

$$\breve{G}(\iota\omega)(\breve{G}(\iota\omega))^H = \breve{G}(\iota\omega)\breve{G}^T(-\iota\omega).$$

Daher untersuchen wir

$$\breve{G}(s)\breve{G}^T(-s) = \left(\breve{C}(sI - \breve{A})^{-1}\breve{B} + \breve{D}\right)\left(\breve{B}^T(-sI - \breve{A}^T)^{-1}\breve{C}^T + \breve{D}^T\right).$$

Das entspricht gerade der Übertragungsfunktion der Realisierung

$$\left(\begin{bmatrix} \breve{A} & -\breve{B}\breve{B}^T \\ 0 & -\breve{A}^T \end{bmatrix}, \begin{bmatrix} \breve{B}\breve{D}^T \\ \breve{C}^T \end{bmatrix}, \begin{bmatrix} \breve{C} & -\breve{D}\breve{B}^T \end{bmatrix}, \breve{D}\breve{D}^T\right), \tag{8.26}$$

da

$$\left(sI - \begin{bmatrix} \breve{A} & -\breve{B}\breve{B}^T \\ 0 & -\breve{A}^T \end{bmatrix}\right)^{-1} = \begin{bmatrix} (sI - \breve{A})^{-1} & -(sI - \breve{A})^{-1}\breve{B}\breve{B}^T(sI + \breve{A}^T)^{-1} \\ 0 & (sI + \breve{A}^T)^{-1} \end{bmatrix}.$$

Transformiert man nun (8.26) mit

$$T = \begin{bmatrix} I & \breve{P} \\ 0 & I \end{bmatrix},$$

so erhält man das äquivalente System

$$\left(\begin{bmatrix} I & \breve{P} \\ 0 & I \end{bmatrix}\begin{bmatrix} \breve{A} & -\breve{B}\breve{B}^T \\ 0 & -\breve{A}^T \end{bmatrix}\begin{bmatrix} I & -\breve{P} \\ 0 & I \end{bmatrix}, \begin{bmatrix} I & \breve{P} \\ 0 & I \end{bmatrix}\begin{bmatrix} \breve{B}\breve{D}^T \\ \breve{C}^T \end{bmatrix}, \begin{bmatrix} \breve{C} & -\breve{D}\breve{B}^T \end{bmatrix}\begin{bmatrix} I & -\breve{P} \\ 0 & I \end{bmatrix}, \breve{D}\breve{D}^T\right)$$

$$= \left(\begin{bmatrix} \breve{A} & -(\breve{A}\breve{P} + \breve{B}\breve{B}^T + \breve{P}\breve{A}^T) \\ 0 & -\breve{A}^T \end{bmatrix}, \begin{bmatrix} \breve{B}\breve{D}^T + \breve{P}\breve{C}^T \\ \breve{C}^T \end{bmatrix}, \begin{bmatrix} \breve{C} & -(\breve{C}\breve{P} + \breve{D}\breve{B}^T) \end{bmatrix}, \breve{D}\breve{D}^T\right)$$

$$= \left(\begin{bmatrix} \breve{A} & 0 \\ 0 & -\breve{A}^T \end{bmatrix}, \begin{bmatrix} 0 \\ \breve{C}^T \end{bmatrix}, \begin{bmatrix} \breve{C} & 0 \end{bmatrix}, \breve{D}\breve{D}^T\right),$$

wobei die letzte Umformung (8.25) nutzt. Wegen der Invarianz der Übertragungsfunktion bzgl. einer Zustandsraumtransformation (7.5), ergibt sich mit (8.26) und (8.24)

$$\breve{G}(s)\breve{G}^T(-s) = \begin{bmatrix} \breve{C} & 0 \end{bmatrix}\begin{bmatrix} (sI - \breve{A})^{-1} & 0 \\ 0 & (sI + \breve{A}^T)^{-1} \end{bmatrix}\begin{bmatrix} 0 \\ \breve{C}^T \end{bmatrix} + \breve{D}\breve{D}^T = \breve{D}\breve{D}^T = 4\sigma_\ell^2 I_{2n_\ell}.$$

Damit folgt die Aussage des Lemmas

$$\|G_e\|_{\mathcal{H}_\infty} \leq \|\breve{G}\|_{\mathcal{H}_\infty} = 2\sigma_\ell.$$

∎

Anmerkung 8.11. Man kann zeigen [133, Theorem 7.3], dass in (8.23) Gleichheit gelten muss,

$$\|G_e\|_{\mathcal{H}_\infty} = 2\sigma_\ell. \tag{8.27}$$

Theorem 8.12. *Gegeben sei ein minimales LZI-System* (8.1), *wobei A asymptotisch stabil sei. Das LZI-System habe $\ell \leq n$ verschiedene Hankelsingulärwerte $\sigma_1 > \sigma_2 > \cdots > \sigma_\ell > 0$ mit den Vielfachheiten n_j, $j = 1, \ldots, \ell$. Das reduzierte System* (8.8) *besitze die Hankelsingulärwerte $\sigma_1, \ldots, \sigma_q$ mit den Vielfachheiten n_j, $j = 1, \ldots, q$ und habe daher die Dimension $r = n_1 + \ldots + n_q$. Die Übertragungsfunktion des LZI-Systems* (8.1) *sei $G(s)$, die des reduzierten Systems $\hat{G}(s)$. Es gilt*

$$\|G - \hat{G}\|_{\mathcal{H}_\infty} \leq 2 \sum_{k=q+1}^{\ell} \sigma_k. \tag{8.28}$$

Beweis. Sei $G_k(s)$ die Übertragungsfunktion des reduzierten Systems, bei dem die zu $\sigma_{k+1}, \ldots, \sigma_\ell$ gehörenden Zustände eliminiert wurden. Dann gilt $G(s) = G_\ell(s)$ und $\hat{G}(s) = G_q(s)$, sowie mit (8.27)

$$
\begin{aligned}
\|G - \hat{G}\|_{\mathcal{H}_\infty} &= \|G_\ell - G_q\|_{\mathcal{H}_\infty} \\
&= \|G_\ell - G_{\ell-1} + G_{\ell-1} - G_{\ell-2} + \cdots - G_{q+1} + G_{q+1} - G_q\|_{\mathcal{H}_\infty} \\
&\leq \|G_l - G_{\ell-1}\|_{\mathcal{H}_\infty} + \|G_{\ell-1} - G_{\ell-2}\|_{\mathcal{H}_\infty} + \cdots + \|G_{q+1} - G_q\|_{\mathcal{H}_\infty} \\
&= 2\sigma_\ell + 2\sigma_{\ell+1} + \cdots + 2\sigma_{q+1}.
\end{aligned}
$$

■

Anmerkung 8.13.

1. Die Schranke in (8.28) ist scharf, sie wird z. B. angenommen, wenn nur ein Hankelsingulärwert entfernt wird (8.27) [133, Theorem 7.3].
2. Oft wird (8.28) in der Form

$$\|G - \hat{G}\|_{\mathcal{H}_\infty} \leq 2 \sum_{k=r+1}^{n} \sigma_k$$

angegeben mit $\sigma_1 \geq \cdots \geq \sigma_n > 0$, wobei Vielfachheiten der Hankelsingulärwerte nicht beachtet werden. (8.28) ist eine schärfere Abschätzung.

Abschliessend sei noch angemerkt, dass es eine untere Schranke für den Fehler $\|G - \hat{G}\|_{\mathcal{H}_\infty}$ gibt.

Lemma 8.14. *[57, Lemma 2.2] Gegeben sei ein minimales asymptotisch stabiles LZI-Systems* (8.1) *mit den Hankelsingulärwerten $\sigma_1 \geq \sigma_2 \geq \cdots \geq \sigma_n \geq 0$. Sei G die Übertragungsfunktion dieses LZI-Systems. Sei $\hat{G}$ die Übertragungsfunktion eines LZI-Systems vom McMillan Grad $\leq r < n$. Dann gilt*

$$\|G - \hat{G}\|_{\mathcal{H}_\infty} \geq \sigma_{r+1}. \tag{8.29}$$

Es gilt daher für G und $\hat{G}$ aus Theorem 8.12

$$\sigma_{r+1} \leq \|G - \hat{G}\|_{\mathcal{H}_\infty} \leq 2 \sum_{k=r+1}^{\ell} \sigma_k, \qquad (8.30)$$

wobei Vielfachheiten der Hankelsingulärwerte nicht beachtet werden.

Anmerkung 8.15. In Abschn. 8.4 werden wir einige numerische Verfahren zur Lösung von Lyapunov-Gleichungen vorstellen. Aus manchen dieser Verfahren erhält man die Cholesky-Faktoren S und R oder entsprechend nutzbare Faktoren (siehe Anmerkung 8.8) direkt, sodass in Algorithmus 5 die Schritte 1 und 2 ersetzt werden können.

Anmerkung 8.16. Bei den Überlegungen in diesem Abschnitt wurde stets angenommen, dass A asymptotisch stabil und das LZI-System (8.1) minimal ist. Für asymptotisch stabile, nicht-minimale, balancierte LZI-Systeme sind die Gramschen P und Q symmetrisch positiv semidefinit und es gilt (8.3),

$$PQ = \text{diag}(\sigma_1^2, \ldots, \sigma_{\hat{n}}^2, 0, \ldots, 0), \quad \hat{n} < n.$$

Man kann das hier beschriebene Vorgehen direkt ohne Modifikationen auf asymptotisch stabile, nicht-minimale LZI-Systeme anwenden, mehr hierzu findet man z. B. in [89, 125].

8.3   Verwandte Verfahren

Es gibt zahlreiche zum balancierten Abschneiden verwandte Verfahren, von denen hier exemplarisch nur einige wenige kurz vorgestellt werden. Mehr Details findet man z. B. in [1, 7, 26, 64].

8.3.1   Verfahren, die auf anderen Gramschen beruhen

Bei den in diesem Abschnitt kurz vorgestellten Verfahren verschafft man sich auf geeignete Weise positiv definite Gramsche P und Q, die auf anderen theoretischen Eigenschaften des LZI-Systems beruhen. Um diese von der Steuerbarkeits- und der Beobachtsbarkeitsgramschen zu unterscheiden, erhalten sie im weiteren eine oberen Index, welcher das jeweilige Verfahren angibt. Zur Berechnung der „Ersatz"-Gramschen werden andere Matrixgleichungen als bislang gelöst. Es wird dann wie in Theorem 8.4 verfahren. Die dort angegeben Zustandsraumtransformation hängt nur von P und Q ab, nicht von deren Ursprung. Wie in Algorithmus 5 kann daher ein reduziertes Modell erzeugt werden.

Hier stellen wir vier populäre, mit dem balancierten Abschneiden verwandte Verfahren kurz vor. Bei allen Verfahren setzen wir asymptotische Stabilität des Systems voraus.

Balanciertes stochastischen Abschneiden

Beim *balancierten stochastischen Abschneiden* (von Engl., „balanced stochastic truncation") wird P^{BST} als Lösung der Lyapunov-Gleichung

$$A P^{BST} + P^{BST} A^T + B B^T = 0$$

und Q^{BST} als Lösung der algebraischen Riccati-Gleichung

$$\tilde{A}^T Q^{BST} + Q^{BST} \tilde{A} + Q^{BST} B_w (DD^T)^{-1} B_w^T Q^{BST} + C^T (DD^T)^{-1} C = 0$$

mit $\tilde{A} = A - B_w (DD^T)^{-1} C$ und $B_w = B D^T + P^{BST} C^T$ gewählt. Dabei muss zusätzlich angenommen werden, dass $m = p$ und $\det(D) \neq 0$ gilt. Bezeichnet man die Diagonalelemente der Matrix Σ aus der Singulärwertzerlegung in Theorem 8.4 mit σ_j^{BST}, so lässt sich die relative Fehlerschranke

$$\sigma_r^{BST} \leq \|G^{-1}(G - G_r)\|_{\mathscr{H}_\infty} \leq \left(\prod_{j=r+1}^{n} \frac{1 + \sigma_j^{BST}}{1 - \sigma_j^{BST}} - 1 \right)$$

zeigen, falls im reduzierten Modell die ersten r Singulärwerte erhalten bleiben.

Das Verfahren hat im Design von Reglern gewisse Vorteile, da die sogenannte *Minimalphasigkeit* im reduzierten Modell erhalten bleibt. Das bedeutet, dass alle Nullstellen der Übertragungsfunktion G_r des reduzierten Systems negativen Realteil besitzen, wenn dies für das Originalmodell gilt. Außerdem kann man die Herleitung der relativen Fehlerschranke auch nutzen, um eine Fehlerabschätzung für das *inverse System*, das durch die Übertragungsfunktion

$$G^{-1}(s) = -D^{-1} C (s I_n - A + B D^{-1} C)^{-1} B D^{-1} + D^{-1}$$

beschrieben wird, anzugeben. Dies erlaubt, mit dem reduzierten Modell eine Steuerungsfunktion $u(t)$ zu finden, sodass das System einer vorgegebenen Referenztrajektorie $y_{ref}(t)$ im Ausgang folgt. Dazu berechnet man zunächst

$$U_r(s) = G_r^{-1}(s) Y_{ref}(s)$$

im Frequenzbereich. Dies lässt sich mit der inversen Laplace-Transformation in den Zeitbereich umwandeln. Mit der Fehlerschranke

$$\|G^{-1} - G_r^{-1}\|_{\mathscr{H}_\infty} \leq \left(\prod_{j=r+1}^{n} \frac{1 + \sigma_j^{BST}}{1 - \sigma_j^{BST}} - 1 \right) \|G^{-1}\|_\infty =: \delta_{BST}$$

folgt mit $U(s) := G^{-1}(s)Y_{ref}(s)$ für den maximalen Fehler im Ausgangssignal dann

$$\|U - U_r\|_{\mathscr{L}_2} \le \delta_{BST}\|Y_{ref}\|_{\mathscr{L}_2}.$$

Balanciertes Abschneiden für passive Systeme
Ein stabiles LZI-System mit $m = p$ ist *passiv* falls

$$\int_{-\infty}^{t} u(\tau)^T y(\tau)\,d\tau \ge 0 \quad \text{für alle } t \in \mathbb{R} \quad \text{und alle } u \in \mathscr{L}_2(\mathbb{R}, \mathbb{R}^m) \qquad (8.31)$$

gilt. Eine Interpretation dieser Definition ist, dass das System nicht aus sich heraus Energie erzeugen kann. Diese Eigenschaft ist insbesondere bei mikro- und nanoelektronischen Systemen wie einfachen elektronischen Schaltkreisen und elektromagnetischen Bauteilen eine physikalische Eigenschaft, die im mathematischen Modell abgebildet und bei der Modellreduktion erhalten werden sollte. Eine weitere wichtige Eigenschaft passiver Systeme ist, dass Netzwerke passiver Systeme passiv sind – eine analoge Eigenschaft gilt für „nur" stabile Systeme nicht!

Ein LZI-System ist passiv genau dann wenn seine Übertragungsfunktion $G(s)$ *positiv-reell* ist, d. h.

1. G ist analytisch in $\mathbb{C}_+$, und
2. $G(s) + G(\bar{s})^T \ge 0$ für alle $s \in \mathbb{C}^+$.

Aus der letzten Eigenschaft folgt, dass im Frequenzraum gilt:

$$\begin{aligned}
U(s)^H Y(s) &= U(s)^H G(s) U(s) \\
&= \frac{1}{2}(U(s)^H G(s) U(s) + U(s)^H G(\bar{s})^T U(s)) \\
&= \frac{1}{2} U(s)^H (G(s) + G(\bar{s})^T) U(s) \ge 0,
\end{aligned}$$

was dann mithilfe der inversen Laplace-Transformation die Eigenschaft $u(t)^T y(t) \ge 0$ und damit Passivität ergibt. Der Beweis der Rückrichtung ist aufwändiger und wird deshalb hier nicht weiter ausgeführt, da dies auch im Weiteren keine Rolle spielt.

Für die Modellreduktion gilt es nun, die Eigenschaft „positiv-reell" der Übertragungsfunktion im reduzierten Modell zu erhalten. Eine Methode, die dies für *strikt* passive LZI-Systeme sicherstellt, ist das *positiv-reelle balancierte Abschneiden* (von Engl., „positive-real balanced truncation", PRBT). Hierzu setzen wir voraus, dass $R := D + D^T > 0$ ist, womit in (8.31) strikte Ungleichheit gilt, falls $u \ne 0 \in \mathscr{L}_2(\mathbb{R}, \mathbb{R}^m)$.

Bei PRBT ersetzt man die Gramschen des klassischen balancierten Abschneidens durch die minimalen bzw. stabilisierenden Lösungen $P_{\min}^{PR}, Q_{\min}^{PR}$ der algebraischen Riccati-Gleichungen

$$(A - BR^{-1}C)P^{PR} + P^{PR}(A - BR^{-1}C)^T + P^{PR}C^T R^{-1} C P^{PR} + BR^{-1}B^T = 0, \quad (8.32a)$$

$$(A - BR^{-1}C)^T Q^{PR} + Q^{PR}(A - BR^{-1}C) + Q^{PR} BR^{-1}B^T Q^{PR} + C^T R^{-1} C = 0. \quad (8.32b)$$

Man kann zeigen, dass für minimale Realisierungen alle Lösungen von (8.32) symmetrisch positiv definit sind, und unter denen die minimalen Lösungen, die also

$$0 < P_{\min}^{PR} \le P_*^{PR}, \quad 0 < Q_{\min}^{PR} \le Q_*^{PR}$$

für alle Lösungen P_*^{PR} von (8.32a) und Q_*^{PR} von (8.32b) erfüllen, auch diejenigen sind, für die alle Eigenwerte von

$$A - BR^{-1}C + C^T R^{-1} C P^{PR} \quad \text{und} \quad A - BR^{-1}C + Q^{PR} BR^{-1} B^T$$

in der offenen linken Halbebene liegen.

Die positiven Quadratwurzeln $\sigma_1^{PR} \ge \sigma_2^{PR} \ge \ldots \ge \sigma_n^{PR} \ge 0$ der Singulärwerte des Produkts $P^{PR} Q^{PR}$ können wie beim klassischen balancierten Abschneiden zur Herleitung einer Fehlerschranke verwendet werden. Dazu definiert man $G_D(s) := G(s) + D^T$, $\hat{G}_D(s) := \hat{G}(s) + D^T$. Damit gilt

$$\|G_D^{-1} - \hat{G}_D^{-1}\|_{\mathscr{H}_\infty} \le 2\|R\|_2^2 \sum_{k=r+1}^{n} \sigma_k^{PR}, \tag{8.33}$$

falls r die Größe des reduzierten Modells mit $\sigma_r^{PR} > \sigma_{r+1}^{PR}$ angibt. Man kann damit die folgende Fehlerschranke beweisen:

$$\|G - \hat{G}\|_{\mathscr{H}_\infty} \le 2\|R\|_2^2 \|\hat{G}_D\|_{\mathscr{H}_\infty} \|G_D\|_{\mathscr{H}_\infty} \sum_{k=r+1}^{n} \sigma_k^{PR}. \tag{8.34}$$

Balanciertes Abschneiden für kontraktive Systeme

LZI-Systeme, deren Übertragungsfunktionen $\|G\|_{\mathscr{H}_\infty} < 1$ erfüllen, heißen *(strikt) kontraktiv*. Das bedeutet, dass Eingangssignale nicht verstärkt werden, da

$$\|y\|_{\mathscr{L}_2} = \|Gu\|_{\mathscr{L}_2} \le \|G\|_{\mathscr{H}_\infty} \|u\|_{\mathscr{L}_2} < \|u\|_{\mathscr{L}_2}.$$

Die Eigenschaft ist eng verwandt mit der Passivität, die wir im letzten Abschnitt behandelt hatten. Insbesondere lassen sich passive und kontraktive Systeme durch eine Cayley-Transformation $G(s) \mapsto (I - G(s))^{-1}(I + G(s))$, bzw. deren Inverse, ineinander überführen. Ein Modellreduktionsverfahren, welches die Kontraktivität erhält, ist das *beschränkt-reell balancierte Abschneiden* (von Engl., „bounded-real balanced truncation"). Dazu verwendet man Gramsche, die durch Lösungen der beiden algebraischen Riccati-Gleichungen

$$AP^{BR} + P^{BR}A^T + BB^T + (P^{BR}C^T + BD^T)R_P^{-1}(P^{BR}C^T + BD^T)^T = 0, \tag{8.35a}$$

$$A^T Q^{BR} + Q^{BR}A + C^T C + (B^T Q^{BR} + D^T C)^T R_Q^{-1}(B^T Q^{BR} + D^T C) = 0 \tag{8.35b}$$

mit $R_P := I - DD^T$ and $R_Q = I - D^T D$ bestimmt werden. Beachte dabei, dass R_P, R_Q symmetrisch positiv definit sind, da aufgrund der vorausgesetzten Kontraktivität folgt, dass

$$\|D\|_2 = \|G(0)\|_2 \le \|G\|_{\mathcal{H}_\infty} < 1$$

gilt. Aus der Theorie der algebraischen Riccati-Gleichungen [87] ergibt sich für minimale Realisierungen, dass alle Lösungen von (8.35) symmetrisch positiv semidefinit sind, d. h. es gibt minimale Lösungen

$$0 < P_{\min}^{BR} \le P_*^{BR}, \quad 0 < Q_{\min}^{BR} \le Q_*^{BR}$$

für alle Lösungen P_*^{BR} von (8.35a) und Q_*^{BR} von (8.35b). Diese minimalen Lösungen werden hier verwendet – sie haben auch die in der Regelungstheorie gewünschte Eigenschaft, stabilisierend zu sein, d. h. alle Eigenwerte von

$$A + (P_{\min}^{BR} C^T + B D^T) R_P^{-1} C^T \quad \text{und} \quad A + B R_Q^{-1} (B^T Q_{\min}^{BR} + D^T C)$$

liegen in der linken Halbebene. Verwendet man zum Balancieren die beiden Gramschen P_{min}^{BR}, $Q_{\min}^{BR}$ und führt die weiteren Schritte des balancierten Abschneidens wie in der klassischen Version aus, so erhält man ein reduziertes System, das ebenfalls strikt kontraktiv ist und der folgenden Fehlerschranke genügt:

$$\|G - \hat{G}\|_{\mathcal{H}_\infty} \le 2 \sum_{k=r+1}^{\ell} \sigma_k^{BR}. \tag{8.36}$$

Dabei sind $\sigma_k^{BR}, k = 1, \ldots, n$, die der Größe nach fallend geordneten positive Wurzeln der Singulärwerte von $P_{\min}^{BR} Q_{\min}^{BR}$. Man erhält also eine Fehlerschranke analog zur Schranke (8.28) des klassischen balancierten Abschneidens.

Linear-quadratisch Gaußsches balanciertes Abschneiden

Bei der Methode des *linear-quadratisch Gaußschen balancierten Abschneidens* (von Engl., „Linear-Quadratic Gaussian Balanced Truncation" bzw. LQG-Balanced Truncation, LQGBT) werden die Gramschen P und Q als Lösung der algebraischen Riccati-Gleichungen

$$AP + PA^T + PC^T CP + BB^T = 0, \tag{8.37a}$$

$$A^T Q + QA + QBB^T Q + C^T C = 0 \tag{8.37b}$$

gewählt. Der Name der Methode leitet sich davon ab, dass es sich bei (8.37) um die algebraischen Riccati-Gleichungen handelt, die zur Bestimmung eines LQG Reglers für LZI-Systeme berechnet werden müssen, siehe z. B. [82]. LQGBT kann im Gegensatz zu allen anderen hier besprochenen und auf dem balancierten Abschneiden beruhenden Verfahren auch auf instabile Systeme angewendet werden. LQGBT eignet sich inbesondere, wenn das Ziel der Modellreduktion der Entwurf eines Reglers für hochdimensionale LZI-Systeme ist.

Bezeichnet man die Diagonalelemente der Matrix Σ aus der Singulärwertzerlegung in Theorem 8.4 mit σ_j^{LQG}, so lässt sich für LQGBT reduzierte Systeme der Ordnung r die Fehlerschranke

$$\|G - G_r\|_{\mathscr{H}_\infty} \leq 2 \sum_{j=r+1}^{n} \frac{\sigma_j^{LQG}}{\sqrt{1 + \left(\sigma_j^{LQG}\right)^2}} \tag{8.38}$$

zeigen, falls $\sigma_r^{LQG} > \sigma_{r+1}^{LQG}$. Die größten r charakteristischen Werte σ_j^{LQG} sind dann auch die entsprechenden charakteristischen Werte des reduzierten Modells. Die Ungleichung (8.38) gilt in der angegebenen Form allerdings nur für stabile Systeme. Für instabile Systeme kann man eine analoge Fehlerabschätzung in einer passenden Systemnorm angeben, auf die wir hier jedoch nicht weiter eingehen wollen, da diese weitergehende Kenntnisse der Systemtheorie erfordert.

Anmerkung 8.17. Alle in diesem Abschnitt angegebenen Verfahren erhalten die asymptotische Stabilität. Die Beweise dieser und der weiteren Eigenschaften der besprochenen Verfahren finden sich z. B. in [1, 100].

8.3.2 Singular Perturbation Approximation (SPA)

Balanciertes Abschneiden approximiert hohe Frequenzen tendenziell besser als niedrige, da $\|G(s) - \hat{G}(s)\|_2 \to 0$ für $|s| \to \infty$, also insbesondere für $\omega \to \infty$. In vielen Anwendungen ist eine gute Approximation niedrigerer Frequenzen gewünscht, oder sogar eine fehlerfreie Reproduktion des stationären Zustands erwünscht, d. h. $G(0) = \hat{G}(0)$, wobei G die Übertragungsfunktion des ursprünglichen LZI-Systems und $\hat{G}$ die des reduzierten LZI-Systems bezeichne (siehe auch die Diskussion in Abschn. 6.3). Dies erreicht man mittels der Methode der singulär gestörten Approximation ("Singular Perturbation Approximation" (SPA)), auch "Balanced Residualization" genannt [92].

Partitioniert man das LZI-System $\dot{x} = Ax + Bu$, $y = Cx + Du$ nach einer Zustandsraumtransformation mit einer regulären Matrix T wie folgt

$$TAT^{-1} = \begin{bmatrix} A_r & A_{12} \\ A_{21} & A_{22} \end{bmatrix}, \quad TB = \begin{bmatrix} B_r \\ B_2 \end{bmatrix}, \quad CT^{-1} = \begin{bmatrix} C_r & C_2 \end{bmatrix}$$

mit $A_r \in \mathbb{R}^{r \times r}$, $B_r \in \mathbb{R}^{r \times m}$, $C_r \in \mathbb{R}^{p \times r}$, dann gilt für das transformierte System mit $Tx = z = \begin{bmatrix} z_r & z_2 \end{bmatrix}^T$

$$\begin{aligned} \dot{z}_r(t) &= A_r z_r(t) + A_{12} z_2(t) + B_r u(t), \\ \dot{z}_2(t) &= A_{21} z_r(t) + A_{22} z_2(t) + B_2 u(t), \\ y(t) &= C_r z_r(t) + C_2 z_2(t) + Du(t). \end{aligned} \tag{8.39}$$

Während man beim balancierten Abschneiden nun $z_2(t)$ aus den Gleichungen streicht, um das reduzierte System

$$\dot{z}_r(t) = A_r z_r(t) + B_r u(t),$$
$$y(t) = C_r z_r(t) + D u(t)$$

zu erhalten, wählt man bei der SPA

$$\dot{z}_2(t) = 0,$$

sodass

$$z_2(t) = -A_{22}^{-1} \left(A_{21} z_r(t) + B_2 u(t) \right)$$

gilt, falls A_{22} invertierbar ist.[1] Setzt man z_2 in die beiden anderen Gleichungen in (8.39) ein, erhält man das reduzierte Modell

$$(\hat{A}, \hat{B}, \hat{C}, \hat{D}) = (A_r - A_{12} A_{22}^{-1} A_{21},\ B_r - A_{12} A_{22}^{-1} B_2,\ C_r - C_2 A_{22}^{-1} A_{21},\ D - C_2 A_{22}^{-1} B_2).$$

Es lässt sich zeigen, dass das reduzierte System asymptotisch stabil ist. Die Fehlerschranke (8.28) gilt auch für die SPA (mit den Hankelsingulärwerten wie in (8.28) bzgl. der Steuerbarkeits- und Beobachtbarkeitsgramschen P und Q). Man beachte, dass man hier den Rahmen der Petrov-Galerkin Projektionsverfahren verlässt, und dass $D \neq D_r$!

8.4   Numerische Verfahren zur Lösung von Lyapunov-Gleichungen

Sei $A \in \mathbb{R}^{n \times n}$ mit $\Lambda(A) \cap \Lambda(-A^T) = \emptyset$, sodass die Lyapunov-Gleichung

$$AP + PA^T = -BB^T \tag{8.40}$$

eine eindeutige Lösung besitzt (siehe Theorem 4.75). In Abschn. 4.13 haben wir schon gesehen, dass sich die Lyapunov-Gleichung (8.40) immer in ein lineares Gleichungssystem

$$((I \otimes A) + (A \otimes I))\,\mathrm{vec}(P) = -\,\mathrm{vec}(BB^T) \tag{8.41}$$

umschreiben lässt. Für $A \in \mathbb{R}^{n \times n}$ und $B \in \mathbb{R}^{n \times m}$ folgt dann $P \in \mathbb{R}^{n \times n}$, $(I \otimes A), (A \otimes I) \in \mathbb{R}^{n^2 \times n^2}$ und $\mathrm{vec}(P), \mathrm{vec}(BB^T) \in \mathbb{R}^{n^2}$. Löst man das lineare

---

[1] Für ein asymptotisch stabiles, minimales LZI-System ist A_{22} regulär, falls in $P = Q = \begin{bmatrix} \Sigma_1 & 0 \\ 0 & \Sigma_2 \end{bmatrix}$ die beiden Diagonalmatrizen Σ_1 und Σ_2 keine gemeinsamen Diagonaleinträge haben.

Gleichungssystem mittels des Gaußschen Eliminationsverfahrens (bzw. über eine LR-Zerlegung), so werden $\approx \frac{2}{3}n^6$ arithmetische Operationen benötigt. Für $n = 1000$ benötigt man daher also ca. 700 PFlops, was auf einem Intel Core i7 (Westmere, 6 cores, 3.46 GHz) mehr als 94 Tage zur Lösung des Gleichungssystems entspricht – wenn man die Koeffizienten denn überhaupt speichern kann, da dafür 1 TByte benötigt wird. Im Folgenden werden einige Verfahren zur numerischen Lösung einer Lyapunov-Gleichung vorgestellt, die weniger zeitaufwändig sind. Neben den klassischen Verfahren der Bartels-Stewart-Methode und des Hammarling-Verfahrens werden insbesondere die für großdimensionale Probleme gut geeigneten Verfahren der Matrix-Signumfunktionsmethode und der Alternating-Direction-Implicit-Methode kurz erläutert. Verfahren zur Lösung der verallgemeinerten Lyapunov-Gleichungen (8.4) findet man z. B. in [21].

Zunächst wollen wir allerdings einen wesentlichen Aspekt bei der Lösung der Lyapunov-Gleichung erläutern, der es erlaubt, auch großdimensionale Probleme effizient zu lösen. Die Lyapunov-Gleichung (8.40) hat aufgrund der symmetrisch positiv semidefiniten rechten Seite BB^T eine eindeutige symmetrisch positiv semidefinite Lösung P (Theorem 4.77 c)). Ist (A, B) steuerbar, dann ist die Lösung P sogar symmetrisch positiv definit (Theorem 7.13). Damit besitzt P auf jeden Fall eine Cholesky-Zerlegung $P = S^T S$. Das Verfahren des balancierten Abschneidens nutzt nur den Cholesky-Faktor S, nicht die Lösung P. Wie schon in den Anmerkungen 8.5 und 8.8 erwähnt, kann statt des Cholesky-Faktors S jede andere Matrix S mit $P = S^T S$ verwendet werden. Zudem reicht es aus, diese Matrix S zu bestimmen, die Lösung P wird nicht explizit benötigt. Dies wird bei der Matrix-Signumfunktionsmethode und der Alternating-Direction-Implicit-Methode genutzt. Dies allein reicht allerdings noch nicht aus, großdimensionale Probleme effizient zu lösen.

Man geht daher noch einen Schritt weiter. Statt der Lösung $P \in \mathbb{R}^{n \times n}$ der Lyapunov-Gleichung wird direkt ein Faktor $Z \in \mathbb{R}^{n \times k}$, $k \leq n$ bestimmt, sodass $P \approx ZZ^T$ gilt. In der Praxis wird meist $k \ll n$ gewählt, sodass wegen $\text{rang}(Z) \leq k$ mittels der Rangungleichungen von Sylvester (4.2) die Abschätzung $\text{rang}(ZZ^T) \leq \text{rang}(Z) \leq k \ll n$ folgt. Man nennt diese approximative Zerlegung ZZ^T der Lösung P eine *Niedrig-Rang-Zerlegung* oder *Niedrig-Rang-Approximation* von P. Der Faktor Z wird *Niedrig-Rang-Faktor* genannt. Es ist nicht offensichtlich, dass dies ein guter Ansatz ist, da P ggf. eine Matrix mit vollem Rang ist. In der Lyapunov-Gleichung (7.2) ist die Matrix BB^T auf der rechten Seite eine Matrix vom Rang m. Es gilt daher

$$\text{rang}(AP + PA^T) = \text{rang}(BB^T) = m,$$

obwohl links die Summe von zwei Matrizen von Rang n steht. Numerische Experimente zeigen, dass für $m \leq n$ die Eigenwerte der Lösung P sehr schnell abfallen und P daher nahe an einer Matrix mit niedrigem Rang ist. Für den in der Praxis häufig auftretenden Fall, dass A symmetrisch negativ definit ist, werden wir das im Folgenden zeigen. In unserem Beispiel aus Abschn. 3.1 ist E symmetrisch positiv definit und A symmetrisch negativ definit. Formt man das LZI-System wie in (6.12) beschrieben um, so erhält man ein LZI-System mit $E = I$ und symmetrisch negativ definitem A.

Konkret werden wir basierend auf [103] eine Abschätzung für $\frac{\lambda_{mk+1}(P)}{\lambda_1(P)}$ herleiten, wobei die Eigenwerte von P wie üblich der Größe nach angeordnet seien,

$$\lambda_1(P) \geq \lambda_2(P) \geq \cdots \geq \lambda_n(P).$$

Dazu betrachten wir zunächst die rationalen Funktionen

$$s_\alpha(t) = \frac{\alpha - t}{\alpha + t} \quad \text{und} \quad s_{\{\alpha_1,\dots,\alpha_k\}}(t) = \prod_{j=1}^{k} \frac{\alpha_j - t}{\alpha_j + t}$$

mit $\alpha, \alpha_1, \dots, \alpha_k \in \mathbb{R}_-$. Die Funktion $s_\alpha(t)$ ist monoton wachsend in $\mathbb{R}_-$ für alle $\alpha \in \mathbb{R}_-$. Es gilt $|s_\alpha(t)| < 1$ für alle $\alpha, t \in \mathbb{R}_-$. Seien $t_1, t_2 \in \mathbb{R}_-$ zwei beliebige Zahlen mit $t_2 \leq t_1 < 0$. Setze $\widetilde{\kappa} = \frac{t_2}{t_1}$ und $\widetilde{\alpha} = -\sqrt{t_1 t_2}$. Dann folgt

$$0 < -s_{\widetilde{\alpha}}(t_2) = s_{\widetilde{\alpha}}(t_1) = \frac{\sqrt{\kappa} - 1}{\sqrt{\kappa} + 1} < 1.$$

Wegen der Monotonie von $s_\alpha(t)$ folgt weiter

$$|s_{\widetilde{\alpha}}(t)| \leq \frac{\sqrt{\kappa} - 1}{\sqrt{\kappa} + 1} \tag{8.42}$$

für alle $t \in [t_2, t_1]$. Zudem gilt, wie man leicht nachrechnet,

$$s_\alpha(A) = (\alpha I - A)(\alpha I + A)^{-1} = (\alpha I + A)^{-1}(\alpha I - A). \tag{8.43}$$

Da A symmetrisch ist, ist A orthogonal diagonalisierbar (Theorem 4.14). Es existiert also eine orthogonale Matrix Q mit $Q^T A Q = D = \text{diag}(\lambda_1, \dots, \lambda_n)$. Es folgt

$$\begin{aligned}
s_\alpha(A) &= (\alpha Q Q^T - Q D Q^T)(\alpha Q Q^T + Q D Q^T)^{-1} \\
&= Q(\alpha I - D)Q^T \cdot (Q(\alpha I + D)Q^T)^{-1} \\
&= Q(\alpha I - D)(\alpha I + D)^{-1} Q^T = Q s_\alpha(D) Q^T
\end{aligned}$$

und

$$s_{\alpha_1}(A)s_{\alpha_2}(A) = Q s_{\alpha_1}(D)s_{\alpha_2}(D)Q^T. \tag{8.44}$$

Zweiter Baustein beim Herleiten einer Abschätzung für $\frac{\lambda_{mk+1}(P)}{\lambda_1(P)}$ ist die Folge

$$\begin{aligned}
P_i &= s_{\alpha_i}(A) P_{i-1} s_{\alpha_i}(A) - 2\alpha_i(\alpha_i I + A)^{-1} B B^T (\alpha_i I + A)^{-1} \tag{8.45} \\
&= (\alpha_i I + A)^{-1}((\alpha_i I - A)P_{i-1}(\alpha_i I - A) - 2\alpha_i B B^T)(\alpha_i I + A)^{-1}.
\end{aligned}$$

Diese Iteration werden wir in Abschn. 8.4.3 näher kennenlernen, es handelt sich hier um die ADI-Iteration für symmetrische A. Die Lösung P der Lyapunov-Gleichung ist ein Fixpunkt dieser Folge, d. h., wenn $P_{j-1} = P$, dann folgt $P_j = P$. Dies sieht man wie folgt. Es gilt

$$
\begin{aligned}
(\alpha_i I + A) P_i &= ((\alpha_i I - A) P_{i-1} (\alpha_i I - A) - 2\alpha_i B B^T)(\alpha_i I + A)^{-1} \\
&= ((\alpha_i I - A) P_{i-1}(\alpha_i I - A) - B B^T (\alpha_i I + A) - B B^T (\alpha_i I - A))(\alpha_i I + A)^{-1} \\
&= -B B^T + ((\alpha_i I - A) P_{i-1} - B B^T)(\alpha_i I - A)(\alpha_i I + A)^{-1}. \tag{8.46}
\end{aligned}
$$

Aus der Lyapunov-Gleichung (7.2) folgt durch Addition von $\alpha_i P$

$$
P A + \alpha_i P = -A P + \alpha_i P - B B^T,
$$

bzw.

$$
P(A + \alpha_i I) = (\alpha_i I - A) P - B B^T.
$$

Daher liefert (8.46) mit $P_{i-1} = P$

$$
(\alpha_i I + A) P_i = -B B^T + P(A + \alpha_i I)(\alpha_i I - A)(\alpha_i I + A)^{-1} = -B B^T + P(\alpha_i I - A)
$$

wegen (8.43). Mit

$$
A P + \alpha_i P = -P A + \alpha_i P - B B^T,
$$

bzw.

$$
(\alpha_i I + A) P = P(\alpha_i I - A) - B B^T,
$$

folgt

$$
(\alpha_i I + A) P_i = (\alpha_i I + A) P
$$

und damit die Behauptung, dass P ein Fixpunkt der Folge P_i (8.45) ist. Weiter folgt

$$
P - P_i = s_{\alpha_i}(A)(P - P_{i-1}) s_{\alpha_i}(A).
$$

Ausgehend von $P_0 = 0$ ergibt sich daher

$$
\begin{aligned}
P - P_i &= s_{\alpha_i}(A) s_{\alpha_{i-1}}(A)(P - P_{i-2}) s_{\alpha_{i-1}}(A) s_{\alpha_i}(A) \\
&= \cdots \\
&= s_{\{\alpha_1, \ldots, \alpha_i\}}(A) P s_{\{\alpha_1, \ldots, \alpha_i\}}(A)
\end{aligned}
$$

und

$$
\frac{\|P - P_i\|_2}{\|P\|_2} = \frac{\|s_{\{\alpha_1, \ldots, \alpha_i\}}(A) P s_{\{\alpha_1, \ldots, \alpha_i\}}(A)\|_2}{\|P\|_2} \leq \|s_{\{\alpha_1, \ldots, \alpha_i\}}\|_2^2.
$$

Aus (8.45) folgt

$$\text{rang}(P_i) \leq \text{rang}(P_{i-1}) + m \leq \cdots \leq im.$$

Daher folgt mit dem Schmidt-Mirsky/Eckart-Young Theorem (Theorem 4.50) für unser symmetrisch positiv definites P, dass

$$\frac{\|P - P_i\|_2}{\|P\|_2} \geq \frac{\lambda_{im+1}(P)}{\lambda_1(P)}.$$

Dabei haben wir genutzt, dass bei symmetrisch positiv definiten Matrizen die Eigenwerte und die singulären Werte übereinstimmen, siehe Korollar 4.46. Um die gesuchte Abschätzung für $\frac{\lambda_{im+1}(P)}{\lambda_1(P)}$ zu erhalten, schätzen wir $\|s_{\{\alpha_1,\dots,\alpha_i\}}(A)\|_2$ weiter ab. Wegen (8.44) und der orthogonalen Invarianz der Euklidischen Norm gilt

$$\|s_{\{\alpha_1,\dots,\alpha_i\}}(A)\|_2 = \|s_{\{\alpha_1,\dots,\alpha_i\}}(D)\|_2.$$

Da $s_{\{\alpha_1,\dots,\alpha_i\}}(D)$ eine Diagonalmatrix ist mit Diagonaleinträgen $s_{\{\alpha_1,\dots,\alpha_i\}}(\lambda_j)$, $\lambda_j \in \Lambda(A)$, folgt weiter

$$\|s_{\{\alpha_1,\dots,\alpha_i\}}(D)\|_2 = \max_{\lambda \in \Lambda(A)} |s_{\{\alpha_1,\dots,\alpha_i\}}(\lambda))| \leq \max_{\lambda \in [\lambda_n(A),\lambda_1(A)]} |s_{\{\alpha_1,\dots,\alpha_i\}}(\lambda))|,$$

wobei wie üblich die Eigenwerte von A der Größe nach sortiert seien, d..h,

$$0 > \lambda_1(A) \geq \lambda_2(A) \geq \cdots \geq \lambda_n(A),$$

da die Eigenwerte von A aufgrund der Negativdefinitheit von A alle negativ sind.

Wir wollen nun $|s_{\{\alpha_1,\dots,\alpha_i\}}(\lambda))|$ weiter nach oben abschätzen, indem wir unter Ausnutzung von (8.42) die einzelnen rationalen Funktionen $s_{\alpha_i}(t)$ des Produkts $s_{\{\alpha_1,\dots,\alpha_i\}}(t)$ betrachten. Das finale Ziel ist eine Abschätzung in Abhängigkeit der Konditionszahl von A, $\kappa = \|A\|_2 \|A^{-1}\|_2 = \frac{\lambda_n(A)}{\lambda_1(A)}$. Dazu müssen wir die α_i geeignet wählen. Hierfür definieren wir die (unendliche) Folge $t_0 = \lambda_1(A)$ und $t_k = t_0 \kappa^{k/i}$ für $k = 0, \pm 1, \pm 2 \dots$. Die Folge der t_k bildet eine geometrische Folge (da $\frac{t_k}{t_{k-1}} = \kappa^{1/i}$ für alle k) mit $t_i = \lambda_n(A)$ und

$$0 > \cdots > t_{-3} > t_{-2} > t_{-1} > t_0 > t_1 > t_2 > t_3 > \cdots > t_i > t_{i+1} > \cdots.$$

Betrachten wir nur die Punkte $t_i, t_{i-1}, \dots, t_0$, so ergibt sich eine Unterteilung des Intervalls $[\lambda_n(A), \lambda_1(A)]$ in i Teilintervalle $[t_k, t_{k-1}]$, $k = 1, \dots, i$.

Als nächstes definieren wir analog zu $\tilde{\alpha}$ in (8.42)

$$\alpha_k = -\sqrt{t_k t_{k-1}}$$

für $k = 1, \dots, i$. In der Notation von (8.42) würde $s_{\alpha_k}(t)$ nur auf $[t_k, t_{k-1}]$ abgeschätzt werden. Wir benötigen aber eine Abschätzung von $s_{\alpha_k}(t)$ auf dem gesamten

Intervall $[\lambda_n(A), \lambda_1(A)]$, bzw. in allen Teilintervallen $[t_\ell, t_{\ell-1}]$, $\ell = 1, \ldots, i$. Um dies zu erreichen nutzen wir aus, dass für $j = 0, 1, 2, \ldots$ wegen

$$t_{k+j} t_{k-1-j} = t_0^2 \kappa^{\frac{k+j}{i}} \kappa^{\frac{k-1-j}{i}} = t_0^2 \kappa^{\frac{2k-1}{i}} = t_0^2 \kappa^{\frac{k}{i}} \kappa^{\frac{k-1}{i}} = t_k t_{k-1}$$

auch

$$\alpha_k = -\sqrt{t_{k+j} t_{k-1-j}}$$

gilt. Statt $[t_k, t_{k-1}]$ könnten wir daher das Intervall $[t_{k+j}, t_{k-1-j}]$ betrachten. Dies reicht aber leider nicht aus, da es kein j gibt, sodass $[t_{k+j}, t_{k-1-j}] = [t_\ell, t_{\ell-1}]$ für $\ell = 1, \ldots, i$. Wir können j nur so wählen, dass eine der beiden Intervallgrenzen getroffen wird (entweder $j = \ell - k$, was zum Intervall $[t_\ell, t_{2k-\ell-1}]$ führt oder $j = k - \ell$, was zum Intervall $[t_{2k-\ell}, t_{\ell-1}]$ führt). Wenn wir das Intervall $[t_{k+j}, t_{k-1+j}]$ betrachten könnten, dann würde mit der Wahl $j = \ell - k$ gerade das gewünschte Intervall $[t_{k+j}, t_{k-1+j}] = [t_\ell, t_{\ell-1}]$ getroffen werden. Dies führt uns darauf, die Intervalle $[t_{k+|j|}, t_{k-1-|j|}]$ für $j = 0, \pm 1, \pm 2, \ldots$ zu betrachten, denn es gilt

$$[t_{k+j}, t_{k-1+j}] \subseteq [t_{k+|j|}, t_{k-1-|j|}].$$

In $[t_{k+|j|}, t_{k-1-|j|}]$ wählen wir $\alpha_k = -\sqrt{t_{k+|j|} t_{k-1-|j|}} = -\sqrt{t_k t_{k-1}}$, sowie

$$\kappa_{i,j} = \frac{t_{k+|j|}}{t_{k-1-|j|}} = \kappa^{\frac{2|j|+1}{i}}$$

und

$$r_{i,j} = \frac{\sqrt{\kappa_{i,j}} - 1}{\sqrt{\kappa_{i,j}} + 1} = \frac{\kappa^{\frac{2|j|+1}{2i}} - 1}{\kappa^{\frac{2|j|+1}{2i}} + 1}.$$

Wegen (8.42) gilt dann

$$|s_{\alpha_k}(t)| \le r_{i,j}$$

für $t \in [t_{k+j}, t_{k-1+j}]$, $k = 1, \ldots, i$ und $j = 0, \pm 1, \pm 2, \ldots$. Die rechte Seite $r_{i,j}$ der Abschätzung hängt nicht von k ab.

Wollen wir nun $|s_{\{\alpha_1, \ldots, \alpha_i\}}(t))|$ für ein $t \in [\lambda_n(A), \lambda_1(A)]$ abschätzen, dann gibt es ein ℓ, sodass $t \in [t_\ell, t_{\ell-1}]$. Auf jedem dieser Intervalle kennen wir eine Abschätzung für $|s_{\alpha_k}(t)|$. Es folgt daher

$$|s_{\{\alpha_1, \ldots, \alpha_i\}}(t))| \le \prod_{k=1}^{i} |s_{\alpha_k}(t)| \le \prod_{k=1}^{i} r_{i, \ell-k}.$$

Da $r_{i,|j|} = r_{i-|j|}$ folgt weiter

$$|s_{\{\alpha_1, \ldots, \alpha_i\}}(t))| \le \prod_{k=1}^{i} r_{i, \ell-k} = \prod_{j=0}^{i-1} r_{i,j}.$$

Diese Abschätzung hängt weder von k noch von ℓ ab und gilt daher auf dem gesamten Intervall $[\lambda_n(A), \lambda_1(A)]$. Damit haben wir das folgende Theorem gezeigt.

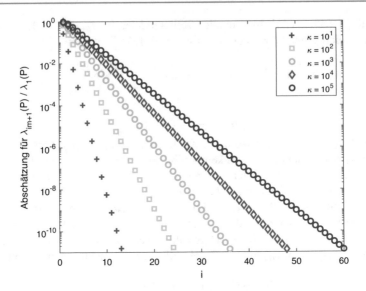

Abb. 8.1 Illustration der Fehlerabschätzung (8.47) für wachsendes i.

Theorem 8.18. *Sei $A \in \mathbb{R}^{n \times n}$ eine symmetrisch negativ definite Matrix mit Konditionszahl κ, $B \in \mathbb{R}^{n \times m}$ und $\lambda_i(P)$, $i = 1, \ldots, n$, die wie üblich angeordneten Eigenwerte von P. Dann gilt*

$$\frac{\lambda_{im+1}(P)}{\lambda_1(P)} \le \left(\prod_{j=0}^{i-1} \frac{\kappa^{\frac{2j+1}{2i}} - 1}{\kappa^{\frac{2j+1}{2i}} + 1} \right)^2. \tag{8.47}$$

Abb. 8.1 zeigt die rechte Seite der Abschätzung aus Theorem 8.18 für verschiedene Konditionszahlen von A. Man sieht, dass die Schranke schnell sehr klein wird. Die Approximation der Lösung P der Lyapunov-Gleichung durch eine Niedrig-Rang-Approximation Z ist dadurch gerechtfertigt. Eine größere Konditionszahl resultiert in einem langsameren Abfall der Schranke. Man beachte, dass die obere Schranke nicht von m abhängt.

Für nichtsymmetrische Matrizen A ist eine analoge Schranke basierend auf der Konditionszahl von A bislang nicht bekannt. Jedoch gibt es einen alternativen Zugang zur Approximierbarkeit der Lösung von Lyapunov-Gleichungen, der auch für nichtsymmetrisches A möglich ist, jedoch nicht auf rein matrixtheoretischen Argumenten beruht, siehe [59].

8.4.1   Klassische Verfahren

Die klassischen Verfahren basieren auf folgender Beobachtung. Für jede Matrix A existiert eine unitäre Transformationsmatrix, welche A auf obere Dreiecksgestalt transformiert, siehe Theorem 4.15 zur Schur-Zerlegung. Sei daher U die unitäre

Matrix, die A auf Schur-Form transformiert,

$$U^H A U = R = \begin{bmatrix} \diagdown \end{bmatrix}.$$

Dann folgt aus $0 = AP + PA^T + BB^T$ durch Multiplikation mit U und U^H und dem Einfügen der Identität $I = UU^H$

$$0 = U^H A U U^H P U + U^H P U U^H A^T U + U^H B B^T U = RX + XR^H + GG^H$$

mit $X = U^H P U$ und $G = U^H B$.

Das zu $RX + XR^H + GG^H = 0$ gehörige Gleichungssystem

$$((I \otimes R) + (R \otimes I)) \, \text{vec}(X) = -\text{vec}(GG^H)$$

hat eine sehr spezielle Struktur. $M = ((I \otimes R) + (R \otimes I))$ ist eine obere Block-Dreiecksmatrix mit $n \times n$ Blöcken, wobei die n Diagonalblöcke obere Dreiecksmatrizen und die anderen Blöcke im oberen Dreieck Diagonalmatrizen sind. Dies kann man sich an einem kleinen Beispiel sofort klar machen.

Beispiel 8.19. Sei $R \in \mathbb{R}^{3 \times 3}$ in Schur-Form

$$R = \begin{bmatrix} r_{11} & r_{12} & r_{13} \\ 0 & r_{22} & r_{23} \\ 0 & 0 & r_{33} \end{bmatrix} = \begin{bmatrix} \diagdown \end{bmatrix}$$

gegeben. Dann folgt, dass

$$I_3 \otimes R = \begin{bmatrix} R & 0 & 0 \\ 0 & R & 0 \\ 0 & 0 & R \end{bmatrix} = \begin{bmatrix} \diagdown & & \\ & \diagdown & \\ & & \diagdown \end{bmatrix}$$

und

$$R \otimes I_3 = \begin{bmatrix} r_{11}I & r_{12}I & r_{13}I \\ 0 & r_{22}I & r_{23}I \\ 0 & 0 & r_{33}I \end{bmatrix} = \begin{bmatrix} \diagdown & \diagdown & \diagdown \\ & \diagdown & \diagdown \\ & & \diagdown \end{bmatrix}$$

ebenfalls obere Dreiecksmatrizen sind. Damit ist auch

$$M = I_3 \otimes R + R \otimes I_3 = \begin{bmatrix} \boxed{} & & \\ & \boxed{} & \\ & & \boxed{} \end{bmatrix}$$

eine obere Dreiecksmatrix.   ∎

Ein Gleichungssystem der Form $Mx = b$ kann durch Rückwärtseinsetzen mühelos gelöst werden. Der Aufwand für Rückwärtseinsetzen ist i. Allg. quadratisch, d. h., da M eine Matrix der Größe $n^2 \times n^2$ ist, wäre der Aufwand von der Größenordnung n^4. Aufgrund der sehr speziellen Struktur von M kann das Gleichungssystem allerdings mit einem Aufwand der Größenordnung n^3 gelöst werden. In der Praxis stellt man M nicht explizit auf, sondern arbeitet ausgehend von der Gleichung $RX + XR^H + GG^H = 0$.

Um komplexwertige Berechnungen zu vermeiden, nutzt man dabei bei reellen Problemen die reelle Schur-Zerlegung aus Theorem 4.16, sodass R eine reelle quasi-obere Dreiecksmatrix und F ebenfalls reell ist. Wir gehen daher im Folgenden von einer Lyapunov-Gleichung in der Form

$$RX + XR^T = F$$

aus, wobei $F = F^T$ und R eine quasi-obere Dreiecksmatrix

$$\begin{bmatrix} R_{11} & R_{12} & R_{13} & \cdots & R_{1\ell} \\ & R_{22} & R_{23} & \cdots & R_{2\ell} \\ & & R_{33} & \cdots & R_{3\ell} \\ & & & \ddots & \vdots \\ & & & & R_{\ell\ell} \end{bmatrix} \tag{8.48}$$

ist mit $R_{jj} \in \mathbb{R}^{n_j \times n_j}$, $n_j \in \{1, 2\}$ und $\sum_{j=1}^{\ell} n_j = n$. Für $n_j = 1$ ist R_{jj} ein reeller Eigenwert von A und für $n_j = 2$ sind die Eigenwerte von R_{jj} ein komplex-konjugiertes Paar von Eigenwerten von A. Nun partitioniert man die Lyapunov-Gleichung

$$\begin{bmatrix} R_1 & R_2 \\ 0 & R_3 \end{bmatrix} \begin{bmatrix} X_1 & X_2 \\ X_2^T & X_3 \end{bmatrix} + \begin{bmatrix} X_1 & X_2 \\ X_2^T & X_3 \end{bmatrix} \begin{bmatrix} R_1^T & 0 \\ R_2^T & R_3^T \end{bmatrix} = \begin{bmatrix} F_1 & F_2 \\ F_2^T & F_3 \end{bmatrix}$$

mit $R_3 = R_{\ell\ell} \in \mathbb{R}^{n_\ell \times n_\ell}$. Ausmultiplizieren der Gleichung zeigt, dass diese in die folgenden drei Matrixgleichungen zerfällt:

$$R_1 X_1 + X_1 R_1^T = F_1 - R_2 X_2^T - X_2 R_2^T =: \tilde{F}_1 = \tilde{F}_1^T, \tag{8.49}$$

$$R_1 X_2 + X_2 R_3^T = F_2 - R_2 X_3 =: \tilde{F}_2, \tag{8.50}$$

$$R_3 X_3 + X_3 R_3^T = F_3. \tag{8.51}$$

Die Gl. (8.51) kann nun explizit aufgelöst werden. Falls $n_\ell = 1$, dann ist (8.51) eine skalare Gleichung und es gilt

$$X_3 = \frac{F_3}{2R_3},$$

da $R_3 \neq 0$ (andernfalls wäre A nicht asymptotisch stabil und die Lyapunov-Gleichung nicht eindeutig lösbar). Im Fall $n_\ell = 2$ verwendet man explizit die vektorisierte Darstellung von (8.51)

$$\begin{bmatrix} 2r_{n-1,n-1} & r_{n-1,n} & r_{n-1,n} & 0 \\ r_{n,n-1} & r_{nn}+r_{n-1,n-1} & 0 & r_{n-1,n} \\ r_{n,n-1} & 0 & r_{n-1,n-1}+r_{nn} & r_{n-1,n} \\ 0 & r_{n,n-1} & r_{n,n-1} & 2r_{nn} \end{bmatrix} \begin{bmatrix} x_{n-1,n-1} \\ x_{n-1,n} \\ x_{n-1,n} \\ x_{nn} \end{bmatrix} = \begin{bmatrix} f_{n-1,n-1} \\ f_{n-1,n} \\ f_{n-1,n} \\ f_{nn} \end{bmatrix},$$

wobei $R_3 = \begin{bmatrix} r_{n-1,n-1} & r_{n-1,n} \\ r_{n,n-1} & r_{nn} \end{bmatrix}$ und die Symmetrie von X_3 und F_3 genutzt wurde. Dieses Gleichungssystem enthält redundante Information und kann kompakt umgeschrieben werden als

$$\begin{bmatrix} r_{n-1,n-1} & r_{n-1,n} & 0 \\ r_{n,n-1} & r_{n-1,n-1}+r_{nn} & r_{n-1,n} \\ 0 & r_{n,n-1} & r_{nn} \end{bmatrix} \begin{bmatrix} x_{n-1,n-1} \\ x_{n-1,n} \\ x_{nn} \end{bmatrix} = \begin{bmatrix} f_{n-1,n-1}/2 \\ f_{n-1,n} \\ f_{nn}/2 \end{bmatrix}.$$

Die Lösung dieses Gleichungssystems sollte mit einer LR-Zerlegung mit vollständiger Pivotisierung erfolgen, um eine möglichst hohe Genauigkeit der Lösung X_3 zu erzielen.

Die Lösung X_3 wird nun in (8.50) eingesetzt. Damit ergibt sich eine Sylvester-Gleichung für X_2, die nach Lemma 4.76 eindeutig lösbar ist, denn es gilt $\Lambda(R_1) \cap \Lambda(-R_3^T) = \emptyset$, da $\Lambda(A) \cap \Lambda(-A^T) = \emptyset$. Aufgrund der sehr speziellen Struktur dieser Sylvester-Gleichung kann man diese Lösung einfach durch Rückwärtseinsetzen berechnen. Partitioniere R_1, X_2 und F_2 dazu analog zu (8.48):

$$R_1 = \begin{bmatrix} R_{11} & \dots & R_{1,\ell-1} \\ & \ddots & \vdots \\ & & R_{\ell-1,\ell-1} \end{bmatrix}, \quad X_2 = \begin{bmatrix} x_1 \\ \vdots \\ x_{\ell-1} \end{bmatrix}, \quad \widetilde{F}_2 = \begin{bmatrix} f_1 \\ \vdots \\ f_{\ell-1} \end{bmatrix}, \quad x_j, f_j \in \mathbb{R}^{n_j \times n_\ell}.$$

Dann kann man die x_j rückwärts berechnen aus

$$R_{jj}x_j + x_j R_3^T = f_j - \sum_{i=j+1}^{\ell-1} R_{j,i}x_i =: \widetilde{f}_j, \qquad j = \ell-1, \ell-2, \dots, 1.$$

Bei der Lösung dieser Gleichung muss man vier Fälle unterscheiden.

$n_j = 1, n_\ell = 1$: Die Gleichung ist skalar und $x_j = \frac{\widetilde{f}_j}{R_{jj}+R_3}$.

$n_j = 2, n_\ell = 1$: Man erhält ein Gleichungssystem im $\mathbb{R}^2$ mit eindeutiger Lösung,

$$(R_{jj} + R_3 \cdot I_2)x_j = \widetilde{f}_j.$$

$n_j = 1, n_\ell = 2$: Man erhält ein Gleichungssystem im $\mathbb{R}^2$ mit eindeutiger Lösung,

$$(R_{jj} \cdot I_2 + R_3)x_j^T = \widetilde{f}_j^T.$$

$n_j = 2, n_\ell = 2$: Man erhält ein Gleichungssystem im $\mathbb{R}^4$ mit eindeutiger Lösung,

$$\left((I_2 \otimes R_{jj}) + (R_3^T \otimes I_2) \right) \text{vec}(x_j) = \text{vec}(\widetilde{f}_j).$$

Die Gleichungssysteme in den letzten drei Fällen werden mit LR-Zerlegung und vollständiger Pivotisierung gelöst.

Setzt man nun die so berechnete Lösung von (8.50) in (8.49) ein, so erhält man eine Lyapunov-Gleichung in $\mathbb{R}^{n-n_\ell \times n-n_\ell}$ mit Koeffizientenmatrix in reeller Schurform. Damit lässt sich diese Gleichung wieder aufteilen wie in (8.49)–(8.51), sodass sich das oben beschriebene Vorgehen rekursiv anwenden lässt, bis (8.49) eine Gleichung im $\mathbb{R}^{n_1 \times n_1}$ ist, die direkt aufgelöst werden kann.

Zum Schluss muss man noch die berechnete Lösung in das ursprüngliche Koordinatensystem zurücktransformieren. Damit erhält man insgesamt den Algorithmus 6.

Algorithmus 6 Bartels-Stewart Algorithmus (1972) [4]

Eingabe: $A \in \mathbb{R}^{n \times n}$, $F = F^T \in \mathbb{R}^{n \times n}$.
Ausgabe: Lösung $X = X^T \in \mathbb{R}^{n \times n}$ der Lyapunov-Gleichung $AX + XA^T = F$.
1: Berechne die reelle Schurform von $A = QRQ^T$ wie in Theorem 4.16.
2: **if** $\Lambda(A) \cap \Lambda(-A^T) \neq \emptyset$ **then**
3:    STOP; keine eindeutige Lösung.
4: **end if**
5: Setze $\begin{bmatrix} F_1 & F_2 \\ F_2^T & F_3 \end{bmatrix} = Q^T F Q$, $F_3 \in \mathbb{R}^{n_\ell \times n_\ell}$.
6: $k = \ell$
7: **while** $k > 1$ **do**
8:    Löse (8.51) mit $R_3 = R_{kk}$.
9:    Löse (8.50) mit $R_1 = \begin{bmatrix} R_{11} & \cdots & R_{1,k-1} \\ & \ddots & \vdots \\ & & R_{k-1,k-1} \end{bmatrix}$.
10: Setze $F_1 = F_1 - R_2 X_2^T - X_2 R_2^T$.
11:    $k = k - 1$
12: **end while**
13: Löse (8.49) als lineares Gleichungssystem (unter Ausnutzung der Symmetrie) im $\mathbb{R}^3$.
14: Setze $X = QXQ^T$.

Der Bartels-Stewart Algorithmus benötigt ca. $32n^3$ elementare Rechenoperationen, dabei entfallen auf den QR Algorithmus zur Berechnung der reellen Schur-Form von

A ca. $25n^3$ Flops und auf die Schritte 5 und 14 je $3n^3$. Der gesamte Prozess des Rück-
wärtseinsetzens (die **while**-Schleife) benötigt nur n^3 Operationen. Da sowohl der QR
Algorithmus als auch das Rückwärtseinsetzen numerisch rückwärts stabil sind und
darüber hinaus nur orthogonale Ähnlichkeitstransformationen verwendet werden,
kann der Bartels-Stewart Algorithmus als numerisch rückwärts stabil angesehen
werden.

Der Bartels-Stewart Algorithmus zur Lösung von Lyapunov-Gleichungen ist z. B.
in der MATLAB Control Toolbox Funktion `lyap` implementiert.

Das Hammarling-Verfahren geht ebenfalls von der Lyapunov-Gleichung $RX +
XR^T = F$ in reeller Schur-Form aus. Hier wird durch geschickte Manipulation
der Gleichungen rekursiv nicht die Lösung X, sondern deren Cholesky-Faktor L
mit $X = LL^T$ berechnet, die, da X symmetrisch und positiv semidefinit ist, nach
Theorem 4.40 immer existiert. Der Algorithmus ist z. B. in der MATLAB Control
Toolbox Funktion `lyapchol` implementiert.

Weitere Erläuterungen zu den Verfahren werden z. B. in [4,58,68] gegeben. Ein
ausführlicher Vergleich dieser Verfahren wie auch weitere Referenzen findet man in
[121]. Insgesamt sind diese Verfahren nicht für großdimensionale Probleme nutzbar
(d. h. $n > 10.000$), da sie einen Aufwand in der Größenordnung von n^3 benötigen.

Im Folgenden betrachten wir eine Alternative zu diesen klassischen Verfahren.
Dabei wird weder die Lösung X der Lyapunov-Gleichung noch deren Cholesky-
Zerlegung, sondern eine Niedrig-Rang-Zerlegung von X berechnet (siehe Anmer-
kungen 8.5 und 8.8).

8.4.2 Matrix-Signumfunktionsmethode

Die Matrix-Signumfunktionsmethode (Matrix-Sign-Function method) geht zurück
auf [107]. Unsere Darstellung umfasst auch die in [21,88] vorgeschlagenen Modifikationen zur Beschleunigung der Berechnung, siehe auch [20].

Die Matrix-Signumfunktion ist eine Verallgemeinerung des Begriffs des Vorzei-
chens einer nicht rein imaginären Zahl $z \in \mathbb{C}$,

$$\operatorname{sign}(z) = \begin{cases} 1 & \operatorname{Re}(z) > 0, \\ -1 & \operatorname{Re}(z) < 0 \end{cases}$$

auf quadratische Matrizen.

Definition 8.20. Sei $Z \in \mathbb{R}^{n \times n}$. Z habe keine rein imaginären Eigenwerte, $\Lambda(Z) \cap
\imath \mathbb{R} = \emptyset$. Die Jordansche Normalform von Z sei in der Form

$$Z = S^{-1} \begin{bmatrix} J^- & 0 \\ 0 & J^+ \end{bmatrix} S$$

gegeben mit $J^- \in \mathbb{C}^{\ell \times \ell}$, $J^+ \in \mathbb{C}^{(n-\ell) \times (n-\ell)}$, $\Lambda(J^+) \subset \mathbb{C}_+$ und $\Lambda(J^-) \subset \mathbb{C}_-$,
wobei $\mathbb{C}_+ = \{z \in \mathbb{C} \mid \operatorname{Re}(z) > 0\}$ und $\mathbb{C}_- = \{z \in \mathbb{C} \mid \operatorname{Re}(z) < 0\}$. Die *Matrix-*

Signumfunktion sign : $\mathbb{R}^{n \times n} \to \mathbb{R}^{n \times n}$ ist dann definiert durch

$$\text{sign}(Z) = S^{-1} \begin{bmatrix} -I_\ell & 0 \\ 0 & I_{n-\ell} \end{bmatrix} S.$$

Anmerkung 8.21. Die Matrix Z aus Definition 8.20 ist regulär. Z hat keine Eigenwerte auf der imaginären Achse, also kann insbesondere 0 kein Eigenwert sein.

Die Matrix-Signumfunktion besitzt einige für uns hilfreiche Eigenschaften.

Theorem 8.22. $Z \in \mathbb{R}^{n \times n}$ *habe keine Eigenwerte auf der imaginären Achse. Es gilt:*

a) $(\text{sign}(Z))^2 = I.$

b) $\text{sign}(Z)$ *ist diagonalisierbar mit Eigenwerten* ± 1.

c) $\text{sign}(Z) \cdot Z = Z \cdot \text{sign}(Z)$, *d. h.,* Z *und* $\text{sign}(Z)$ *kommutieren.*

d) $\frac{1}{2}(I + \text{sign}(Z))$ *und* $\frac{1}{2}(I - \text{sign}(Z))$ *sind Projektoren auf die invarianten Unterräume von* Z *zu den Eigenwerten in der rechten bzw. linken Halbebene.*

e) $\text{sign}(TZT^{-1}) = T \, \text{sign}(Z)T^{-1}$ *für jedes reguläre* $T \in \mathbb{R}^{n \times n}$.

Beweis. Die Aussagen a)–c) folgen sofort aus der Definition der Matrix-Signumfunktion. Die vierte Aussage folgt, da $\left(\frac{1}{2}(I \pm \text{sign}(Z)) \right)^2 = \frac{1}{2}(I \pm \text{sign}(Z))$.

Mit $Z = S^{-1} \begin{bmatrix} J^- & 0 \\ 0 & J^+ \end{bmatrix} S$ hat man $\text{sign}(Z) = S^{-1} \begin{bmatrix} -I_\ell & 0 \\ 0 & I_{n-\ell} \end{bmatrix} S$. Wegen

$$TZT^{-1} = TS^{-1} \begin{bmatrix} J^- & 0 \\ 0 & J^+ \end{bmatrix} ST^{-1}$$

folgt

$$\text{sign}(TZT^{-1}) = TS^{-1} \begin{bmatrix} -I_\ell & 0 \\ 0 & I_{n-\ell} \end{bmatrix} ST^{-1} = T \, \text{sign}(Z)T^{-1}$$

und damit die fünfte Aussage.   ∎

Die am häufigsten verwendete Methode zur Berechnung von $\text{sign}(Z)$ ist das Newton-Verfahren angewendet auf die Gleichung $X^2 - I = 0$,

$$X_{k+1} = \frac{1}{2}\left(X_k + X_k^{-1} \right), \quad X_0 = Z, \quad k = 0, 1, 2, \ldots . \tag{8.52}$$

Diese Iteration konvergiert quadratisch gegen $\text{sign}(Z)$, mit

$$\|X_{k+1} - \text{sign}(Z)\| \leq \frac{1}{2}\|X_k^{-1}\| \, \|X_k - \text{sign}(Z)\|^2 \tag{8.53}$$

für jede konsistente Norm (siehe [73, Kap. 5] für eine weitergehende Analyse). Die Ungleichung (8.53) kann man wie folgt sehen. Wegen Theorem 8.22 kommutiert $X_0 = Z$ mit sign(Z). Also kommutiert auch X_0^{-1} mit sign(Z). Daraus folgt, dass auch $X_1 = \frac{1}{2}\left(X_0 + X_0^{-1}\right)$ mit sign(Z) kommutiert. Induktiv folgt, dass alle X_k mit sign(Z) kommutieren. Weiter folgt

$$
\begin{aligned}
X_{k+1} - \text{sign}(Z) &= \frac{1}{2}\left(X_k + X_k^{-1}\right) - \text{sign}(Z) \\
&= \frac{1}{2}\left(X_k + X_k^{-1} - 2\,\text{sign}(Z)\right) \\
&= \frac{1}{2}X_k^{-1}\left(X_k^2 + I - 2X_k\,\text{sign}(Z)\right) \\
&= \frac{1}{2}X_k^{-1}\left(X_k^2 + (\text{sign}(Z))^2 - X_k\,\text{sign}(Z) - \text{sign}(Z)X_k\right) \\
&= \frac{1}{2}X_k^{-1}\left(X_k - \text{sign}(Z)\right)^2.
\end{aligned}
$$

Die Newton-Iteration zur Berechnung der Matrix-Signumfunktion ist eine der wenigen Situationen, in denen die Inverse einer Matrix tatsächlich explizit berechnet werden muss. Die Newton-Schulz-Iteration umgeht die explizite Berechnung der Inversen X^{-1},

$$
X_{k+1} = \frac{1}{2}X_k\left(3I - X_k^2\right), \quad X_0 = Z.
$$

Hier wurde X_k^{-1} durch einen Schritt des Newton-Verfahrens zur Berechnung einer Matrixinversen ersetzt. Die Newton-Iteration zur Berechnung der Inversen einer Matrix F lautet $Y_{k+1} = Y_k\left(2I - FY_k\right)$. Daher wurde X_k^{-1} durch $X_k\left(2I - X_k^2\right)$ ersetzt. Das Newton-Schulz-Verfahren ist nur lokal konvergent, Konvergenz ist garantiert für $\|I - Z^2\| < 1$.

Durch das Einführen eines geeigneten Skalierungsparameters $c_k > 0$, $k = 0, 1, 2, \ldots$ in (8.52)

$$
X_{k+1} = \frac{1}{2}\left(c_k X_k + \frac{1}{c_k}X_k^{-1}\right)
$$

lässt sich die Konvergenz der Newton-Iteration beschleunigen und die Effekte von Rundungsfehlern verringern. Man wählt z. B.

$$
c_k = \sqrt{\frac{\|X_k^{-1}\|_F}{\|X_k\|_F}}.
$$

Nun werden wir sehen, wie die Matrix-Signumfunktion genutzt werden kann, um eine Lyapunov-Gleichung zu lösen. Sei A eine asymptotisch stabile Matrix. Dann gilt $\mathrm{sign}(A) = S_1^{-1}(-I_n)S_1 = -I_n$ und $\mathrm{sign}(-A^T) = S_2^{-1}(I_n)S_2 = I_n$ für gewisse reguläre Matrizen S_1, S_2. Sei $X \in \mathbb{R}^{n \times n}$ die Lösung der Lyapunov-Gleichung

$$AX + XA^T + W = 0. \tag{8.54}$$

Sei weiter $M = \begin{bmatrix} A & W \\ 0 & A^T \end{bmatrix}$ und $T = \begin{bmatrix} I & X \\ 0 & I \end{bmatrix}$. Dann ist $T^{-1} = \begin{bmatrix} I & -X \\ 0 & I \end{bmatrix}$ und

$$T^{-1}MT = \begin{bmatrix} I & -X \\ 0 & I \end{bmatrix} \begin{bmatrix} A & W \\ 0 & A^T \end{bmatrix} \begin{bmatrix} I & X \\ 0 & I \end{bmatrix} = \begin{bmatrix} A & AX + XA^T + W \\ 0 & -A^T \end{bmatrix} = \begin{bmatrix} A & 0 \\ 0 & -A^T \end{bmatrix}.$$

Weiter folgt

$$\mathrm{sign}(M) = \mathrm{sign}\left(T \begin{bmatrix} A & 0 \\ 0 & -A^T \end{bmatrix} T^{-1} \right) = T \, \mathrm{sign}\left(\begin{bmatrix} A & 0 \\ 0 & -A^T \end{bmatrix} \right) T^{-1}$$

und wegen

$$\mathrm{sign}\left(\begin{bmatrix} A & 0 \\ 0 & -A^T \end{bmatrix} \right) = \begin{bmatrix} S_1 & 0 \\ 0 & S_2 \end{bmatrix}^{-1} \begin{bmatrix} -I_n & 0 \\ 0 & I_n \end{bmatrix} \begin{bmatrix} S_1 & 0 \\ 0 & S_2 \end{bmatrix} = \begin{bmatrix} -I_n & 0 \\ 0 & I_n \end{bmatrix}$$

gerade

$$\mathrm{sign}(M) = T \begin{bmatrix} -I_n & 0 \\ 0 & I_n \end{bmatrix} T^{-1} = \begin{bmatrix} I & X \\ 0 & I \end{bmatrix} \begin{bmatrix} -I_n & 0 \\ 0 & I_n \end{bmatrix} \begin{bmatrix} I & -X \\ 0 & I \end{bmatrix} = \begin{bmatrix} -I_n & 2X \\ 0 & I_n \end{bmatrix}.$$

Bestimmt man also die Matrix-Signumfunktion von M, so bestimmt man implizit die Lösung der Lyapunov-Gleichung (8.54). Dazu wendet man die Iteration (8.52) auf M an: $M_0 = M$, $M_{j+1} = \frac{1}{2}\left(M_j + M_j^{-1} \right)$, $j = 0, 1, 2, \ldots$. Da

$$M^{-1} = \begin{bmatrix} A^{-1} & A^{-1}WA^{-T} \\ 0 & -A^{-T} \end{bmatrix},$$

folgt

$$M + M^{-1} = \begin{bmatrix} A + A^{-1} & W + A^{-1}WA^{-T} \\ 0 & -A^T - A^{-T} \end{bmatrix} = \begin{bmatrix} \hat{A} & \hat{W} \\ 0 & -\hat{A}^T \end{bmatrix}.$$

Daher kann man die Iteration $M_{j+1} = \frac{1}{2}\left(M_j + M_j^{-1} \right)$ blockweise interpretieren

$$A_0 = A, \quad A_{j+1} = \frac{1}{2}\left(A_j + A_j^{-1} \right), \tag{8.55a}$$

$$W_0 = W, \quad W_{j+1} = \frac{1}{2}\left(W_j + A_j^{-1}W_j A_j^{-T} \right) \tag{8.55b}$$

für $j = 0, 1, 2, \ldots$. Als Abbruchkriterium für die Iteration verwendet man

$$\|A_j + I_n\|_F \leq \text{tol}$$

für eine kleine Toleranz tol.

Aus den obigen Überlegungen zur Netwon-Iteration (8.52) folgt

Theorem 8.23. *Für asymptotisch stabile A konvergiert die Newton-Iteration* (8.55), $A_j \to -I$ *und* $W_j \to 2X$.

Die Iteration (8.55) ist i.Allg. für große n speicherplatzintensiv, da in jedem Schritt zwei i.Allg. vollbesetzte $n \times n$ Matrizen A_{j+1} und W_{j+1} aufdatiert werden. Dies kann man durch einige Modifikationen des Vorgehens deutlich reduzieren. Konkret betrachten wir im Folgenden die Lyapunov-Gleichung $AP + PA^T + BB^T = 0$. A sei weiterhin asymptotisch stabil und B eine Matrix mit vollem Spaltenrang. Für die Modellreduktion mittels balancierten Abschneidens reicht es aus, eine Zerlegung von P in ein Produkt $P = LL^T$ mit irgendeiner Matrix L zu bestimmen. Dies nutzen wir im Folgenden aus und berechnen in (8.55b) statt der vollen Matrix W_k einen Cholesky-ähnlichen Faktor B_k mit $W_k = B_k B_k^T$. Dazu betrachten wir (8.55b) und verwenden $W_0 = W = BB^T = B_0 B_0^T$. Für die weiteren Iterierten ergibt sich

$$\begin{aligned} W_{j+1} &= \frac{1}{2}\left(W_j + A_j^{-1} W_j A_j^{-T}\right) \\ &= \frac{1}{2}\left(B_j B_j^T + A_j^{-1} B_j B_j^T A_j^{-T}\right) \\ &= \frac{1}{2}\left[B_j \quad A_j^{-1} B_j\right]\left[B_j \quad A_j^{-1} B_j\right]^T. \end{aligned}$$

Nun iteriert man statt W_j über B_j.

$$B_0 = B, \quad B_{j+1} = \frac{1}{\sqrt{2}}\left[B_j \quad A_j^{-1} B_j\right].$$

Die Iterierten B_j „wachsen" in jedem Schritt, $B_0 \in \mathbb{R}^{n \times m}$, $B_1 \in \mathbb{R}^{n \times 2m}$ und $B_j \in \mathbb{R}^{n \times 2jm}$. Der Speicherplatzbedarf verdoppelt sich also in jedem Iterationsschritt, liegt aber für kleine j i.Allg. deutlich unter dem von W_j. In der Praxis verwendet man deshalb eine rank-revealing QR-Zerlegung, um B_j stets auf eine Matrix mit vollem Rang zu verkürzen, siehe [21] und die Referenzen darin. Die B_j entsprechen offensichtlich nicht den Cholesky-Faktoren der Cholesky-Zerlegung $W_j = L_j L_j^T$ mit $L_j \in \mathbb{R}^{n \times n}$. Stattdessen liegt hier eine Zerlegung von W_j in Niedrig-Rang-Faktoren $B_j \in \mathbb{R}^{n \times 2jm}$ vor.

Ganz analog lässt sich eine Iteration zur Berechnung eines Niedrig-Rang-Faktors der Lösung Q der Lyapunov-Gleichung $A^T Q + QA + C^T C = 0$ herleiten. Insgesamt ergibt sich zur Berechnung von Niedrig-Rang-Faktoren von P und Q

$$A_0 = A, \quad A_{j+1} = \frac{1}{2}\left(A_j + A_j^{-1}\right),$$

$$B_0 = B, \quad B_{j+1} = \frac{1}{\sqrt{2}}\left[B_j \quad A_j^{-1}B_j\right], \quad j = 0, 1, 2, \ldots, \quad\quad (8.56)$$

$$C_0 = C, \quad C_{j+1} = \frac{1}{\sqrt{2}}\begin{bmatrix} C_j \\ C_j A_j^{-1} \end{bmatrix}.$$

Solange der Rank von B_j und C_j relativ klein ist, wird der Aufwand zur Berechnung hier durch die Berechnung der Inversen A_j^{-1} dominiert und beträgt daher $\approx n^3$ arithmetische Operationen.

Eine MATLAB-Implementierung der Matrix-Signumfunktionsmethode zur Lösung von Lyapunov-Gleichungen bzw. des die Matrix-Signumfunktionsmethode nutzende balancierten Abschneidens bietet die MORLAB Toolbox.

8.4.3   ADI-Methode

Die Methode der implizit alternierenden Richtungen (englisch Alternating-Direction-Implicit-Method, kurz ADI) wurde erstmals für die numerische Lösung von partiellen Differenzialgleichungen mittels finiter Differenzen vorgeschlagen [102]. Die Übertragung auf die Lösung von Lyapunov-Gleichungen geht auf [130] zurück. Zur Herleitung des Verfahrens zur Lösung einer Lyapunov-Gleichung $AX + XA^T = -BB^T$ betrachtet man die äquivalente Formulierung

$$AX = -XA^T - BB^T$$

und addiert ein (reelles) Vielfaches von X

$$(A + pI)X = -X(A^T - pI) - BB^T.$$

Da $X = X^T$ gilt, ist dies äquivalent zu

$$(A + pI)X = -X^T(A^T - pI) - BB^T.$$

Nun iteriert man ausgehend von $X_0 = 0$ wie folgt:

$$\begin{aligned} (A + p_j I)X_{j-\frac{1}{2}} &= -BB^T - X_{j-1}(A^T - p_j I), \\ (A + p_j I)X_j &= -BB^T - X_{j-\frac{1}{2}}^T(A^T - p_j I) \end{aligned} \quad\quad (8.57)$$

für $j = 1, 2, \ldots$. Die reellen ADI-Parameter p_j müssen offensichtlich so gewählt werden, dass $A + p_j I$ regulär ist. Für asymptotisch stabile A ist dies immer gegeben, wenn $p_j < 0$ gilt. Offensichtlich sind $X_{j-\frac{1}{2}}$ und X_j reell. Zudem ist $X_{j-\frac{1}{2}}$ i. d. R.

nicht symmetrisch, X_j hingegen schon. Dies sieht man wie folgt. Aus der ersten Gleichung in (8.57) ergibt sich

$$X_{j-\frac{1}{2}} = -(A + p_j I)^{-1} B B^T - (A + p_j I)^{-1} X_{j-1} (A^T - p_j I),$$

d. h.,

$$X^T_{j-\frac{1}{2}} = -B B^T (A^T + p_j I)^{-1} - (A - p_j I) X^T_{j-1} (A^T + p_j I)^{-1}.$$

Einsetzen in die zweite Gleichung aus (8.57) liefert

$$(A + p_j I) X_j = -B B^T + B B^T (A^T + p_j I)^{-1} (A^T - p_j I)$$
$$+ (A - p_j I) X^T_{j-1} (A^T + p_j I)^{-1} (A^T - p_j I).$$

Wegen

$$(A^T + p I)^{-1} (A^T - p I) = (A^T - p I)(A^T + p I)^{-1} \tag{8.58}$$

folgt weiter

$$(A + p_j I) X_j = -B B^T + B B^T (A^T - p_j I)(A^T + p_j I)^{-1}$$
$$+ (A - p_j I) X^T_{j-1} (A^T - p_j I)(A^T + p_j I)^{-1}$$
$$= -B B^T (A^T + p_j I)(A^T + p_j I)^{-1} + B B^T (A^T - p_j I)(A^T + p_j I)^{-1}$$
$$+ (A - p_j I) X^T_{j-1} (A^T - p_j I)(A^T + p_j I)^{-1}$$
$$= \left(-B B^T (A^T + p_j I) + B B^T (A^T - p_j I) \right)(A^T + p_j I)^{-1}$$
$$+ (A - p_j I) X^T_{j-1} (A^T - p_j I)(A^T + p_j I)^{-1}$$
$$= -2 p_j B B^T (A^T + p_j I)^{-1} + (A - p_j I) X^T_{j-1} (A^T - p_j I)(A^T + p_j I)^{-1}$$

und daher

$$X_j = -2 p_j (A + p_j I)^{-1} B B^T (A^T + p_j I)^{-1}$$
$$+ (A + p_j I)^{-1} (A - p_j I) X^T_{j-1} (A^T - p_j I)(A^T + p_j I)^{-1}. \tag{8.59}$$

Für ein reelles und symmetrisches X_0 folgt sofort, dass, wie behauptet, X_j symmetrisch ist.

Es ist möglich (und für eine schnellere Konvergenz sinnvoll), nicht nur reelle ADI-Parameter p_j, sondern auch komplexwertige p_j zuzulassen. In dem Falle ändert sich die ADI-Iteration zu

$$(A + p_j I) X_{j-\frac{1}{2}} = -B B^T - X_{j-1} (A^T - p_j I),$$
$$(A + p_j I) X^H_j = -B B^T - X^H_{j-\frac{1}{2}} (A^T - p_j I) \tag{8.60}$$

für $j = 1, 2, \ldots$. Für asymptotisch stabile A garantiert die Wahl $\mathrm{Re}(p_j) < 0$, dass die beiden Gleichungssysteme eindeutig lösbar sind. Fasst man wie eben die beiden Gleichungen zusammen, so ergibt sich

$$
\begin{aligned}
X_j^H = {} &-2\,\mathrm{Re}(p_j)(A + p_j I)^{-1} B B^T (A^T + \overline{p}_j I)^{-1} \\
&+ (A + p_j I)^{-1}(A - \overline{p}_j I) X_{j-1}^H (A^T - p_j I)(A^T + \overline{p}_j I)^{-1}.
\end{aligned}
\tag{8.61}
$$

Ausgehend von einem reellen und symmetrischen X_0 ist das resultierende X_j daher komplexwertig und Hermitesch. Verwendet man im nächsten Schritt $\overline{p}_j$ als Parameter, so zeigen die folgenden Überlegungen, dass X_{j+1} reell und symmetrisch ist. Ausgehend von X_j (8.61) nutzen wir im nächsten Iterationsschritt den ADI-Parameter $\overline{p}_j$,

$$
\begin{aligned}
(A + \overline{p}_j I) X_{j+\frac{1}{2}} &= -B B^T - X_j (A^T - \overline{p}_j I), \\
(A + \overline{p}_j I) X_{j+1}^H &= -B B^T - X_{j+\frac{1}{2}}^H (A^T - \overline{p}_j I),
\end{aligned}
$$

so ergibt sich

$$
\begin{aligned}
X_{j+1}^H = {} &-2\,\mathrm{Re}(p_j)(A + \overline{p}_j I)^{-1} B B^T (A^T + p_j I)^{-1} \\
&+ (A + \overline{p}_j I)^{-1}(A - p_j I) X_j^H (A^T - \overline{p}_j I)(A^T + p_j I)^{-1}.
\end{aligned}
\tag{8.62}
$$

Setzt man nun X_j^H ein, setzt sich X_{j+1}^H aus den beiden Summanden

$$
\begin{aligned}
&-2\,\mathrm{Re}(p_j)(A + \overline{p}_j I)^{-1} \Big\{ B B^T + \\
&\qquad (A - p_j I)(A + p_j I)^{-1} B B^T (A^T + \overline{p}_j I)^{-1}(A^T - \overline{p}_j I) \Big\} (A^T + p_j I)^{-1} \\
={} &-2\,\mathrm{Re}(p_j)(A + \overline{p}_j I)^{-1} \Big\{ B B^T + \\
&\qquad (A + p_j I)^{-1}(A - p_j I) B B^T (A^T - \overline{p}_j I)(A^T + \overline{p}_j I)^{-1} \Big\} (A^T + p_j I)^{-1} \\
={} &-2\,\mathrm{Re}(p_j)(A + \overline{p}_j I)^{-1}(A + p_j I)^{-1} \Big\{ (A + p_j I) B B^T (A^T + \overline{p}_j I) + \\
&\qquad (A - p_j I) B B^T (A^T - \overline{p}_j I) \Big\} (A^T + \overline{p}_j I)^{-1}(A^T + p_j I)^{-1}
\end{aligned}
$$

und

$$
\begin{aligned}
&(A + \overline{p}_j I)^{-1}(A - p_j I)(A + p_j I)^{-1}(A - \overline{p}_j I) X_{j-1}^H \cdot \\
&\qquad \cdot (A^T - p_j I)(A^T + \overline{p}_j I)^{-1}(A^T - \overline{p}_j I)(A^T + p_j I)^{-1} \\
={} &(A + \overline{p}_j I)^{-1})(A + p_j I)^{-1}(A - p_j I)(A - \overline{p}_j I) X_{j-1}^H \cdot \\
&\qquad \cdot (A^T - p_j I)(A^T - \overline{p}_j I)(A^T + \overline{p}_j I)^{-1}(A^T + p_j I)^{-1}
\end{aligned}
$$

zusammen, wobei beim Umformen die Kommutativität (8.58) genutzt wurde. Da

$$(A - p_j I)(A - \overline{p}_j I) = A^2 - 2\operatorname{Re}(p)A + |p|^2 I \in \mathbb{R}^{n \times n}$$

und

$$(A + p_j I)BB^T(A^T + \overline{p}_j I) + (A - p_j I)BB^T(A^T - \overline{p}_j I)$$
$$= 2(ABB^T A^T + |p|^2 I) \in \mathbb{R}^{n \times n},$$

ist $X_{j+1} \in \mathbb{R}^{n \times n}$ und symmetrisch, falls X_0 reell und symmetrisch gewählt wird. Nutzt man also komplexe Shifts p_j immer in komplex-konjugierten Paaren $(p_j, \overline{p}_j)$ in aufeinander folgenden Schritten, so bleibt die gesamte Berechnung reellwertig.

Die ADI-Parameter p_j können daher entweder reell oder als Teil eines komplex-konjugierten Paares gewählt werden. Angenommen es werden insgesamt J Iterationsschritte durchgeführt, um das finale X_J zu berechnen. Dann muss die Menge der ADI-Parameter $\mathscr{P} = \{p_1, p_2, \ldots, p_J\}$ abgeschlossen unter Konjugation ($\mathscr{P} = \overline{\mathscr{P}}$) sein und sie müssen in der folgenden Form angeordnet sein:

$$\{p_1, p_2, \ldots, p_J\} = \{\mu_1, \mu_2, \ldots, \mu_L\}, \qquad L \leq J,$$

wobei μ_j entweder eine reelle Zahl $\mu_j = p_j$ oder ein Paar komplex-konjugierter Zahlen $\mu_j = \{p_j, p_{j+1} = \overline{p}_j\}$ für $j = 1, \ldots, L$ ist. Man nennt solche Mengen von ADI-Parametern *zulässig*.

Die optimalen ADI-Parameter lösen das rationale Minmax-Problem

$$\min_{p_1, \ldots, p_J} \max_{x \in \Omega} \left| \prod_{j=1}^{J} \frac{p_j - x}{p_j + x} \right|,$$

wobei Ω ein Gebiet der offenen linken Halbebene $\mathbb{C}_-$ ist, welches die Eigenwerte von A beinhaltet, $\Lambda(A) \subset \Omega \subset \mathbb{C}_-$. Falls die Eigenwerte von A alle rein reell sind ($\Lambda(A) \subset \mathbb{R}_-$), dann ist die Lösung des Minmax-Problems bekannt. Ist Ω ein beliebiges Gebiet in $\mathbb{C}_-$, dann ist die Lösung nicht bekannt. Es gibt etliche Vorschläge für eine (fast-optimale) heuristische Wahl der p_j, welche häufig bekannte zusätzliche Eigenschaften von A berücksichtigen. Eine Diskussion der Wahl der ADI-Parameter findet man in [17, 129]. Die Wahl der ADI-Parameter ist essentiell für die Konvergenz des Verfahrens.

Die Iterationen (8.57) bzw. (8.60) sind recht zeitaufwändig, da zwei Matrix-Matrix-Multiplikationen mit $n \times n$ Matrizen für die Auswertung der rechten Seite durchgeführt werden müssen und zwei Gleichungssysteme mit $n \times n$ Matrizen zu lösen sind. Um diesen Aufwand zu verringern, wird A zunächst auf Tridiagonalgestalt transformiert. Damit ergibt sich ein Aufwand von $\approx n^3$ arithmetischen Operationen für die Vorabreduktion von A und $\approx J n^2$ arithmetische Operationen für die J Iterationsschritte, insgesamt vergleichbar mit dem Aufwand für Bartels-Stewart-Methode und Hammarling's Methode. Allerdings ist die Reduktion von nichtsymmetrischen Matrizen A auf Tridiagonalgestalt numerisch nicht stabil.

Um den Aufwand deutlich zu reduzieren, nutzt man die folgende Beobachtung. Aus (8.59) folgt

$$\text{rang}(X_j) \le \text{rang}(BB^T) + \text{rang}(X_{j-1}).$$

Für die übliche Wahl $X_0 = 0$ ergibt sich konkret

$$\text{rang}(X_1) \le \text{rang}(BB^T) =: r_b \le m,$$
$$\text{rang}(X_2) \le 2 \cdot r_b,$$
$$\vdots$$
$$\text{rang}(X_j) \le j \cdot r_b,$$

wobei r_b die Anzahl der linear unabhängigen Spalten von B ist ($r_b \le m$). Daher kann jedes reelle und symmetrische X_j stets als Cholesky-ähnliche Zerlegung

$$X_j = Z_j Z_j^T \text{ mit } Z_j \in \mathbb{R}^{n \times j r_b}$$

mit einem Niedrig-Rang-Faktor Z_j dargestellt werden. Einsetzen in (8.59) ergibt

$$Z_0 = 0,$$
$$Z_j Z_j^T = -2p_j \left((A + p_j I)^{-1} B \right) \left((A + p_j I)^{-1} B \right)^T$$
$$+ \left((A + p_j I)^{-1} (A - p_j I) Z_{j-1} \right) \left((A + p_j I)^{-1} (A - p_j I) Z_{j-1} \right)^T$$

bzw.

$$Z_j = \left[\sqrt{-2p_j} \, (A + p_j I)^{-1} B \quad (A + p_j I)^{-1} (A - p_j I) Z_{j-1} \right].$$

Die ADI-Iteration kann also umgeschrieben werden, sodass statt X_j direkt der Niedrig-Rang-Faktor Z_j berechnet wird. Man beachte, dass $Z_j Z_j^T$ nicht der tatsächlichen Cholesky-Zerlegung von X_j entspricht, sondern eine andere (hier sofort ablesbare) Zerlegung liefert.

Offensichtlich gilt, da für reelle negative p_j die Wurzeln $\sqrt{-2p_j}$ reell sind,

$$Z_1 = \left[\sqrt{-2p_1} \, (A + p_1 I)^{-1} B \right] \in \mathbb{R}^{n \times m},$$
$$Z_2 = \left[\sqrt{-2p_2} \, (A + p_2 I)^{-1} B \quad (A + p_2 I)^{-1} (A - p_2 I) Z_1 \right] \in \mathbb{R}^{n \times 2m},$$
$$\vdots$$
$$Z_j = \left[\sqrt{-2p_j} \, (A + p_j I)^{-1} B \quad (A + p_j I)^{-1} (A - p_j I) Z_{j-1} \right] \in \mathbb{R}^{n \times jm},$$

wobei wir $r_b = m$ angenommen haben. In dieser Formulierung muss in jedem Iterationsschritt der Niedrig-Rang-Faktor $Z_{j-1} \in \mathbb{R}^{n \times (j-1)m}$ mit $(A + p_j I)^{-1}(A - p_j I)$ multipliziert werden, d. h., die Zahl der Spalten, die modifiziert werden, erhöht sich pro Iterationsschritt um m.

Die folgende Beobachtung erlaubt es, die Zahl der zu modifizierenden Spalten pro Iterationsschritt konstant zu halten. Z_j kann explizit angegeben werden,

$$Z_j = \begin{bmatrix} v_j S_j B & v_{j-1}(S_j T_j) S_{j-1} B & \dots & v_1(S_j T_j) \cdots (S_2 T_2) S_1 B \end{bmatrix}$$

mit $S_i = (A + p_i I)^{-1}$, $T_i = (A - p_i I)$ und $v_i = \sqrt{-2p_i}$. Die Matrizen S_i und T_i kommutieren, $S_i S_j = S_j S_i$, $T_i T_j = T_j T_i$ und $S_i T_j = T_j S_i$ für alle $i, j = 1, \dots, J$. Daher kann man Z_j umschreiben als

$$\begin{aligned} Z_j &= \begin{bmatrix} v_j S_j B & v_{j-1}(S_{j-1} T_j) S_j B & \dots & v_1(S_1 T_2) \cdots (S_{j-1} T_j) S_j B \end{bmatrix} \\ &= \begin{bmatrix} z_j & P_{j-1} z_j & P_{j-2} P_{j-1} z_j & \dots & P_1 P_2 \cdots P_{j-1} z_j \end{bmatrix} \end{aligned}$$

mit

$$z_j = \sqrt{-2p_j} S_j B = \sqrt{-2p_j}(A + p_j I)^{-1} B$$

und

$$P_\ell = \frac{\sqrt{-2p_\ell}}{\sqrt{-2p_{\ell+1}}} S_\ell T_{\ell+1} = \frac{\sqrt{-2p_\ell}}{\sqrt{-2p_{\ell+1}}} \left(I - (p_\ell + p_{\ell+1})(A + p_\ell I)^{-1} \right)$$

für $\ell = 1, \dots, j - 1$. Betrachtet man nun das finale X_J, so sind ausgehend von z_J in jedem Schritt gerade m Spalten zu modifizieren. Der wesentliche Aufwand besteht nun im Lösen des Gleichungssystems mit $(A + p_\ell I)$ mit m rechten Seiten.

Die bisherigen Überlegung gingen von (8.59) und reellen ADI-Parametern aus. Eine analoge Überlegung für den Fall komplex-konjugierter Paare von ADI-Parametern p_j, $p_{j+1} = \overline{p}_j$ führt auf den Algorithmus 7. Dabei wurde die Reihenfolge der ADI-Parameter umgekehrt. Die auftretenden Gleichungssysteme können mit einem der gängigen Verfahren gelöst werden. Einen Überblick über iterative oder direkte Verfahren findet man z. B. in [35, 80, 96, 114, 127].

Algorithmus 7 ADI-Algorithmus

Eingabe: $A \in \mathbb{R}^{n \times n}$, $B \in \mathbb{R}^{n \times m}$.
Ausgabe: Niedrig-Rang-Faktor Z_J der Lösung $X = X^T$ der Lyapunov-Gleichung $AX + XA^T = -BB^T$.
1: Wähle eine zulässige Menge $\mathscr{P} = \{p_1, p_2, \dots, p_J\}$.
2: Löse $(A + p_1 I)Y_1 = B$.
3: Setze $Z_1 = \sqrt{-2\,\mathrm{Re}(p_1)}\, Y_1$.
4: **for** $k = 2, 3, \dots, J$ **do**
5:    Löse $(A + p_k I)Y = Y_{k-1}$.
6:    Setze $Y_k = Y_{k-1} - (p_k + \overline{p}_{k-1})Y$.
7:    Setze $Z_k = \begin{bmatrix} Z_{k-1} & \sqrt{-2\,\mathrm{Re}(p_k)}\, Y_k \end{bmatrix}$.
8: **end for**

Allerdings verwendet man das ADI-Verfahren heutzutage meist nicht mehr in der Grundform wie in Algorithmus 7 angegeben. Betrachtet man das Residuum der zu lösenden Lyapunov-Gleichung im k-ten Schritt der ADI Iteration,

$$\mathscr{R}(Z_k Z_k^H) = A Z_k Z_k^H + Z_k Z_k^H A^T + B B^T, \tag{8.63}$$

so lässt sich zeigen, dass $\mathscr{R}(Z_k Z_k^H)$ eine positiv semidefinte Matrix mit einem Rang $\leq m$ ist. Hierbei haben wir die komplexe Konjugation von Z_k verwendet, da sich bei der Wahl einer zulässigen Menge $\mathscr{P}$ zwar ergibt, dass Z_J reell sein muss, aber die Iterierten sind bei komplexen Shifts $p_k \in \mathbb{C}$ teilweise komplexwertig.

Die behaupteten Eigenschaften des Residuums sieht man nun wie folgt: Mit der Notation von oben definieren wir zunächst

$$\mathscr{C}(A, p_j) := S_j T_j = (A + p_j I)^{-1}(A - p_j I), \tag{8.64}$$

wobei sich hier die Notation aus der Tatsache ergibt, dass es sich bei (8.64) um die *Cayley-Transformation* der Matrix A mit dem Parameter p_j handelt. Damit kann man die Differenz zwischen der exakten Lösung X der Lyapunov-Gleichung und der ADI-Iterierten darstellen als

$$X - Z_k Z_k^H = \left(\prod_{j=1}^{k} \mathscr{C}(A, p_j) \right) \mathscr{R}(Z_0 Z_0^H) \left(\prod_{j=1}^{k} \mathscr{C}(A, p_j) \right)^H. \tag{8.65}$$

Da $Z_0 = 0$ gilt, folgt mit $\mathscr{R}(Z_0 Z_0^H) = B B^T$ sofort die Behauptung, dass das Residuum eine positiv semidefinite Matrix mit $\operatorname{rang}(\mathscr{R}(Z_k Z_k^H)) \leq m$ ist. Man kann also für jedes $k \geq 1$ eine Matrix $W_k \in \mathbb{C}^{n \times m_k}$ mit $m_k \leq m$ finden, sodass $\mathscr{R}(Z_k Z_k^H) = W_k W_k^H$ gilt. Desweiteren kann man aus (8.65) sofort eine mögliche Wahl für W_k folgern, nämlich

$$W_k := \Pi_{j=1}^{k} \mathscr{C}(A, p_j) B.$$

Hieraus ergibt sich auch sofort, dass $\operatorname{rang}(W_k) = m$, wenn man die Shifts disjunkt zum Spektrum von A wählt, da dann alle T_j vollen Rang besitzen. (Das an der imaginären Achse gespiegelte Spektrum muss ohnehin ausgeschlossen werden, damit die S_j existieren.)

Betrachtet man nun die Inkremente Y_k der ADI Iteration, so sieht man, dass

$$Y_k = S_k \Pi_{j=1}^{k-1} \mathscr{C}(A, p_j) B = S_k W_{k-1}$$

gilt. Weiterhin folgt

$$\begin{aligned} W_k &= T_k V_k = T_k S_k W_{k-1} \\ &= \left(I_n - (p_j + \overline{p_j}) S_k \right) W_{k-1} \\ &= W_{k-1} - 2 \operatorname{Re}(p_k) Y_k. \end{aligned}$$

Mithilfe dieser Formeln erhält man die Variante des Algorithmus 8 für die ADI Iteration zur Lösung von Lyapunov-Gleichungen mit asymptotisch stabiler Koeffizentenmatrix A. Da man nun auch eine explizite Formel für das Residuum hat, kann man darauf basierend ein einfaches und leicht zu berechnendes Abbruchkriterium formulieren, das wir in dieser Variante der ADI Iteration integriert haben. Desweitern ist zu beachten, dass wir auch hier davon ausgehen, dass die Menge der Shifts zulässig ist. Werden mehr Shifts benötigt als in der Menge $\mathscr{P}$ enthalten sind, so wendet man die Shifts zyklisch an. Weitere, in Algorithmus 8 nicht dargestellte, Verbesserungen ergeben sich daraus, dass durch geeignete Umstellungen komplexe Arithmetik weitestgehend vermieden werden kann, was wir hier aber nicht näher ausführen können. Für Details, siehe [16]. Zudem gibt es inzwischen Varianten, die Shifts in jedem Iterationsschritt aufgrund der aktuellen Situation „quasi-optimal" auszuwählen, siehe [86]. Man beachte, dass die in den numerischen Beispielen verwendeten Implementierungen von Algorithmus 8 diese Verfeinerungen verwenden.

Algorithmus 8 ADI-Algorithmus

Eingabe: $A \in \mathbb{R}^{n \times n}$, $B \in \mathbb{R}^{n \times m}$, Toleranz $0 < \tau \ll 1$.
Ausgabe: Niedrig-Rang-Faktor Z_k der Lösung $X = X^T$ der Lyapunov-Gleichung $AX + XA^T = -BB^T$.
1: Wähle eine zulässige Menge $\mathscr{P} = \{p_1, p_2, \ldots, p_J\}$.
2: Setze $W_0 = B, k = 0$.
3: **while** $\|W_k\|_F > \tau \|B\|_F$ **do**
4:    Löse $(A + p_k I) Y_k = W_{k-1}$.
5:    Setze $W_k = W_{k-1} - 2 \operatorname{Re}(p_k) Y_k$.
6:    Setze $Z_k = \begin{bmatrix} Z_{k-1} & \sqrt{-2 \operatorname{Re}(p_k)} Y_k \end{bmatrix}$.
7: **end while**

8.4.4 Projektionsbasierte Verfahren

Eine weitere Klasse von Verfahren, die einen Niedrig-Rang-Faktor der Lösung einer Lyapunov-Gleichung berechnet, projiziert zunächst die Lyapunov-Gleichung

$$AX + XA^T + BB^T = 0$$

auf eine niedrigdimensionalere und löst diese dann mit einem der bislang besprochenen Verfahren. Dies wurde erstmals in [113] vorgeschlagen, siehe auch [118].

Die Grundidee dieser Verfahrensklasse lässt sich wie folgt zusammenfassen. Zunächst wird hier ein Unterraum $\mathscr{Z} \subset \mathbb{R}^n$ der Dimension ℓ ausgewählt und eine orthonormale Basis $\{z_1, \ldots, z_\ell\}$ für diesen bestimmt. Mit $Z = \begin{bmatrix} z_1 & z_2 & \cdots & z_\ell \end{bmatrix} \in \mathbb{R}^{n \times \ell}$ bildet man $\hat{A} = Z^T A Z$ und $\hat{B} = Z^T B$ und betrachtet dann die Lyapunov-Gleichung

$$\hat{A}\hat{X} + \hat{X}\hat{A}^T + \hat{B}\hat{B}^T = 0.$$

Nachdem die Lösung $\hat{X}$ berechnet wurde, verwendet man $X_\ell = Z\hat{X}Z^T$ als Näherung an X.

Für die Wahl von $\mathscr{L}$ finden sich verschiedene Vorschläge in der Literatur. In [113] wird die Wahl eines Krylov-Raums für $\mathscr{L}$

$$\mathscr{L} = \mathscr{K}_t(A, B) = \operatorname{span}\{B, AB, A^2B, \ldots, A^{t-1}B\}$$

getroffen. Dies führt allerdings häufig nicht zu zufriedenstellender Approximation von X. In [117] wird die Verwendung des erweiterten Krylov-Raums

$$\mathscr{L} = \mathscr{K}_t(A, B) \cup \mathscr{K}_t(A^{-1}, A^{-1}B)$$

vorgeschlagen. Noch allgemeiner ist die Wahl

$$\mathscr{L} = \operatorname{span}\left\{(s_1I - A)^{-1}B, (s_2I - A)^{-1}(s_1I - A)^{-1}B, \ldots, \left(\prod_{j=1}^{t}(s_jI - A)^{-1}\right)B\right\}$$

mit Shiftparametern s_j in [41]. Offensichtlich sind die s_j so zu wählen, dass $s_jI - A$ regulär ist. Mehr zur Wahl der Shiftparameter findet man in [41,42]. Bei einer speziellen Wahl der Shiftparameter s_j und der ADI-Parameter kann man mit dem Verfahren hier dieselbe Lösung der Lyapunov-Gleichung erhalten wie mit der ADI-Methode, siehe [41].

8.4.5 Weitere Verfahren

Wie schon erwähnt ist für große Probleme das explizite Aufstellen und Lösen des tensorisierten Gleichungssystems (8.41) nicht durchführbar. In den letzten Jahren wurden allerdings Verfahren entwickelt, welche die Tensor-Struktur des Gleichungssystems ausnutzen [8,84,85]. Eine genauere Darstellung dieses Ansatzes würde jedoch den Rahmen dieses Buchs sprengen, und i.Allg. liefern diese Methoden auch keine Vorteile für die hier betrachteten „einfachen" Matrixgleichungen.

8.5 Beispiele

Mit den folgenden Beispielen illustrieren wir die in diesem Kapitel vorgestellten Verfahren zur Modellreduktion mit dem balancierten Abschneiden und zur Lösung der zugehörigen Lyapunov-Gleichungen.

Beispiel 8.24 (vgl. Beispiel 6.4). Als erstes Beispiel betrachten wir das Servicemodul 1R der International Space Station aus Abschn. 3.3. Nach dem Laden müssen wir hier die Systemmatrizen in dichtbesetzte Datenmatrizen verwandeln, da die im Folgenden verwendeten MATLAB-Funktionen nur für vollbesetzte Matrizen definiert sind:

```
>> load('iss1r.mat')
>> A=full(A); B=full(B); C=full(C);
```

Dann berechnen wir mit dem Bartels-Stewart-Verfahren die beiden Gramschen des zugehörigen LZI-Systems mittels der MATLAB-Funktion `lyap` (d. h., mit der in MATLAB implementierten Variante von Algorithmus 6):

```
>> P = lyap(A,B*B');
>> Q = lyap(A',C'*C);
```

Da wir die exakte Lösung nicht kennen, nehmen wir als Maß für die Genauigkeit hier das jeweilige Residuum

$$\mathscr{R}_s(\tilde{P}) = A\tilde{P} + \tilde{P}A^T + BB^T \quad \text{bzw.} \quad \mathscr{R}_b(\tilde{Q}) = A^T\tilde{Q} + \tilde{Q}A + C^TC, \quad (8.66)$$

welches angibt, wie gut die berechneten numerischen Approximationen $\tilde{P}$ bzw. $\tilde{Q}$ an P bzw. Q die Lyapunov-Gleichungen erfüllen. In der Frobeniusnorm ergibt sich

$$\|\mathscr{R}_s(\tilde{P})\|_F \approx 2{,}8 \cdot 10^{-12} \quad \text{bzw.} \quad \|\mathscr{R}_b(\tilde{Q})\|_F \approx 1{,}1 \cdot 10^{-17}.$$

Die Matrix-Signumfunktionsmethode für Lyapunov-Gleichungen wie in (8.55) (mit Skalierung zur Konvergenzbeschleunigung) ist in MORLAB in `ml_lyap_sgn` implementiert. Die Argumente in der „default" Version des Funktionsaufrufs sind analog zu `lyap`. Wir berechnen Approximationen an die beiden Gramschen des Systems also mit

```
>> Psgn = ml_lyap_sgn(A,B*B');
>> Qsgn = ml_lyap_sgn(A',C'*C);
```

Man kann P, Q auch gleichzeitig analog zu (8.56) mit

```
>> [Psgn,Qsgn] = ml_lyapdl_sgn(A,B*B',C'*C);
```

berechnen, was für die Anwendung beim balancierten Abschneiden vorteilhaft ist, wobei man aber eher direkt die faktorisierte Variante wie in (8.56) verwendet. Unabhängig davon, ob man `ml_lyap_sgn` oder `ml_lyapdl_sgn` wählt, ergeben sich dann die Residuen zu

$$\|\mathscr{R}_s(\tilde{P}_{\text{sgn}})\|_F \approx 1{,}2 \cdot 10^{-13} \quad \text{bzw.} \quad \|\mathscr{R}_b(\tilde{Q}_{\text{sgn}})\|_F \approx 6{,}2 \cdot 10^{-15}.$$

Hierbei sind $\tilde{P}_{\text{sgn}}$, $\tilde{Q}_{\text{sgn}}$ wieder die durch `ml_lyap_sgn` numerisch berechneten Approximationen an die Gramschen.

Die Konvergenzkurve der Matrix-Signumfunktionsmethode für dieses Beispiel ist in Abb. 8.2 dargestellt. Man erkennt den typischen Verlauf eines quadratisch konvergenten Verfahrens ca. ab Iteration $k = 18$, wo der Einzugsbereich quadratischer

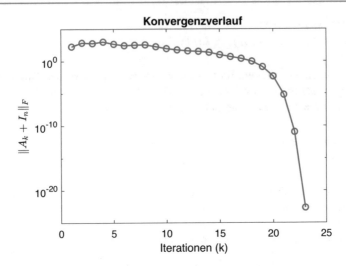

Abb. 8.2 Beispiel 8.24: Konvergenz der Matrix-Signumfunktionsmethode bei der Lösung der Lyapunov-Gleichungen zur Bestimmung der Gramschen des LZI-Systems.

Konvergenz ($\|A_k+I_n\|_F < 1$) erreicht wird.[2] Man beachte hierbei, dass sich die Konvergenzkurven für die beiden Iterationen bei getrenntem Aufruf mit `ml_lyap_sgn` bzw. bei gekoppelter Iteration mit `ml_lyapdl_sgn` nicht unterscheiden, da in allen Fällen nur die Konvergenz „$A_k \to \text{sign}(A)$" beim Abbruchkriterium betrachtet wird.

Wie bereits oben erwähnt, werden beim balancierten Abschneiden die faktorisierten Varianten der Lyapunov-Löser, also das Hammarling-Verfahren (als faktorisierte Variante der Bartels-Stewart-Methode) oder die faktorisierte Signumfunktionsmethode (8.56) eingesetzt, da man sich damit Schritt 2 in Algorithmus 5 sparen kann. Dabei beachte man, dass das Hammarling-Verfahren quadratische Cholesky-Faktoren der Gramschen liefert, während die Iteration (8.56) i. d. R. rechteckige Niedrigrang-Faktoren berechnet. Mit der MATLAB-Implementierung des Hammarling-Verfahrens

```
>> S = lyapchol(A,B);   R = lyapchol(A',C');
```

ergibt sich

$$\|\mathscr{R}_s(\tilde{S}^T \tilde{S})\|_F \approx 2{,}3 \cdot 10^{-14} \quad \text{bzw.} \quad \|\mathscr{R}_b(\tilde{R}^T \tilde{R})\|_F \approx 6{,}3 \cdot 10^{-15}.$$

Mit MORLAB erhält man, diesmal mit der gekoppelten Iteration gerechnet,

```
>> [Ssgn,Rsgn,info] = ml_lyapdl_sgn_fac(A,B,C);
```

---

[2]Die absoluten Fehler $\|A_k + I_n\|_F$ erhält man z. B. in MORLAB, wenn man das zusätzliche Ausgabeargument `info` nutzt, also z. B. durch `[P,info] = ml_lyap_sgn(A,B*B')`;. Den Plot erhält man dann mit `semilogy(info.AbsErr,'b-o')` (ohne Achsenbeschriftungen).

die Residuen

$$\|\mathscr{R}_s(\tilde{S}_{\mathrm{sgn}}\tilde{S}_{\mathrm{sgn}}^T)\|_F \approx 1{,}4 \cdot 10^{-12} \quad \text{bzw.} \quad \|\mathscr{R}_b(\tilde{R}_{\mathrm{sgn}}\tilde{R}_{\mathrm{sgn}}^T)\|_F \approx 7{,}6 \cdot 10^{-15}.$$

Hierbei ist zu beachten, dass wieder dieselbe Konvergenzkurve wie in Abb. 8.2 erzeugt wird, und dass die faktorisierten Lyapunov-Löser in MORLAB die Faktoren so zurückgeben, dass $P \approx \tilde{S}_{\mathrm{sgn}}\tilde{S}_{\mathrm{sgn}}^T$ und $Q \approx \tilde{R}_{\mathrm{sgn}}\tilde{R}_{\mathrm{sgn}}^T$ – im Gegensatz zu MATLAB, wo $P \approx \tilde{S}^T\tilde{S}$ und $Q \approx \tilde{R}^T\tilde{R}$ gilt.

Zur Illustration des balancierten Abschneidens berechnen wir zunächst ein reduziertes Modell mit MORLAB. Dazu wenden wir die Funktion `ml_ct_ss_bt` mit Default-Einstellungen auf das mit `sys=ss(A,B,C,0);` erzeugte LZI-Objekt an:

```
>> [rom,info] = ml_ct_ss_bt(sys);
```

Hierbei wird die Ordnung des reduzierten Modells aufgrund der voreingestellten Toleranz 0.01 für den absoluten Fehler der Übertragungsfunktion in der H_∞-norm anhand von (8.28) bestimmt. Abb. 8.3 zeigt den Bode-(Amplituden)-Plot für das volle und reduzierte Modell. Man sieht, dass die wesentlichen Strukturen der Übertragungsfunktion gut approximiert werden, größere Abweichungen aber unterhalb des Bereichs von 100 dB der I/O-Funktionen vorkommen. Die mit den berechneten Hankelsingulärwerten ausgewertete und auf fünf Stellen gerundete Fehlerschranke (8.28) ergibt einen Wert von 0,0099864. Da aufgrund der Berechnung der Niedrigrangfaktoren bei der faktorisierten Signumfunktionsmethode nicht alle Hankelsingulärwerte berechnet werden (hier: 249 statt 270), stellt dieser Wert lediglich eine Approximation an die rechte Seite in (8.28) dar. I.d.R. sind aber die fehlenden Hankelsingulärwerte entweder null oder so klein, dass sie vernachlässigt werden können. In diesem Beispiel addieren sich die fehlenden 21 Hankelsingulärwerte zu $0{,}27099 \cdot 10^{-16}$. Hierbei wurden alle n Hankelsingulärwerte mit den durch das Hammarling-Verfahren berechneten (quadratischen) Cholesky-Faktoren bestimmt gemäß `hsv_all=svd(S*R')` (vgl. Schritt 2 in Algorithmus 5). In Abb. 8.4, rechts, sind die mit dem Hammarling-Verfahren und der Signumfunktionsmethode berechneten Hankelsingulärwerte dargestellt. Man erkennt, dass erst bei sehr kleinen, numerisch vernachlässigbaren Werten sichtbare Abweichungen auftreten.

Im Vergleich mit den beim modalen Abschneiden erzeugten reduzierten Modellen für dasselbe Beispiel, siehe Abb. 6.4 und 6.7, sieht man in Abb. 8.3, dass die Approximationsgüte in verschiedenen Frequenzbereichen besser oder schlechter sein kann. Für die Übertragungsfunktion G_{22} des mit balanciertem Abschneiden berechneten reduzierten Modells der Ordnung $r = 22$ ergibt sich ein absoluter bzw. relativer Fehler von

$$\|G - \hat{G}_{22}\|_{\mathscr{H}_\infty} \approx 0{,}11199 \cdot 10^{-2} \quad \text{bzw.} \quad \frac{\|G - \hat{G}_{22}\|_{\mathscr{H}_\infty}}{\|G\|_{\mathscr{H}_\infty}} \approx 0{,}96637 \cdot 10^{-2},$$

also um einen Faktor von ungefähr 10 kleinere Werte als für das mit modalem Abschneiden berechnete Modell der Ordnung $r = 74$. Das mit dominanten Polen

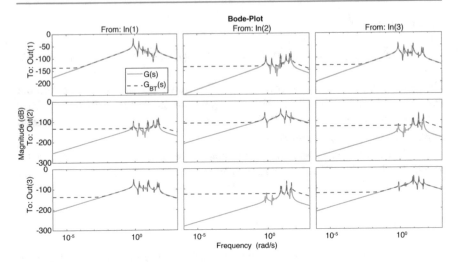

Abb. 8.3 Beispiel 8.24: Amplitude des Bode-Plots für das volle ($G(s)$) und das mit balanciertem Abschneiden reduzierte Modell der Ordnung $r = 22$ ($G_{BT}(s)$).

berechnete modal reduzierte Modell der Ordnung $r = 12$ aus Beispiel 6.4 liefert hier nahezu vergleichbar gute Ergebnisse zum balancierten Abschneiden. Ein balanciert reduziertes Modell der gewünschten Ordnung $r = 12$ kann man durch Angabe der entsprechenden Option mit MORLAB berechnen:

```
>> bt_opts = ml_morlabopts('ml_ct_ss_bt');
>> bt_opts.OrderComputation = 'order';
>> bt_opts.Order = 12;
>> rom_r12 = ml_ct_ss_bt(sys,bt_opts);
```

Damit erhält man die absoluten bzw. relativen Fehler

$$\|G - \hat{G}_{12}\|_{\mathscr{H}_\infty} \approx 0{,}44701 \cdot 10^{-2} \quad \text{bzw.} \quad \frac{\|G - \hat{G}_{12}\|_{\mathscr{H}_\infty}}{\|G\|_{\mathscr{H}_\infty}} \approx 0{,}038573,$$

was in etwa der Genauigkeit des modal reduzierten Modells der Ordnung $r = 12$ aus Beispiel 6.4 entspricht.

Bei der Berechnung von reduzierten Modellen mit dem balancierten Abschneiden werden keine (dominanten) Pole im reduzierten Modell erhalten wie beim modalen Abschneiden, jedoch ist dies in diesem Beipiel zur Erreichung der Approximationsgüte doch erforderlich, wie Abb. 8.4, links, zeigt – fast alle Pole des reduzierten Modells der Ordnung $r = 12$ liegen nahe an den dominanten Polen!

Mit einer Verringerung der Fehlertoleranz kann man eine bessere Approximation erwarten. Dazu berechnen wir reduzierte Modelle für die Toleranzen $\varepsilon = 10^{-k}$, $k = 2, 3, 4, 5, 6$ mit MORLAB wie folgt (hier für $k = 10^{-3}$ angegeben):

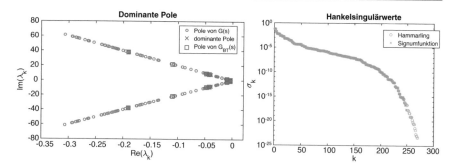

Abb. 8.4 Beispiel 8.24: Pole des vollen ($G(s)$) und des mit balanciertem Abschneiden reduzierten Modells der Ordnung $r = 12$ ($G_{BT}(s)$), sowie die 12 dominanten Pole wie in Abb. 6.6 (links); Hankelsingulärwerte berechnet mit dem Hammarling-Verfahren bzw. der faktorisierten Signumfunktionsmethode (8.56) (rechts).

```
>> bt_opts.OrderComputation='tolerance';
>> bt_opts.Tolerance = 1e-3;
>> [rom,info] = ml_ct_ss_bt(sys,bt_opts);
```

Die Ordnungen der reduzierten Modelle und die mit

```
>> delta = 2*sum(info.Hsv(size(rom.A,1)+1:end));
```

berechneten Fehlerschranken (8.30) sind in Tab. 8.1 angegeben. Es zeigt sich, dass die vorgegebenen Toleranzen eingehalten werden, die dafür notwendige Ordnung aber stark ansteigt. Desweiteren sind die drei Werte aus den Ungleichungen (8.30) in den Zeilen 3–5 der Tabelle dargestellt. Man sieht, dass weder die untere noch die obere dort angegebene Schranke „scharf" ist, jedoch der Fehler auch nicht wesentlich unter- oder überschätzt wird.

In Abb. 8.5 sieht man die Verbesserung der Approximation für die das Übertragungsverhalten dominierende I/O-Funktion „$u_1 \to y_1$" anhand der Verringerung der Fehler in den Frequenzantworten der Fehlerfunktionen, $|G^{(1,1)}(\imath\omega) - G_r^{(1,1)}(\imath\omega)|$.

Tab. 8.1 Beispiel 8.24: Ordnung r der reduzierten Modelle und zugehöriger Approximationsfehler in der $\mathcal{H}_\infty$-Norm, sowie die unteren (σ_{r+1}) und oberen ($\delta =$ rechte Seite in (8.30)) Fehlerschranken aus (8.30) für verschiedene Toleranzen ε

ε	10^{-2}	10^{-3}	10^{-4}	10^{-5}	10^{-6}
r	22	46	83	122	153
σ_{r+1}	$0,55965 \cdot 10^{-3}$	$0,39938e \cdot 10^{-4}$	$0,24395 \cdot 10^{-5}$	$0,26575 \cdot 10^{-6}$	$0,43024 \cdot 10^{-7}$
$\|G - \hat{G}_r\|_{\mathcal{H}_\infty}$	$0,11199 \cdot 10^{-2}$	$0,79890 \cdot 10^{-4}$	$0,48657 \cdot 10^{-5}$	$0,53608 \cdot 10^{-6}$	$0,85789 \cdot 10^{-7}$
δ	$0,99864 \cdot 10^{-2}$	$0,95771 \cdot 10^{-3}$	$0,95987 \cdot 10^{-4}$	$0,94287 \cdot 10^{-5}$	$0,95575 \cdot 10^{-6}$

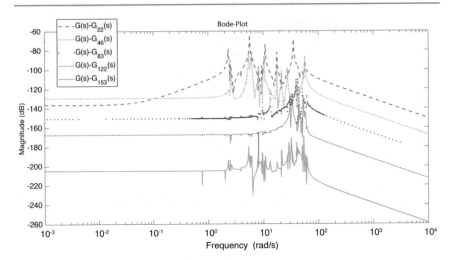

Abb. 8.5 Beispiel 8.24: Amplitude des Bode-Plots für die Fehlerfunktionen $G^{(1,1)}(s) - G_r^{(1,1)}(s)$ der reduzierten Modelle der Ordnungen $r = 22, 46, 83, 122, 153$ entsprechend der in Tab. 8.1 vorgegeben Toleranzen.

(Dabei weist der obere Index „(1, 1)" auf die I/O-Funktion vom Eingang 1 zum Ausgang 1 hin.)

Analog zu Beispiel 6.4 betrachten wir nun noch eine Zeitbereichssimulation mit der bereits dort verwendeten Eingangsfunktion $u(t)$ aus (6.19). Zudem verwenden wir dieselben Einstellungen für die Zeitbereichssimulation wie in Beispiel 6.4. Wie Abb. 8.6 zeigt, erhalten wir eine vergleichbar gute Rekonstruktion der Ausgangstrajektorien wie mit dem modal reduzierten Modell der Ordnung $r = 24$ und dominanten Polen (vgl. Abb. 6.9).

Abschließend möchten wir dieses Beispiel auch nutzen, um die unterschiedlichen Varianten des balancierten Abschneidens aus Abschn. 8.3 zu illustrieren. Zunächst vergleichen wir balanciertes Abschneiden mit SPA. Da bei gleicher Ordnung des reduzierten Systems dieselbe Fehlerabschätzung (8.30) gilt, erwartet man einen Fehler in der gleichen Größenordnung – allerdings mit kleinem Fehler bei kleinen Frequenzen für SPA und kleinen Fehlern für große Frequenzen beim balancierten Abschneiden. Dies wird in Abb. 8.7 für das hier betrachtete Beispiel und reduzierte Modelle der Ordnung $r = 22$ bestätigt. Dabei wurde das SPA reduzierte Modell mithilfe der expliziten Formeln aus Abschn. 8.3.2 berechnet.

Im Folgenden vergleichen wir die mit dem balancierten Abschneiden verwandten Methoden

- balanciertes stochastisches Abschneiden (BST),
- positiv-reelles balanciertes Abschneiden (PRBT),
- beschränkt-reelles balanciertes Abschneiden (BRBT) und
- linear-quadratisch Gauß'sches balanciertes Abschneiden (LQGBT)

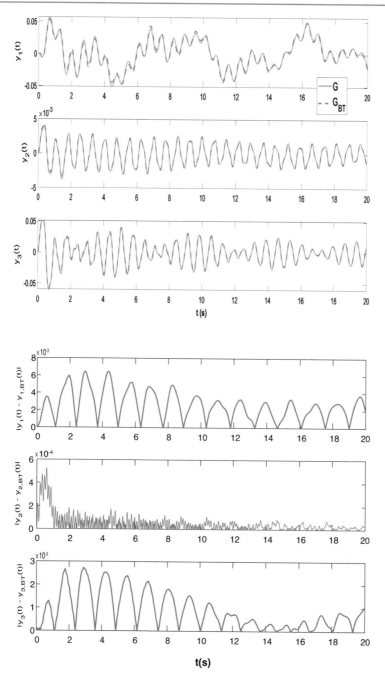

Abb. 8.6 Beispiel 8.24: Zeitbereichssimulation und absoluter Fehler für das volle (G) und das reduzierte Modell der Ordnung $r = 22$ (G_{BT}). Abgetragen ist die Zeit t in Sekunden (s) gegen die Ausgangsfunktionen des vollen und reduzierten Modells (oben), bzw. deren punktweise absolute Fehler (unten).

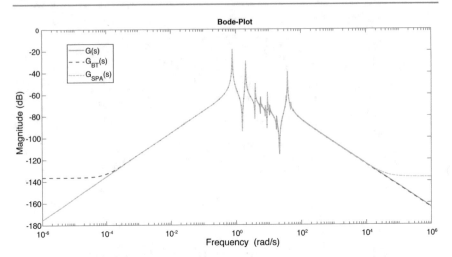

Abb. 8.7 Beispiel 8.24: Balanciertes Abschneiden vs. SPA für die Übertragungsfunktion $G^{(1,1)}$, Eingang u_1 nach Ausgang y_1, reduzierte Modelle der Ordnung $r = 22$.

aus Abschn. 8.3.1 mit der klassischen Variante („BT"). Alle genannten Methoden sind in MORLAB implementiert. Die bei BST, PRBT, BRBT und LQGBT auftretenden algebraischen Riccati-Gleichungen werden dazu mit von MORLAB zur Verfügung gestellten Funktionen gelöst. Nachdem man die Optionen so gesetzt hat, dass jeweils reduzierte Modelle der Ordnung $r = 22$ berechnet werden (z. B. bei BST durch `bst_opts.OrderComputation='order'` und `bst_opts.Order = 22`), ergeben sich mit

```
>> rom_bst = ml_ct_ss_bst(sys,bst_opts);
>> rom_prbt = ml_ct_ss_prbt(sys,prbt_opts);
>> rom_brbt = ml_ct_ss_brbt(sys,brbt_opts);
>> rom_lqgbt = ml_ct_ss_lqgbt(sys,lqgbt_opts);
```

die in Abb. 8.8 und Tab. 8.2 dargestellten Ergebnisse, wo wir hier einmal den vollständigen Bode-Plot zeigen, da sich die Methoden auch bei der Approximation der Phase unterscheiden. Dabei ist Folgendes zu beachten:

- Da in diesem Beispiel $D = 0$ gilt, fallen die Methoden BRBT und LQGBT zusammen, da dieselben Gramschen berechnet werden, und BST und PRBT müssen regularisiert werden. Dazu addiert MORLAB den Term εI_m zu D, wobei bei Default-Einstellungen $\varepsilon = 10^{-3}$ verwendet wird – dies kann aber durch einen beliebigen positiven Wert verändert werden. Man beachte dabei, dass die Regularisierung zu einem Fehler von ε in der H_∞-Norm des zur Berechnung des reduzierten Modells herangezogenen Systems führt. Vom berechneten reduzierten Modell wird der Regularisierungsterm dann wieder abgezogen, sodass der „D-Term" des vollen und reduzierten Systems wieder übereinstimmen.

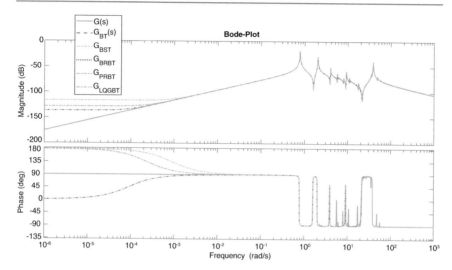

Abb. 8.8 Beispiel 8.24: Bode-Plot für das volle System und die mit den Varianten des balancierten Abschneidens berechneten reduzierten Modelle der Ordnung $r = 22$.

Tab. 8.2 Beispiel 8.24: Approximationsfehler der verschiedenen Varianten des balancierten Abschneidens in der $\mathscr{H}_\infty$-Norm für reduzierte Modelle der Ordnung $r = 22$.

Methode	BT	BST	PRBT	BRBT	LQGBT
$\|G - \hat{G}_r\|_{\mathscr{H}_\infty}$	$0,11199 \cdot 10^{-2}$	$0,11224 \cdot 10^{-2}$	$0,11204 \cdot 10^{-2}$	$0,11199 \cdot 10^{-2}$	$0,11199 \cdot 10^{-2}$

- Die Ergebnisse für BT, BRBT und LQGBT unterscheiden sich nur sehr wenig und sind in Abb. 8.8 optisch nicht unterscheidbar. Dies liegt daran, dass B und C im Vergleich zu A eine kleine Norm aufweisen, sodass die gegenüber den beim klassischen balancierten Abschneiden zur Berechnung der Gramschen verwendeten Lyapunov-Gleichungen hier verwendeten Lösungen der Riccati-Gleichungen (8.35) bzw. (8.37) nur kleine Störungen gegnüber den Lösungen der Lyapunov-Gleichungen erzeugen, speziell gilt $\|P - P^{BR/LQG}\|/\|P\| = 0,33352 \cdot 10^{-2}$ bzw. $\|Q - Q^{BR/LQG}\|/\|Q\| = 0,30997 \cdot 10^{-4}$. Dadurch sind dann auch die berechneten reduzierten Modelle sehr ähnlich – die in Tab. 8.2 angegebenen Werte für den Approximationsfehler bei den drei genannten Verfahren unterscheiden sich erst in der 9. oder 10. Stelle.
- BRBT ist hier anwendbar, da $\|G\|_{\mathscr{H}_\infty} = 0,11589 < 1$ gilt.

Anhand der Werte aus Tab. 8.2 sieht man, dass sich für die verschiedenen Methoden die Approximationsfehler für dieses Beispiel nur geringfügig unterscheiden. Dies kann man jedoch nicht verallgemeinern! ∎

In den folgenden Beispielen betrachten wir nun Probleme höherer Ordnung, die mit MORLAB nicht mehr ohne Weiteres berechenbar sind, da bei den dort verwendeten Algorithmen ein Speicherbedarf der Größenordnung $\mathcal{O}(n^2)$ erforderlich ist und ein Rechenaufwand, der sich wie $\mathcal{O}(n^3)$ verhält, auftritt. Dies führt bei den folgenden Beispielen zu einem Speicheraufwand, der bei normalen Arbeitsplatzrechnern nicht zur Verfügung steht[3], und die Rechenzeiten wären unverhältnismäßig lang. Daher verwenden wir im Folgenden die auf dem ADI-Verfahren aus Abschn. 8.4.3 beruhende M-M.E.S.S. Bibliothek, die die Dünnbesetztheit der Koeffizientenmatrizen A, E ausnutzt, Produkte der Form BB^T oder C^TC niemals bildet, sondern wie in Abschn. 8.4.3 beschrieben, immer direkt mit den Faktoren B, C arbeitet, und daher keinen erhöhten Speicherbedarf sowie einen vertretbaren Rechenaufwand mit sich bringt. Allerdings treten hier i. d. R. zusätzliche Approximationsfehler auf, da die Gramschen als approximative Niedrigrangfaktoren und daher oft nicht so genau wie bei den in MORLAB verwendeten Methoden berechnet werden. Allerdings hat das i. d. R. keinen signifikanten Einfluss auf die Genauigkeit der reduzierten Systeme. Außerdem lassen sich einige der im letzten Beispiel berechneten Größen nicht mehr so einfach berechnen, wie z. B. die $\mathcal{H}_\infty$-Norm des Approximationsfehlers für die Übertragungsfunktion, da hierfür noch keine zuverlässigen Algorithmen für hochdimensionale Systeme bekannt sind[3].

Beispiel 8.25. Wir illustrieren nun das balancierte Abschneiden sowie das Lösen der zugehörigen Lyapunov-Gleichungen für das Beispiel der Stahlabkühlung aus Abschn. 3.1. Dazu verwenden wir den Datensatz, der ein LZI-System der Ordnung $n = 79.841$ erzeugt. Da wir es hier mit $m = 7$ Ein- und $p = 6$ Ausgängen zu tun haben, besteht der Bode-Plot aus 42 Einzelabbildungen allein für die Amplitude. Daher fokussieren wir hier zunächst auf den Sigma-Plot. Dieser wird bei der von uns hier verwendeten Implementierung mess_balanced_truncation aus M-M.E.S.S. bei Bedarf mit ausgegeben, wovon wir Gebrauch machen. Daher ist die y-Achse nicht in dB, sondern im einfachen dezimalen Logarithmus angegeben.

Die Berechnung der reduzierten Modells mit balanciertem Abschneiden in M-M.E.S.S. erfolgt nach Einlesen der Datenmatrizen durch Aufruf von

```
>> [Er,Ar,Br,Cr,outinfo]=...
          mess_balanced_truncation(E,A,B,C,'','',3);
```

Hierbei werden die maximale Ordnung für das reduzierte System (5. Argument) sowie die Fehlertoleranz (6. Argument) auf ihre Default-Werte gesetzt. Dies bedeutet, dass anhand der Fehlerschranke (8.28) die Ordnung des reduzierten Modells r so ausgewählt wird, dass die Summe der abgeschnittenen Hankel-Singulärwerte kleiner als der Default-Wert 10^{-5} wird. Hier führt dies zu $r = 72$. Das resultierende reduzierte System lässt sich in Abb. 8.9 kaum vom Original unterscheiden. Der absolute und relative punktweise Fehler (d. h., in jeder Frequenz ω wird die Spektralnorm der Matrix $G(\iota\omega) - G_{72}(\iota\omega)$ ausgewertet) sind in Abb. 8.10 dargestellt.

Zur Berechnung der Gramschen P, Q, bzw. deren Niedrigrangfaktoren $\tilde{S}$, $\tilde{R}$ mit $P \approx \tilde{S}\tilde{S}^T$, $Q = \tilde{R}\tilde{R}^T$, bietet M-M.E.S.S. zwei Funktionen an, die beide auf Algorithmus 8 beruhen:

---

[3]Zumindest zum Zeitpunkt des Schreibens dieses Buches!

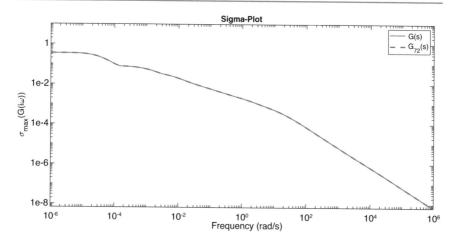

Abb. 8.9 Beispiel 8.25: Amplitude des Sigma-Plots für das volle ($G(s)$) und das reduzierte Modell der Ordnung $r = 72$ ($G_{72}(s)$).

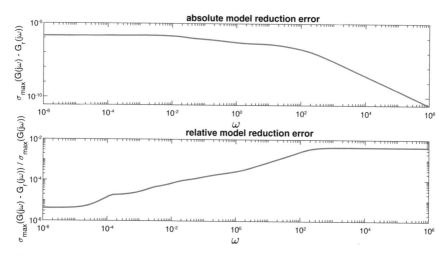

Abb. 8.10 Beispiel 8.25: Punktweise absolute (oben) und relative (unten) Fehler der Übertragungsfunktion für das reduzierte Modell der Ordnung $r = 72$ ($G_{72}(s)$).

- `mess_lyap` ist eine einfach zu bedienende Routine, die für $AP + PA^T + BB^T = 0$ den approximativen Niedrigrangfaktor $\tilde{S}$ mit

```
>> S = mess_lyap(A,B);
```

berechnet. Für den hier vorliegenden Fall, dass die Gleichung $APE^T + EPA^T + BB^T = 0$ zu lösen ist, muss E als zusätzliches Argument übergeben werden, d. h., der Funktionsaufruf lautet dann `mess_lyap(A,B,[],[],E)`;

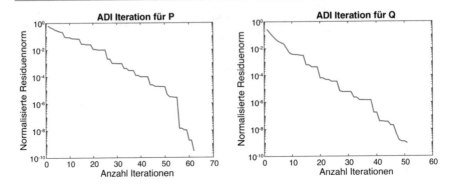

Abb. 8.11 Beispiel 8.25: Verlauf der ADI Iterationen bei der Berechnung der Faktoren der Steuerbarkeitsgramschen P (links) sowie der Beobachbtbarkeitsgramschen Q (rechts) für das reduzierte Modell der Ordnung $r = 72$ ($G_{72}(s)$).

- `mess_lradi` ist die mächtigere, d. h. mit mehr Optionen versehenen Version der ADI Iteration, die auch von `mess_balanced_truncation` aufgerufen wird. Für eine genauere Erläuterung der Funktionsweise dieser Routine sei auf den zugehörigen `help` Text in MATLAB verwiesen.

Durch die Einstellung des sechsten Parameters beim Aufruf der M-M.E.S.S. Funktion `mess_balanced_truncation` als natürliche Zahl größer als 1 wird auch der Iterationsverlauf der ADI Iteration zur Berechnung der Niedrigrangfaktoren der Gramschen mit ausgegeben. Dieser findet sich in Abb. 8.11. Auf der y-Achse ist das Residuum $\mathscr{R}(Z_k Z_k^T)$ aus (8.63), normalisiert durch die Norm des konstanten Terms, in der Frobeniusnorm im Iterationsschritt k für die jeweilige Lyapunov-Gleichung abgetragen.

Im vorangegangenen Beispiel waren die Matrizen E und $-A$ symmetrisch positiv definit. Ohne hier in weitere Details gehen zu können, ist dies sowohl für die ADI Iteration als auch das balancierte Abschneiden der für die numerische Rechnung „einfache" Fall. Daher stellen wir zum Abschluss dieses Kapitels noch die Ergebnisse für das Beispiel des konvektiven Wärmeflusses in einem Mikrochip aus Abschn. 3.2 vor. Hierbei ist A nicht symmetrisch.

Beispiel 8.26. Das Beispiel des konvektiven Wärmeflusses in einem Mikrochip aus Abschn. 3.2 erzeugt ein LZI-System der Ordnung $n = 20.082$ mit einem Eingang und fünf Ausgängen. Die Berechnung der reduzierten Modells mit balanciertem Abschneiden in M-M.E.S.S. erfolgt analog zum vorhergehenden Beispiel 8.25. Anhand der Fehlerschranke (8.28) und der vorgegebenen Toleranz von 10^{-5} wird hier die Ordnung des reduzierten Modells mit $r = 20$ bestimmt. Auch hier lässt sich das resultierende reduzierte System in Abb. 8.12 kaum vom Original unterscheiden.

Abb. 8.12 Beispiel 8.26: Amplitude des Sigma-Plots für das volle ($G(s)$) und das reduzierte Modell der Ordnung $r = 20$ ($G_{20}(s)$).

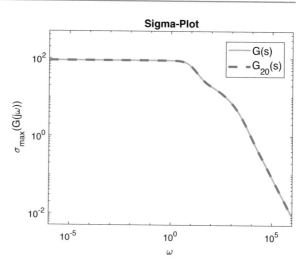

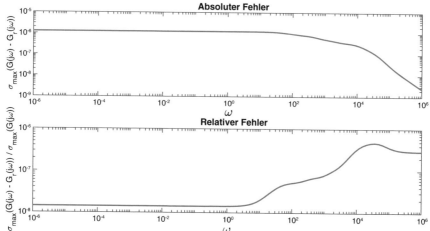

Abb. 8.13 Beispiel 8.25: Punktweise absolute (oben) und relative (unten) Fehler der Übertragungsfunktion für das reduzierte Modell der Ordnung $r = 20$ ($G_{20}(s)$).

Der absolute und relative punktweise Fehler (d. h., in jeder Frequenz ω wird die Spektralnorm der Matrix $G(\iota\omega) - G_{20}(\iota\omega)$ ausgewertet) sind in Abb. 8.13 dargestellt.

Der Iterationsverlauf der ADI Iteration zur Berechnung der Niedrigrangfaktoren der Gramschen mit Algorithmus 8 ist in Abb. 8.14 dargestellt. Obwohl A hier nicht symmetrisch ist, erreicht die ADI Iteration die vorgegebene Toleranz hier schneller als beim vorigen Beispiel.

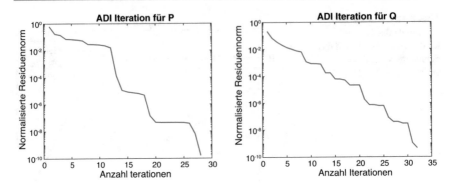

Abb. 8.14 Beispiel 8.26: Verlauf der ADI Iterationen bei der Berechnung der Faktoren der Steuerbarkeits-Gramschen P (links) sowie der Beobachbtbarkeits-Gramschen Q (rechts) für das reduzierte Modell der Ordnung $r = 20$ ($G_{20}(s)$).

Interpolatorische Modellreduktionsverfahren

Wir betrachten erneut ein LZI-System

$$\dot{x}(t) = Ax(t) + Bu(t), \qquad x(0) = x^0,$$
$$y(t) = Cx(t) \tag{9.1}$$

mit $A \in \mathbb{R}^{n \times n}$, $B \in \mathbb{R}^{n \times m}$, $C \in \mathbb{R}^{p \times n}$. Die Matrix A sei asymptotisch stabil. Zur Vereinfachung der Darstellung wird hier $D = 0$ gewählt. Daher ist die Übertragungsfunktion von (9.1) durch

$$G(s) = C(sI - A)^{-1}B$$

gegeben.

Ziel der auch Moment-Matching genannten interpolatorischen Modellreduktion ist die Konstruktion eines reduzierten Modells

$$\dot{\hat{x}}(t) = \hat{A}\hat{x}(t) + \hat{B}u(t), \qquad \hat{x}(0) = \hat{x}^0,$$
$$\hat{y}(t) = \hat{C}\hat{x}(t) \tag{9.2}$$

mit $\hat{A} \in \mathbb{R}^{r \times r}$, $\hat{B} \in \mathbb{R}^{r \times m}$, $\hat{C} \in \mathbb{R}^{p \times r}$, sodass die Übertragungsfunktion des reduzierten Modells

$$\hat{G}(s) = \hat{C}(sI - \hat{A})^{-1}\hat{B}$$

die Übertragungsfunktion $G(s)$ an sogenannten *Entwicklungspunkten* s_j, $j = 1, \ldots,$ k, interpoliert. Konkret handelt es sich hier um eine rationale Interpolation, da die interpolierende Funktion (also $\hat{G}(s)$) eine rationale Funktion ist. An s_j sollen also $G(s)$ und $\hat{G}(s)$ wie auch deren Ableitungen bis zur $p_j - 1$-ten Ableitung übereinstimmen. Es soll demnach

© Springer-Verlag GmbH Deutschland, ein Teil von Springer Nature 2024
P. Benner und H. Faßbender, *Modellreduktion*, Springer Studium Mathematik (Master),
https://doi.org/10.1007/978-3-662-67493-2_9

$$G(s_j) = \hat{G}(s_j),$$

$$G'(s_j) = \hat{G}'(s_j),$$

$$\vdots$$

$$G^{(p_j-1)}(s_j) = \hat{G}^{(p_j-1)}(s_j)$$

(9.3)

für $j = 1, \ldots, k$ und $p_j \in \mathbb{N}$ gelten. Die s_j werden reell- oder komplexwertig gewählt. Für $s_0 = \infty$ spricht man von partieller Realisierung statt von Moment-Matching. Rationale Interpolation wird im Detail im Abschn. 9.1 vorgestellt. Das reduzierte System (9.2) wird dabei durch eine geeignete Projektion $\Pi = V W^T$ mit $V, W \in \mathbb{R}^{n \times r}$ und $W^T V = I_r$ erzeugt, sodass $\hat{A} = W^T A V$, $\hat{B} = W^T B$ und $\hat{C} = CV$ gilt.

Die Interpolationsbedingung $G(s_j) = \hat{G}(s_j)$ entspricht, elementweise betrachtet, mp Interpolationsbedingungen skalarwertiger Funktionen. Bei einer großen Anzahl von Ein- und Ausgängen, also $m, p \gg 1$ führt dies schnell zu hoher Ordnung des reduzierten Systems. Um diesen Effekt zu reduzieren, verwendet man oft die in Abschn. 9.2 vorgestellte *tangentiale rationale Interpolation*. Bei der tangentialen Interpolation wird lediglich gefordert, dass die interpolierende Matrixfunktion der ursprünglichen Funktion nur entlang gewisser Richtungen entspricht. Konkret wird gefordert, dass die Übertragungsfunktion $\hat{G}$ vom Grad r die Bedingungen

$$G(\sigma_i)\wp_i = \hat{G}(\sigma_i)\wp_i,$$

$$\ell_i^T G(\mu_i) = \ell_i^T \hat{G}(\mu_i)$$

für r Interpolationspunkte $\sigma_i, \mu_i \in \mathbb{C}$ und r Interpolationsrichtungen $\wp_i \in \mathbb{C}^m, \ell_i \in \mathbb{C}^p$ erfüllt. Wir werden sehen, dass diese Forderungen ausreichen, um notwendige Bedingungen an eine optimale Approximation in der $\mathcal{H}_2$-Norm zu stellen, d. h.,

$$\left\| G - \hat{G} \right\|_{\mathcal{H}_2} = \min.$$

Alle in diesem Kapitel betrachteten Verfahren erhalten nicht notwendigerweise die asymptotische Stabilität von A im reduzierten System, d. h., $\hat{A}$ ist u. U. nicht asymptotisch stabil.

9.1   Rationale Interpolation

In diesem Abschnitt werden Verfahren zur Berechnung eines reduzierten Systems (9.2) vorgestellt, deren Übertragungsfunktion $\hat{G}(s)$ die Übertragungsfunktion $G(s)$ an Entwicklungspunkten s_j wie in (9.3) interpoliert. Zunächst wird in Abschn. 9.1.1 die Interpolation an einem reellen Entwicklungspunkt s_0 betrachtet. Die Ergebnisse lassen sich sofort auf den Fall der Interpolation an mehreren reellen Entwicklungspunkten übertragen, siehe Abschn. 9.1.2. Interpolation an komplexen Entwicklungspunkten ist ebenfalls möglich, in dem Fall ergeben sich komplexwertige reduzierte

Systeme. Allerdings ist man i. d. R. an reellwertigen reduzierten Systemen interessiert. Wie man ein solches im Falle komplexwertiger Entwicklungspunkte erzeugt, wird in Abschn. 9.1.3 erläutert. Die Frage nach einer geeigneten Wahl von Entwicklungspunkten und der Anzahl der zu interpolierenden Ableitungen pro Entwicklungspunkt wird in Abschn. 9.1.4 thematisiert. Partielle Realisierung wird anschließend in Abschn. 9.1.5 betrachtet. Abschließend wird in Abschn. 9.1.6 thematisiert, dass bei der interpolatorischen Modellreduktion Systemeigenschaften wie z. B. die asymptotische Stabilität von A nicht zwangsläufig erhalten bleiben.

Die hier vorgestellte Idee geht auf [37] zurück, die vorgestellten Verfahren werden in [3, 51, 61] detailliert beschrieben. Dort findet man auch weitere Literaturhinweise.

9.1.1 Interpolation an einem Entwicklungspunkt $s_0 \in \mathbb{R}$

Wir betrachten zunächst die Aufgabe, ein reduziertes Modell (9.2) zu bestimmen, sodass

$$
\begin{aligned}
G(s_0) &= \hat{G}(s_0), \\
G'(s_0) &= \hat{G}'(s_0), \\
&\vdots \\
G^{(p_0-1)}(s_0) &= \hat{G}^{(p_0-1)}(s_0)
\end{aligned}
\tag{9.4}
$$

für einen Entwicklungspunkt $s_0 \in \mathbb{R}$, $s_0 < \infty$ und $p_0 \in \mathbb{N}$ gilt.

Dazu betrachtet man die Übertragungsfunktion $G(s)$ in einer Potenzreihenentwicklung um $s_0 \in \mathbb{R}$, $s_0 < \infty$. Diese lässt sich mithilfe der folgende Überlegung herleiten. Es gilt

$$
G(s) = C(sI - A)^{-1}B = C\left(A(sA^{-1} - I)\right)^{-1}B = -C(I - sA^{-1})^{-1}A^{-1}B,
$$

da A asymptotisch stabil und damit regulär ist. Für s mit $\left\| sA^{-1} \right\| < 1$ (für irgendeine Matrixnorm) gilt mit Theorem 4.79 $(I - sA^{-1})^{-1} = \sum_{j=0}^{\infty} \left(A^{-1}\right)^j s^j$. Daher ergibt sich die Potenzreihenentwicklung um $s_0 = 0$

$$
G(s) = \sum_{j=0}^{\infty} -C\left(A^{-1}\right)^j A^{-1}Bs^j = \sum_{j=0}^{\infty} m_j(0)s^j
$$

mit den Momenten

$$
m_j(0) = -C\left(A^{-1}\right)^j A^{-1}B = \frac{1}{j!} \frac{\partial^j G(s)}{\partial s^j}\bigg|_{s=s_0=0}.
$$

Für $s_0 \notin \Lambda(A)$, $s_0 < \infty$ ergibt eine ähnliche Rechnung die Potenzreihenentwicklung um s_0 :

$$
\begin{aligned}
G(s) = C(sI - A)^{-1}B &= C\left((s - s_0)I - (A - s_0 I)\right)^{-1}B \\
&= C\left[(A - s_0 I)\left((s - s_0)(A - s_0 I)^{-1} - I\right)\right]^{-1}B \\
&= C\left((s - s_0)(A - s_0 I)^{-1} - I\right)^{-1}(A - s_0 I)^{-1}B \\
&= -C\left(I - (s - s_0)(A - s_0 I)^{-1}\right)^{-1}(A - s_0 I)^{-1}B \\
&= \sum_{j=0}^{\infty} -C(A - s_0 I)^{-j}(A - s_0 I)^{-1}B(s - s_0)^j \\
&= \sum_{j=0}^{\infty} m_j(s_0)(s - s_0)^j,
\end{aligned} \tag{9.5}
$$

falls $\left\|(s - s_0)(A - s_0 I)^{-1}\right\| < 1$ gilt. Für die Momente $m_j(s_0)$ gilt

$$
m_j(s_0) = -C\left((A - s_0 I)^{-1}\right)^{j+1}B = \frac{1}{j!}\left.\frac{\partial^j G(s)}{\partial s^j}\right|_{s=s_0}.
$$

Wählt man nun $\hat{G}$ als

$$
\hat{G}(s) = \sum_{j=0}^{p_0-1} m_j(s_0)(s - s_0)^j + \sum_{j=p_0}^{\infty} \hat{m}_j(s_0)(s - s_0)^j,
$$

dann gilt (9.4). Genauer gilt

$$
\begin{aligned}
G(s_0) = \quad & m_0(s_0) \quad = \hat{G}(s_0), \\
G'(s_0) = \quad & m_1(s_0) \quad = \hat{G}'(s_0), \\
G''(s_0) = \quad & \frac{1}{2}m_2(s_0) \quad = \hat{G}''(s_0), \\
& \quad\quad\vdots \\
G^{(p_0-1)}(s_0) = \quad & \frac{1}{(p_0-1)!}m_{(p_0-1)}(s_0) = \hat{G}^{(p_0-1)}(s_0).
\end{aligned}
$$

Die Übertragungsfunktionen $G(s)$ und $\hat{G}(s)$ stimmen in den ersten p_0 Momenten überein. Man spricht daher auch von Moment-Matching. Weiter gilt[1]

$$
G(s) = \hat{G}(s) + \mathcal{O}\left((s - s_0)^{p_0}\right). \tag{9.6}
$$

---

[1] Die Definition der Landau-Notation findet man in Abschn. 4.6.

Die Potenzreihenentwicklung (9.5) von $G(s)$ gilt für alle $s \in \mathscr{S}$ mit

$$\mathscr{S} = \{s \mid \|(s - s_0)(A - s_0 I)^{-1}\| < 1\}.$$

Da die Übertragungsfunktion $G(s)$ als rationale Funktion analytisch ist, ist sie beliebig oft differenzierbar und durch ihre Ableitungen an einem einzigen Punkt s_0 vollständig bestimmt. Wird p_0 daher genügend groß gewählt, sollte $\hat{G}(s)$ für s aus einem größeren Bereich als $\mathscr{S}$ eine gute Approximation an $G(s)$ sein.

Die Konstruktion von $\hat{G}$ kann explizit über den Ansatz „Asymptotic Waveform Evaluation" (AWE) gelöst werden [104]. Dies wird als Nächstes kurz erläutert. Anschliessend wird noch die besser geeignete implizite Konstruktion von $\hat{A}$, $\hat{B}$, $\hat{C}$ mittels Krylov-Raum-Verfahren vorgestellt.

Explizite Konstruktion mittels AWE

Um die explizite Konstruktion des reduzierten Modells zu veranschaulichen, wird im Folgenden ein SISO-System betrachtet, d. h. $B = b$, $C = c^T \in \mathbb{R}^n$, $m = p = 1$.

Ist $\hat{G}$ die Übertragungsfunktion eines SISO-Systems der Ordnung r, dann kann man die rationale Funktion $\hat{G}$ als Division zweier Polynome darstellen, wobei das Zählerpolynom $p_{r-1}(s)$ maximal Grad $r - 1$ und das Nennerpolynom $q_r(s)$ Grad r haben,

$$\hat{G}(s) = \frac{p_{r-1}(s - s_0)}{q_r(s - s_0)} = \frac{\phi_{r-1}(s - s_0)^{r-1} + \cdots + \phi_1(s - s_0) + \phi_0}{\psi_r(s - s_0)^r + \cdots + \psi_1(s - s_0) + 1}.$$

Dabei sei das Polynom q_r gerade so normiert, dass $\psi_0 = 1$ gilt. Damit lässt sich (9.6) schreiben als

$$G(s)q_r(s - s_0) = p_{r-1}(s - s_0) + \mathscr{O}\left((s - s_0)^{p_0}\right) q_r(s - s_0)$$

Einsetzen der Reihenentwicklung $G(s) = \sum\limits_{j=0}^{\infty} m_j(s - s_0)^j$ ergibt für $p_0 = 2r$

$$\left(\sum_{j=0}^{2r-1} m_j(s - s_0)^j + \sum_{j=2r}^{\infty} m_j(s - s_0)^j\right)\left(1 + \sum_{j=1}^{r} \psi_j(s - s_0)^j\right)$$

$$= \sum_{j=0}^{r-1} \phi_j(s - s_0)^j + \mathscr{O}\left((s - s_0)^{2r}\right)\left(1 + \sum_{j=1}^{r} \psi_j(s - s_0)^j\right)$$

(wobei zur besseren Lesbarkeit m_j statt $m_j(s_0)$ verwendet wurde), bzw.

$$
\begin{aligned}
m_0 &+ (m_0\psi_1 + m_1)\,(s - s_0) + (m_0\psi_2 + m_1\psi_1 + m_2)\,(s - s_0)^2 + \dots \\
&+ (m_0\psi_{r-1} + m_1\psi_{r-2} + \dots + m_{r-2}\psi_1 + m_{r-1})\,(s - s_0)^{r-1} \\
&+ (m_0\psi_r + m_1\psi_{r-1} + \dots + m_{r-1}\psi_1 + m_r)\,(s - s_0)^r \\
&+ (m_1\psi_r + m_2\psi_{r-1} + \dots + m_r\psi_1 + m_{r+1})\,(s - s_0)^{r+1} + \dots \\
&+ (m_{r-1}\psi_r + m_r\psi_{r-1} + \dots + m_{2r-2}\psi_1 + m_{2r-1})\,(s - s_0)^{2r-1} \\
&= \phi_0 + \phi_1\,(s - s_0) + \phi_2\,(s - s_0)^2 + \dots + \phi_{r-1}\,(s - s_0)^{r-1} \\
&\quad + \left[\mathcal{O}\!\left((s - s_0)^{2r}\right) - \sum_{j=2r}^{\infty} m_j\,(s - s_0)^j \right]\!\left(1 + \sum_{j=1}^{r} \psi_j\,(s - s_0)^j \right).
\end{aligned} \tag{9.7}
$$

Die Terme $(s - s_0)^j$, $j = r, \dots, 2r - 1$, treten nur auf der linken Seite der Gleichung auf. Dies liefert ein Gleichungssystem für die Koeffizienten ψ_j, $j = 1, \dots, r$, des Polynoms q_r,

$$
\begin{bmatrix}
m_0 & m_1 & m_2 & \dots & m_{r-2} & m_{r-1} \\
m_1 & m_2 & m_3 & \dots & m_{r-1} & m_r \\
m_2 & m_3 & m_4 & \dots & m_r & m_{r+1} \\
\vdots & \vdots & \vdots & & \vdots & \vdots \\
m_{r-2} & m_{r-1} & m_r & \dots & m_{2r-4} & m_{2r-3} \\
m_{r-1} & m_r & m_{r+1} & \dots & m_{2r-3} & m_{2r-2}
\end{bmatrix}
\begin{bmatrix}
\psi_r \\ \psi_{r-1} \\ \psi_{r-2} \\ \vdots \\ \psi_2 \\ \psi_1
\end{bmatrix}
= -
\begin{bmatrix}
m_r \\ m_{r+1} \\ m_{r+2} \\ \vdots \\ m_{2r-2} \\ m_{2r-1}
\end{bmatrix}.
$$

Eine Matrix M mit $m_{ij} = m_{i+j-1}$, $i, j = 1, \dots, n$, (d.h., ein konstanter Wert auf jeder von rechts oben nach links unten laufenden Gegendiagonale) nennt man *Hankel-Matrix*. Es existieren schnelle Löser zur Berechnung der Lösung x eines Gleichungssystem $Mx = b$, welche nur $\mathcal{O}(n^2)$ statt $\mathcal{O}(n^3)$ arithmetische Operationen benötigen [70].

Die Koeffizienten ϕ_j des Polynoms p_r können durch den Vergleich der Terme $(s - s_0)^j$, $j = 1, \dots, r - 1$, in (9.7) bestimmt werden,

$$
\phi_0 = m_0,
$$
$$
\phi_1 = m_0\psi_1 + m_1,
$$
$$
\vdots
$$
$$
\phi_{r-1} = m_0\psi_{r-1} + m_1\psi_{r-2} + \dots + m_{r-2}\psi_1 + m_{r-1},
$$

d.h. mit $\psi_0 = 1$ folgt $\phi_j = \sum_{k=0}^{j} m_k\psi_{j-k}$.

Hat man so die Übertragungsfunktion $\hat{G}$ explizit konstruiert, können $\hat{A}, \hat{B}, \hat{C}$ bestimmt werden.

Dieses Verfahren ist i.Allg. nur für kleine r ($r \leq 10$) numerisch stabil anwendbar. Die explizite Berechnung der Momente (und die explizite Bestimmung der ψ_j und ϕ_j) kann umgangen werden. Der nächste Abschnitt stellt ein entsprechendes Verfahren vor.

Anmerkung 9.1. Für Nenner- und Zählerpolynome vom Grad $r - 1$ bzw. r mit $p_0 = 2r$ kann die maximal mögliche Anzahl an Momenten, die durch rationale Funktionen vom Grad $\leq r$ interpoliert werden können, erreicht werden. Eine solche Approximation nennt man eine *Padé-Approximation*.

Implizite Konstruktion mittels Krylov-Raum-Verfahren

Das im Folgenden betrachtete Verfahren berechnet die Momente implizit und erzeugt das reduzierte System (9.2) mittels Projektion. Dazu müssen geeignete Räume $\mathcal{V}$ und $\mathcal{W}$ bzw. eine geeignete Projektion $\Pi = V W^T$ gefunden werden, um $\hat{A} = W^T A V$, $\hat{B} = W^T B$, $\hat{C} = C V$ zu bestimmen, sodass $\hat{G}(s) = \hat{C}(s I - \hat{A})\hat{B}$ die Interpolationsbedingungen (9.4) erfüllt. Dabei wird ein Zusammenhang zwischen den Momenten und Block-Krylov-Räumen ausgenutzt.

Zunächst betrachten wir erneut (9.5)

$$G(s) = \sum_{j=0}^{\infty} -C\left((A - s_0 I)^{-1}\right)^j (A - s_0 I)^{-1} B (s - s_0)^j$$

und setzen

$$
\begin{aligned}
P &= (A - s_0 I)^{-1} \in \mathbb{R}^{n \times n}, \\
Q &= -(A - s_0 I)^{-1} B = -P B \in \mathbb{R}^{n \times m}
\end{aligned}
\tag{9.8}
$$

mit $s_0 \in \mathbb{R}$, $s_0 < \infty$, sodass wir $G(s)$ schreiben können als

$$G(s) = \sum_{j=0}^{\infty} C P^j Q (s - s_0)^j = \sum_{j=0}^{\infty} m_j(s_0)(s - s_0)^j$$

mit $m_j(s_0) = C P^j Q \in \mathbb{R}^{p \times m}$. Die Momente sind also im Wesentlichen durch die Matrizen $P^j Q \in \mathbb{R}^{n \times m}$ bestimmt. Diese Matrizen spannen den Block-Krylov-Raum

$$\mathcal{K}_k(P, Q) = \mathrm{span}\{Q, P Q, P^2 Q, \ldots, P^{k-1} Q\}$$

auf, der auch *Eingangs-Krylov-Raum* genannt wird.

Alternativ kann die Potenzreihenentwicklung (9.5) mit

$$
\begin{aligned}
\widetilde{P} &= (A - s_0 I)^{-T} \in \mathbb{R}^{n \times n}, \\
\widetilde{Q} &= -(A - s_0 I)^{-T} C^T = -\widetilde{P} C^T \in \mathbb{R}^{n \times p}
\end{aligned}
\tag{9.9}
$$

für ein $s_0 \in \mathbb{R}$, $s_0 < \infty$, geschrieben werden als

$$G(s) = \sum_{j=0}^{\infty} \widetilde{Q}^T (\widetilde{P}^T)^j B (s - s_0)^j = \sum_{j=0}^{\infty} m_j(s_0)(s - s_0)^j.$$

Die Momente $m_j(s_0) = \widetilde{Q}^T (\widetilde{P}^T)^j B \in \mathbb{R}^{p \times m}$ entsprechen daher im Wesentlichen gerade den Blöcken $\widetilde{P}^j \widetilde{Q}$ des Block-Krylov-Raums

$$\mathcal{K}_k(\widetilde{P}, \widetilde{Q}) = \mathrm{span}\{\widetilde{Q}, \widetilde{P}\widetilde{Q}, \widetilde{P}^2\widetilde{Q}, \dots, \widetilde{P}^{k-1}\widetilde{Q}\},$$

dem sogenannten *Ausgangs-Krylov-Raum.*

Wählt man einen r-dimensionalen Unterraum $\mathcal{V}$ bzw. $V \in \mathbb{R}^{n \times r}$ mit der Eigenschaft

$$\mathcal{K}_k(P, Q) \subseteq \mathcal{V} = \mathrm{Bild}(V) \tag{9.10}$$

und $W \in \mathbb{R}^{n \times r}$ derart, dass $W^T V = I_r$ oder wählt man $\mathcal{W}$ bzw. $W \in \mathbb{R}^{n \times r}$ mit der Eigenschaft

$$\mathcal{K}_k(\widetilde{P}, \widetilde{Q}) \subseteq \mathcal{W} = \mathrm{Bild}(W) \tag{9.11}$$

und $V \in \mathbb{R}^{n \times r}$ derart, dass $W^T V = I_r$ gilt und konstruiert das reduzierte System (9.2), dann stimmen die ersten Momente der Übertragungsfunktionen $G(s)$ und $\hat{G}(s)$ überein. Dies zeigen wir in mehreren Schritten.

Den erste Schritt haben wir im Grunde schon am Ende von Kap. 5 bewiesen. Aufgrund der Relevanz des Ergebnisses formulieren wir dieses hier (etwas allgemeiner) als Theorem und geben den Beweis erneut an.

Theorem 9.2. *Gegeben seien Matrizen $V, W \in \mathbb{R}^{n \times r}$ mit vollem Spaltenrang und $W^T V = I_r$, das LZI-System (9.1), sowie das System reduzierter Ordnung (9.2) mit $\hat{A} = W^T A V$, $\hat{B} = W^T B$, $\hat{C} = CV$ und $s_0 \in \mathbb{R} \setminus (\Lambda(A) \cup \Lambda(\hat{A}))$, $s_0 < \infty$. Falls*

$$\mathrm{span}\{(A - s_0 I)^{-1} B\} \subseteq \mathrm{Bild}(V)$$

oder

$$\mathrm{span}\{(A - s_0 I)^{-T} C^T\} \subseteq \mathrm{Bild}(W),$$

dann ist die Interpolationsbedingung $G(s_0) = \hat{G}(s_0)$ erfüllt.

Beweis. Für die Differenz der Übertragungsfunktionen des Originalsystems (9.1) und des reduzierten Systems (9.2) gilt mit $\hat{A} = W^T A V$, $\hat{B} = W^T B$, $\hat{C} = CV$ und $V, W \in \mathbb{R}^{n \times r}$ mit $W^T V = I_r$

$$
\begin{aligned}
G(s) - \hat{G}(s) &= \left(C(sI_n - A)^{-1}B\right) - \left(\hat{C}(sI_r - \hat{A})^{-1}\hat{B}\right) \\
&= C(sI_n - A)^{-1}B - CV(sI_r - \hat{A})^{-1}W^T B \\
&= C\left((sI_n - A)^{-1} - V(sI_r - \hat{A})^{-1}W^T\right)B \\
&= C\left(I_n - V(sI_r - \hat{A})^{-1}W^T(sI_n - A)\right)(sI_n - A)^{-1}B \\
&= C\left(I_n - P(s)\right)(sI - A)^{-1}B
\end{aligned}
\tag{9.12}
$$

mit $P(s) = V(sI_r - \hat{A})^{-1}W^T(sI_n - A)$. Für $s \in \mathbb{R} \setminus (\Lambda(A) \cup \Lambda(\hat{A}))$ ist $P(s) \in \mathbb{R}^{n \times n}$ ein Projektor, denn

$$
\begin{aligned}
P(s)^2 &= V(sI_r - \hat{A})^{-1}W^T(sI_n - A)V(sI_r - \hat{A})^{-1}W^T(sI_n - A) \\
&= V(sI_r - \hat{A})^{-1}(sW^T V - W^T AV)(sI_r - \hat{A})^{-1}W^T(sI_n - A) \\
&= V(sI_r - \hat{A})^{-1}W^T(sI_n - A) = P(s).
\end{aligned}
$$

Nach Definition von $P(s)$ gilt $\text{Bild}(P(s)) \subseteq \text{Bild}(V)$. Da alle Matrizen A, V, W vollen Rang haben, folgt weiter, dass $\text{Bild}(P(s)) = \text{Bild}(V)$ gilt. Damit ist $P(s)$ ein Projektor auf $\text{Bild}(V)$.

Für ein $s_0 \in \mathbb{R} \setminus (\Lambda(A) \cup \Lambda(\hat{A}))$ mit

$$
\text{span}\{(A - s_0 I_n)^{-1}B\} = \text{span}\{(s_0 I_n - A)^{-1}B\} \subseteq \text{Bild}(V)
$$

folgt

$$
(I_n - P(s_0))(s_0 I_n - A)^{-1}B = 0,
$$

d. h.

$$
G(s_0) - \hat{G}(s_0) = 0,
$$

bzw.

$$
G(s_0) = \hat{G}(s_0).
$$

$\hat{G}$ interpoliert also G in s_0.

Ganz analog kann man mit (9.12) zeigen, dass sich die Differenz der beiden Übertragungsfunktionen schreiben lässt als

$$
\begin{aligned}
G(s) - \hat{G}(s) &= C\left((sI_n - A)^{-1} - V(sI_r - \hat{A})^{-1}W^T\right)B \\
&= C(sI_n - A)^{-1}\left(I_n - (sI_n - A)V(sI_r - \hat{A})^{-1}W^T\right)B \\
&= C(sI_n - A)^{-1}(I_n - Q(s))B
\end{aligned}
$$

mit $Q(s) = (sI_n - A)V(sI_r - \hat{A})^{-1}W^T$. Wie eben folgt, dass $Q(s)$ ein Projektor auf Bild(W) ist. Ist span$\{(A - s_0 I_n)^{-T}C^T\} \subseteq$ Bild(W), dann $(s_0 I_n - A)^{-T}C^T(I_n - Q(s_0)) = 0$ und $G(s_0) - \hat{G}(s_0) = 0$. Daher gilt $G(s_0) = \hat{G}(s_0)$und $\hat{G}$ interpoliert G in s_0. ∎

Es ist also nur wichtig, dass die Spalten von V den „richtigen" Raum aufspannen (nämlich einen Raum, der $(A - s_0 I)^{-1}B$ enthält), nicht wie V erzeugt wird. Falls z. B. V vollen Spaltenrang hat und $V = \widetilde{V}R$ mit $\widetilde{V} \in \mathbb{R}^{n \times r}$, $R \in \mathbb{R}^{r \times r}$ und $\widetilde{V}^T \widetilde{V} = I_r$ ist, so gilt Theorem 9.2 auch mit $\widetilde{V}$ (und passendem $\widetilde{W}$, z. B. $\widetilde{W} = \widetilde{V}$). Entsprechendes gilt für W.

Das Theorem liefert sofort einen Algorithmus zur Erzeugung eines reduzierten Systems (9.2), dessen Übertragungsfunktion $\hat{G}(s)$ die Übertragungsfunktion $G(s)$ am Entwicklungspunkt $s_0 \in \mathbb{R}$ interpoliert:

1. Wähle $s_0 \in \mathbb{R} \setminus (\Lambda(A) \cup \Lambda(\hat{A}))$, $s_0 < \infty$.
2. Löse $(A - s_0 I)V = B$ für $V \in \mathbb{R}^{n \times m}$.
3. Orthogonalisiere V z.B. mittels der kompakten QR-Zerlegung $V = UR$, wobei $U \in \mathbb{R}^{n \times m}$ orthonormale Spalten habe und $R \in \mathbb{R}^{m \times m}$ eine obere Dreiecksmatrix sei.
4. Setze $V = U$.
5. Wähle $W \in \mathbb{R}^{n \times m}$ als $W = U$ (dann gilt $W^T V = I_m$).
6. Setze $\hat{A} = W^T A V \in \mathbb{R}^{m \times m}$, $\hat{B} = W^T B \in \mathbb{R}^{m \times m}$, $\hat{C} = CV \in \mathbb{R}^{p \times m}$.

Hierbei sei angenommen, dass B und damit V vollen Spaltenrang habe. Dann ist R in Schritt 3 regulär. In diesem Schritt werden die Spalten von V orthonormalisiert, um die weitere Berechnung numerisch zu begünstigen. Aufgrund der Wahl $W = V$ in Schritt 5 wird hier eine Galerkin-Projektion genutzt. Eine andere Wahl von W ist möglich, dies führt zu einer Petrov-Galerkin-Projektion.

Das reduzierte System ist sehr klein. Es hat die Dimension m und wird i. d. R. noch keine zufriedenstellende Approximation an das LZI-System (9.1) darstellen. Würde man in Schritt 2 die Matrix V um weitere (reelle) Spaltenvektoren ergänzen, sodass $V \in \mathbb{R}^{n \times r}, r > m$, ist, dann wäre ein $W \in \mathbb{R}^{n \times r}$ zu wählen und das reduzierte System in Schritt 6 hätte Dimension r. Diese zusätzlichen Spalten können so gewählt werden, dass das reduzierte System (9.2) das LZI-Sytem (9.1) besser approximiert als das gerade eben erzeugte (z. B. indem auch noch Ableitungen im Punkt s_0 interpoliert werden). Darauf gehen wir später in diesem Kapitel noch genauer ein.

Alternativ schlägt Theorem 9.2 das folgende Vorgehen vor, wobei wir erneut eine Galerkin-Projektion verwenden.

1. Wähle $s_0 \in \mathbb{R} \setminus (\Lambda(A) \cup \Lambda(\hat{A}))$, $s_0 < \infty$.
2. Löse $(A - s_0 I)^T W = C^T$ für $W \in \mathbb{R}^{n \times p}$.
3. Orthogonalisiere W z.B. mittels der kompakten QR-Zerlegung $W = UR$ wobei $U \in \mathbb{R}^{n \times p}$ orthonormale Spalten habe und $R \in \mathbb{R}^{p \times p}$ eine obere Dreiecksmatrix sei.
4. Setze $\hat{A} = U^T A U \in \mathbb{R}^{p \times p}$, $\hat{B} = U^T B \in \mathbb{R}^{p \times m}$, $\hat{C} = CU \in \mathbb{R}^{p \times p}$.

Es gelten dieselben Anmerkungen wie eben. Das reduzierte System hat die Dimension p. Seine Übertragungsfunktion $\hat{G}(s)$ interpoliert die Übertragungsfunktion $G(s)$ am Entwicklungspunkt s_0.

Eine dritte Variante, welche Theorem 9.2 nahelegt, nutzt $(A - s_0 I)^{-1} B$ und $(A - s_0 I)^{-T} C^T$.

1. Wähle $s_0 \in \mathbb{R} \setminus (\Lambda(A) \cup \Lambda(\hat{A}))$, $s_0 < \infty$.
2. Löse $(A - s_0 I) V = B$ für $V \in \mathbb{R}^{n \times m}$.
3. Löse $(A - s_0 I)^T W = C^T$ für $W \in \mathbb{R}^{n \times p}$.
4. Orthogonalisiere V z.B. mittels der kompakten QR-Zerlegung $V = UR$, wobei $U \in \mathbb{R}^{n \times m}$ orthonormale Spalten habe und $R \in \mathbb{R}^{m \times m}$ eine obere Dreiecksmatrix sei.
5. Setze $V = U$.
6. Falls $m < p$ ergänze V zu einer Matrix $V \in \mathbb{R}^{n \times p}$ mit orthonormalen Spalten (dann gilt immer noch $\operatorname{span}\{(A - s_0 I)^{-1} B\} \subseteq \operatorname{span}(V)$).
7. Orthogonalisiere W z.B. mittels der kompakten QR-Zerlegung $W = UR$, wobei $U \in \mathbb{R}^{n \times p}$ orthonormale Spalten habe und $R \in \mathbb{R}^{p \times p}$ eine obere Dreiecksmatrix sei.
8. Setze $W = U$.
9. Falls $p < m$ ergänze W zu einer Matrix $W \in \mathbb{R}^{n \times m}$ mit orthonormalen Spalten (dann gilt immer noch $\operatorname{span}\{(A - s_0 I)^{-T} C^T\} \subseteq \operatorname{span}(W)$).
10. Sei $\ell = \max\{m, p\}$.
11. Löse $\widetilde{W}(V^T W) = W$ für $\widetilde{W} \in \mathbb{R}^{n \times \ell}$ (dann gilt $\widetilde{W}^T V = I_\ell$).
12. Setze $W = \widetilde{W}$ (dann gilt immer noch $\operatorname{span}\{(A - s_0 I)^{-T} C^T\} \subseteq \operatorname{span}(W)$).
13. Setze $\hat{A} = W^T A V \in \mathbb{R}^{\ell \times \ell}$, $\hat{B} = W^T B \in \mathbb{R}^{\ell \times m}$, $\hat{C} = C V \in \mathbb{R}^{p \times \ell}$.

Das reduzierte System hat die Dimension ℓ mit $\ell = \max\{m, p\}$. Es wurde eine Petrov-Galerkin-Projektion genutzt. Durch die Orthonormalisierung in Schritt 4. und 7. verbessern sich die numerischen Eigenschaften des Algorithmus. Das final verwendete W (Schritt 11. und 12.) ist allerdings i. d. R. nicht orthogonal. Die Übertragungsfunktion $\hat{G}(s)$ interpoliert die Übertragungsfunktion $G(s)$ nicht nur im Entwicklungspunkt s_0, $G(s_0) = \hat{G}(s_0)$, sondern auch die ersten Ableitung $G'(s_0) = \hat{G}'(s_0)$. Es stimmen die ersten beiden Momente der Übertragungsfunktionen überein (und nicht nur ein Moment wie in Theorem 9.2 angegeben). Um dies zu sehen, benötigen wir folgendes Lemma.

Lemma 9.3. *Seien das LZI-System (9.1) und $s_0 \in \mathbb{R} \setminus \Lambda(A)$ gegeben. Seien weiter $V, W \in \mathbb{R}^{n \times \ell}$ mit vollem Spaltenrang gegeben, sodass*

$$\operatorname{span}\{(A - s_0 I)^{-1} B\} \subseteq \operatorname{Bild}(V) \text{ und } \operatorname{span}\{(A - s_0 I)^{-T} C^T\} \subseteq \operatorname{Bild}(W).$$

Sei $\widetilde{W} = W(V^T W)^{-1} \in \mathbb{R}^{n \times \ell}$, sodass $\widetilde{W}^T V = I_\ell$ gilt. Dann gilt

$$(A - s_0 I)^{-1} B = V \widetilde{W}^T (A - s_0 I)^{-1} B, \tag{9.13}$$
$$(A - s_0 I)^{-T} C^T = \widetilde{W} V^T (A - s_0 I)^{-T} C^T. \tag{9.14}$$

Beweis. Schreibe $B = \begin{bmatrix} b_1 & b_2 & \cdots & b_m \end{bmatrix}$. Wegen $\operatorname{span}\{(A - s_0 I)^{-1} B\} \subseteq \operatorname{Bild}(V)$ folgt

$$(A - s_0 I)^{-1} b_j \in \operatorname{Bild}(V), \quad j = 1, \dots, m.$$

Also gibt es Vektoren $y_j \in \mathbb{R}^\ell$, $j = 1, \ldots, m$, mit $(A - s_0 I)^{-1} b_j = V y_j$. Daher gilt

$$V \widetilde{W}^T (A - s_0 I)^{-1} b_j = V \widetilde{W}^T V y_j = V y_j = (A - s_0 I)^{-1} b_j$$

wegen $\widetilde{W}^T V = I_\ell$ und damit $V \widetilde{W}^T (A - s_0 I)^{-1} B = (A - s_0 I)^{-1} B$.

Schreibe $C^T = \begin{bmatrix} c_1 & c_2 & \cdots & c_p \end{bmatrix}$. Aufgrund der Konstruktion von $\widetilde{W}$ gilt

$$(A - s_0 I)^{-T} c_j \in \text{Bild}(\widetilde{W}), \quad j = 1, \ldots, p.$$

Also gibt es Vektoren z_j, $j = 1, \ldots, p$, mit $(A - s_0 I)^{-T} c_j = \widetilde{W} z_j$. Daher gilt

$$\widetilde{W} V^T (A - s_0 I)^{-T} c_j = \widetilde{W} V^T \widetilde{W} z_j = \widetilde{W} z_j = (A - s_0 I)^{-1} c_j$$

wegen $V^T \widetilde{W} = (\widetilde{W}^T V)^T = I_\ell$ und damit $\widetilde{W} V^T (A - s_0 I)^{-T} C^T = (A - s_0 I)^{-T} C^T$. ∎

Seien nun für ein $s_0 \in \mathbb{R} \backslash (\Lambda(A) \cup \Lambda(\hat{A}))$, $s_0 < \infty$, die Matrizen $V, W \in \mathbb{R}^{n \times \ell}$ gegeben mit $\text{span}\{(A - s_0 I)^{-1} B\} \subseteq \text{Bild}(V)$ und $\text{span}\{(A - s_0 I)^{-T} C^T\} \subseteq \text{Bild}(W)$. Sei $\widetilde{W} = W (V^T W)^{-1} \in \mathbb{R}^{n \times \ell}$, sodass $\widetilde{W}^T V = I_\ell$ gilt. Sei weiter $\hat{A} = \widetilde{W}^T A V$, $\hat{B} = \widetilde{W}^T B$ und $\hat{C} = C V$. Dann gilt wegen (9.13)

$$
\begin{aligned}
(\hat{A} - s_0 I_\ell) \widetilde{W}^T (A - s_0 I_n)^{-1} B &= (\widetilde{W}^T A V - s_0 I_\ell) \widetilde{W}^T (A - s_0 I_n)^{-1} B \\
&= \widetilde{W}^T (A - s_0 I_n) V \widetilde{W}^T (A - s_0 I_n)^{-1} B \\
&= \widetilde{W}^T (A - s_0 I_n)(A - s_0 I_n)^{-1} B \\
&= \widetilde{W}^T B \\
&= \hat{B}.
\end{aligned}
$$

Dies liefert

$$\widetilde{W}^T (A - s_0 I_n)^{-1} B = (\hat{A} - s_0 I_\ell)^{-1} \hat{B}. \tag{9.15}$$

Vormultiplikation mit V

$$V \widetilde{W}^T (A - s_0 I_n)^{-1} B = V (\hat{A} - s_0 I_\ell)^{-1} \hat{B}$$

erlaubt das nochmalige Anwenden von (9.13)

$$(A - s_0 I_n)^{-1} B = V (\hat{A} - s_0 I_\ell)^{-1} \hat{B}.$$

Daher gilt

$$C (A - s_0 I_n)^{-1} B = C V (\hat{A} - s_0 I_\ell)^{-1} \hat{B} = \hat{C} (\hat{A} - s_0 I_\ell)^{-1} \hat{B}.$$

Die Übertragungsfunktion $\hat{G}(s)$ interpoliert daher $G(s)$ an der Stelle s_0,

$$G(s_0) = m_0(s_0) = -C (A - s_0 I_n)^{-1} B = -\hat{C} (\hat{A} - s_0 I_\ell)^{-1} \hat{B} = \hat{m}_0(s_0) = \hat{G}(s_0).$$

Diese Aussage folgt auch schon aus Theorem 9.2. Wir benötigen das Zwischenresultat (9.15) nun, um zu zeigen, dass auch

$$G'(s_0) = m_1(s_0) = -C(A - s_0 I_n)^{-2} B = -\hat{C}(\hat{A} - s_0 I_\ell)^{-2} \hat{B}$$
$$= \hat{m}_1(s_0) = \hat{G}'(s_0) \tag{9.16}$$

gilt. Dazu leiten wir zunächst einen Ausdruck für $\hat{C}$ unter Verwendung von (9.14) her,

$$
\begin{aligned}
(\hat{A} - s_0 I_\ell)^T V^T (A - s_0 I_n)^{-T} C^T &= (\widetilde{W}^T A V - s_0 I_\ell)^T V^T (A - s_0 I_n)^{-T} C^T \\
&= \left(\widetilde{W}^T (A - s_0 I_n) V \right)^T V^T (A - s_0 I_n)^{-T} C^T \\
&= V^T (A - s_0 I_n)^T \widetilde{W} V^T (A - s_0 I_n)^{-T} C^T \\
&= V^T (A - s_0 I_n)^T (A - s_0 I_n)^{-T} C^T \\
&= V^T C^T \\
&= \hat{C}^T.
\end{aligned}
$$

Daraus folgt

$$V^T (A - s_0 I_n)^{-T} C^T = (\hat{A} - s_0 I_\ell)^{-T} \hat{C}^T,$$

bzw. nach Vormultiplikation mit $\widetilde{W}$

$$\widetilde{W} V^T (A - s_0 I_n)^{-T} C^T = \widetilde{W} (\hat{A} - s_0 I_\ell)^{-T} \hat{C}^T.$$

Mithilfe von (9.14) und Transponieren folgt

$$C(A - s_0 I_n)^{-1} = \hat{C}(\hat{A} - s_0 I_\ell)^{-1} \widetilde{W}^T.$$

Multiplikation von rechts mit $(A - s_0 I_n)^{-1} B$ ergibt

$$
\begin{aligned}
C(A - s_0 I_n)^{-1} (A - s_0 I_n)^{-1} B &= \hat{C}(\hat{A} - s_0 I_\ell)^{-1} \widetilde{W}^T (A - s_0 I_n)^{-1} B \\
&= \hat{C}(\hat{A} - s_0 I_\ell)^{-1} (\hat{A} - s_0 I_\ell)^{-1} \hat{B},
\end{aligned}
$$

bzw. (9.16).

Theorem 9.2 kann daher ergänzt werden.

Theorem 9.4. *Gegeben seien Matrizen $V, W \in \mathbb{R}^{n \times \ell}$ mit vollem Spaltenrang und das LZI-System (9.1). Sei $\widetilde{W} = W(V^T W)^{-1} \in \mathbb{R}^{n \times \ell}$, sodass $\widetilde{W}^T V = I_\ell$ gilt. Das System reduzierter Ordnung (9.2) sei gegeben mit $\hat{A} = \widetilde{W}^T A V$, $\hat{B} = \widetilde{W}^T B$, $\hat{C} = C V$. Weiter sei $s_0 \in \mathbb{R} \setminus (\Lambda(A) \cup \Lambda(\hat{A}))$, $s_0 < \infty$, gegeben. Falls*

$$\operatorname{span}\{(A - s_0 I)^{-1} B\} \subseteq \operatorname{Bild}(V) \quad oder \quad \operatorname{span}\{(A - s_0 I)^{-T} C^T\} \subseteq \operatorname{Bild}(W),$$

dann ist die Interpolationsbedingung $G(s_0) = \hat{G}(s_0)$ erfüllt.
   Falls

$$\text{span}\{(A - s_0 I)^{-1} B\} \subseteq \text{Bild}(V) \quad und \quad \text{span}\{(A - s_0 I)^{-T} C^T\} \subseteq \text{Bild}(W),$$

*dann sind die Interpolationsbedingungen $G(s_0) = \hat{G}(s_0)$ und $G'(s_0) = \hat{G}'(s_0)$
erfüllt.*

Möchte man nun ein reduziertes System (9.2) erzeugen, dessen Übertragungsfunktion die Übertragungsfunktion $G(s)$ an weiteren Ableitungen in s_0 interpoliert,
müssen weitere Blöcke aus dem Ein- und/oder dem Ausgangs-Krylov-Raum bei der
Konstruktion der Projektion $\Pi = V W^T$ berücksichtigt werden.

Theorem 9.5. *Gegeben seien Matrizen $V, W \in \mathbb{R}^{n \times r}$ mit vollem Spaltenrang und
$W^T V = I_r$, das LZI-System (9.1), sowie das System reduzierter Ordnung (9.2)
mit $\hat{A} = W^T A V$, $\hat{B} = W^T B$, $\hat{C} = C V$ und $s_0 \in \mathbb{R} \setminus (\Lambda(A) \cup \Lambda(\hat{A}))$, $s_0 < \infty$.*

a) Im Falle der Wahl (9.10)

$$\mathcal{K}_k(P, Q) \subseteq \mathcal{V} = \text{Bild}(V)$$

*mit $P = (A - s_0 I)^{-1}$ und $Q = -PB$, stimmen mindestens die ersten k
Momente der Übertragungsfunktion des reduzierten Systems (9.2) mit denen der
Übertragungsfunktion des Systems (9.1) am Entwicklungspunkt $s_0 \in \mathbb{R}$ überein,*

$$m_j(s_0) = -C \left((A - s_0 I_n)^{-1}\right)^{j+1} B = -\hat{C} \left((\hat{A} - s_0 I_r)^{-1}\right)^{j+1} \hat{B} = \hat{m}_j(s_0),$$

$j = 0, 1, \ldots, k - 1$.

b) Im Falle der Wahl (9.11)

$$\mathcal{K}_\ell(\tilde{P}, \tilde{Q}) \subseteq \mathcal{W} = \text{Bild}(W)$$

*mit $\tilde{P} = (A - s_0 I)^{-T}$ und $\tilde{Q} = -\tilde{P} C^T$ stimmen mindestens die ersten ℓ Momente
der Übertragungsfunktion des reduzierten Systems (9.2) mit denen der Übertra-
gungsfunktion des Systems (9.1) am Entwicklungspunkt $s_0 \in \mathbb{R}$ überein,*

$$m_j(s_0) = -C \left((A - s_0 I_n)^{-1}\right)^{j+1} B = -\hat{C} \left((\hat{A} - s_0 I_r)^{-1}\right)^{j+1} \hat{B} = \hat{m}_j(s_0),$$

$j = 0, 1, \ldots, \ell - 1$.

*c) Wählt man V aus (9.10) und W aus (9.11), dann stimmen mindestens die ersten $k +
\ell$ Momente der Übertragungsfunktion des reduzierten Systems (9.2) mit denen der
Übertragungsfunktion des Systems (9.1) am Entwicklungspunkt $s_0 \in \mathbb{R}$ überein,*

$$m_j(s_0) = -C \left((A - s_0 I_n)^{-1}\right)^{j+1} B = -\hat{C} \left((\hat{A} - s_0 I_r)^{-1}\right)^{j+1} \hat{B} = \hat{m}_j(s_0),$$

$j = 0, 1, \ldots, k + \ell - 1$.

Beweis. Wir beweisen den ersten Teil der Aussage für den Fall $\mathcal{K}_k(P, Q) = \text{Bild}(V)$ und unter den Annahme, dass

$$V = \left[(s_0 I - A)^{-1} B \ (s_0 I - A)^{-2} B \ \cdots \ (s_0 I - A)^{-k} B \right] \in \mathbb{R}^{n \times km}$$

vollen Spaltenrang hat. Die Matrix $W \in \mathbb{R}^{n \times km}$ sei so gewählt, dass $W^T V = I_{km}$. Es gilt für $\hat{A} = W^T A V \in \mathbb{R}^{km \times km}$

$$\begin{aligned}
s_0 I_{km} - \hat{A} &= W^T (s_0 I_n - A) V \\
&= W^T (s_0 I_n - A) \left[(s_0 I_n - A)^{-1} B \ (s_0 I_n - A)^{-2} B \ \cdots \ (s_0 I_n - A)^{-k} B \right] \\
&= W^T \left[B \ (s_0 I_n - A)^{-1} B \ \cdots \ (s_0 I_n - A)^{-(k-1)} B \right].
\end{aligned}$$

Nun zieht man W^T in die Matrix und nutzt $W^T V = I_{km}$,

$$\begin{aligned}
s_0 I_{km} - \hat{A} &= \left[W^T B \ [e_1, \cdots, e_m] \ [e_{m+1}, \cdots, e_{2m}] \ \cdots \ [e_{(k-2)m+1}, \cdots, e_{(k-1)m}] \right] \\
&= \left[W^T B \ I_{1,m} \ I_{m+1,2m} \ \cdots \ I_{(k-2)m+1,(k-1)m} \right]
\end{aligned} \tag{9.17}$$

mit $I_{(j-1)m+1, jm} = \left[e_{(j-1)m+1} \ e_{(j-1)m+2} \ \ldots \ e_{jm} \right] \in \mathbb{R}^{km \times m}$.

Nun betrachten wir Potenzen von $s_0 I_{km} - \hat{A}$. Wir beginnen mit dem Quadrat von $s_0 I_{km} - \hat{A}$

$$\begin{aligned}
(s_0 I_{km} - \hat{A})^2 &= (s_0 I_{km} - \hat{A}) \left[W^T B \ I_{1,m} \ I_{m+1,2m} \ \cdots \ I_{(k-2)m+1,(k-1)m} \right] \\
&= \left[(s_0 I_{km} - \hat{A}) W^T B \ (s_0 I_{km} - \hat{A}) [I_{1,m} \ I_{m+1,2m} \ \cdots \ I_{(k-2)m+1,(k-1)m}] \right].
\end{aligned}$$

Der erste Block $(s_0 I_{km} - \hat{A}) W^T B$ ist eine Matrix der Größe $km \times m$, der zweite Block

$$(s_0 I_{km} - \hat{A}) \left[I_{1,m} \ I_{m+1,2m} \ \cdots \ I_{(k-2)m+1,(k-1)m} \right]$$

entspricht den ersten $(k-1)$ Block-Spalten von $s_0 I_{km} - \hat{A}$. Daher haben wir

$$(s_0 I_{km} - \hat{A})^2 = \left[(s_0 I_{km} - \hat{A}) W^T B \ W^T B \ I_{1,m} \ \cdots \ I_{(k-3)m+1,(k-2)m} \right].$$

Für $(s_0 I_{km} - \hat{A})^3$ ergibt sich daraus mit derselben Argumentation

$$\begin{aligned}
(s_0 I_{km} - \hat{A})^3 &= (s_0 I_{km} - \hat{A}) \left[\underbrace{*}_{\text{Block der Größe } km \times m} \ W^T B \ I_{1,m} \ \cdots \ I_{(k-3)m+1,(k-2)m} \right] \\
&= \left[* \ (s_0 I_{km} - \hat{A}) W^T B \ (s_0 I_{km} - \hat{A}) [I_{1,m} \ \cdots \ I_{(k-3)m+1,(k-2)m}] \right] \\
&= \left[\underbrace{*, *}_{\text{2 Blöcke der Größe } km \times m} \ W^T B \ I_{1,m} \ \cdots \ I_{(k-4)m+1,(k-3)m} \right].
\end{aligned}$$

Allgemein folgt

$$(s_0 I_{km} - \hat{A})^j = \left[\underbrace{*, \ldots, *}_{(j-1) \text{ Blöcke der Größe } km \times m} \ W^T B \ I_{1,m} \ \cdots \ I_{(k-(j+1))m+1,(k-j)m} \right].$$

Daher ergibt sich mit $\hat{B} = W^T B$

$$(s_0 I_{km} - \hat{A})^{-j} \hat{B} = (s_0 I_{km} - \hat{A})^{-j} W^T B = \begin{bmatrix} e_{(j-1)m+1} & \cdots & e_{jm} \end{bmatrix}$$

und mit $\hat{C} = CV$

$$\hat{C}(s_0 I_{km} - \hat{A})^{-j} \hat{B} = CV \begin{bmatrix} e_{(j-1)m+1} & \cdots & e_{jm} \end{bmatrix} = C(s_0 I_n - A)^{-j} B$$

für $j = 1, \ldots, k$. Daher stimmen die ersten k Momente

$$m_j(s_0) = -C \left((A - s_0 I_n)^{-1} \right)^{j+1} B = -\hat{C} \left((\hat{A} - s_0 I_r)^{-1} \right)^{j+1} \hat{B} = \hat{m}_j(s_0),$$

$j = 0, 1, \ldots, k - 1$, überein.   ∎

Anmerkung 9.6. Einen alternativen Beweis von Theorem 9.5 kann man wie im Beweis von Theorem 9.2 über eine Projektion erhalten. Diese muss hier iterativ angewendet werden.

Ähnlich wie Theorem 9.2 liefert auch Theorem 9.5 sofort einen Algorithmus zur Erzeugung eines reduzierten Systems (9.2) mit den gewünschten Interpolationseigenschaften. Man kann nun

$$V = \begin{bmatrix} Q & PQ & P^2 Q & \cdots & P^{k-1} Q \end{bmatrix}$$

oder/und

$$W = \begin{bmatrix} \tilde{Q} & \tilde{P}\tilde{Q} & \tilde{P}^2 \tilde{Q} & \cdots & \tilde{P}^{k-1} \tilde{Q} \end{bmatrix}$$

wählen. Dies ist numerisch nicht günstig, da die Spalten von V (W) numerisch rasch linear abhängig werden. Besser geeignet ist die Wahl von V (W) als Matrix mit orthonormalen Spalten, deren Spalten $\mathcal{K}_k(P, Q)$ (bzw. $\mathcal{K}_\ell(\tilde{P}, \tilde{Q})$) aufspannen. Zur Berechnung nutzt man z. B. den Block-Arnoldi-Algorithmus (siehe Algorithmus 3). In diesem Fall wird ein V (bzw. W) erzeugt mit $V^T V = I$ (bzw. $(W^T W = I)$. Wählt man nur V (oder W), dann ist wegen der Orthogonalität der Spalten von V (oder W) die Wahl der jeweiligen Projektion als Galerkin-Projektion kanonisch. Konkret ergibt sich das folgende Vorgehen, falls V gewählt wird.

1. Wähle $s_0 \in \mathbb{R} \setminus (\Lambda(A) \cup \Lambda(\hat{A}))$, $s_0 < \infty$ und $k \in \mathbb{N}$.
2. Nutze Algorithmus 3, um $V \in \mathbb{R}^{n \times km}$ zu erzeugen mit $\mathrm{span}(V) = \mathrm{span}(\mathcal{K}_k(P, Q))$ und $V^T V = I_{km}$.
3. Setze $\hat{A} = V^T A V \in \mathbb{R}^{km \times km}$, $\hat{B} = V^T B \in \mathbb{R}^{km \times m}$, $\hat{C} = CV \in \mathbb{R}^{p \times km}$.

In Schritt 2 wird angenommen, dass $\mathrm{span}(\mathcal{K}_k(P, Q))$ die volle Dimension mk hat. Andernfalls sind die linear abhängigen Spalten aus $\mathcal{K}_k(P, Q)$ zu entfernen und mit einer derart gekürzten Matrix V weiterzurechnen.

Wählt man hingegen V als Matrix mit orthonormalen Spalten, deren Spalten $\mathcal{K}_k(P, Q)$ aufspannen und W als Matrix mit orthonormalen Spalten, deren Spalten $\mathcal{K}_\ell(\widetilde{P}, \widetilde{Q})$ aufspannen und ergänzt V oder W, sodass beide dieselbe Anzahl an orthonormalen Spalten haben, dann ist $W^T V = I$ i. d. R. nicht gegeben. Es muss $\widetilde{W} = W\left(V^T W\right)^{-1}$ verwendet werden. Die wichtige Bedingung $\mathcal{K}_\ell(\widetilde{P}, \widetilde{Q}) \subseteq \mathrm{Bild}(\widetilde{W})$ ist dann weiterhin erfüllt.

Anmerkung 9.7. In der Literatur [44,45,53] wurde zunächst vorgeschlagen, eine Basis des Krylov-Raums $\mathcal{K}_k(P, Q)$ mit dem sogenannten unsymmetrischen Lanczos-Verfahren [58] zu berechnen, da so die hier benötigten Matrizen V und W mit $W^T V = I$ direkt berechnet werden können. Im Gegensatz zu dem hier bevorzugten Arnoldi-Verfahren müssen beim unsymmetrischen Lanczos-Verfahren nicht nur Matrix-Vektorprodukt der Form Px, sondern auch mit der Transponierten $P^T x$ berechnet werden. Zudem kann das Verfahren zusammenbrechen, ohne nützliche Informationen zu berechnen. Alternativ können andere Krylov-Raum-Verfahren zur Erzeugung einer orthonormalen Basis des relevanten Krylov-Raums verwendet werden.

Im Falle der Situation 1. und 2. in Theorem 9.5, also wenn entweder nur der Eingangs-Krylov-Raum oder nur der Ausgangs-Krylov-Raum bei der Konstruktion der Projektion verwendet wird, spricht man von einem einseitigen Verfahren. Im Falle der Situation 3., also wenn sowohl der Eingangs-Krylov-Raum als auch der Ausgangs-Krylov-Raum bei der Konstruktion der Projektion verwendet wird, spricht man von einem zweiseitigen Verfahren. Ein zweiseitiges Verfahren verwendet eine Petrov-Galerkin-Projektion, während einseitige Verfahren meist als Galerkin-Projektion realisiert werden.

Anmerkung 9.8. Die obigen Überlegungen können auch für Systeme der Form

$$E\dot{x}(t) = Ax(t) + Bu(t),$$
$$y(t) = Cx(t)$$

(E nicht notwendigerweise regulär) angewendet werden. Mit der Wahl

$$P = (A - s_0 E)^{-1} \in \mathbb{R}^{n \times n},$$
$$Q = -(A - s_0 E)^{-1} B = -PB \in \mathbb{R}^{n \times m}$$

und

$$\widetilde{P} = (A - s_0 E)^{-T} \in \mathbb{R}^{n \times n},$$
$$\widetilde{Q} = -(A - s_0 E)^{-T} C^T = -\widetilde{P} C^T \in \mathbb{R}^{n \times p}$$

für ein $s_0 \in \mathbb{R}$, $s_0 < \infty$, mit $A - s_0 E$ regulär, lässt sich eine Projektion $V W^T$ analog zu dem in diesem Abschnitt geschilderten Verfahren bestimmen. Das reduzierte

System ist dann gegeben durch

$$\hat{E} = W^T E V, \quad \hat{A} = W^T A V, \quad \hat{B} = W^T B, \quad \hat{C} = C V.$$

9.1.2 Interpolation an mehreren Entwicklungspunkten $s_j \in \mathbb{R}$

Die im letzten Abschnitt diskutierten Verfahren führen zu reduzierten Systemen (9.2), deren Übertragungsfunktion die Übertragungsfunktion des LZI-Systems (9.1) in der Umgebung des Entwicklungspunkts s_0 gut approximiert. Soll ein breiterer Bereich gut approximiert werden, kann die Methode auf mehrere Entwicklungsstellen s_i, $i = 1, 2, \ldots, k$, erweitert werden. Das folgende Theorem folgt direkt aus Theorem 9.4.

Theorem 9.9. *Gegeben seien Matrizen V, $W \in \mathbb{R}^{n \times r}$ mit vollem Spaltenrang und $W^T V = I_r$, das LZI-System (9.1), sowie das System reduzierter Ordnung (9.2) mit $\hat{A} = W^T A V$, $\hat{B} = W^T B$, $\hat{C} = C V$ und k Entwicklungspunkte $s_j \in \mathbb{R} \setminus (\Lambda(A) \cup \Lambda(\hat{A}))$, $s_j < \infty$, $j = 1, \ldots, k$.*
  Falls

$$\text{span}\{(A - s_1 I)^{-1} B, (A - s_2 I)^{-1} B, \ldots, (A - s_k I)^{-1} B\} \subseteq \text{Bild}(V)$$

oder

$$\text{span}\{(A - s_1 I)^{-T} C^T, (A - s_2 I)^{-T} C^T, \ldots, (A - s_k I)^{-T} C^T\} \subseteq \text{Bild}(W),$$

dann gilt für $j = 1, \ldots, k$

$$G(s_j) = \hat{G}(s_j).$$

Falls

$$\text{span}\{(A - s_1 I)^{-1} B, (A - s_2 I)^{-1} B, \ldots, (A - s_k I)^{-1} B\} \subseteq \text{Bild}(V)$$

und

$$\text{span}\{(A - s_1 I)^{-T} C^T, (A - s_2 I)^{-T} C^T, \ldots, (A - s_k I)^{-T} C^T\} \subseteq \text{Bild}(W),$$

dann gilt für $j = 1, \ldots, k$

$$G(s_j) = \hat{G}(s_j) \quad und \quad \frac{\partial}{\partial s} G(s_j) = \frac{\partial}{\partial s} \hat{G}(s_j).$$

Möchte man nun ein reduziertes System (9.2) erzeugen, welches an den einzelnen Entwicklungspunkten weitere Ableitungen interpoliert, müssen weitere Blöcke aus dem jeweiligen Ein- und/oder Ausgangs-Krylov-Raum bei der Konstruktion der Projektion $\Pi = V W^T$ berücksichtigt werden. Als Erweiterung von Theorem 9.5 ergibt sich das folgende Theorem.

Theorem 9.10. *Gegeben seien Matrizen V, $W \in \mathbb{R}^{n \times r}$ mit vollem Spaltenrang und $W^T V = I_r$, das LZI-System (9.1), sowie das System reduzierter Ordnung (9.2) mit $\hat{A} = W^T A V$, $\hat{B} = W^T B$, $\hat{C} = C V$ und k Entwicklungspunkte $s_j \in \mathbb{R} \setminus (\Lambda(A) \cup \Lambda(\hat{A}))$, $s_j < \infty$, $j = 1, \ldots, k$.*
Falls

$$\bigcup_{j=1}^{k} \mathcal{K}_{\gamma_j}(P_j, Q_j) \subseteq \mathrm{Bild}(V) = \mathcal{V}$$

oder

$$\bigcup_{j=1}^{k} \mathcal{K}_{\gamma_j}(\widetilde{P}_j, \widetilde{Q}_j) \subseteq \mathrm{Bild}(W) = \mathcal{W}$$

mit

$$
\begin{aligned}
P_j &= \left(A - s_j I\right)^{-1}, \\
Q_j &= -\left(A - s_j I\right)^{-1} B = -P_j B, \\
\widetilde{P}_j &= \left(A - s_j I\right)^{-T}, \\
\widetilde{Q}_j &= -\left(A - s_j I\right)^{-T} C^T = -\widetilde{P}_j C^T,
\end{aligned}
\tag{9.18}
$$

dann gilt für $j = 1, \ldots, k$ und $i = 0, \ldots, \gamma_j - 1$

$$\frac{\partial^i}{\partial s^i} G(s_j) = \frac{\partial^i}{\partial s^i} \hat{G}(s_j). \tag{9.19}$$

Um die ersten γ_j Ableitungen der Übertragungsfunktion im Entwicklungspunkt s_j zu interpolieren, müssen die ersten γ_j Blöcke aus dem zugehörigen Krylov-Unterraum verwendet werden.
Falls

$$\bigcup_{j=1}^{k} \mathcal{K}_{\gamma_j}(P_j, Q_j) \subseteq \mathrm{Bild}(V) = \mathcal{V}$$

und

$$\bigcup_{j=1}^{k} \mathcal{K}_{\mu_j}(\widetilde{P}_j, \widetilde{Q}_j) \subseteq \mathrm{Bild}(W) = \mathcal{W}$$

mit P_j, Q_j, $\widetilde{P}_j$, $\widetilde{Q}_j$ aus (9.18), dann stimmen in s_j die ersten $\gamma_j + \mu_j$ Momente überein,

$$\frac{\partial^i}{\partial s^i} G(s_j) = \frac{\partial^i}{\partial s^i} \hat{G}(s_j)$$

für $j = 1, \dots, k$ und $i = 0, \dots \gamma_j + \mu_j - 1$.

Werden sowohl Eingangs- als auch Ausgangs-Krylov-Räume verwendet, dann können in beiden unterschiedliche Entwicklungspunkte verwendet werden. Ein Beispiel wird im folgenden Theorem angegeben.

Theorem 9.11. *Gegeben seien Matrizen V, $W \in \mathbb{R}^{n \times r}$ mit vollem Spaltenrang und $W^T V = I_r$, das LZI-System (9.1), sowie das System reduzierter Ordnung (9.2) mit $\hat{A} = W^T A V$, $\hat{B} = W^T B$, $\hat{C} = C V$ und $2k$ voneinander verschiedene Entwicklungspunkte $s_j \in \mathbb{R} \setminus (\Lambda(A) \cup \Lambda(\hat{A}))$, $s_j < \infty$, $j = 1, \dots, 2k$. Falls*

$$\bigcup_{j=1}^{k} \mathcal{K}_{\gamma_j}(P_j, Q_j) \subseteq \operatorname{Bild}(V) = \mathcal{V}$$

und

$$\bigcup_{j=k+1}^{2k} \mathcal{K}_{\gamma_j}(\widetilde{P}_j, \widetilde{Q}_j) \subseteq \operatorname{Bild}(W) = \mathcal{W}$$

mit P_j, Q_j, $\widetilde{P}_j$, $\widetilde{Q}_j$ aus (9.18), dann gilt

$$G(s_j) = \hat{G}(s_j)$$

für $j = 1, \dots, 2k$.

Es ist (wie schon im letzten Abschnitt) in allen Theoremen in diesem Abschnitt nur wichtig, dass die Spalten von V und/oder W den „richtigen" Raum aufspannen, nicht wie V und/oder W erzeugt werden. Man nutzt daher in der Praxis orthonormale Basen der Räume $\mathcal{V}$ und $\mathcal{W}$. Die Berechnung einer entsprechenden orthogonalen Basis kann durch angepasste Block-Arnoldi-Verfahren (Algorithmus 3) erfolgen.

Anmerkung 9.12. Die obigen Überlegungen können auch für Systeme der Form

$$E \dot{x}(t) = A x(t) + B u(t),$$
$$y(t) = C x(t)$$

(E nicht notwendigerweise regulär) angewendet werden. Mit der Wahl

$$P_j = \left(A - s_j E \right)^{-1} \in \mathbb{R}^{n \times n},$$
$$Q_j = - \left(A - s_j E \right)^{-1} B = -P_j B \in \mathbb{R}^{n \times m}$$

und

$$\widetilde{P}_j = \left(A - s_j E\right)^{-T} \in \mathbb{R}^{n \times n},$$

$$\widetilde{Q}_j = -\left(A - s_j E\right)^{-T} C^T = -\widetilde{P}_j C^T \in \mathbb{R}^{n \times p}$$

für Entwicklungspunkte $s_j \in \mathbb{R}$, $s_0 < \infty$, $j = 1, \ldots, k$, mit $A - s_j E$ regulär, lässt sich eine Projektion $V W^T$ analog zu dem in diesem Abschnitt geschilderten Verfahren bestimmen. Das reduzierte System ist dann gegeben durch

$$\hat{E} = W^T E V, \quad \hat{A} = W^T A V, \quad \hat{B} = W^T B, \quad \hat{C} = C V.$$

9.1.3 Interpolation an komplexen Entwicklungspunkten

Bislang haben wir nur reelle Entwicklungspunkte s_j betrachtet, da dann die Ein- bzw. Ausgangs-Krylov-Räume $\mathcal{K}_k(P_j, Q_j)$ und $\mathcal{K}_k(\widetilde{P}_j, \widetilde{Q}_j)$ Unterräume des $\mathbb{R}^n$ sind und V und W damit reelle Matrizen, sodass das reduzierte System (9.2) (wie gewünscht) reellwertig ist. In der Praxis werden aber auch komplexwertige Entwicklungspunkte $s_j \in \mathbb{C}$ genutzt, insbesondere $\iota \omega$ für $\omega \in \mathbb{R}$, welches dann als (Kreis-)Frequenz aufgefasst werden kann.

Es reicht aus, einen Entwicklungspunkt $s_0 \in \mathbb{C}$ zu betrachten, um das Vorgehen im Falle komplexer Entwicklungspunkte zu erläutern. Sei daher hier

$$P = (A - s_0 I)^{-1} \in \mathbb{C}^{n \times n},$$

$$Q = -(A - s_0 I)^{-1} B = -P B \in \mathbb{C}^{n \times m},$$

$$\widetilde{P} = (A - s_0 I)^{-T} \in \mathbb{C}^{n \times n},$$

$$\widetilde{Q} = -(A - s_0 I)^{-T} C^T = -\widetilde{P} C^T \in \mathbb{C}^{n \times p}.$$

Die zugehörigen Ein- bzw. Ausgangs-Krylov-Räume $\mathcal{K}_k(P, Q)$ und $\mathcal{K}_k(\widetilde{P}, \widetilde{Q})$ sind nun Unterräume des $\mathbb{C}^n$.

Um nun ein reduziertes System zu konstruieren, welches $G(s)$ an s_0 interpoliert, kann man in Analogie zu dem ersten unter Theorem 9.2 betrachteten Vorgehen folgendermassen verfahren.

1. Wähle $s_0 \in \mathbb{C} \setminus (\Lambda(A) \cup \Lambda(\hat{A}))$.
2. Löse $(s_0 I - A)V = B$ für $V \in \mathbb{C}^{n \times m}$.
3. Wähle $W \in \mathbb{C}^{n \times m}$ als $W = V(V^T V)^{-1}$ (dann gilt $W^T V = I_m$).
4. Setze $\hat{A} = W^T A V \in \mathbb{C}^{m \times m}$, $\hat{B} = W^T B \in \mathbb{C}^{m \times m}$, $\hat{C} = C V \in \mathbb{C}^{p \times m}$.

Alternativ wäre auch folgende numerisch günstigere Variante möglich.

1. Wähle $s_0 \in \mathbb{C} \setminus (\Lambda(A) \cup \Lambda(\hat{A}))$.
2. Löse $(s_0 I - A)V = B$ für $V \in \mathbb{C}^{n \times m}$.

3. Orthogonalisiere V z.B. mittels der kompakten QR-Zerlegung $V = UR$, wobei $U \in \mathbb{C}^{n \times m}$ orthonormale Spalten habe und $R \in \mathbb{C}^{m \times m}$.
4. Setze $V = U$.
5. Wähle $W \in \mathbb{C}^{n \times m}$ als $W = V$ (dann gilt $W^H V = I_m$).
6. Setze $\hat{A} = W^H A V \in \mathbb{C}^{m \times m}$, $\hat{B} = W^H B \in \mathbb{C}^{m \times m}$, $\hat{C} = CV \in \mathbb{C}^{p \times m}$.

In beiden Fällen wird ein reduziertes System (9.2) mit komplexwertigen Matrizen $\hat{A}$, $\hat{B}$, $\hat{C}$ erzeugt.

Jeder Unterraum des $\mathbb{C}^n$ kann durch reelle Vektoren aufgespannt werden. Für $z_j \in \mathbb{C}^n$, $j = 1, \ldots, k$, mit $z_j = x_j + \imath y_j$, $x_j, y_j \in \mathbb{R}^n$ gilt z. B.

$$\text{span}\{z_1, z_2 \ldots, z_k\} = \left\{ \sum_{j=1}^{k} \alpha_i z_i, \ \alpha_i \in \mathbb{C} \right\}$$

$$= \text{span}\{x_1, x_2, \ldots, x_k, y_1, y_2, \ldots, y_k\} = \left\{ \sum_{j=1}^{k} \beta_j x_j + \gamma_j y_j, \ \beta_j, \gamma_j \in \mathbb{C} \right\}$$

$$= \left\{ \sum_{j=1}^{2k} \delta_j x_j, \ \delta_j \in \mathbb{C} \right\} \quad \text{mit } x_{k+j} = y_j, j = 1, \ldots, k.$$

In diesem Sinne können wir jeden Unterraum in $\mathbb{C}^n$ stets mit einer reellen Basis im $\mathbb{R}^n$ versehen.

Diese Erkenntnis können wir nun nutzen, um ein reelles reduziertes System zu konstruieren, welches $G(s)$ an $s_0 \in \mathbb{C} \setminus (\Lambda(A) \cup \Lambda(\hat{A}))$ interpoliert.

1. Wähle $s_0 \in \mathbb{C} \setminus (\Lambda(A) \cup \Lambda(\hat{A}))$.
2. Löse $(s_0 I - A)Q = B$ für $Q \in \mathbb{C}^{n \times m}$.
3. Setze $V = \begin{bmatrix} \text{Re}(Qe_1) & \cdots & \text{Re}(Qe_m) & \text{Im}(Qe_1) & \cdots & \text{Im}(Qe_m) \end{bmatrix} \in \mathbb{R}^{n \times 2m}$.
4. Orthogonalisiere V z.B. mittels der kompakten QR-Zerlegung $V = UR$, wobei $U \in \mathbb{R}^{n \times 2m}$ orthonormale Spalten habe und $R \in \mathbb{R}^{2m \times 2m}$.
5. Setze $V = U$.
6. Wähle $W \in \mathbb{R}^{n \times 2m}$ als $W = U$ (dann gilt $W^T V = I_{2m}$).
7. Setze $\hat{A} = W^T A V \in \mathbb{R}^{2m \times 2m}$, $\hat{B} = W^T B \in \mathbb{R}^{2m \times m}$, $\hat{C} = CV \in \mathbb{R}^{p \times 2m}$.

In Schritt 4 wird angenommen, dass V vollen Spaltenrang hat. Andernfalls sind die linear abhängigen Spalten aus V zu entfernen und mit einer derart gekürzten Matrix V weiterzurechnen.

Bei der Wahl $s_0 \in \mathbb{R}$ war das resultierende reelle reduzierte System von der Dimension m, bei der Wahl $s_0 \in \mathbb{C}$ hat das resultierende reelle reduzierte System die doppelte Dimension $2m$ (falls V vollen Spaltenrang hat). In beiden Fällen ist die Interpolationsbedingung $G(s_0) = \hat{G}(s_0)$ erfüllt.

Sollen insgesamt k Ableitungen an der Stelle s_0 interpoliert werden, so kann mittels einer komplexen Variante des Block-Arnoldi-Algorithmus 3 eine orthonormale Basis von $\mathcal{K}_k(P, Q)$ berechnet werden. Angenommen $\dim(\mathcal{K}_k(P, Q)) = r \leq km$, dann liefert dies eine Matrix $V_{\mathbb{C}} \in \mathbb{C}^{n \times r}$ mit orthonormalen Spalten, $V_{\mathbb{C}}^H V_{\mathbb{C}} = I_r$. Man kann nun ein reduziertes System

$$\hat{A}_{\mathbb{C}} = V_{\mathbb{C}}^H A V_{\mathbb{C}} \in \mathbb{C}^{r \times r}, \quad \hat{B}_{\mathbb{C}} = V_{\mathbb{C}}^H B \in \mathbb{C}^{r \times m}, \quad \hat{C}_{\mathbb{C}} = C V_{\mathbb{C}} \in \mathbb{C}^{p \times r} \quad (9.20)$$

berechnen, welches die Interpolationsbedingungen

$$\frac{\partial^j}{\partial s^j} G(s_0) = \frac{\partial^j}{\partial s^j} \hat{G}(s_0) \quad (9.21)$$

für $j = 0, 1, \ldots, k - 1$ erfüllt.[2] Sei nun

$$\widetilde{V} = \left[\mathrm{Re}(V_{\mathbb{C}} e_1) \cdots \mathrm{Re}(V_{\mathbb{C}} e_r) \, \mathrm{Im}(V_{\mathbb{C}} e_1) \cdots \mathrm{Im}(V_{\mathbb{C}} e_r) \right] \in \mathbb{R}^{n \times 2r}.$$

Angenommen, $\widetilde{V}$ hat vollen Spaltenrang, dann liefert die kompakten QR-Zerlegung $\widetilde{V} = V_{\mathbb{R}} R$ eine Matrix $V_{\mathbb{R}} \in \mathbb{R}^{n \times 2r}$ mit orthonormalen Spalten. Das resultierende reduzierte System

$$\hat{A}_{\mathbb{R}} = V_{\mathbb{R}}^T A V_{\mathbb{R}} \in \mathbb{R}^{2r \times 2r}, \quad \hat{B}_{\mathbb{R}} = V_{\mathbb{R}}^T B \in \mathbb{R}^{2r \times m}, \quad \hat{C}_{\mathbb{R}} = C V_{\mathbb{R}} \in \mathbb{R}^{p \times 2r} \quad (9.22)$$

ist reellwertig. Die reduzierten Systeme (9.20) und (9.22) erfüllen beide die Interpolationsbedingungen (9.21). Die Dimension des reellen Systems (9.22) ist doppelt so groß wie die des komplexen Systems (9.20). Hat $\widetilde{V}$ einen Spaltenrang $\ell < 2r$, dann müssen die linear abhängigen Spalten entfernt und die restlichen Spalten orthogonalisiert werden (z. B. mithilfe einer RRQR-Zerlegung). Dies liefert eine Matrix $V_{\mathbb{R}} \in \mathbb{R}^{n \times \ell}$ mit orthonormalen Spalten und ein reduziertes System der Ordnung $\ell \times \ell$.

Abschließend sei angenommen, dass die beiden Entwicklungspunkte $s_0 \in \mathbb{C}$ und $\overline{s_0}$ verwendet werden. Dazu sei

$$V_{\mathbb{C}} = \left[V \; \overline{V} \right] \in \mathbb{C}^{n \times 2km}$$

mit

$$V = \left[Q \; PQ \; P^2 Q \cdots P^{k-1} Q \right] \in \mathbb{C}^{n \times km}.$$

Würde man $V_{\mathbb{C}}$ zur Reduktion des LZI-Systems (9.1) nutzen, ergibt sich ein komplexes reduziertes System der Ordnung $2km$, bei welchem die ersten beiden Momente in s_0 mit denen des Originalsystems übereinstimmen. Da $V = \mathrm{Re}(V) + \imath \, \mathrm{Im}(V)$ und $\overline{V} = \mathrm{Re}(V) - \imath \, \mathrm{Im}(V)$, reicht es aus

$$V_{\mathbb{R}} = \left[\mathrm{Re}(V) \; \mathrm{Im}(V) \right] \in \mathbb{R}^{n \times 2km}$$

---

[2] Alle Theoreme aus den Abschn. 9.1.1 und Abschn. 9.1.2 können in offensichtlicher Weise in einer komplexen Variante formuliert und bewiesen werden.

zu betrachten. Das reduzierte System ist dann reell und hat (wie das komplexe) maximal die Dimension $2km$. Eine Verdopplung der Dimension aufgrund des Wechsels vom Komplexen ins Reelle findet also nicht statt, wenn komplexe Entwicklungspunkte s_0 als komplex-konjugiertes Paar $(s_0, \overline{s_0})$ verwendet werden.

Die Erweiterung dieses Ansatzes auf die Verwendung mehrerer komplexer Entwicklungspunkte s_j, $j = 1, \ldots, k$, ist unkompliziert.

Ganz analog geht man vor, wenn $\mathscr{K}_k(\widetilde{P}, \widetilde{Q}) \subseteq \mathrm{Bild}(W)$, $W \in \mathbb{R}^{n \times r}$ gewählt wird.

9.1.4   Wahl der Entwicklungspunkte und der Anzahl der interpolierten Ableitungen pro Entwicklungspunkt

Die Wahl der Entwicklungspunkte und die Anzahl der interpolierten Ableitungen pro Entwicklungspunkt bestimmen wesentlich die Güte des reduzierten Systems (9.2).

Interpolatorische Modellreduktion wurde zunächst für Probleme in der Schaltkreissimulation entwickelt. Bei diesen Problemen ist i.d.R. der Bereich der relevanten Arbeitsfrequenz bekannt, m.a.W., es ist ein Intervall für die Arbeitsfrequenz ω bekannt, in welchem man an den Werten der Übertragungsfunktion $G(\iota\omega)$ interessiert ist. Man wählt dann z.B. die Entwicklungspunkte in dem Intervall äquidistant oder logarithmisch verteilt, oder auch als Tschebyscheff-Punkte in dem Intervall. Anders als bei den bislang betrachteten Modellreduktionsverfahren, welche Schranken für den Approximationsfehler (z.B. $\|G - \hat{G}\|_{\mathscr{H}_\infty}$) erlauben, sind solche Schranken für interpolationsbasierte Verfahren i.Allg. unbekannt, da es i.Allg. keine brauchbare Schranke dafür gibt, wie schlecht ein Interpolant für beliebig spezifizierte Interpolationspunkte sein kann. Daher beruht die Wahl der Entwicklungspunkte und die Anzahl der interpolierten Ableitungen pro Entwicklungspunkt meist auf Heuristiken.

In [61,62] wurde die Wahl der Entwicklungspunkte intensiv untersucht. Dort findet man die folgenden allgemeinen Aussagen, die einen Ansatz zur Bestimmung guter Entwicklungspunkte darstellen:

- Die Verwendung eines Entwicklungspunkts s_0 mit kleinem Imaginärteil resultiert in einem reduzierten System, dessen Übertragungsfunktion im unteren Frequenzband eine gute Approximation der Übertragungsfunktion des Ausgangssystems zeigt.
- Die Verwendung eines Entwicklungspunkts s_0 mit großem Imaginärteil resultiert in einer guten Approximation des oberen Frequenzbandes durch das reduzierte System.
- Die Verwendung mehrerer Entwicklungspunkte s_j, $j = 1, \ldots, k$, resultiert in einer besseren Approximation eines breiteren Frequenzbandes durch das reduzierte System als bei Verwendung nur eines Entwicklungspunktes.
- Werden ausschließlich rein imaginäre Entwicklungspunkte verwendet, können sehr gute Approximationen des Frequenzbereiches in der Umgebung der Entwicklungsstellen erreicht werden. Allerdings werden weit von den Entwicklungs-

punkten entfernte Frequenzbereiche schlecht bzw. erst für sehr große Ordnungen des reduzierten Systems approximiert.

- Bei Verwendung ausschließlich reeller Entwicklungsstellen erreicht man eher eine gute Approximation eines größeren Frequenzbereiches als bei Verwendung rein imaginärer Entwicklungspunkte.

In [62] wird daher eine Kombination aus rein reellen und rein imaginären Entwicklungspunkten vorgeschlagen, die linear oder logarithmisch auf der reellen und imaginären Achse der komplexen Ebene verteilt liegen. Mit diesem Ansatz sind mit ausreichend vielen Entwicklungsstellen gute Approximationsergebnisse erzielbar. Allerdings können a priori keine Aussagen über die Anzahl der benötigten Entwicklungspunkte getroffen werden. Sollte die ursprüngliche Auswahl an Entwicklungspunkten nicht zu einer zufriedenstellenden Approximation führen, wird vorgeschlagen, die Entwicklungspunkte in einem Iterationsprozess anzupassen, indem man basierend auf dem erzeugten reduzierten System neue Entwicklungspunkte dort wählt, wo der geschätzte Fehler in der Approximation am größten ist. In [33] wird ausgehend von einer gegebenen Menge von k Entwicklungspunkten zu jedem Entwicklungspunkt s_j, $j = 1, \ldots, k$, jeweils ein reduziertes System der Dimension r_j bestimmt. Anschließend wird aus der Menge der Pole der k Übertragungsfunktionen der reduzierten Modelle eine Teilmenge ausgewählt, deren Elemente dann als neue Entwicklungspunkte verwendet werden.

Wie für die Wahl geeigneter Entwicklungspunkte gibt es auch für die Wahl der Anzahl der interpolierten Ableitungen pro Entwicklungspunkt nur Heuristiken. Dazu verwendet man oft eine auf das konkrete Problem angepasste Variante der folgenden Idee aus [90] für SISO-Systeme. Ausgehend von einer gegebenen Menge an Punkten s_j, $j = 1, \ldots, k$, wählt man sukzessive den Punkt s_j als nächsten Entwicklungspunkt, der den größten Approximationsfehler verursacht. Dabei kann jeder Punkt s_j mehrfach gewählt werden (ggf. auch gar nicht). In [90] wird dabei als Fehler die Differenz zwischen dem i-ten Moment der Übertragungsfunktion des Ausgangssystems und des reduzierten Systems betrachtet. Dieser Fehler lässt sich effizient berechnen. Eine Verallgemeinerung auf MIMO-Systeme findet man in [31].

Ein weiteres offenes Problem, das mit dem Fehlen einer geeigneten Fehlerschranke zusammen hängt, stellt die Wahl der optimalen Dimension des reduzierten Systems dar.

9.1.5 Partielle Realisierung

In diesem Abschnitt wird eine weitere Entwicklung der Übertragungsfunktion $G(s)$ genutzt. Wegen $(I - s^{-1}A)^{-1} = \sum_{j=0}^{\infty} A^j s^{-j}$ für $\|s^{-1}A\| < 1$ (siehe Theorem 4.79) gilt

$$G(s) = C(sI - A)^{-1}B = s^{-1}C(I - s^{-1}A)^{-1}B = \sum_{j=1}^{\infty} C A^{j-1} B s^{-j}$$

mit den sogenannten *Markov-Parametern*

$$m_j(\infty) := CA^{j-1}B, \quad j = 1, 2, \ldots.$$

Man ist nun an einem reduzierten System (9.2) mit einer Übertragungsfunktion

$$\hat{G}(s) = \sum_{j=1}^{\infty} \hat{C}\hat{A}^{j-1}\hat{B}s^{-j} = \sum_{j=1}^{\infty} \hat{m}_j(\infty)s^{-j}$$

interessiert, sodass die ersten k Markovparameter übereinstimmen,

$$m_j(\infty) = CA^{j-1}B = \hat{C}\hat{A}^{j-1}\hat{B} = \hat{m}_j(\infty), \quad j = 1, \ldots, k.$$

Man spricht hier auch von einer partiellen Realisierung. Man beachte, dass hier die ersten k Blöcke $B, AB, \ldots, A^{k-1}B$ der Steuerbarkeitsmatrix

$$K(A, B) = \begin{bmatrix} B & AB & \ldots & A^{n-1}B \end{bmatrix} \in \mathbb{R}^{n \times km}$$

auftreten.

Theorem 9.13. *Gegeben sei das LZI-System* (9.1). *Die Matrix*

$$K_k(A, B) = \begin{bmatrix} B & AB & \ldots & A^{k-1}B \end{bmatrix} \in \mathbb{R}^{n \times km}$$

habe vollen Spaltenrang. Sei $V = K_k(A, B)$ *und* $W \in \mathbb{R}^{n \times km}$ *mit* $W^T V = I_{km}$. *Dann ist durch das System reduzierter Ordnung* (9.2) *mit* $\hat{A} = W^T A V$, $\hat{B} = W^T B$, $\hat{C} = CV$ *eine partielle Realisierung von* (9.1) *gegeben, wobei die ersten k Markov-Parameter der Übertragungsfunktion von* (9.1) *und* (9.2) *übereinstimmen.*

Beweis. Es gilt

$$\begin{aligned} V\hat{B} &= VW^T B = \begin{bmatrix} B & AB & \ldots & A^{k-1}B \end{bmatrix} W^T B \\ &= \begin{bmatrix} B & AB & \ldots & A^{k-1}B \end{bmatrix} \begin{bmatrix} e_1 & e_2 & \ldots & e_m \end{bmatrix} = B, \end{aligned}$$

da $W^T V = I_{km}$ und B gerade den ersten m Spalten von V entspricht. Daher folgt $\hat{C}\hat{B} = CVW^T B = CB$.

Weiter gilt

$$\begin{aligned} \hat{A}^j \hat{B} &= (W^T A V)^j W^T B \\ &= (W^T A V)^{j-1} W^T A V W^T B \\ &= (W^T A V)^{j-1} W^T A B \\ &= (W^T A V)^{j-2} W^T A V W^T A B \\ &= (W^T A V)^{j-2} W^T A \begin{bmatrix} B & AB & \ldots & A^{k-1}B \end{bmatrix} \begin{bmatrix} e_{m+1} & e_{m+2} & \ldots & e_{2m} \end{bmatrix} \end{aligned}$$

$$= (W^T A V)^{j-2} W^T A^2 B$$
$$= \cdots$$
$$= W^T A^j B,$$

da $W^T V = I_{km}$ und $A^j B$ gerade den Spalten $jm+1, \ldots, (j+1)m$ von V entspricht. Damit ergibt sich

$$\hat{C} \hat{A}^j \hat{B} = C V W^T A^j B$$
$$= C \begin{bmatrix} B & AB & \ldots & A^{k-1}B \end{bmatrix} W^T A^j B$$
$$= C \begin{bmatrix} B & AB & \ldots & A^{k-1}B \end{bmatrix} \begin{bmatrix} e_{jm+1} & \ldots & e_{(j+1)m} \end{bmatrix} = C A^j B.$$

Damit ist die Aussage des Theorems gezeigt. ∎

Wie man sich leicht überlegt, kann auch hier V durch eine orthogonale Matrix $\widetilde{V}$ ersetzt werden, solange die Spalten von $\widetilde{V}$ denselben Raum aufspannen wie die Spalten der Matrix $K_k(A, B)$, also für $V = \widetilde{V} R$ mit einer regulären Matrix $R \in \mathbb{R}^{km \times km}$ und einer Matrix $\widetilde{V} \in \mathbb{R}^{n \times km}$ mit $\widetilde{V}^T \widetilde{V} = I_{km}$. Es gilt dann mit $\widetilde{V} = V R^{-1}$ und $\widetilde{W} = W R^T$

$$\widetilde{W}^T \widetilde{V} = R W^T V R^{-1} = I,$$
$$C \widetilde{V} \widetilde{W}^T B = C V R^{-1} R W^T B = C V W^T B = \hat{C} \hat{B} = C B$$

und weiter

$$C \widetilde{V} (\widetilde{W}^T A \widetilde{V})^j \widetilde{W}^T B = C V (W^T A V)^j W^T B = \hat{C} \hat{A}^j \hat{B} = C A^j B.$$

Verwendet man wie in Theorem 9.13 ein einseitiges Verfahren mit $V = K_k(A, B)$ und $W \in \mathbb{R}^{n \times km}$ so gewählt, dass $W^T V = I_{km}$, dann stimmen die ersten k Markov-Parameter überein. Verwendet man ein zweiseitiges Verfahren, wobei V wie eben den ersten Blöcken der Steuerbarkeitsmatrix entspricht und zusätzlich W den ersten Blöcken der Beobachtbarkeitsmatrix, dann stimmen mehr Markov-Parameter der beiden Übertragungsfunktionen überein.

Theorem 9.14. *Gegeben sei das LZI-System* (9.1). *Sei* $m = p$. *Angenommen, die Matrizen* $K_k(A, B) \in \mathbb{R}^{n \times km}$ *und* $K_k(A^T, C^T) \in \mathbb{R}^{n \times km}$ *haben vollen Spaltenrang. Sei* $W^T = \left(K_k(A^T, C^T) K_k(A, B) \right)^{-1} K_k(A^T, C^T)$ *und* $V = K_k(A, B)$. *Dann ist durch das System reduzierter Ordnung* (9.2) *mit* $\hat{A} = W^T A V$, $\hat{B} = W^T B$, $\hat{C} = C V$ *eine partielle Realisierung von* (9.1) *gegeben, wobei die ersten* $2k$ *Markov-Parameter der Übertragungsfunktion von* (9.1) *und* (9.2) *übereinstimmen.*

Weiter folgt mit den Ergebnissen dieses und der vorhergehenden Abschnitte, dass jedes V, das eine Kombination der in den Theoremen 9.9 und 9.13 betrachteten Situationen berücksichtigt, erreicht, dass jede gewünschte Interpolationsvorgabe

$$\hat{C}\hat{A}^j\hat{B} = CA^jB, \qquad\qquad\qquad j = 1, \ldots, k, \quad (9.23)$$

$$\hat{C}(s_j I_k - \hat{A})^{-i}\hat{B} = C(s_j I_n - A)^{-i}B, \quad j = 1, \ldots, \ell \quad i = 1, \ldots, \gamma_j, \quad (9.24)$$

erfüllt werden kann. Sei dazu

$$K_k(A, B) = \begin{bmatrix} B & AB & \ldots & A^{k-1}B \end{bmatrix},$$

$$K_{\gamma_j}(P_j, Q_j) = \begin{bmatrix} (s_j I_n - A)^{-1}B & (s_j I_n - A)^{-2}B & \ldots & (s_j I_n - A)^{-\gamma_j}B \end{bmatrix}$$

mit $Q_j = (s_j I_n - A)^{-1}B$, $P_j = (s_j I_n - A)^{-1}$ für ℓ Entwicklungspunkte $s_j \notin \Lambda(A) \cup \Lambda(\hat{A})$. Sei $V = \begin{bmatrix} K_k(A, B) & K_{\gamma_1}(P_1, Q_1) & \ldots & K_{\gamma_\ell}(P_\ell, Q_\ell) \end{bmatrix}$ und W derart, dass $W^T V = I$. Dann stimmen die Übertragungsfunktionen zu (9.1) und (9.2) wie in (9.23) angegeben an k Markov-Parametern und an γ_j Momenten in s_j, $j = 1, \ldots, \ell$, überein.

In der Praxis sollte man V nie wie hier angegeben explizit aufstellen, sondern immer einen angepassten Block-Arnoldi-Algorithmus nutzen, um zunächst orthonormale Basen der einzelnen Krylov-Räume $\mathcal{K}_k(A, B)$ und $\mathcal{K}_{\gamma_j}(P_j, Q_j)$ zu bestimmen.

9.1.6 Stabilität

Angenommen die Matrix A des LZI-Systems (9.1) ist asymptotisch stabil. Dann garantieren die Verfahren Modales Abschneiden und Balanciertes Abschneiden ein reduziertes System, dessen Systemmatrix $\hat{A}$ ebenfalls asymptotisch stabil ist. Bei den hier besprochenen interpolatorischen Modellreduktionsverfahren wird das reduzierte LZI-System (9.2) i.d.R. nicht wieder asymptotisch stabil sein. Die Wahl von V und/oder W garantiert also nur Interpolationseigenschaften, aber nicht das Erhalten weiterer Systemeigenschaften.

Ist $A \in \mathbb{R}^{n \times n}$ asymptotisch stabil und $V \in \mathbb{R}^{n \times r}$ eine Matrix mit vollem Spaltenrang, dann hat die Matrix AV den Rang r. Ist weiter $W \in \mathbb{R}^{n \times r}$ eine Matrix mit vollem Spaltenrang, dann hat die Matrix $\hat{A} = W^T AV$ den Rang r. Beide Aussagen folgen aus den Rangungleichungen von Sylvester (4.2). Unsere Projektion garantiert also neben den Interpolationseigenschaften lediglich, dass im reduzierten System $\hat{A}$ regulär ist, falls A dies ist. Weitere Eigenschaften bzgl. der Eigenwerte (z.B. asymptotische Stabilität) bleiben nicht zwangsläufig erhalten.

Dies verdeutlichen wir an zwei Beispielen.

Beispiel 9.15. Angenommen $A \in \mathbb{R}^{n \times n}$ ist eine symmetrisch negativ definite Matrix, d.h. $A = A^T$ und $x^T Ax < 0$ für alle $x \in \mathbb{R}^n \backslash \{0\}$, bzw. alle Eigenwerte von A sind reell und negativ. Nutzt man nun ein einseitiges Verfahren mit $V^T V = I_r$, dann ist $\hat{A} = V^T A V$ wieder eine symmetrische negativ definite Matrix, denn $\hat{A} = \hat{A}^T$ und $y^T \hat{A} y = y^T V^T A V y = x^T A x < 0$ für alle $y \in \mathbb{R}^n \backslash \{0\}$ und $x = Vy$. Die asymptotische Stabilität bleibt also im reduzierten System erhalten. Nutzt man hingegen ein zweiseitiges Verfahren mit $W^T V = I_r$, dann ist $\hat{A} = W^T A V$ i. d. R. weder symmetrisch noch negativ definit und die asymptotische Stabilität bleibt im reduzierten System nicht erhalten.

Beispiel 9.16. Dieses Beispiel stammt aus [23]. Wir betrachten das folgende LZI-System mit $n = 3$, $m = p = 2$ und

$$A = \begin{bmatrix} -6 & -11 & -6 \\ 1 & 0 & 0 \\ 0 & 1 & 0 \end{bmatrix}, \quad B = \begin{bmatrix} -1 & 1 \\ 0 & 1 \\ 1 & 0 \end{bmatrix}, \quad C = \begin{bmatrix} 1 & 0 & 1 \\ 1 & -1 & 0 \end{bmatrix}.$$

Die Übertragungsfunktion ist gegeben durch

$$G(s) = \frac{1}{s^3 + 6s^2 + 11s + 6} \begin{bmatrix} 10 & s^2 - 10s + 1 \\ -s^2 - 5s + 6 & -18s - 6 \end{bmatrix}.$$

Um ein reduziertes System zu erzeugen, welches ein Moment an $s_0 = 0$ interpoliert, wählt man nach Theorem 9.4

$$V_1 = (A - s_0 I)^{-1} B = \begin{bmatrix} 0 & 1 \\ 1 & 0 \\ -\frac{5}{3} & -\frac{7}{6} \end{bmatrix}$$

und berechnet mit

$$W_1 = V_1 (V_1^T V_1)^{-1} = \frac{1}{185} V_1 \begin{bmatrix} 85 & -70 \\ -70 & 136 \end{bmatrix} = \frac{1}{185} \begin{bmatrix} -70 & 136 \\ 85 & -70 \\ -60 & -42 \end{bmatrix}$$

das reduzierte System der Ordnung 2 mit

$$\hat{A}_1 = \frac{1}{185} \begin{bmatrix} 10 & 15 \\ -178 & 66 \end{bmatrix}, \quad \hat{B}_1 = \frac{1}{185} \begin{bmatrix} 10 & 15 \\ -178 & 66 \end{bmatrix}, \quad \hat{C}_1 = \begin{bmatrix} -\frac{5}{3} & -\frac{1}{6} \\ -1 & 1 \end{bmatrix}.$$

Die zugehörige Übertragungsfunktion

$$\hat{G}_1(s) = \frac{1}{185s^2 - 76s + 18} \begin{bmatrix} 30 - \frac{319s}{3} & 3 - 36s \\ 168s + 18 & 51s - 18 \end{bmatrix}$$

interpoliert $G(s)$ an $s_0 = 0$, denn

$$\hat{G}_1(0) = \begin{bmatrix} \frac{5}{3} & \frac{1}{6} \\ 1 & -1 \end{bmatrix} = G(0).$$

Dies hätte man auch mittels

$$CA^{-1}B = \begin{bmatrix} -\frac{5}{3} & -\frac{1}{6} \\ -1 & 1 \end{bmatrix} = \hat{C}_1\hat{A}_1^{-1}\hat{B}_1$$

überprüfen können. Das nächste Moment $CA^{-2}B$ stimmt nicht mit $\hat{C}_1\hat{A}_1^{-2}\hat{B}_1$ überein; $CA^{-2}B \neq \hat{C}_1\hat{A}_1^{-2}\hat{B}_1$, bzw. $G'(0) \neq \hat{G}_1'(0)$.

Um auch die erste Ableitung in s_0 zu interpolieren, kann man nach Theorem 9.4

$$V_2 = (A - s_0 I)^{-1}B = \begin{bmatrix} 0 & 1 \\ 1 & 0 \\ -\frac{5}{3} & -\frac{7}{6} \end{bmatrix}$$

und

$$W_2 = (A - s_0 I)^{-T}C^T = \begin{bmatrix} \frac{1}{6} & 0 \\ 0 & -1 \\ \frac{11}{6} & 1 \end{bmatrix}$$

wählen und dann mit

$$\widetilde{W}_2 = W_2(W_2^T V_2)^{-1} = \frac{1}{366}\begin{bmatrix} 42 & -71 \\ 576 & -660 \\ -114 & -121 \end{bmatrix}$$

das reduzierte System der Ordnung 2 berechnen:

$$\hat{A}_2 = \frac{1}{366}\begin{bmatrix} -156 & 618 \\ -50 & -731 \end{bmatrix}, \quad \hat{B}_2 = \frac{1}{366}\begin{bmatrix} 156 & 618 \\ 50 & 731 \end{bmatrix}, \quad \hat{C}_2 = \frac{1}{6}\begin{bmatrix} 10 & 1 \\ 6 & -6 \end{bmatrix}.$$

Nun gilt, wie man leicht nachrechnet, $CA^{-1}B = \hat{C}_2\hat{A}_2^{-1}\hat{B}_2$ und $CA^{-2}B = \hat{C}_2\hat{A}_2^{-2}\hat{B}_2$, d.h. $\hat{G}_2(0) = G(0)$ und zusätzlich $\hat{G}_2'(0) = G'(0)$.

Die Matrix A ist wegen $\Lambda(A) = \{-3, -2, -1\}$ asymptotisch stabil. Diese Eigenschaft bleibt in den reduzierten Systemen nicht unbedingt erhalten. Die Matrix $\hat{A}_1$ ist nicht asymptotisch stabil, während $\hat{A}_2$ asymptotisch stabil ist, da $\Lambda(\hat{A}_1) = \{\frac{38}{185} \pm \iota\frac{\sqrt{1886}}{185}\}$ und $\Lambda(\hat{A}_2) = \{-\frac{671}{366}, -\frac{108}{183}\}$. ∎

9.2 Tangentiale Interpolation

Die Übertragungsfunktion $G(s)$ des LZI-Systems (9.1) ist eine matrixwertige Funktion. Die Interpolationsbedingung $G(s_j) = \hat{G}(s_j)$ entspricht gerade *pm* Interpolationsbedingungen skalarwertiger Funktionen für jeden Punkt s_j. Für jeden Interpolationspunkt s_j muss der von V (oder W) aufgespannte Raum für jedes Moment, das übereinstimmt, um jeweils m (bzw. p) Spalten erweitert werden. Bei der im Folgenden betrachteten tangentialen Interpolation liefert jede Spalte im von V (oder W)

aufgespannten Raum die Erfüllung einer Interpolationsbedingung. Die Grundidee der tangentialen Interpolation wurde in [54] entwickelt. Einen Überblick über die aktuellen Entwicklungen wird in [2,6] gegeben.

Man nennt $\hat{G}(s)$ eine *rechts-tangentiale Interpolierende* an $G(s)$ in dem (rechten) Interpolationspunkt $s = \sigma \in \mathbb{C}$ entlang der rechts-tangentialen Richtung $\wp \in \mathbb{C}^m$, falls

$$G(\sigma)\wp = \hat{G}(\sigma)\wp$$

erfüllt ist. Entsprechend nennt man $\hat{G}(s)$ eine *links-tangentiale Interpolierende* an $G(s)$ im (linken) Interpolationspunkt $s = \mu \in \mathbb{C}$ entlang der links-tangentialen Richtung $\ell \in \mathbb{C}^p$, falls

$$\ell^T G(\mu) = \ell^T \hat{G}(\mu).$$

Analog zum Theorem 9.2 kann man die folgende Aussage beweisen.

Theorem 9.17. *Gegeben sei das LZI-System* (9.1) *mit Übertragungsfunktion* $G(s)$ *und ein reduziertes LZI-System* (9.2) *mit Übertragungsfunktion* $\hat{G}(s)$*, sowie Interpolationspunkte* $\sigma, \mu \in \mathbb{C}\backslash(\Lambda(A) \cup \Lambda(\hat{A}))$*. Seien* $\wp \in \mathbb{C}^m$ *und* $\ell \in \mathbb{C}^p$ *gegebene tangentiale Interpolationsrichtungen.*

Falls

$$(\sigma I - A)^{-1} B\wp \in \text{Bild}(V), \tag{9.25}$$

dann gilt

$$G(\sigma)\wp = \hat{G}(\sigma)\wp. \tag{9.26}$$

Falls

$$\left(\ell^T C (\mu I - A)^{-1}\right)^T \in \text{Bild}(W), \tag{9.27}$$

dann gilt

$$\ell^T G(\mu) = \ell^T \hat{G}(\mu). \tag{9.28}$$

Falls (9.25), (9.27) *und* $\sigma = \mu$*, dann gilt*

$$\ell^T G'(\sigma)\wp = \ell^T \hat{G}'(\sigma)\wp. \tag{9.29}$$

Der Vollständigkeit halber beweisen wir das Theorem im Laufe der weiteren Diskussion in diesem Abschnitt. Für jede Interpolationsbedingung ((9.26) oder (9.28)) muss nur ein Vektor im Bild von V oder W hinzugefügt werden. Für den Fall, dass rechte und linke Interpolationspunkte identisch sind (dritter Fall) erhält man die Interpolationsbedingung (9.29) „frei Haus", ohne zusätzliche Vektoren im Bild von V oder W hinzuzufügen.

Für mehrere Interpolationspunkte lautet die Interpolationsaufgabe: Sei ein LZI-System (9.1) gegeben, sowie r rechte Interpolationspunkte $\{\sigma_i\}_{i=1}^r$ und rechte Interpolationsrichtungen $\{\wp_i\}_{i=1}^r \subset \mathbb{C}^m$ und r linke Interpolationspunkte $\{\mu_i\}_{i=1}^r$ und linke Interpolationsrichtungen $\{\ell_i\}_{i=1}^r \subset \mathbb{C}^p$. Bestimme

$$\hat{G}(s) = \hat{C}\left(sI - \hat{A}\right)^{-1}\hat{B}$$

mit

$$G(\sigma_i)\wp_i = \hat{G}(\sigma_i)\wp_i, \qquad (9.30)$$

$$\ell_i^T G(\mu_i) = \ell_i^T \hat{G}(\mu_i), \qquad (9.31)$$

für $i = 1, \ldots, r$ und für alle $\sigma_i = \mu_i$

$$\ell_i^T G'(\sigma_i)\wp_i = \ell_i^T \hat{G}'(\sigma_i)\wp_i. \qquad (9.32)$$

Theorem 9.18. *Sei ein LZI-System gegeben, sowie Interpolationspunkte $\{\sigma_i\}_{i=1}^r \in \mathbb{C}\backslash(\Lambda(A) \cup \Lambda(\hat{A}))$ und rechte Interpolationsrichtungen $\{\wp_i\}_{i=1}^r \in \mathbb{C}^m$.*
Die Matrix

$$V = \left[(\sigma_1 I - A)^{-1} B\wp_1 \ldots (\sigma_r I - A)^{-1} B\wp_r\right] \in \mathbb{C}^{n \times r} \qquad (9.33)$$

habe vollen Rang. Sei $Z \in \mathbb{C}^{n \times r}$ mit $Z^H V = I_r$. Dann besitzt das reduzierte System $\hat{A} = Z^H A V$, $\hat{B} = Z^H B$, $\hat{C} = CV$ eine Übertragungsfunktion $\hat{G}$, sodass die Interpolationsbedingungen

$$G(\sigma_i)\wp_i = \hat{G}(\sigma_i)\wp_i, \qquad i = 1, \ldots, r$$

erfüllt sind.

Wir benötigen folgende Hilfsaussage, um das Theorem 9.18 zu zeigen.

Lemma 9.19. *Für jeden Vektor $v \in \mathbb{C}^n$ aus dem Bild von $V \in \mathbb{C}^{n \times r}$ und für jede Matrix $T \in \mathbb{C}^{n \times r}$ mit $T^H V = I_r$ gilt $v = VT^H v$.*

Beweis. Da $v \in \text{Bild}(V)$, gibt es einen Vektor $\tilde{v} \in \mathbb{C}^r$ mit $v = V\tilde{v}$. Dann gilt $T^H v = T^H V\tilde{v} = \tilde{v}$ für jedes $T \in \mathbb{C}^{n \times r}$ mit $T^H V = I_r$. Dies impliziert $v = VT^H v$. ∎

Definiert man nun T_i, $i = 1, \ldots, r$, durch

$$T_i^H = (Z^H(\sigma_i I - A)V)^{-1} Z^H(\sigma_i I - A),$$

dann folgt für V aus (9.33)

$$T_i^H V = (Z^H(\sigma_i I - A)V)^{-1} Z^H(\sigma_i I - A)V = I_r.$$

Sei nun $v_i = (\sigma_i I - A)^{-1} B \wp_i$. Dann gilt $v_i \in \text{Bild}(V)$ und mit der obigen Hilfsaussage $v_i = V T_i^H v_i$. Daher ergibt sich

$$
\begin{aligned}
G(\sigma_i)\wp_i &= C(\sigma_i I - A)^{-1} B \wp_i \\
&= C V T_i^H (\sigma_i I - A)^{-1} B \wp_i \\
&= \hat{C}\left((Z^H(\sigma_i I - A)V)^{-1} Z^H(\sigma_i I - A)\right)(\sigma_i I - A)^{-1} B \wp_i \\
&= \hat{C}(Z^H(\sigma_i I - A)V)^{-1} Z^H B \wp_i \\
&= \hat{C}(\sigma_i I - \hat{A})^{-1} \hat{B} \wp_i \\
&= \hat{G}(\sigma_i)\wp_i
\end{aligned}
$$

mit $\hat{A} = Z^H A V$, $\hat{B} = Z^H B$ und $\hat{C} = C V$. Damit haben wir nicht nur Theorem 9.18, sondern auch die erste Aussage ((9.25) $\Rightarrow$ (9.26)) aus Theorem 9.17 gezeigt.

Wählt man

$$W = \left[(\mu_1 I - A)^{-1} C^T \ell_1 \cdots (\mu_r I - A)^{-1} C^T \ell_r\right], \tag{9.34}$$

so kann man ganz analog (9.31) (und damit auch die zweite Aussage ((9.27) $\Rightarrow$ (9.28)) aus Theorem 9.17) zeigen.

Mit V wie in (9.33) und W wie in (9.34) liefert die Projektion $\Pi = V \widetilde{W}^H$ mit $\widetilde{W} = W(V^H W)^{-1}$

$$\hat{A} = \widetilde{W}^H A V, \quad \hat{B} = \widetilde{W}^H B, \quad \hat{C} = C V$$

ein reduziertes System mit der Übertragungsfunktion $\hat{G}(\sigma) = \hat{C}(\sigma I - \hat{A})^{-1}\hat{B}$, welches die Interpolationsbedingungen (9.30) und (9.31), sowie für alle $\sigma_i = \mu_i$ auch (9.32) erfüllt.

Das folgende Beispiel greift Beispiel 9.16 auf und verdeutlicht den Unterschied zwischen der rationalen Interpolation aus Abschn. 9.1 und der tangentialen Interpolation.

Beispiel 9.20. Es sei das LZI-System (9.1) mit $n = 3$, $m = p = 2$ und

$$A = \begin{bmatrix} -6 & -11 & -6 \\ 1 & 0 & 0 \\ 0 & 1 & 0 \end{bmatrix}, \quad B = \begin{bmatrix} -1 & 1 \\ 0 & 1 \\ 1 & 0 \end{bmatrix}, \quad C = \begin{bmatrix} 1 & 0 & 1 \\ 1 & -1 & 0 \end{bmatrix}$$

gegeben. Die Übertragungsfunktion lautet

$$G(s) = \frac{1}{s^3 + 6s^2 + 11s + 6} \begin{bmatrix} 10 & s^2 - 10s + 1 \\ -s^2 - 5s + 6 & -18s - 6 \end{bmatrix}.$$

Die Interpolationspunkte und -richtungen seien

$$\sigma = \mu = 0, \quad \wp = \begin{bmatrix} 1 \\ 2 \end{bmatrix}, \quad \ell = \begin{bmatrix} 3 \\ 1 \end{bmatrix}.$$

Nach Theorem 9.17 berechnet man

$$V = (\sigma I - A)^{-1} B \wp = \begin{bmatrix} -2 \\ -1 \\ 4 \end{bmatrix}$$

und

$$W = (\mu I - A)^{-T} C^T \ell = \begin{bmatrix} \frac{1}{2} \\ -1 \\ \frac{13}{2} \end{bmatrix}.$$

Mit dem Projektor $\Pi = V \widetilde{W}^T$ mit $\widetilde{W} = W \left(V^T W \right)^{-1} = \frac{1}{26} W$ gilt $\widetilde{W}^T V = I$ und

$$\hat{A} = \widetilde{W}^T A V = \frac{1}{26} W^T A V = -\frac{5}{26},$$

$$\hat{B} = \widetilde{W}^T B = \frac{1}{26} W^T B = \frac{1}{26} \begin{bmatrix} 6 & -\frac{1}{2} \end{bmatrix}.$$

$$\hat{C} = CV = \begin{bmatrix} 2 \\ -1 \end{bmatrix}.$$

Damit ergibt sich

$$\hat{G}(s) = \hat{C} (sI - A)^{-1} \hat{B} = \begin{bmatrix} 2 \\ -1 \end{bmatrix} \left(s + \frac{5}{26} \right)^{-1} \begin{bmatrix} 6 & -\frac{1}{2} \end{bmatrix} \frac{1}{26} = \frac{1}{26s + 5} \begin{bmatrix} 12 & -1 \\ -6 & \frac{1}{2} \end{bmatrix}.$$

Wie man sich leicht überzeugt, gelten die Interpolationsbedingungen (9.26), (9.28) und (9.29)

$$G(\sigma)\wp = \begin{bmatrix} 2 \\ -1 \end{bmatrix} = \hat{G}(\sigma)\wp,$$

$$\ell^T G(\mu) = \begin{bmatrix} 6 & -\frac{1}{2} \end{bmatrix} = \ell^T \hat{G}(\mu),$$

$$\ell^T G'(\sigma)\wp = -26 = \ell^T \hat{G}'(\sigma)\wp.$$

Aber die Interpolationsbedingung $G(\sigma) = \hat{G}(\sigma)$ gilt nicht:

$$G(\sigma) = \frac{1}{6} \begin{bmatrix} 10 & 1 \\ 6 & -6 \end{bmatrix} \neq \frac{1}{5} \begin{bmatrix} 12 & -1 \\ 6 & \frac{1}{2} \end{bmatrix} = \hat{G}(\sigma).$$

Um dies zu erzielen, muss V wie in Theorem 9.2 so gewählt werden, dass

$$\text{span}\{(A - \sigma I)^{-1} B\} \subseteq \text{Bild}(V)$$

gilt, siehe Beispiel 9.16. Es ergibt sich dann ein reduziertes Modell der Ordnung 2, während sich hier eines der Ordnung 1 ergab. ∎

Die folgende Erweiterung von Theorem 9.17 gibt an, wie Interpolationsbedingungen an höheren Ableitungen erfüllt werden können.

Theorem 9.21. *Gegeben sei das LZI-System (9.1) mit Übertragungsfunktion $G(s) = C(sI - A)^{-1} B$ und ein reduziertes LZI-System (9.2) mit Übertragungsfunktion $\hat{G}(s) = \hat{C}(sI - \hat{A})^{-1} \hat{B}$. Seien $G^{(k)}(\sigma)$ und $\hat{G}^{(k)}(\sigma)$ die jeweils k-te Ableitung von G und $\hat{G}$ nach s ausgewertet an $s = \sigma$. Seien Interpolationspunkte $\sigma, \mu \in \mathbb{C} \backslash (\Lambda(A) \cup \Lambda(\hat{A}))$ gegeben. Seien $\wp \in \mathbb{C}^m$ und $\ell \in \mathbb{C}^p$ die tangentialen Interpolationsrichtungen.*
Falls

$$\left((\sigma I - A)^{-1}\right)^j B \wp \in \text{Bild}(V) \quad \text{für } j = 1, \ldots, N, \tag{9.35}$$

dann gilt

$$G^{(k)}(\sigma) \wp = \hat{G}^{(k)}(\sigma) \wp \quad \text{für } k = 0, \ldots, N - 1.$$

Falls

$$\left((\mu I - A)^{-T}\right)^j C^T \ell \in \text{Bild}(W) \quad \text{für } j = 1, \ldots, M, \tag{9.36}$$

dann gilt

$$\ell^T G^{(k)}(\mu) = \ell^T \hat{G}^{(k)}(\mu) \quad \text{für } k = 0, \ldots, M - 1.$$

Falls (9.35), (9.36) und $\sigma = \mu$, dann gilt

$$\ell^T G^{(k)}(\sigma) \wp = \ell^T \hat{G}^{(k)}(\sigma) \wp \quad \text{für } k = 1, \ldots, M + N - 1.$$

Die Hauptkosten bei der numerischen Berechnung eines reduzierten Systems mittels tangentialer Interpolation bestehen im Lösen der Gleichungssysteme mit den Systemmatrizen $\sigma_i I - A$ bzw. $\mu_i I - A$ für $i = 1, \ldots, r$. Das kann mit einem direkten Verfahren wie der Gaußschen Elimination oder iterativ erfolgen. Wie schon im letzten Abschnitt, sollten V und W nie so wie hier angegeben konstruiert werden. Es sollte stets eine entsprechende orthogonale Basis für Bild(V), bzw. Bild(W) konstruiert werden.

Idealerweise werden die Interpolationspunkte und -Richtungen so gewählt, dass das reduzierte System das ursprüngliche in einem gewissen Sinne gut approximiert, also dass z. B. $\|G - \hat{G}\|$ für eine geeignete Norm klein wird. Dazu wird hier die $\mathscr{H}_2$-Norm

$$\|G\|_{\mathscr{H}_2}^2 = \frac{1}{2\pi} \int\limits_{-\infty}^{\infty} \operatorname{spur}\left(G^H(i\omega)G(i\omega)\right) d\omega$$

und das folgende Optimierungsproblem

Gegeben sei $G(s)$, finde $\hat{G}(s)$, welches den $\mathscr{H}_2$-Fehler minimiert,

$$\left\|G - \hat{G}\right\|_{\mathscr{H}_2} = \min_{\substack{\dim(\tilde{G}_r)=r \\ \tilde{G}_r \text{stabil}}} \left\|G - \tilde{G}_r\right\|_{\mathscr{H}_2}. \tag{9.37}$$

betrachtet. Wir hatten bereits in Lemma 7.30 gesehen, dass ein kleiner $\mathscr{H}_2$-Fehler einen kleinen Fehler $\|y - \hat{y}\|_2$ im Ausgang liefert.

Das $\mathscr{H}_2$-Optimierungsproblem (9.37) ist nichtkonvex, die Bestimmung des globalen Minimums ist deswegen i. d. R. nicht durchführbar. Stattdessen wird meist nur ein lokal optimales $\hat{G}$ bestimmt, welches die notwendigen Optimalitätsbedingungen erster Ordnung erfüllt. Das folgende Theorem formuliert notwendige Bedingungen für eine $\mathscr{H}_2$-optimale Approximation $\hat{G}(s)$.

Theorem 9.22. *Sei ein LZI-System* (9.1) *und ein reduziertes LZI-System* (9.2) *gegeben, sodass* $\hat{G}(s)$ *die beste Approximation an* $G(s)$ *im Sinne von* (9.37) *ist. Die Eigenwerte* λ_i *der Matrix* $\hat{A}$ *seien alle von einander verschieden. Sei* x_i *ein Rechtseigenvektor von* $\hat{A}$ *zu* λ_i *(* $\hat{A}x_i = \lambda_i x_i$ *) und* y_i *ein Linkseigenvektor von* $\hat{A}$ *zu* λ_i *(* $y_i^H \hat{A} = \lambda_i y_i^H$ *). Sei die Pol-Residuen-Form von* $\hat{G}(s)$ *(siehe* (6.13)*) gegeben durch*

$$\hat{G}(s) = \sum_{i=1}^{r} \frac{\ell_i \wp_i^T}{s - \lambda_i} \tag{9.38}$$

mit $\ell_i = \hat{C}x_i$ *und* $\wp_i^T = y_i^H \hat{B}$. *Dann gilt:*

$$G(-\lambda_k)\wp_k = \hat{G}(-\lambda_k)\wp_k,$$
$$\ell_k^T G(-\lambda_k) = \ell_k^T \hat{G}(-\lambda_k),$$
$$\ell_k^T G'(-\lambda_k)\wp_k = \ell_k^T \hat{G}'(-\lambda_k)\wp_k$$

für $k = 1, 2, \ldots, r$.

Beweis. Der Beweis ist recht lang. Wir beschreiben hier daher nur die generelle Vorgehensweise. Ziel ist das Minimieren des $\mathscr{H}_2$-Fehlers. Dabei werden nur die notwendigen Optimalitätsbedingungen erster Ordnung betrachtet, d. h. die erste Ableitung der zu minimierenden Funktion wird gleich null gesetzt.

Um dies durchführen zu können, nutzen wir die in Lemma 7.32 gezeigte Form der $\mathscr{H}_2$-Norm $\|G(s)\|_{\mathscr{H}_2}^2$,

$$\|G(s)\|_{\mathscr{H}_2}^2 = \mathrm{spur}(B^T Q B) = \mathrm{spur}(C P C^T).$$

Das Fehlersystem $E(s) = G(s) - \hat{G}(s)$ hat die Realisierung

$$A_e = \begin{bmatrix} A & \\ & \hat{A} \end{bmatrix}, \quad B_e = \begin{bmatrix} B \\ \hat{B} \end{bmatrix}, \quad C_e = \begin{bmatrix} C & -\hat{C} \end{bmatrix}.$$

Die zugehörigen Lyapunov-Gleichungen lauten

$$A_e P_e + P_e A_e^T + B_e B_e^T = 0 \quad \text{mit } P_e = \begin{bmatrix} P & X \\ X^T & \hat{P} \end{bmatrix}, \tag{9.39}$$

$$Q_e A_e + A_e^T Q_e + C_e^T C_e = 0 \quad \text{mit } Q_e = \begin{bmatrix} Q & Y \\ Y^T & \hat{Q} \end{bmatrix}. \tag{9.40}$$

Um den $\mathscr{H}_2$-Fehler zu minimieren, muss nun

- entweder

$$J = \mathrm{spur}\left(\begin{bmatrix} B^T & \hat{B}^T \end{bmatrix} \begin{bmatrix} Q & Y^T \\ Y^T & \hat{Q} \end{bmatrix} \begin{bmatrix} B \\ \hat{B} \end{bmatrix} \right) = \mathrm{spur}\left(B^T Q B + 2 B^T Y \hat{B} + \hat{B}^T \hat{Q} \hat{B} \right)$$

minimiert werden, wobei Q, Y und $\hat{Q}$ von A, $\hat{A}$, C und $\hat{C}$ durch die Lyapunov-Gleichung (9.40) gegeben sind,
- oder es muss

$$J = \mathrm{spur}\left(\begin{bmatrix} C - \hat{C} \end{bmatrix} \begin{bmatrix} P & X \\ X & \hat{P} \end{bmatrix} \begin{bmatrix} C^T \\ \hat{C}^T \end{bmatrix} \right) = \mathrm{spur}\left(C P C^T - 2 C X \hat{C}^T + \hat{C} \hat{P} \hat{C}^T \right)$$

minimiert werden, wobei P, X und $\hat{P}$ von A, $\hat{A}$, B und $\hat{B}$ durch die Lyapunov-Gleichung (9.39) gegeben sind.

$C P C^T$ und $B^T Q B$ sind konstante Terme und können daher in der Minimierungsaufgabe ignoriert werden.

Nun werden die Gradienten von J bestimmt in Bezug auf $\hat{A}$, $\hat{B}$, $\hat{C}$:

$$\nabla_{\hat{A}} J = 2\left(\hat{Q} \hat{P} + Y^T X \right),$$

$$\nabla_{\hat{B}} J = 2\left(\hat{Q} \hat{B} + Y^T B \right),$$

$$\nabla_{\hat{C}} J = 2\left(\hat{C} \hat{P} - C X \right)$$

mit (wegen (9.39) und (9.40))

$$A^T Y + Y\hat{A} - C^T \hat{C} = 0,$$

$$\hat{A}^T \hat{Q} + \hat{Q}\hat{A} + \hat{C}^T \hat{C} = 0,$$

$$X^T A^T + \hat{A}X^T + \hat{B}B^T = 0,$$

$$\hat{P}\hat{A}^T + \hat{A}\hat{P} + \hat{B}\hat{B}^T = 0.$$

Nun folgt aus $\nabla_{\hat{A}} J = \nabla_{\hat{B}} J = \nabla_{\hat{C}} J = 0$ die Behauptung. ∎

Jede $\mathscr{H}_2$-optimale Approximation $\hat{G}(s)$ muss $G(s)$ tangential im obigen Sinne interpolieren. Die optimalen Interpolationspunkte und -richtungen folgen aus der Pol-Residuen-Darstellung von $\hat{G}(s)$. Die optimalen Interpolationspunkte sind gerade das Negative der Eigenwerte von $\hat{A}$, anschaulich gerade die Spiegelbilder der Eigenwerte gespiegelt an der imaginären Achse und die Interpolationsrichtungen sind die Residuenrichtungen zum entsprechenden λ_i. Theorem 9.22 liefert Bedingungen für die lokale $\mathscr{H}_2$-Optimalität, die auf a priori unbekannter Information über $\hat{G}$ basiert. Diese wird in der Praxis iterativ bestimmt. Ausgehend von gegebenen Interpolationspunkten und -richtungen wird ein erstes reduziertes System berechnet. Dessen Eigenwerte und -vektoren liefern die Interpolationspunkte und -richtungen für den nächsten Iterationsschritt. Mit diesem Ansatz wird $\hat{G}$ iterativ bestimmt, siehe Algorithmus 9. Dabei wurden noch folgende Überlegungen berücksichtigt. Wählt man die Startmengen der Interpolationspunkte und -richtungen als abgeschlossen unter komplexer Konjugation (d. h., für jedes komplexwertige Element in der Menge ist auch dessen komplex-konjugiertes in der Menge enthalten), dann kann man V und W statt explizit als komplexwertige Matrizen

$$V = \left[(\sigma_1 I - A)^{-1} B \wp_1 \ \ldots \ (\sigma_r I - A)^{-1} B \wp_r \right] \in \mathbb{C}^{n \times r},$$

$$W = \left[\left(\sigma_1 I - A^T\right)^{-1} C^T \ell_1 \ \ldots \ \left(\sigma_r I - A^T\right)^{-1} C^T \ell_r \right] \in \mathbb{C}^{n \times r}$$

als reelle Matrizen wählen, deren Bild dem Bild der oben angegebenen Matrix entspricht. Zu jeder komplexwertige Spalte y in V (bzw. W) muss auch $\overline{y}$ eine Spalte von V (bzw. W) sein. Daher kann man die beiden komplexwertigen Spalten $\begin{bmatrix} y & \overline{y} \end{bmatrix}$ durch die reellen Spalten $\begin{bmatrix} \text{Re } y & \text{Im } y \end{bmatrix}$ ersetzen. Wird dies für alle Paare komplex-konjugierte Vektoren umgesetzt, wird dies im Folgenden durch

$$V \simeq \left[(\sigma_1 I - A)^{-1} B \wp_1 \ \ldots \ (\sigma_r I - A)^{-1} B \wp_r \right],$$

$$W \simeq \left[\left(\sigma_1 I - A^T\right)^{-1} C^T \ell_1 \ \ldots \ \left(\sigma_r I - A^T\right)^{-1} C^T \ell_r \right]$$

mit $V, W \in \mathbb{R}^{n \times r}$ gekennzeichnet. Damit sind die reduzierten Matrizen $\hat{A}, \hat{B}, \hat{C}$ im ersten Schleifendurchlauf reelle Matrizen. Daher hat $\hat{A}$ komplex-konjugierte Paare von Eigenwerten und V und W können erneut als reelle Matrizen gewählt werden. Somit sind V, W und $\hat{A}, \hat{B}, \hat{C}$ immer reellwertig.

Algorithmus 9 MIMO $\mathscr{H}_2$-optimale tangentiale Interpolation / iterativer rationaler Krylov-Algorithmus (IRKA)

Eingabe: $A \in \mathbb{R}^{n \times n}, B \in \mathbb{R}^{n \times m}, C \in \mathbb{R}^{p \times n}$ und unter komplexer Konjugation abgeschlossene Mengen $\{\sigma_i\}_{i=1}^r, \{\wp_i\}_{i=1}^r, \{\ell_i\}_{i=1}^r$

Ausgabe:

1: Bilde $V \simeq \left[(\sigma_1 I - A)^{-1} B \wp_1 \ \ldots \ (\sigma_r I - A)^{-1} B \wp_r \right]$.

2: Bilde $W \simeq \left[\left(\sigma_1 I - A^T\right)^{-1} C^T \ell_1 \ \ldots \ \left(\sigma_r I - A^T\right)^{-1} C^T \ell_r \right]$.

3: Berechne $\widetilde{W} = W \left(V^T W \right)^{-1}$.

4: **repeat**

5:     Bestimme $\hat{A} = \widetilde{W}^T A V$, $\hat{B} = \widetilde{W}^Z B$, $\hat{C} = C V$.

6:     Berechne Eigenwertzerlegung von $\hat{A}$: $\hat{A} x_i = \lambda_i x_i$ und $y_i^H \hat{A} = y_i^H \lambda_i$.

7:     Wähle $\sigma_i = -\lambda_i$, $\wp_i^T = y_i^H \hat{B}$, $\ell_i = \hat{C} x_i$.

8:     Bilde $V \simeq \left[(\sigma_1 I - A)^{-1} B \wp_1 \ \ldots \ (\sigma_r I - A)^{-1} B \wp_r \right]$.

9:     Bilde $W \simeq \left[\left(\sigma_1 I - A^T\right)^{-1} C^T \ell_1 \ \ldots \ \left(\sigma_r I - A^T\right)^{-1} C^T \ell_r \right]$.

10:    Berechne $\widetilde{W} = W \left(V^T W \right)^{-1}$.

11: **until** Konvergenz (z.B. σ_i's ändern sich nicht mehr)

Im Falle der Konvergenz erfüllt $\hat{G}(s)$ die Interpolationsbedingungen aus Theorem 9.22. I.d.R. beobachtet man schnelle Konvergenz. Es gibt allerdings Beispiele, bei denen IRKA nicht konvergiert [48, 65].

Algorithmus 9 ist in MATLAB durch die Funktion `mess_tangential_irka` aus M-M.E.S.S. realisiert. Wir werden diese Funktion in den numerischen Beispielen nutzen und ihre Verwendung dort erläutern.

Anmerkung 9.23. Die bisherigen Überlegungen können in analoger Weise auch für Systeme der Form

$$E\dot{x}(t) = Ax(t) + Bu(t),$$
$$y(t) = Cx(t)$$

angewendet werden, solange E und $sE - A$ für die gewählten Interpolationspunkte regulär sind. Die Übertragungsfunktion eines Systems mit singulärem E kann sich qualitativ anders verhalten als die eines Systems mit regulärem E. Daher gelten zwar Theoreme 9.2 und 9.4 für Systeme mit singulärem E, die weiteren Überlegungen aber i.Allg. nicht, siehe [6, Section 7.3.3].

9.3   Beispiele

Mit den folgenden Beispielen illustrieren wir die in diesem Kapitel vorgestellten Verfahren zur Modellreduktion mit interpolatorischen Verfahren. Da es hierbei vielfältige Möglichkeiten der Einstellung der Verfahrensparameter gibt, können wir nur einige wesentliche Eigenschaften der Verfahren demonstrieren. Auch ist das Angebot an zur Verfügung stehender Software hier geringer als bei den bislang betrachteten Verfahren des modalen und balancierten Abschneidens. Für das in Algorithmus 9 vorgestellte IRKA Verfahren verwenden wir die Routine

```
mess_tangential_irka
```

aus M-M.E.S.S., während wir für die einfache rationale Interpolation bzw. die partielle Realisierung eigene MATLAB-Skripte einsetzen.

Beispiel 9.24. *(vgl. Beispiele* 6.4 *und* 8.5*)* Als erstes Beispiel betrachten wir wieder das Servicemodul 1R der International Space Station aus Abschn. 3.3. Für die Vorbereitung der Daten siehe Beispiel 8.5. Wir betrachten zunächst den SISO-Fall, da dieser einfacher zu visualisieren ist. Zur Illustration verwenden wir hier die Übertragungsfunktion von u_1 nach y_1, die die größte Verstärkung der neun verschiedenen I/O-Kanäle aufweist.

Im ersten Experiment vergleichen wir zweiseitiges Moment-Matching (also die Petrov-Galerkin-Variante) an einem Entwicklungspunkt s_0 wie in Abschn. 9.1.1 beschrieben, sowie die partielle Realisierung aus Abschn. 9.1.5. Als Entwicklungspunkt nehmen wir die Frequenz (in rad/s), an der die Übertragungsfunktion ihren größten Wert annimmt. Damit ergibt sich der Entwicklungspunkt[3] $s_0 = 0{,}775\iota$ (was man entweder durch Inspektion des Bode-Plots von $G(s)$ oder die MATLAB-Funktion GetPeakGain herausfinden kann). Mit diesem Interpolationspunkt ergibt sich ein komplexwertiges reduziertes Modell, dessen Übertragungsfunktion wir hier mit $G_{MM,c}$ bezeichnen. Für eine reelle Version verwenden wir die Frequenz selbst als Entwicklungspunkt, also $\mathrm{Re}(s_0) = 0{,}775$, und nennen die entstehende Übertragungsfunktion $G_{MM,r}$. Beide Varianten illustrieren Theorem 9.5 c), wobei wir $k = \ell$ wählen. Für die partielle Realisierung betrachten wir hier die Methode, deren Eigenschaften in Theorem 9.14 angegeben wurden. Die Krylovräume werden jeweils mit dem Arnoldi-Verfahren mit modifizierter Gram-Schmidt-Orthogonalisierung wie in Algorithmus 2 berechnet.

Die Ergebnisse für reduzierte Systeme der Ordnungen $r = 1, 5, 10, 20$ sind in Abb. 9.1 dargestellt. Man erkennt, dass die komplexe Variante sofort, also schon für $r = 1$, den ersten (und höchsten) Peak der Übertragungsfunktion interpoliert. Dies war durch die Wahl des Interpolationspunkts so zu erwarten. Die partielle Realisierung interpoliert bei $s = \iota \cdot \infty$, was auch in den Plots ersichtlich ist. Mit zunehmender Anzahl an erfüllten Interpolationsbedingungen verbessert sich die Approximation deutlich, wobei die beiden Varianten des Moment-Matching zunächst die s_0 nahe gelegenen Bereiche besser approximieren, während die partielle Realisierung wie zu erwarten zunächst bei hohen Frequenzen gute Ergebnisse liefert.

Wir wiederholen das Experiment nun mit einseitigem Moment-Matching, also einer Galerkin-Methode, speziell mit der in Theorem 9.5 a) untersuchten Variante,

---

[3]Für die Experimente verwenden wir den auf drei Nachkommastellen gerundeten Wert.

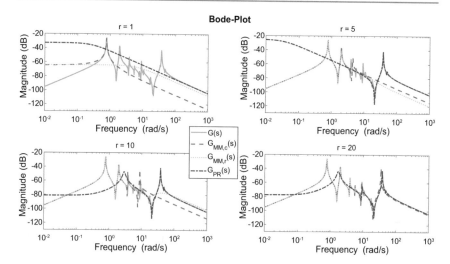

Abb. 9.1 Beispiel 9.24: Reduzierte Modelle der Ordnung $r = 1$ (oben links), $r = 5$ (oben rechts), $r = 10$ (unten links), $r = 20$ (unten rechts), berechnet mit zweiseitigem Momentenabgleich (Petrov-Galerkin-Verfahren) mit komplexem ($G_{MM,c}$) bzw. rellem Shift ($G_{MM,r}$) sowie partieller Realisierung (G_{PR}).

für den komplexen bzw. reellen Entwicklungspunkt wie zuvor, und vergleichen dies mit partieller Realisierung wie in Theorem 9.13 (wobei wir dort $W = V$ wählen). Man beachte, dass der Arnoldi-Algorithmus in allen Fällen ein V mit orthonormalen Spalten liefert, sodass $V^H V = I_r$ in allen Fällen gilt und damit keine Skalierung mit $(V^T V)^{-1}$ nötig ist. Die Ergebnisse sind in Abb. 9.2 dargestellt. Man erkennt ein Verhalten aller drei Methoden wie bereits bei den entsprechenden zweiseitigen Varianten, wobei die Approximationsgüte sich wie erwartet etwas langsamer verbessert als bei der jeweiligen Petrov-Galerkin-Variante.

Als nächstes wollen wir die rationale Interpolation mit mehreren Entwicklungspunkten wie in Abschn. 9.1.2 beschrieben anhand des selben Beispiels illustrieren. Dabei stellt sich nun die Frage, wie man die Entwicklungspunkte wählt, und wieviele Ableitungen an jedem Punkt interpoliert werden. Dazu gibt es offenbar sehr viele verschiedene Variationsmöglichkeiten. Kennt man den Frequenzbereich, in dem das System operiert oder in dem man das System untersuchen möchte, also z. B. ein Intervall $\Omega = [\,\omega_{\min}, \omega_{\max}\,]$, so kann man ein uniformes Gitter wählen, also

$$s_1 = \omega_{\min}, \ s_2 = s_0 + h, \ \ldots, \ s_{k-1} = \omega_{\max} - h, \ s_k = \omega_{\max} \quad \text{mit} \quad h = \frac{\omega_{max} - \omega_{\min}}{k - 1}.$$

Dies ist eine Variante mit reellen Entwicklungspunkten, analog kann man z. B. auch $s_j = (\omega_{\min} + (j - 1)h)\,\iota$ wählen, womit man i. Allg. wieder ein komplexes reduziertes Modell erhält. Unterscheiden sich $\omega_{\min}$ und $\omega_{\max}$ um mehrere Größenordnungen (Zehnerpotenzen), bietet sich auch eine logarithmische Wahl der Interpolationspunkte an. Um das reduzierte Modell dabei nicht zu groß werden zu lassen, muss man dann bei der (möglicherweise unterschiedlichen) Anzahl der zu interpolieren-

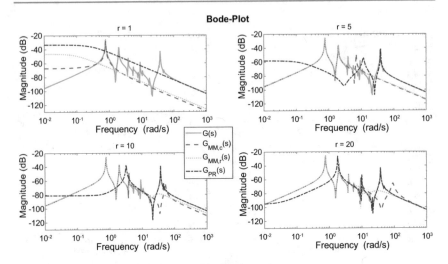

Abb. 9.2 Beispiel 9.24: Reduzierte Modelle der Ordnung $r = 1$ (oben links), $r = 5$ (oben rechts), $r = 10$ (unten links), $r = 20$ (unten rechts), berechnet mit einseitigem Momentenabgleich (Galerkin-Verfahren) mit komplexem ($G_{MM,c}$) bzw. rellem Shift ($G_{MM,r}$) sowie partieller Realisierung (G_{PR}).

den Ableitungen pro Entwicklungspunkt Kompromisse eingehen. Bei der Petrov-Galerkin-Variante, bei der man sowohl für den linken als auch den rechten Krylovraum dieselben Entwicklungspunkte wählt, interpoliert man nach Theorem 9.9 bereits die erste Ableitung in jedem s_j, was oft schon zu sehr guten Ergebnissen führt. Wir verzichten hier aus Platzgründen darauf, dies numerisch zu illustrieren, da sich diese Varianten relativ einfach selbst implementieren lassen.

Stattdessen diskutieren wir im Folgenden eine „adaptive" Variante, die bereits in Abschn. 9.1.4 beschrieben wurde. Dabei wählt man den nächsten Interpolationspunkt immer dort, wo das Fehlersystem $\|G - \hat{G}\|$ den größten Wert annimmt. Möchte man auf diese Weise ein Modell der Ordnung r berechnen, erfolgt die Wahl des nächsten Interpolationspunkts, z. B. mit der MATLAB-Funktion GetPeakGain, innerhalb einer for-Schleife z. B. wie folgt:

```
for k=1:r
    ...
    [gain,peak] = GetPeakGain(fom - rom);
    s(k) = peak;
    ...
end
```

Dabei ist s ein Vektor zur Speicherung der gewählten Interpolationspunkte, fom das Originalmodell und rom das aktuelle reduzierte Modell im k-ten Schritt. Um den ersten Interpolationspunkt zu bestimmen, kann man rom als Null-System wählen (rom = ss(0,0,0,0) im SISO-Fall), was äquivalent dazu ist, einfach GetPeakGain(fom) im ersten Schritt zu verwenden. Bei diesem Vorgehen muss natürlich in jedem Schritt ein neues reduziertes System berechnet werden, d. h., V und W und das reduzierte System werden in jedem Schritt um eins größer.

Dieses Vorgehen ist in Abb. 9.3 illustriert, wobei sukzessive ein System der Ordnung $r = k$ durch die Wahl von k Entwicklungspunkten mit $k = 1, 2, \ldots, 20$, wie gerade beschrieben, erzeugt wird. Man beachte, dass manche Interpolationspunkte mehrfach ausgewählt werden, sodass dort dann auch höhere Ableitungen der Übertragungsfunktion interpoliert werden. Dabei verwenden wir wieder zweiseitiges Moment-Matching, verwenden also dieselben Entwicklungspunkte für die Erzeugung von V und W wie in Theorem 9.9. Die erzeugten Interpolations- bzw. Entwicklungspunkte sind in Tab. 9.1 aufgelistet, wobei fehlende Indizes bedeuten, dass derselbe Punkt mehrfach gewählt wurde.

Man beachte, dass dieses Vorgehen für eine systematische Modellreduktion nur für relativ kleine Dimensionen tauglich ist, da hierzu die H_∞-Norm des Fehlersystems berechnet werden muss, was sehr aufwändig ist. Das hier beschriebene Vorgehen kann als „Greedy-Algorithmus" beschrieben werden: Der nächste Interpolationspunkt wird so gewählt, dass der Fehler der Approximation an die Übertragungsfunktion auf der imaginären Achse an der Stelle null wird, wo er für das aktuelle reduzierte Modell maximal wird.[4] Dieses Vorgehen kennzeichnet auch die Methode der *reduzierten Basen* [71, 106], siehe auch Kap. 10. Um dieses Vorgehen für hochdimensionale Probleme zu ermöglichen und damit praktikabel zu machen, benötigt man effiziente Methoden, den aktuellen maximalen Fehler akkurat zu schätzen. Dies ist Gegenstand aktueller Forschung, und wird z. B. in [11, Kap. 3] beschrieben.

Tab. 9.1 Beispiel 9.24: Gewählte Entwicklungspunkte und Fehler ('gain' bei Aufruf von getPeakGain zur Bestimmung des nächsten Interpolationspunkts) bei der „Greedy"-Variante. Dabei bedeuten fehlende r-Werte, dass derselbe Entwicklungspunkt (nahezu) erneut gewählt wurde (siehe Fußnote 4) also z. B. $s_1 = s_2 = s_3$ gilt.

r	s_j	Fehler
1	0,775	$1,156 \cdot 10^{-1}$
4	1,992	$3,371 \cdot 10^{-2}$
5	37,986	$1,063 \cdot 10^{-2}$
8	3,914	$3,008 \cdot 10^{-3}$
10	9,229	$1,180 \cdot 10^{-3}$
11	5,627	$6,429 \cdot 10^{-4}$
14	34,922	$4,539 \cdot 10^{-4}$
16	47,971	$2,279 \cdot 10^{-4}$
17	7,933	$2,215 \cdot 10^{-4}$
20	10,787	$2,192 \cdot 10^{-4}$

---

[4]Dies widerspricht mathematisch natürlich der Tatsache, dass mancher Entwicklungspunkt mehrfach ausgewählt wird – der Fehler sollte nach einmaliger Auswahl dort bereits null sein! Aufgrund numerischer Rundungsfehler trifft man diesen Punkt allerdings nicht exakt. Da es sich bei den ausgewählten Stellen i. d. R. um solche mit großem Betrag der Übertragungsfunktion handelt, ist dann der numerisch berechnete Fehler möglicherweise nach wie vor groß, sodass ein Entwicklungspunkt gewählt werden kann, der in den ersten Nachkommastellen dem bereits Gewählten entspricht und daher in Tab. 9.1 nicht unterschieden wird.

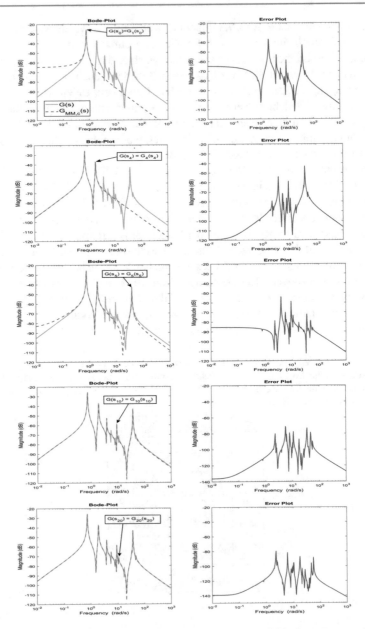

Abb. 9.3 Beispiel 9.24: Moment-Matching an verschiedenen Entwicklungspunkten s_j; Auswahl der s_j durch Greedy-Suche: Der nächste Entwicklungspunkt wird dort gewählt, wo der Fehlergraph (rechte Spalte) den maximalen Wert annimmt.

Zum Schluss zeigen wir dann nochmal für dasselbe Beispiel das Verhalten des IRKA-Algorithmus (Algorithmus 9), speziell für die Wahlen $r = 2, 6, 10, 20$. (Bei ungeraden Wahlen von r kommt es oft zu Problemen mit IRKA, da komplexe Entwicklungspunkte immer mit ihrem konjugierten Partner verwendet werden müssen.) Wir verwenden auch hier die SISO-Variante wie bei den vorherigen Resultaten für den Momentenabgleich und die partielle Realisierung, d. h. es ist keine tangentiale Interpolation nötig (siehe dazu das folgende Beispiel). In M-M.E.S.S. gibt es für den SISO-Fall allerdings keine spezielle Version, sodass wir die o. g. Funktion verwenden werden, die auch den MIMO-Fall umfasst.

Wir verwenden folgenden Aufruf, wobei nach dem Laden der Daten zusätzlich die Matrix E erzeugt werden muss, da der Aufruf der M-M.E.S.S. Funktion diese erfordert:

```
E = speye(n);
opts.irka.r = r;
opts.irka.info = 1;
[Er,Ar,Br,Cr] = mess_tangential_irka(E,A,B(:,1),C(1,:),opts);
```

Die Größe des gewünschten reduzierten Systems wird in der Struktur `opts.irka` definiert, und die Option `'info'` legt fest, wieviel Information die Routine während der Berechnung ausgibt. Es ergeben sich nach 7 ($r = 2$), 13 ($r = 6$), 18 ($r = 10$) bzw. 17 ($r = 20$) Iterationen die reduzierten Modelle, die in Abb. 9.4 illustriert sind. Das Modell der reduzierten Ordnung $r = 20$ liefert eine sehr gute Näherung an die Übertragungsfunktion des Originalmodells. Die Fehler der reduzierten Modelle sind in Tab. 9.2 dargestellt, wobei wir hier auch die $\mathcal{H}_2$-Norm des Fehlersystems $G - G_{IRKA}$ angeben, da IRKA ja darauf abzielt, diesen zu minimieren. Der Fehler in der $\mathcal{H}_\infty$-Norm entspricht dabei in etwa dem für die „Greedy"-Variante des Moment-Matchings bei $r = 20$, siehe Tab. 9.1. Man beachte hierbei jedoch, dass bei IRKA je Iterationsschritt 20 lineare Gleichungssysteme gelöst werden müssen, hier also insgesamt 340, während bei der „Greedy"-Variante nur 20 nötig sind. Allerdings kommen hier noch die Kosten für die Berechnung des nächsten Interpolationspunktes hinzu, die variieren, je nachdem wie der Fehler berechnet wird. Verwendet man die hier beschriebene naive Variante mit `getPeakGain`, dürften die Kosten für die Berechnung die von IRKA am Ende übersteigen, allerdings gibt es in der Literatur inzwischen Verfahren, die dazu nur ein weiteres lineares Gleichungssystem der Dimension n sowie mehrere der Größe r benötigen, wodurch die „Greedy"-Variante effizienter werden kann.

Bei der Berechnung mit IRKA ist zu beachten, dass bis auf den Fall $r = 2$ instabile Pole des reduzierten Systems in einigen Iterationsschritten auftreten. Dies wird in der verwendeten M-M.E.S.S. Routine dadurch korrigiert, dass die aus den instabilen Polen des jeweiligen reduzierten Systems resultierenden Shifts an der

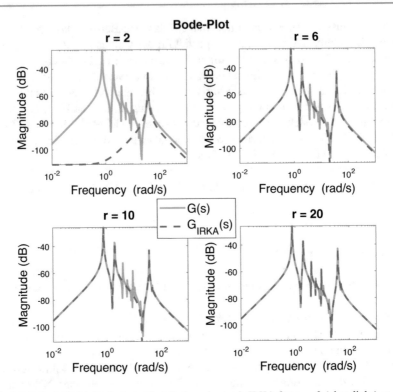

Abb. 9.4 Beispiel 9.24: Reduzierte Modelle berechnet mit IRKA für $r = 2$ (oben links), $r = 6$ (oben rechts), $r = 10$ (unten links), $r = 20$ (unten rechts).

Tab. 9.2 Beispiel 9.24: Fehler in der $\mathscr{H}_\infty$- und $\mathscr{H}_2$-Norm bei Verwendung von IRKA (Algorithmus 9) zur Berechnung reduzierter Modelle der Ordnung r

r	$\|G - G_{\mathrm{IRKA}}\|_{\mathscr{H}_\infty}$	$\|G - G_{\mathrm{IRKA}}\|_{\mathscr{H}_2}$
2	$1.156 \cdot 10^{-1}$	$7.961 \cdot 10^{-3}$
6	$3.008 \cdot 10^{-3}$	$5.588 \cdot 10^{-4}$
10	$3.008 \cdot 10^{-3}$	$5.126 \cdot 10^{-4}$
20	$2.217 \cdot 10^{-4}$	$7.752 \cdot 10^{-5}$

imaginären Achse gespiegelt werden. Dieser „Trick" ist nicht in Algorithmus 9 dargestellt, wird jedoch in Implementierungen oft verwendet. Dies funktioniert oft in der Praxis und insbesondere in diesem Beispiel sehr zuverlässig. Allerdings fehlt bislang eine theoretisch fundierte Begründung für dieses Vorgehen in der Literatur. ∎

Im nächsten Beispiel untersuchen wir das Verhalten einiger der in diesem Kapitel eingeführten und auf rationaler Interpolation bzw. Momentenabgleich beruhenden Verfahren für MIMO Systeme.

Beispiel 9.25. Wir betrachten den ISS Datensatz zur Mission 12A aus Abschn. 3.3. Nach dem Laden mit

```
load('iss12a.mat')
```

erhält man eine dünnbesetzte Matrix `As` und dichtbesetzte Matrizen `B,C`. Zur Verwendung der Systemstruktur in MATLAB setzt man am besten `A=full(As)`, oder erzeugt `fom=ss(full(As),B,C)`. Die Systemdimension ist $n = 1412$, und das System hat jeweils $m = p = 3$ Ein- und Ausgänge. Damit erhält man 9 I/O-Funktionen. Deren Amplitude visualisieren wir zunächst im Bode-Plot der Abb. 9.5. Offensichtlich ist diese Übertragungsfunktion nicht ganz einfach zu approximieren. Wir veranschaulichen nun das Verhalten der tangentialen rationalen Interpolationsmethoden aus Abschn. 9.2 anhand des IRKA-Algorithmus.

Dazu berechnen wir H_2-optimale reduzierte Modelle der Ordnung r mit IRKA (Algorithmus 9). Hierzu verwenden wir wie zuvor die M-M.E.S.S. Funktion `mess_tangential_irka` mit

```
opts.irka.r = r;
opts.irka.maxiter = 100;
opts.irka.shift_tol = 1e-3;
opts.irka.info = 1;
opts.irka.flipeig = 1;
```

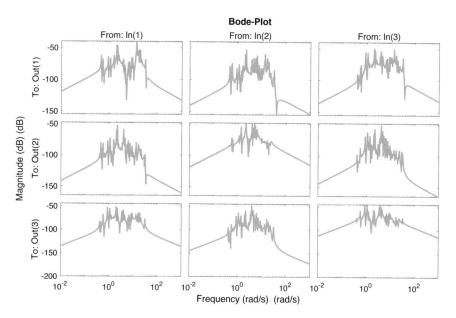

Abb. 9.5 Beispiel 9.25: Bode-Plot der 9 I/O Funktionen.

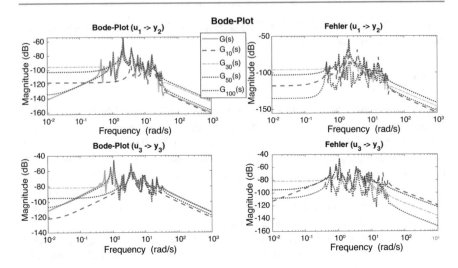

Abb. 9.6 Beispiel 9.25: Sigma-Plots für tangentiale Interpolation mit IRKA (links) und entsprechende Fehlersysteme (rechts).

Insbesondere erlauben wir hiermit maximal 100 Iterationen in Algorithmus 9, wobei der Algorithmus abbricht, wenn die Änderung in den berechneten Shifts zwischen zwei aufeinander folgenden Schritten 10^{-3} unterschreitet. Zudem werden auftretende instabile Pole an der imaginären Achse gespiegelt (Option `flipeig`).

Wir vergleichen in Abb. 9.6 der Übersichtlichkeit halber nur die Bode-Plots der Übertragungsfunktionen des vollen und der reduzierten Modelle sowie der Fehlersysteme für $r = 10, 30, 50, 100$ für die repräsentativen Übertragungsfunktionen vom ersten Eingang zum zweiten Ausgang, sowie vom dritten Eingang zum dritten Ausgang. Algorithmus 9 benötigt mit o. g. Einstellungen dafür 29, 41, 90, 74 Iterationsschritte, wobei auch hier wieder instabile reduzierte Modelle in einzelnen, insbesondere frühen, Iterationsschritten vorkommen. Man erkennt, dass mit zunehmender Ordnung des reduzierten Modells die Approximationsgüte zunimmt. Aber erst das Modell der Ordnung $r = 100$ liefert eine gute Approximation, wobei auch hier der erste signifikante Peak noch nicht reproduziert werden kann. Hier zeigt sich, dass die Approximation im MIMO-Fall oft deutlich höhere Ordnung benötigt als im SISO Fall, da ja mp (hier $mp = 9$) Übertragungsfunktionen gleichzeitig approximiert werden müssen. Allerdings ist das ISS12A Modell wie bereits erwähnt ohnehin schwierig zu approximieren, was sich auch anhand der Entwicklung der in Tab. 9.3 dargestellten $\mathcal{H}_2$-Fehler zeigt.

Die in diesem Kapitel vorgestellten Methoden zur Modellreduktion durch Momentenabgleich bzw. rationale Interpolation bieten zahlreiche Variationsmöglichkeiten zur Ausgestaltung von Modellreduktionsalgorithmen: Ein- oder beidseitige Projektion (Galerkin- oder Petrov-Galerkin-Verfahren), Anzahl der interpolierten

Tab. 9.3 Beispiel 9.25: Fehler in der $\mathscr{H}_2$-Norm bei Verwendung von IRKA (Algorithmus 9) zur Berechnung reduzierter Modelle der Ordnung r.

r	$\|G - G_{\mathrm{IRKA}}\|_{\mathscr{H}_2}$
10	$2{,}413 \cdot 10^{-3}$
30	$1{,}699 \cdot 10^{-3}$
50	$1{,}193 \cdot 10^{-3}$
100	$4{,}045 \cdot 10^{-4}$

Ableitungen in Kombination mit der Variation der Entwicklungspunkte, Matrix- oder tangentiale Interpolation. Diese Vielfalt konnten wir in den numerischen Experimenten dieses Kapitels nicht abbilden. Es bietet sich hier an, dies zu Übungszwecken selbst auszutesten.

Ausblick

10

In diesem Buch haben wir ausschließlich Modellreduktionsverfahren für lineare, zeitinvariante Systeme der Form

$$\dot{x}(t) = Ax(t) + Bu(t),$$
$$y(t) = Cx(t)$$

betrachtet. Zahlreiche Erweiterungen und Verallgemeinerungen dieses Problems sind möglich und wurden in den letzten Jahren in der Literatur betrachtet. Ein hoch aktives Forschungsgebiet sind parameterabhängige Systeme, bei denen die Matrizen $A = A(\mu), B = B(\mu), C = C(\mu)$ von einem oder mehreren Designparametern $\mu \in \mathbb{R}^d$ abhängen – dies könnten z. B. Material- oder Geometrieparameter sein, die man in der Modellierung eines realen Prozesses verändert. Einen Überblick hierzu liefert [14]. Auch können zeitabhängige Parameter betrachtet werden, also $\mu = \mu(t)$, was zum schwierigen Modellreduktionsproblem für sogenannte lineare parametervariierende (LPV) Systeme führt, wozu aktuell noch erheblicher Forschungsbedarf besteht. Erweiterungen dieser Problemklassen für nichtlineare Systeme wurden in den letzten Jahren ebenfalls betrachtet. Einen Überblick über einige dieser Entwicklungen liefert [5], während die einzelnen Kapitel in [11] Tutorien zu einigen der in diesem Buch betrachteten Modellreduktionsprobleme und deren Verallgemeinerungen bereit stellen.

In der Literatur werden oft auch Systeme ohne spezielle Eingangs- oder Ausgangsstruktur betrachtet, also *freie* Systeme der Form

$$\dot{x}(t) = Ax(t) \tag{10.1}$$

im linearen Fall, oder in der Literatur zur Dimensionsreduktion dynamischer Systeme auch gleich der nichtlineare Fall

$$\dot{x}(t) = Ax(t) + g(x(t)) \quad \text{mit } g(0) = 0. \tag{10.2}$$

© Springer-Verlag GmbH Deutschland, ein Teil von Springer Nature 2024
P. Benner und H. Faßbender, *Modellreduktion*, Springer Studium Mathematik (Master),
https://doi.org/10.1007/978-3-662-67493-2_10

Hierbei spielen die Methoden des modalen Abschneidens aus Kap. 6 eine wichtige
Rolle – wir erinnern uns, dass der erste Ansatz dort die Eingangs-/Ausgangsstruktur
einfach ignorierte, und damit gleich auf (10.1) anwendbar ist. Solche Methoden kommen auch bei nichtlinearen Systemen der Form (10.2) zum Einsatz, wodurch sich
Zentrumsmannigfaltigkeiten oder approximative Inertialmannigfaltigkeiten identifizieren lassen, mit denen man für (10.2) eine Dimensions- oder Modellreduktion
durchführen kann, siehe z. B. [28].

Eine in vielen Wissenschaftsbereichen bekannte Methode der Dimensionsreduktion ist die Hauptachsenanalyse (engl., „Principal Component Analysis" (PCA)).
Diese findet auch Verwendung bei der Reduktion dynamischer, insbesondere nicht-
linearer Systeme z. B. der Form (10.2). In diesem Kontext hat sich hauptsächlich der
Begriff „Proper Orthogonal Decomposition" (POD) als Verfahren der Modellreduktion durchgesetzt. Der Grundgedanke ist hierbei, dass man sogenannte „Snapshots"
$x_j = x(t_j)$ der Lösung verwendet, die man für gegebenen Anfangswert $x_0 = x(t_0)$
durch numerische Lösung von (10.2) auf einem Zeitgitter (diskreten Zeitpunkten)
$t_0 < t_1 < \ldots < t_N$ mithilfe geeigneter Integrationsverfahren (approximativ) berechnen kann. Dann berechnet man die *dominanten Moden* des Systems als führende
linke Singulärvektoren der Datenmatrix $X = [\,x_0, x_1, \ldots, x_N\,] \in \mathbb{R}^{n \times N}$ durch eine
Singulärwertzerlegung

$$X = U \Sigma W^T, \quad U = [\,u_1, \ldots, u_r, u_{r+1}, \ldots, u_n\,]$$

und projiziert die Dynamik des Systems mithilfe von $V := [\,u_1, \ldots, u_r\,]$ auf den
r-dimensionalen Unterraum span$\{u_1, \ldots, u_r\}$. Das reduzierte Modell lautet dann
analog zu Kap. 5

$$\dot{\hat{x}}(t) = \hat{A}\hat{x}(t) + V^T g(V\hat{x}(t)) \quad \text{mit } A = V^T A V, \ \hat{x}(t) = V^T x(t). \qquad (10.3)$$

Man beachte dabei, dass die Nichtlinearität immer noch für einen Vektor der Länge
n ausgewertet werden muss. Ggf. muss daher noch eine *Hyperreduktion*, z. B. durch
empirische Interpolation durchgeführt werden, um die Auswertung der Nichtlinearität ebenfalls zu beschleunigen und damit von der Ordnungsreduktion auch wirklich
zu profitieren. Für Einführungen in die POD siehe z. B. [12, Chapter 2] and [93], für
einen ersten Überblick zu Methoden der Hyperreduktion [12, Chapter 5].

Ein weiteres wichtiges Gebiet der Modellreduktion ist die Reduktion von stationären, parameterabhängigen Systemen, im einfachsten Fall parameterabhängigen
linearen Gleichungssystemen der Form

$$A(\mu)x(\mu) = b(\mu), \qquad (10.4)$$

wobei $A(\mu) \in \mathbb{R}^{n \times n}$ und $b(\mu) \in \mathbb{R}^n$ für gegebenen Parametervektor $\mu \in \mathbb{R}^d$ die
bekannten Daten sind. Dieses Problem wird oft über die Diskretisierung parame-
terabhängiger elliptischer partieller Differenzialgleichungen eingeführt. Die dabei
betrachteten Parameter können wieder Materialparameter wie Diffusions- oder Wär-
meleitkoeffizienten sein oder auch aus Variation der betrachteten Geometrie stammen. Prinzipiell kann man hier ebenso mithilfe von POD bzw. PCA unter Verwendung von Snapshots $x(\mu^{(i)})$ für gegebene Parametervektoren $\mu^{(1)}, \ldots, \mu^{(N)}$ eine

Dimensionsreduktion durchführen, wobei sich die Frage nach geeigneten Sampling-punkten (also die Punkte im Parameterraum, an denen (10.4) gelöst werden muss) im oft mehrdimensionalen Parameterraum stellt. Bei $d > 1$ ist ein einfaches uniformes Gitter des Parameterraums oft nicht sinnvoll, da die Komplexität der Auswertungen damit exponentiell in d ansteigt. Die *Reduzierte-Basis-Methode* (RBM) liefert hierfür einen alternativen Ansatz. Dabei werden die Samplingpunkte $\mu^{(i)}$ sequentiell durch einen Greedy-Algorithmus bestimmt, bis ein Fehlerkriterium klein genug geworden ist. Dadurch werden nur genauso viele Lösungen von (10.4) nötig, wie für das Aufspannen der Reduktionsmatrix $V \in \mathbb{R}^{n \times r}$ nötig sind, wobei das reduzierte Modell wieder analog zu Kap. 5 durch Projektion berechnet wird:

$$V^T A(\mu) V \hat{x}(\mu) = V^T b(\mu), \qquad \hat{x}(\mu) = V^T x(\mu). \tag{10.5}$$

Dabei werden die Spalten von V als orthonormale Basis der Snapshotmatrix

$$[\, x(\mu^{(1)}), \ldots, x(\mu^{(r)}) \,]$$

berechnet. Die Effizienz der Reduktion ist gewährleistet, wenn $A(\mu)$ und $b(\mu)$ in affiner Darstellung

$$A(\mu) = A_0 + \sum_{j=1}^{d} \alpha_j(\mu) A_j, \qquad\qquad A_j \in \mathbb{R}^{n \times n},$$

$$b(\mu) = b_0 + \sum_{j=1}^{d} \beta_j(\mu) b_j, \qquad\qquad b_j \in \mathbb{R}^n$$

mit hinreichenden glatten reellwertigen Funktionen α_j, β_j vorliegen. Dann lässt sich das reduzierte Modell nach Bestimmung von V vorberechnen gemäß

$$\hat{A}_j = V^T A_j V, \quad \hat{b}_j = V^T b_j, \qquad j = 0, \ldots, d,$$

sodass bei Lösung des reduzierten Modells (10.5) nur die vorberechneten reduzierten Matrizen $\hat{A}_j$ und Vektoren $\hat{b}_j$ verwendet werden müssen und kein Rückgriff auf den $\mathbb{R}^n$ erforderlich ist. Liegt keine affine Darstellung vor, können hier wieder Methoden analog zur Hyperreduktion zum Einsatz kommen, um solch eine Darstellung approximativ zu erreichen. Einführungen in die RBM findet man in [12, Chapter 4] sowie [71,106], wobei es inzwischen auch viele Erweiterungen der RBM auf nichtlineare Probleme gibt. Ebenso kann die RBM für zeitabhängige Probleme angewendet werden, wenn man den „Zeitparameter" als einen Eintrag des Parametervektors betrachtet, z. B. $\mu_1 = t$.

Neben den in diesem Buch detailliert eingeführten Methoden der Modellreduktion und den in diesem Kapitel kurz angerissenen Verfahren gibt es zahlreiche weitere Ansätze, die wir hier aus Platzgründen nicht darstellen können. Hierzu sei auf die weiterführende Literatur zur Modellreduktion, insbesondere die Bücher [1, 11–13, 18, 19, 116] verwiesen, in denen viele verschiedene Methoden behandelt und teilweise in tutorieller Form eingeführt werden.

Literatur

1. Antoulas, A.C.: Approximation of Large-Scale Dynamical Systems. SIAM Publications, Philadelphia (2005)
2. Antoulas, A.C., Beattie, C.A., Gugercin, S.: Interpolatory Methods for Model Reductiom. SIAM Publications, Philadelphia (2020)
3. Bai, Z.: Krylov subspace techniques for reduced-order modeling of large-scale dynamical systems. Appl. Numer. Math 43(1–2), 9–44 (2002)
4. Bartels, R.H., Stewart, G.W.: Solution of the matrix equation $AX + XB = C$: Algorithm 432. Comm. ACM **15**, 820–826 (1972)
5. Baur, U., Benner, P., Feng, L.: Model order reduction for linear and nonlinear systems: A system-theoretic perspective. Arch. Comput. Methods Eng. **21**(4), 331–358 (2014)
6. Beattie, C., Gugercin, S.: Model reduction by rational interpolation. Model Reduction and Approximation, vol. 15 of Comput. Sci. Eng. S. 297–334. SIAM, Philadelphia (2017)
7. Benner, P.: System-theoretic methods for model reduction of large-scale systems: Simulation, control, and inverse problems. ARGESIM Report (MATHMOD 2009 Proceedings), **35**, 126–145 (2009)
8. Benner, P., Breiten, T.: Low rank methods for a class of generalized Lyapunov equations and related issues. Numer. Math. **124**(3), 441–470 (2013)
9. Benner, P., Breiten, T.: Model order reduction based on system balancing. In: Model Reduction and Approximation: Theory and Algorithms. Computational Science & Engineering, pp. 261–295. SIAM, Philadelphia (2017)
10. Benner, P., Findeisen, R., Flockerzi, D., Reichl, U., and Sundmacher, K. (Hrsg.): Large-Scale Networks in Engineering and Life Sciences. Modeling and Simulation in Science, Engineering and Technology. Birkhäuser, Basel (2014)
11. Benner, P., Grivet-Talocia, S., Quarteroni, A., Rozza, G., Schilders, W., Silveira, L., (Hrsg.): Model Order Reduction. Volume 1: System- and Data-Driven Methods and Algorithms. De Gruyter, Berlin (2021)
12. Benner, P., Grivet-Talocia, S., Quarteroni, A., Rozza, G., Schilders, W., Silveira, L. (Hrsg.): Model Order Reduction. Volume 2: Snapshot-Based Methods and Algorithms. De Gruyter, Berlin (2021)
13. Benner, P., Grivet-Talocia, S., Quarteroni, A., Rozza, G., Schilders, W., Silveira, L. (Hrsg.): Model Order Reduction. Volume 3: Applications. De Gruyter, Berlin (2021)
14. Benner, P., Gugercin, S., Willcox, K.: A survey of projection-based model reduction methods for parametric dynamical systems. SIAM Review **57**(4), 483–531 (2015)

© Springer-Verlag GmbH Deutschland, ein Teil von Springer Nature 2024
P. Benner und H. Faßbender, *Modellreduktion*, Springer Studium Mathematik (Master),
https://doi.org/10.1007/978-3-662-67493-2

15. Benner, P., Köhler, M., Saak, J.: Matrix equations, sparse solvers: M-M.E.S.S.-2.0.1 – philosophy, features and application for (parametric) model order reduction. e-print 2003.02088, arXiv, 2020. cs.MS (2020)

16. Benner, P., Kürschner, P., Saak, J.: Efficient handling of complex shift parameters in the low-rank Cholesky factor ADI method. Numer. Alg. **62**(2), 225–251 (2013)

17. Benner, P., Kürschner, P., Saak, J.: Self-generating and efficient shift parameters in ADI methods for large Lyapunov and Sylvester equations. Electron. Trans. Numer. Anal. **43**(15), 142–162 (2014)

18. Benner, P., Mehrmann, V., Sorensen, D.C.: Dimension Reduction of Large-Scale Systems. Lect, vol. 45. Notes Comput. Sci. Eng. Springer-Verlag, Berlin (2005)

19. Benner, P., Ohlberger, M., Cohen, A., Willcox, K. (eds.): Model Reduction and Approximation: Theory and Algorithms. Computational Science & Engineering. Society for Industrial and Applied Mathematics, Philadelphia, PA (2017)

20. Benner, P., Quintana-Ortí, E.: Model reduction based on spectral projection methods. Dimension Reduction of Large-Scale Systems In: Benner, P., Mehrmann, V., Sorensen, D. (Hrsg.) vol. 45 of Lecture Notes in Computational Science and Engineering, S. 5–45. Springer-Verlag, Berlin (2005)

21. Benner, P., Quintana-Ortí, E.S.: Solving stable generalized Lyapunov equations with the matrix sign function. Numer. Algorithms **20**(1), 75–100 (1999)

22. Benner, P., Saak, J.: A semi-discretized heat transfer model for optimal cooling of steel profiles. Dimension Reduction of Large-Scale Systems. In: Benner, P., Mehrmann, V., Sorensen, D. (Hrsg.), vol. 45 of Lecture Notes in Computational Science and Engineering, S. 353–356. Springer-Verlag, Berlin (2005)

23. Benner, P., Stykel, T.: Model order reduction for differential-algebraic equations: A survey. Surveys in differential-algebraic equations. IV, Differ.-Algebr. Equ. Forum, S. 107–160. Springer, Cham (2017)

24. Benner, P., Werner, S. W. R.: MORLAB – Model Order Reduction LABoratory (version 5.0). (2019)

25. Benner, P., Werner, S. W. R.: MORLAB – A model order reduction framework in MATLAB and Octave. Mathematical Software – ICMS 2020. In: Bigatti, A. M., Carette, J., Davenport, J. H., Joswig, M., de Wolff, T. (Hrsg.) vol. 12097 of Lecture Notes in Computer Science. S. 432–441. Springer International Publishing, Cham (2020)

26. Breiten, T., Stykel, T.: Balancing-related model reduction methods. In: Benner, P., Grivet-Talocia, S., Quarteroni, A., Rozza, G., Schilders, W., Silveira L. M. (Hrsg.) Model Order Reduction. Volume 1: System- and Data-driven Methods, S. 1–48. de Gruyter (2021)

27. Callier, F.M., Desoer, C.A.: Linear System Theory. Springer, New York (1991)

28. Carr, J.: Applications of Center Manifold Theory. Springer-Verlag (1981)

29. Chahlaoui, Y., Van Dooren, P.: A collection of benchmark examples for model reduction of linear time invariant dynamical systems. Tech. Rep. 2002–2, SLICOT Working Note. www.slicot.org (2002)

30. Chahlaoui, Y., Van Dooren, P.: Benchmark examples for model reduction of linear time-invariant dynamical systems. Dimension Reduction of Large-Scale Systems. In: Benner, P., Mehrmann, V., Sorensen D., (Hrsg.) vol. 45 of Lecture Notes in Computational Science and Engineering, S. 379–392. Springer-Verlag, Berlin (2005)

31. Chu, C.-C., Lai, M., Feng, W.: Model-order reductions for mimo systems using global krylov subspace methods. Mathematics and Computers in Simulation **79**, 1153–1164 (2008)

32. Craig, R.R., Jr., Bampton, M.C.: Coupling of substructures for dynamic analysis. AIAA Journal **6**, 1313–1318 (1968)

33. Cullum, J., Ruehli, A., Zhang, T.: A method for reduced-order modeling and simulation of large interconnect circuits and its application to PEEC models including retardation. IEEE Trans. on Circuits and Systems-II: Analog and Digital Signal Processing **47**(4), 261–273 (2000)

34. Dahmen, W., Reusken, A.: Numerik für Ingenieure und Naturwissenschaftler. Springer, Berlin (2006)

35. Davis, T.A.: Direct methods for sparse linear systems, vol. 2. Society for Industrial and Applied Mathematics (SIAM), Philadelphia (2006)
36. Davison, E.J.: A method for simplifying linear dynamic systems. IEEE Trans. on Automatic Control **11**, 93–101 (1966)
37. de Villemagne, C., Skelton, R.E.: Model reductions using a projection formulation. Internat. J. Control **46**(6), 2141–2169 (1987)
38. Desoer, C. A., Vidyasagar, M.: Feedback systems, vol. 55 of Classics in Applied Mathematics. Society for Industrial and Applied Mathematics (SIAM), Philadelphia, (2009). Input-output properties, Reprint of the 1975 original [MR0490289]
39. Deuflhard, P., Hohmann, A.: Numerische Mathematik 1. De Gruyter Studium. De Gruyter, Berlin (2019). Eine algorithmisch orientierte Einführung. [An algorithmically oriented introduction], Fifth edition of [MR1197354]
40. Doetsch, G.: Einführung in Theorie und Anwendung der Laplace-Transformation. Birkhäuser Verlag, Basel-Stuttgart (1976). Ein Lehrbuch für Studierende der Mathematik, Physik und Ingenieurwissenschaft, Dritte Auflage, Lehrbücher und Monographien aus dem Gebiete der Exakten Wissenschaften-Mathematische Reihe, Band 24
41. Druskin, V., Knizhnerman, L., Simoncini, V.: Analysis of the rational Krylov subspace and ADI methods for solving the Lyapunov equation. SIAM J. Numer. Anal. **49**(5), 1875–1898 (2011)
42. Druskin, V., Simoncini, V.: Adaptive rational Krylov subspaces for large-scale dynamical systems. Syst. Control Lett. **60**(8), 546–560 (2011)
43. Duren, P. L.: Theory of H^p spaces. Pure and Applied Mathematics, Bd. 38. Academic Press, New York-London (1970)
44. Feldmann, P., Freund, R. W.: Efficient linear circuit analysis by Padé approximation via the Lanczos process. Proc. of EURO-DAC '94 with EURO-VHDL '94, Grenoble, France. IEEE Computer Society Press, S. 170–175. (1994)
45. Feldmann, P., Freund, R. W.: Efficient linear circuit analysis by Padé approximation via the Lanczos process. IEEE Trans. Comput.-Aided Design Integr. Circuits Syst. **14**, 639–649 (1995)
46. Fischer, G.: Lineare Algebra. Eine Einführung für Studienanfänger., 18th updated ed. Springer Spektrum, Heidelberg (2014)
47. Fischer, W., Lieb, I.: Funktionentheorie, vol. 47 of Vieweg Studium: Aufbaukurs Mathematik. Friedr. Vieweg & Sohn, Braunschweig (1980)
48. Flagg, G., Beattie, C., Gugercin, S.: Convergence of the iterative rational Krylov algorithm. Syst. Control Lett. **61**(6), 688–691 (2012)
49. Föllinger, O.: Laplace- und Fourier-Transformation. Elitera, Berlin (1977)
50. Föllinger, O.: Regelungstechnik. Hüthig, Heidelberg (1994)
51. Freund, R.W.: Model reduction methods based on Krylov subspaces. Acta Numerica **12**, 267–319 (2003)
52. Freund, R.W., Hoppe, R.H.W.: Stoer/Bulirsch: Numerische Mathematik 1, 10th, revised Springer, Berlin (2007)
53. Gallivan, K., Grimme, E., Van Dooren, P.: Asymptotic waveform evaluation via a Lanczos method. Appl. Math. Lett **7**(5), 75–80 (1994)
54. Gallivan, K., Vandendorpe, A., Van Dooren, P.: Model reduction of MIMO systems via tangential interpolation. SIAM J. Matrix Anal. Appl. **26**(2), 328–349 (2004/05)
55. Gawronski, W.K.: Dynamics and Control of Structures: A Modal Approach. Springer, Berlin (1998)
56. Glover, K.: All optimal Hankel-norm approximations of linear multivariable systems and their l^∞-error bounds. Int. J. Control **39**(6), 1115–1193 (1984)
57. Glover, K.: Model reduction: A tutorial on Hankel-norm methods and lower bounds on l^2 errors. IFAC Proc. Volumes **20**(5), 293–298 (1987)
58. Golub, G.H., Van Loan, C.F.: Matrix Computations, 4th edn. Johns Hopkins Studies in the Mathematical Sciences. Johns Hopkins University Press, Baltimore (2013)
59. Grasedyck, L.: Existence of a low rank or $\mathcal{H}$-matrix approximant to the solution of a Sylvester equation. Numer. Linear Algebra Appl. **4**, 371–389 (2004)

60. Green, M., Limebeer, D.N.: Robust Linear Control. Prentice Hall, Hemel Hempstead (1995)
61. Grimme, E.: Krylov Projection Methods for Model Reduction. PhD thesis, Univ. of Illinois, Urbana-Champaign (1997)
62. Grimme, E., Gallivan, K.: A Rational Lanczos Algorithm for Model Reduction II: Interpolation Point Selection. Technical report, University of Illinois, Urbana Champaign (1998)
63. Gugercin, S., Antoulas, A., Bedrossian, M.: Approximation of the International Space Station 1R and 12A flex models. Proceedings of the IEEE Conference on Decision and Control, S. 1515–1516. (2001)
64. Gugercin, S., Antoulas, A.C.: A survey of model reduction by balanced truncation and some new results. Internat. J. Control **77**(8), 748–766 (2004)
65. Gugercin, S., Antoulas, A.C., Beattie, C.: $\mathcal{H}_2$ model reduction for large-scale linear dynamical systems. SIAM J. Matrix Anal. Appl. **30**(2), 609–638 (2008)
66. Güttel, S.: Rational Krylov approximation of matrix functions: Numerical methods and optimal pole selection. GAMM-Mitt. **36**(1), 8–31 (2013)
67. Guyan, R.J.: Reduction of stiffness and mass matrices. AIAA Journal **3**, 380–380 (1965)
68. Hammarling, S.: Numerical solution of the stable, non-negative definite Lyapunov equation. IMA J. Numer. Anal. **2**, 303–323 (1982)
69. Hanke-Bourgeois, M.: Grundlagen der numerischen Mathematik und des wissenschaftlichen Rechnens, 3rd, revised Vieweg+Teubner, Wiesbaden (2009)
70. Heinig, G., Rost, K.: Fast algorithms for Toeplitz and Hankel matrices. Linear Algebra and its Applications **435**(1), 1–59 (2011)
71. Hesthaven, J.S., Rozza, G., Stamm, B.: Certified Reduced Basis Methods for Parametrized Partial Differential Equations. Springer Briefs in Mathematics. Springer, Cham (2016)
72. Heuser, H.: Funktionalanalysis fourth ed. Mathematische Leitfäden. [Mathematical Textbooks]. B. G. Teubner, Stuttgart (2006). Theorie und Anwendung. [Theory and application]
73. Higham, N. J.: Functions of matrices. Society for Industrial and Applied Mathematics (SIAM), Philadelphia (2008) Theory and computation
74. Hinrichsen, D., Pritchard, A. J.: Mathematical systems theory. I. Modelling, state space analysis, stability and robustness. 1st ed., corrected printing., 1st ed., corrected printing ed. Springer, Berlin (2010)
75. Hoffman, K.: Banach spaces of analytic functions. Prentice-Hall Series in Modern Analysis. Prentice-Hall Inc., Englewood Cliffs (1962)
76. Hong, Y.P., Pan, C.-T.: Rank-Revealing QR Factorizations and the Singular Value Decomposition. Math. Comput. **58**(197), 213–232 (1992)
77. Horn, R. A., Johnson, C. R.: Topics in matrix analysis. Cambridge University Press, Cambridge (1994). Corrected reprint of the 1991 original
78. J. Rommes: Homepage of Joost Rommes – software. https://sites.google.com/site/rommes/software
79. Kailath, T.: Linear systems. Prentice-Hall Information and System Sciences Series, S. XXI, 682. Prentice-Hall, Inc., Englewood Cliffs (1980)
80. Kanzow, C.: Numerik linearer Gleichungssysteme. Springer, Direkte und iterative Verfahren. Berlin (2005)
81. Knabner, P., Barth, W.: Lineare Algebra. Grundlagen und Anwendungen. Springer Spektrum, Berlin (2013)
82. Knobloch, H., Kwakernaak, H.: Lineare Kontrolltheorie. Springer, Berlin (1985)
83. Korvink, J., Rudnyi, E.: Oberwolfach benchmark collection. In: Benner, P., Mehrmann, V., Sorensen, D. (Hrsg.) Dimension Reduction of Large-Scale Systems vol. 45 of Lecture Notes in Computational Science and Engineering, S. 311–315. Springer-Verlag, Berlin (2005)
84. Kressner, D., Tobler, C.: Krylov subspace methods for linear systems with tensor product structure. SIAM J. Matrix Anal. Appl. **31**(4), 1688–1714 (2010)
85. Kressner, D., Tobler, C.: Low-rank tensor Krylov subspace methods for parametrized linear systems. SIAM J. Matrix Anal. Appl. **32**(4), 1288–1316 (2011)
86. Kürschner, P.: Efficient Low-Rank Solution of Large-Scale Matrix Equations. Dissertation, Otto-von-Guericke Universität, Magdeburg (Apr. 2016)

87. Lancaster, P., Rodman, L.: Algebraic Riccati equations. Oxford Science Publications. The Clarendon Press, Oxford University Press, New York (1995)
88. Larin, V., Aliev, F.: Construction of square root factor for solution of the Lyapunov matrix equation. Sys. Control Lett. **20**, 109–112 (1993)
89. Laub, A., Heath, M., Paige, C., Ward, R.: Computation of system balancing transformations and other application of simultaneous diagonalization algorithms. IEEE Trans. Automat. Control **34**, 115–122 (1987)
90. Lee, H.-J., Chu, C.-C., Feng, W.-S.: An adaptive-order rational Arnoldi method for model-order reductions of linear time-invariant systems. Linear Algebra Appl. **415**(2–3), 235–261 (2006)
91. Liesen, J., Mehrmann, V.: Lineare Algebra. Ein Lehrbuch über die Theorie mit Blick auf die Praxis., 2nd revised ed. Springer Spektrum, Heidelberg (2015)
92. Liu, Y., Anderson, B.D.O.: Singular perturbation approximation of balanced systems. Internat. J. Control **50**(4), 1379–1405 (1989)
93. Luo, Z., Chen, G.: Proper Orthogonal Decomposition Methods for Partial Differential Equations. Mathematics in Science and Engineering. Elsevier/Academic Press, London (2019)
94. Lyapunov, A.: Problème Général de la Stabilité du Mouvement. Annals of Mathematics Studies, no. 17. Princeton University Press, Princeton; Oxford University Press, London, (1947)
95. Mehrmann, V., Stykel, T.: Descriptor Systems: A General Mathematical Framework for Modelling, Simulation and Control (Deskriptorsysteme: Ein allgemeines mathematisches Konzept für Modellierung, Simulation und Regelung). at – Automatisierungstechnik **54**, 405–425 (2006)
96. Meister, A.: Numerik linearer Gleichungssysteme. Eine Einführung in moderne Verfahren. Mit MATLAB-Implementierungen von C. Vömel., 5th revised ed. Springer Spektrum, Heidelberg (2015)
97. Moore, B. C.: Principal component analysis in linear systems: Controllability, observability, and model reduction. IEEE Trans. Automat. Control AC-26, 17–32 (1981)
98. Moosmann, C., Greiner, A.: Convective thermal flow problems. In: Benner, P., Mehrmann, V., Sorensen, D. (Hrsg).Dimension Reduction of Large-Scale Systems, vol. 45 of Lecture Notes in Computational Science and Engineering, S. 341–343. Springer-Verlag, Berlin (2005)
99. Mullis, C., Roberts, R.: Synthesis of minimum roundoff noise fixed point digital filters. IEEE Trans. Circuits and Systems CAS-23, **9**, 551–562 (1976)
100. Obinata, G., Anderson, B.D.O.: Model Reduction for Control System Design. Comm. Control Eng. Springer, London (2001)
101. Olsson, K.H.A., Ruhe, A.: Rational Krylov for eigenvalue computation and model order reduction. BIT **46**, s99–s111 (2006)
102. Peaceman, D.W., Rachford, H.H., Jr.: The numerical solution of parabolic and elliptic differential equations. J. Soc. Indust. Appl. Math. **3**, 28–41 (1955)
103. Penzl, T.: Eigenvalue decay bounds for solutions of Lyapunov equations: the symmetric case. Sys. Control Lett. **40**, 139–144 (2000)
104. Pillage, L., Rohrer, R.: Asymptotic waveform evaluation for timing analysis. IEEE Trans. Comput.-Aided Des. **9**, 352–366 (1990)
105. Qu, Z.-Q.: Model Order Reduction Techniques: with Applications in Finite Element Analysis. Springer, Berlin, Heidelberg (2004)
106. Quarteroni, A., Manzoni, A., Negri, F.: Reduced Basis Methods for Partial Differential Equations, vol. 92 of La Matematica per il 3+2. Springer International Publishing. ISBN: 978-3-319-15430-5 (2016)
107. Roberts, J.: Linear model reduction and solution of the algebraic Riccati equation by use of the sign function. Internat. J. Control **32**, 677–687 (1980) (Reprint of Technical Report No. TR-13, CUED/B-Control, Cambridge University, Engineering Department, 1971)
108. Rommes, J.: Methods for eigenvalue problems with applications in model order reduction. PhD thesis, Utrecht University, The Netherlands (2007)

109. Rommes, J.: Modal approximation and computation of dominant poles. Model order reduction: theory, research aspects and applications, vol. 13 of Math. Ind., S. 177–193. Springer, Berlin (2008)

110. Rommes, J., Martins, N.: Efficient computation of transfer function dominant poles using subspace acceleration. IEEE Trans. Power Syst. **21**, 1218–1226 (2006)

111. Rommes, J., Sleijpen, G.L.: Convergence of the Dominant Pole Algorithm and Rayleigh Quotient Iteration. SIAM J. Matrix Anal. Appl. **30**(1), 346–363 (2008)

112. Rugh, W. J.: Linear System Theory, 2. ed. Pearson (1996)

113. Saad, Y.: Numerical solution of large Lyapunov equation. In: Kaashoek, M.A., van Schuppen, J.H., Ran, A.C. M. (Hrsg.) Signal Processing, Scattering, Operator Theory and Numerical Methods, S. 503–511. Birkhäuser (1990)

114. Saad, Y.: Iterative methods for sparse linear systems, 2nd edn. SIAM Society for Industrial and Applied Mathematics, Philadelphia (2003)

115. Saak, J., Köhler, M., Benner, P.: M-M.E.S.S.-2.0.1 – the matrix equations sparse solvers library. https://doi.org/10.5281/zenodo.3606345 (Feb. 2020)

116. Schilders, W.H.A., van der Vorst, H.A., Rommes, J.: Model Order Reduction: Theory. Research Aspects and Applications. Springer-Verlag, Berlin (2008)

117. Simoncini, V.: A new iterative method for solving large-scale Lyapunov matrix equations. SIAM J. Sci. Comput. **29**(3), 1268–1288 (2007)

118. Simoncini, V.: Computational methods for linear matrix equations. SIAM Rev. **58**(3), 377–441 (2016)

119. Sleijpen, G.L.G., Van der Vorst, H.A.: A Jacobi-Davidson iteration method for linear eigenvalue problems. SIAM Rev. **42**(2), 267–293 (2000)

120. Sontag, E. D.: Mathematical control theory. Deterministic finite dimensional systems, 2. Aufl. Springer, New York (1998)

121. Sorensen, D.C., Zhou, Y.: Direct methods for matrix Sylvester and Lyapunov equations. J. Appl. Math. **2003**(6), 277–303 (2003)

122. Stykel, T.: Analysis and Numerical Solution of Generalized Lyapunov Equations. Dissertation, TU Berlin (2002)

123. The MORwiki Community. Convection. MORwiki – Model Order Reduction Wiki. (2018)

124. The MORwiki Community. Main paige. MORwiki – Model Order Reduction Wiki. (2019)

125. Tombs, M., Postlethwaite, I.: Truncated balanced realization of a stable non-minimal state-space system. Internat. J. Control **46**(4), 1319–1330 (1987)

126. van der Vorst, H. A.: Computational methods for large eigenvalue problems. Handbook of numerical analysis, Vol. VIII, Handb. Numer. Anal., VIII. North-Holland, Amsterdam, S. 3–179. (2002)

127. van der Vorst, H. A.: Iterative Krylov methods for large linear systems. Reprint of the 2003 hardback ed., vol. 13. Cambridge University Press, Cambridge (2009)

128. Varga, A.: Enhanced modal approach for model reduction. Math. Model. Syst. **1**, 91–105 (1995)

129. Wachspress, E.: The ADI Model Problem. Springer, New York (2013)

130. Wachspress, E.L.: Iterative solution of the Lyapunov matrix equation. Appl. Math. Lett. **1**(1), 87–90 (1988)

131. Werner, D.: Funktionalanalysis, extended Springer-Verlag, Berlin (2000)

132. Wijker, J.: Component mode synthesis. Mechanical Vibrations in Spacecraft Design, S. 369–398. Springer, Berlin (2004)

133. Zhou, K., Doyle, J.C., Glover, K.: Robust and optimal control. Prentice Hall, Upper Saddle River (1996)

Stichwortverzeichnis

© Springer-Verlag GmbH Deutschland, ein Teil von Springer Nature 2024
P. Benner und H. Faßbender, *Modellreduktion*, Springer Studium Mathematik (Master),
https://doi.org/10.1007/978-3-662-67493-2

Printed in the United States
by Baker & Taylor Publisher Services